交流伺服与变频器应用技术

（三菱篇）

龚仲华　编著

机 械 工 业 出 版 社

本书根据交流伺服驱动和变频调速系统工程设计、使用维修的实际需要，在介绍交流电机控制系统基本理论和原理的基础上，对三菱公司MR-J3伺服驱动器和FR-A740变频器的产品规格、电路设计、功能参数、操作调试、监控维修等内容进行了全面系统、深入细致的介绍。

全书广泛吸收了国外的先进设计思想和标准，选材典型先进、内容全面系统，理论联系实际，面向工程应用，是从事机电产品设计、使用维修的工程技术人员和高等学校师生的优秀参考书。

图书在版编目（CIP）数据

交流伺服与变频器应用技术．三菱篇/龚仲华编著．—北京：机械工业出版社，2012.11（2025.2重印）

ISBN 978-7-111-40009-7

Ⅰ.①交…　Ⅱ.①龚…　Ⅲ.①交流伺服系统②变频器　Ⅳ.①TM921.54②TN773

中国版本图书馆CIP数据核字（2012）第239419号

机械工业出版社（北京市百万庄大街22号　邮政编码100037）
策划编辑：徐明煜　责任编辑：徐明煜　吕　潇
版式设计：霍永明　责任校对：刘志文
封面设计：陈　沛　责任印制：刘　媛
涿州市般润文化传播有限公司印刷
2025年2月第1版第8次印刷
184mm×260mm·21.75印张·540千字
标准书号：ISBN 978-7-111-40009-7
定价：58.00元

凡购本书，如有缺页、倒页、脱页，由本社发行部调换
电话服务　网络服务
服务咨询热线：010-88361066　机工官网：www.cmpbook.com
读者购书热线：010-68326294　机工官博：weibo.com/cmp1952
010-88379203　金书网：www.golden-book.com
封面无防伪标均为盗版　教育服务网：www.cmpedu.com

前　言

交流伺服驱动和变频器是20世纪70年代初随电力电子技术、PWM控制技术的发展而产生的两种交流电机调速装置，由于其通用性强、可靠性好、使用方便，目前已在工业自动化控制的各领域得到了极为广泛的应用。随着科学技术的进步，当代交流伺服驱动和变频器的性能日益提高、功能日臻完善，如何正确使用交流伺服驱动和变频器，充分利用它们的功能来解决各类工程实际问题，这是从事机电一体化产品设计和使用、维修技术人员所必须掌握的知识。

日本三菱公司（MITSUBISHI ELECTRIC）是最早研发交流伺服和变频器的公司之一，其产品技术性能居世界领先水平，该公司的MR－J3系列交流伺服驱动器和FR－A700系列变频器在国内市场的应用十分广泛。本书从工程技术人员的设计、使用、调试、维修要求出发，简要阐述了交流电机控制系统的基本原理与理论，全面介绍了MR－J3交流伺服驱动器和FR－A740变频器应用技术。

全书分共10章，内容包括交流调速基础、MR－J3交流伺服驱动器应用技术、FR－A740变频器应用技术三部分。

第1～2章介绍了交流电机控制系统的基本类型及性能比较、交流电机控制的基本理论和运行原理、交流逆变技术等基础知识。

第3～6章对三菱MR－J3系列交流伺服驱动器的电路设计、操作调试、功能参数、监控维修等知识进行了系统、深入的介绍。

第7～10章对三菱FR－A740系列变频器的电路设计、操作调试、功能参数、监控维修等知识进行了系统、深入的介绍。

本书编写以新产品、新技术的应用为目的，三菱公司的使用手册无疑是产品使用的技术指南，但由于语言习惯、翻译等方面的原因，在实际使用时手册可能存在一定的问题，从这一意义上说，本书也是对以上技术资料的系统梳理和重新编排，因此，编写过程不可避免地存在较多引用三菱手册的内容，编写也得到了三菱公司技术人员的大力支持与帮助，在此表示衷心的感谢。

由于全书所涉及的参考资料众多，编写工作量较大，书中的缺点错误在所难免，殷切期望得到广大读者与同行专家的帮助指正。

编著者

目　录

第1章　绪　　论

1.1　交流电机控制系统概述

1.1.1　交流传动与交流伺服

交流电机控制系统是以交流电动机为执行元件的位置、速度或转矩控制系统的总称。按照传统的习惯，将用于电机转速（速度）控制的系统称为传动系统；而能实现机械位移控制的系统称为伺服系统。

交流传动系统通常用于机械、矿山、冶金、纺织、化工、交通等行业，其使用最为普遍，交流传动系统的控制对象通常为感应电机[⊖]，变频器是当前最为常用的控制装置。交流伺服系统主要用于数控机床、机器人、航天航空等需要大范围调速与高精度位置控制的场合，其控制装置为交流伺服驱动器，系统的控制对象为专门生产的交流伺服电机。由于交流伺服系统在控制机械位移时同样需要控制运动速度，因此，调速是交流传动与交流伺服系统的共同要求。

交流电机的调速方法有很多种，常用的有图1.1-1所示的变极调速、调压调速、串级调速、变频调速等。

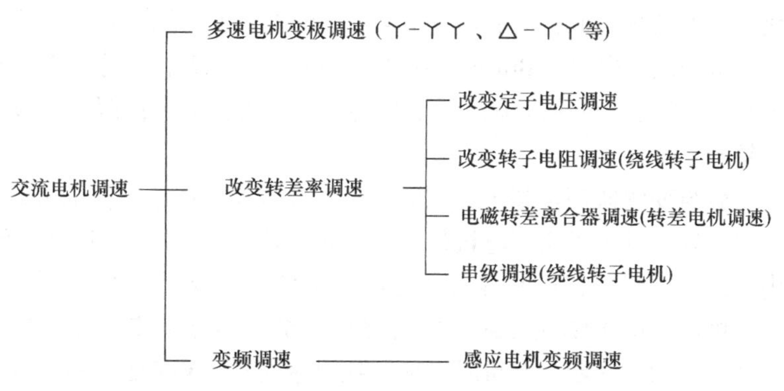

图1.1-1　交流电机调速的分类

变极调速通过转换感应电机的定子绕组的接线方式（Y-YY、Δ-YY），变换了电机的磁极数，改变的是电机的同步转速，它只能进行有限级（一般为2级）变速，故只能用于简单变速或辅助变速，且需要使用专门的变极电机。

变转差调速系统需要配套定子调压、转子变阻、转差调节、串级调速等控制装置，这些装置均为大功率部件，其体积大、效率低、成本高，且调速范围、调速精度、经济性等指标

⊖ 为了从原理上区分各类交流电机，异步电机一词国外已被感应电机取代，本书采用国际通用名词。

均较低。目前，随着变频器、交流伺服驱动器的应用与普及，变频调速已经成为交流电机调速的技术发展趋势。

交流伺服系统的控制对象是中小功率的交流永磁同步电机（伺服电机），系统可实现位置、转速、转矩的综合控制，其速度调节同样需要采用变频调速技术。与感应电机调速相比，交流伺服电机的调速范围更大、调速精度更高、动态特性更好。但是，由于永磁同步电机的磁场无法改变，因此，原则上只能用于机床的进给驱动、起重机等恒转矩调速的场合，而很少用于诸如机床主轴等恒功率调速的场合。

交流伺服系统具有与直流伺服系统相媲美的优异性能，而且其可靠性更高、高速性能更好、维修成本更低，产品已在数控机床、工业机器人等高速、高精度控制领域全面取代传统的直流伺服系统。

1.1.2 发展概况

与直流电机㊀相比，交流电机具有转速高、功率大、结构简单、运行可靠、体积小、价格低等一系列优点，但从控制的角度看，交流电机是一个多变量、非线性对象，其控制远比直流电机复杂，因此，在一个很长的时期内，直流电机控制系统始终在电气传动、伺服控制领域占据主导地位。

对交流电机控制系统来说，无论速度控制还是位置或转矩控制，都需要调节电机转速，因此变频是所有交流电机控制系统的基础，而电力电子器件、晶体管脉宽调制（Pulse Width Modulated，PWM）技术、矢量控制理论则是实现变频调速的共性关键技术。

利用PWM技术实现变频调速所需要的交流逆变（以下简称PWM变频），是目前公认的最佳控制方案。20世纪70年代初，随着微电子技术的迅猛发展与第二代“全控型”电力电子器件的实用化，使得高频、低耗的晶体管PWM变频成为了可能，基于传统电机模型与经典控制理论的方波永磁同步电机（Brush Less DC Motor，BLDCM，也称为无刷直流电机）交流伺服驱动系统与V/f控制㊁的变频调速系统被迅速实用化，交流伺服与变频器从此进入了工业自动化的各领域。

早期的交流伺服与变频器都是基于传统的电机模型与控制理论、从电机的静态特性出发所进行的控制，它较好地解决了交流电机的平滑调速问题，为交流控制系统的快速发展奠定了基础，同时由于其结构简单、控制容易、生产成本低，至今仍有所应用，但是，BLDCM伺服采用的是方波供电，由于感性负载（电机绕组）电流不能突变，存在功率管的不对称通断与高速剩余转矩脉动等问题，严重时可能导致机械谐振。V/f变频的缺点是无法实现电机转矩的控制，特别在电机低速工作时的转矩输出较小，因而不能用于高精度、大范围调速、恒转矩调速。

随着对电机控制理论研究的深入，20世纪70年代德国F. Blaschke等人提出了感应电机的磁场定向控制理论、美国P. C. Custman和A. A. Clark等人申请了感应电机定子电压的坐标变换控制专利，交流电机控制开始采用全新的矢量控制理论，而微电子技术的迅速发展，则

㊀ 电机包括“电动机”与“发电机”两类，本书中的电机专指“电动机”。

㊁ V/f应为英文电压/频率（Voltage/frequency）首字母的缩写，在国外无一例外地以V/f表示，但在国内常被表示为*U/f*控制，本书所采用的是国际通用表示法。

为矢量控制理论的实现提供了可能。20世纪80年代初，采用矢量控制的正弦波永磁同步电机（Permanent－Magnet Synchronous Motor，PMSM）伺服驱动系统与矢量控制的变频器产品相继在SIEMENS（德国）、YASKAWA（日本）、ROCKWELL（美国）等公司研制成功，并被迅速推广与普及。

经过30多年的发展，交流电机的控制理论与技术已经日臻成熟，各种高精度、高性能的交流电机控制系统不断涌现，特别是交流伺服驱动系统已经在数控机床、机器人上全面取代直流伺服驱动系统。

“变流”与“控制”是交流调速的两大共性关键技术，前者主要涉及电力电子器件应用与电路拓扑结构问题；后者是电机控制理论研究与控制技术实用化问题。以变频器为例，其技术的应用与发展过程如图1.1-2所示。

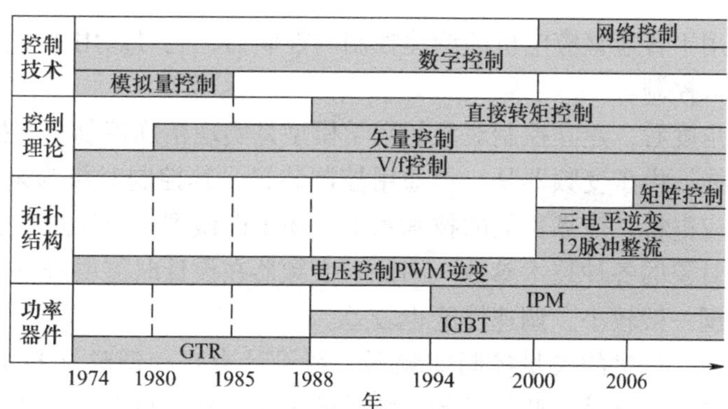

图1.1-2 变频器的应用与发展简图

在控制理论方面，当代变频器已从最初的V/f控制发展到了今天的矢量控制、直接转矩控制；在控制技术上，则从模拟量控制发展到了全数字控制与网络控制。交流电机的速度控制范围与精度得到大幅度提高，转矩控制与位置控制功能进一步完善，并开始大范围替代直流电机控制系统。

在电力电子器件的应用上，交流伺服与变频器主要经历了第二代“全控型”器件（主要为GTR㊀）、第三代“复合型”器件（主要为IGBT㊁）与第四代功率集成电路（主要为IPM㊂）三个阶段，IGBT与IPM为当代交流伺服与变频器的主流器件。在电路拓扑结构（主电路的结构形式）上，中小容量的交流伺服与变频器目前仍以“交－直－交”PWM控制型逆变为主；但12脉冲整流、双PWM变频、三电平逆变等技术已在大容量变频器上应用；新一代“交－交”逆变、矩阵控制的变频器（Matrix Converter）已经被实用化。

1.2 变频器与伺服驱动器

在以交流电机作为控制对象的速度控制系统中，尽管有多种多样的控制方式，但通过改

㊀ GTR，即Giant Transistor，大功率晶体管。

㊁ IGBT，即Insulated Gate Bipolar Transistor，绝缘栅双极型晶体管。

㊂ IPM，即Intelligent Power Module，智能功率模块。

变供电频率来改变电机转速，仍是目前绝大多数交流电机控制系统的最佳选择，从这一意义上说，当前所使用的交流调速装置都可以称为变频器。但是，由于交流伺服的主要目的是实现位置控制，速度、转矩控制只是控制系统中的一部分，因此，习惯上将其控制器称为伺服驱动器；而变频器则多指用于感应电机变频调速的控制器。

1.2.1 变频器

变频器的控制对象是感应电机，它可分为通用型与专用型两类。通用型变频器就是人们平时常说的变频器，只要容量允许，它对感应电机的生产厂家、电气参数原则上无要求。专用变频器则用于对调速性能有较高要求的控制系统，数控机床的主轴控制即属于此类情况，这样的变频器需要配套专门的主轴电机，称为交流主轴驱动器。

1. 通用变频器

通用变频器是用于普通感应电机的调速控制的控制器，它可以用于不同生产厂家、不同电气参数的感应电机控制。

从系统控制的角度看，建立控制对象的数学模型是实现精确控制的前提条件，它直接决定了系统的控制性能。由于变频器是一种通用控制装置，其控制对象为来自不同厂家生产、不同电气参数的感应电机，依靠目前的技术水平，还不能做到一个通过控制器本身来精确测试、识别任意控制对象的各种技术参数。因此，变频器在设计时需要进行大量的简化与近似处理，它的调速范围一般较小，调速性能也较差。

随着技术的发展，先进的矢量控制变频器一般设计有自动调整（自学习）功能，它可通过自动调整操作来自动测试一些必需的、简单的电机参数，可在一定范围内提高模型的准确性，其性能与早期的 V/f 控制变频器相比，已经有了很大的提高。

2. 交流主轴驱动器

交流主轴驱动器是与专用交流主轴电机配套使用的专用变频器，它通常用于金属切削数控机床的主轴等大范围、高精度调速。

实现感应电机的大范围、高精度变频调速控制的前提是建立精确的控制对象数学模型，因此，变频器在设计时就必须预知控制对象（电机）的参数，并对此进行专门的控制，它只能通过特定的感应电机和专用变频器才能实现。

交流主轴驱动器的控制对象是驱动器生产厂家专门设计的交流感应电机，这种电机经过严格的测试与试验，其电气参数非常接近。交流主轴驱动器采用的是闭环矢量控制技术，它不但调速性能大大优于通用变频器控制普通感应电机的系统，而且还能够实现较为准确的转矩与位置控制。

交流主轴驱动器的调速性能好、生产成本高，但它一般需要与计算机数控系统（CNC）配套使用，且不同公司产品的性能、使用等方面的差别较大，其专用性较强，本书不再对此进行专门介绍。

1.2.2 伺服驱动器

伺服驱动器是用于交流永磁同步电机（交流伺服电机）位置、速度控制的装置，它需要实现高精度位置控制、大范围的恒转矩调速和转矩的精确控制，其调速要求的比变频器、交流主轴驱动器等以感应电机为对象的交流调速系统更高，因此，它必须使用驱动器生产厂家专门生产、配套提供的专用伺服电机。

根据使用场合和控制系统要求的不同，伺服驱动器可分为通用型和专用型两类。通用型伺服驱动器是指本身带有闭环位置控制功能，可独立用于闭环位置控制或速度、转矩控制的伺服驱动器；专用型伺服驱动器是指必须与上级位置控制器（如 CNC）配套使用，不能独立用于闭环位置控制或速度、转矩控制的伺服驱动器。

1. 通用伺服驱动器

通用伺服驱动器对上级控制装置无要求。驱动器用于位置控制时，它可直接通过如图1.2-1 所示的位置指令脉冲信号来控制伺服电机的位置与速度，只要改变指令脉冲的频率与数量，即可改变电机的速度与位置。

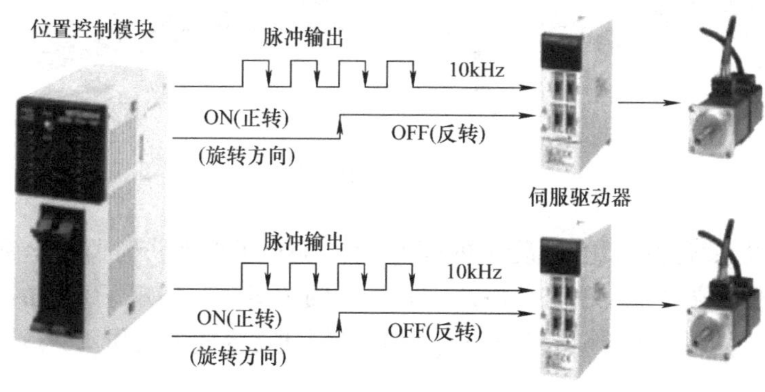

图 1.2-1 通用型伺服

为了增强驱动器的通用型，通用伺服驱动器一般可接收线驱动输出或集电极开路输出的正/反转脉冲信号、“脉冲 + 方向”信号及相位差为 90°的 A/B 两相差分脉冲等，先进的驱动器还利用 CC - Link、PROFIBUS、Device - NET、CANopen 等通用与开放的现场总线通信，实现网络控制。

通用伺服驱动器进行位置控制时，不需要上级控制器具有闭环位置控制功能，因此，上级控制器可为经济型 CNC 装置或 PLC 的脉冲输出、位置控制模块等，其使用方便、控制容易，对上级控制装置的要求低。但是，这种系统的位置与速度检测信号没有反馈到上级控制器，因此，对上级控制器（如 CNC）来说，其位置控制是开环的，控制器既无法监控系统的实际位置与速度，也不能根据实际位置来协调不同轴间的运动，其轮廓控制（插补）精度较差。从这一意义上说，通用型伺服的作用类似于步进驱动器，只是伺服电机可在任意角度定位、也不会产生“失步”而已。

然而，由于通用伺服也可以用于速度控制，因此，它也可以通过上级控制器进行闭环位置控制，驱动器只承担速度、转矩控制功能，在这种情况下，它就可实现与下述专用伺服同样的功能，系统定位精度、轮廓加工精度将大大高于独立构成位置控制系统的情况。

由于通用伺服需要独立使用，因此，驱动器一般需要有用于驱动器参数设定、状态监控、调试的操作显示单元。

2. 专用伺服驱动器

专用伺服驱动器的位置控制只能通过上级控制器实现，它必须与特定位置控制器（一般为 CNC）配套使用，不能独立用于闭环位置控制或速度、转矩控制。专用伺服多用于数控机床等需要高精度轮廓控制的场合，FANUC 公司 αi/βi 系列交流伺服以及 SIEMENS 公司的 611U 系列交流伺服等都是数控机床常用的典型专用型伺服产品。

为了简化系统结构，当代专用型伺服驱动器与 CNC 之间一般都采用了图 1.2-2 所示的网络控制技术，两者使用专用的现场总线进行连接，如 FANUC 的 FSSB 总线等，目前，这种系统所使用的通信协议还不对外开放，故驱动器必须与 CNC 配套使用。

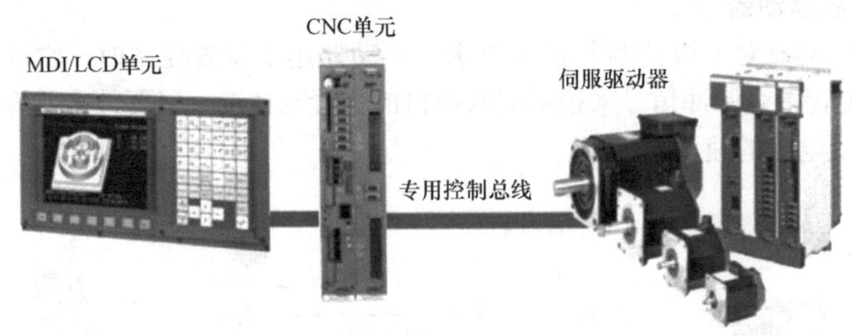

图 1.2-2　专用型伺服

专用伺服驱动系统的位置控制设计在 CNC 上，CNC 不但能实时监控坐标轴的位置，而且还能根据实际位置调整加工轨迹、协调不同坐标轴的运动，实现了真正的闭环位置控制。在大多数情况下，伺服驱动器只起到速度、转矩控制和功率放大的作用，故又称速度控制单元或伺服放大器。

采用专用伺服的 CNC 系统的定位精度、轮廓加工精度大大高于使用通用伺服实现位置控制的经济型 CNC 系统；先进的 CNC 还可通过“插补前加减速”、“AI 先行控制（Advanced Preview Control）”等前瞻控制功能进一步提高轮廓加工精度。专用伺服驱动器的参数设定、状态监控、调试与优化一般可直接利用 CNC 的操作与显示单元进行，驱动器一般不需要配套数据设定、显示的操作面板。

由于专用型伺服一般由 CNC 生产厂家配套提供，多用于数控机床等需要高精度轮廓控制，它通常不能脱离 CNC 单独使用，本书不再对此进行专门介绍。

1.3　交流调速系统性能与比较

1.3.1　调速指标

变频器与交流伺服是新型的交流电机速度调节装置，传统意义上的调速指标已不能全面反映调速系统的性能，需要从静、动态两方面来重新定义技术指标。

调速系统不但要满足工作机械稳态运行时对转速调节与速度精度的要求，而且还应具有快速、稳定的动态响应特性，因此，除功率因数、效率等常规经济指标外，衡量交流调速系统技术性能的主要指标有调速范围、调速精度与速度响应性能三方面。

1. 调速范围

调速范围是衡量系统速度调节能力的指标。调速范围一般以系统在一定的负载下，实际可达到的最低转速与最高转速之比（如 1∶100）或直接以最高转速与最低转速的比值（如

$D=100$）来表示。但是，对通用变频器来说，调速范围需要注意以下两点。

1）变频器参数中的频率控制范围不是调速范围。频率控制范围只是变频器本身所能够达到的输出频率范围，但是，在实际系统中还必须考虑电机的因素。一般而言，如果变频器的输出频率小于一定值（如2Hz），电机将无法输出正常运行所需的转矩，因此，变频器调速范围要远远小于频率控制范围。以三菱公司最先进的FR－A740系列变频器为例，其频率控制范围可达0.01～400Hz（1∶40000），但有效调速范围实际只有1∶200。

2）变频器的调速范围不能增加传统的额定负载条件。因为，如果变频器采用V/f控制，实际只能在额定频率的点上才能输出额定转矩。目前，不同的生产厂家，对通用变频器调速范围内的输出转矩规定有所不同，例如，三菱公司一般将变频器能短时输出150%转矩的范围定义为调速范围；而安川公司则以连续输出转矩大于某一值的范围定义为调速范围等。

2. 调速精度

交流调速系统的调速精度在开环与闭环控制时有不同的含义。开环控制系统的调速精度是指调速装置控制4极标准电机、在额定负载下所产生的转速降与电机额定转速之比，其性质和传统的静差率类似，计算式如下：

$$\delta = \frac{\text{空载转速} - \text{满载转速}}{\text{额定转速}} \times 100\%$$

对于闭环调速系统和交流伺服驱动系统，计算式中的“额定转速”应为电机最高转速。调速精度与调速系统的结构密切相关，一般而言，在同样的控制方式下，采用闭环控制的调速精度是开环控制的1/10左右。

3. 速度响应

速度响应是衡量交流调速系统动态快速性的新增技术指标。速度响应是指负载惯量与电机惯量相等的情况下，当速度指令以正弦波形式给定时，输出可以完全跟踪给定变化的正弦波指令频率值。速度响应有时也称频率响应，分别用rad/s或Hz两种不同的单位表示，转换关系为1Hz＝2πrad/s。

速度响应是衡量交流调速系统的动态跟随性能的重要指标，也是不同形式的交流调速系统所存在的主要性能差距。表1.3-1是当前通用变频器、主轴驱动器和伺服驱动器普遍可达到的速度响应比较表。

表1.3-1　变频器、主轴驱动器和伺服驱动器的速度响应比较表

控制装置		速度响应/（rad/s）	频率响应/Hz
通用变频器	V/f控制	10～20	1.5～3
	闭环V/f控制	10～20	1.5～3
	开环矢量控制	20～30	3～5
	闭环矢量控制	200～300	30～50
主轴驱动器		300～500	50～80
交流伺服驱动器		≥3000	≥500

1.3.2　性能比较

1. 输出特性

通用变频器、交流主轴驱动器、交流伺服三大类调速系统的性能有很大的差别。图

1.3-1为国外某著名公司对通用变频器控制 60Hz/4 极标准感应电机（V/f 控制）、交流主轴驱动器控制专用感应电机、交流伺服驱动器控制 PMSM 电机输出特性的实测结果。

由图可见，通用变频器控制感应电机只能在额定频率的点上才能输出 100% 转矩；采用专用感应电机的交流主轴驱动在额定转速以下区域均可输出 100% 转矩；而交流伺服驱动则可以在全范围输出 100% 转矩。因此，当通用变频器用于恒转矩负载控制时，必须“降额”使用。

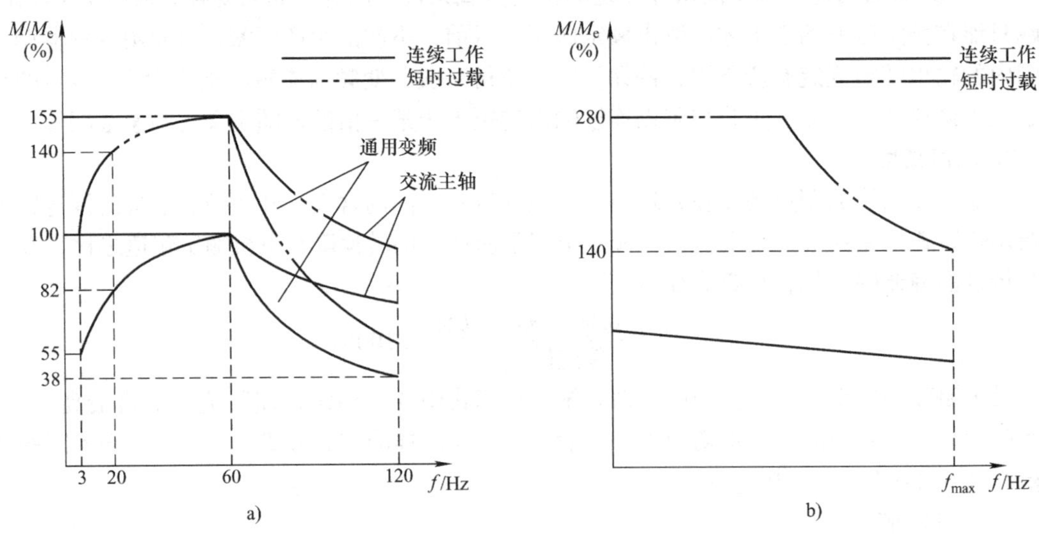

图 1.3-1　交流电机控制系统的输出特性

a）通用变频器与主轴驱动　b）交流伺服驱动

引起通用变频器低速输出转矩下降的一个重要原因是通用电机只是依靠转子轴上的风机进行“自通风”冷却，无独立的冷却风机，随着转速的下降，其冷却能力将显著下降，导致了电机工作电流的下降。为此，在通用感应电机上安装独立的冷却风机是提高通用变频器低速输出转矩的有效措施。

2. 控制对象

交流伺服电机的转子磁场（永久磁铁）不能调节，这是一种全范围恒转矩调速系统，适合于恒转矩负载调速，如机床进给驱动等，但不适合用于机床主轴等恒功率调速。

交流主轴驱动的控制对象是专用感应电机，它可通过控制定子磁链进行弱磁升速，这是一种额定转速以下具有恒转矩调速特性、额定转速以上具有恒功率特性的调速系统，较适合于机床主轴的控制。

变频器的输出特性无规律，在调速范围内，实际可保证的输出转矩只有额定转矩的 50% 左右。因此，在选用时都必须留有足够的余量。当用于恒转矩调速时，宜按照负载转矩的 2 倍来选择电机与变频器。

3. 功率范围

通用变频器适用范围广，可控制的电机功率在三类产品中为最大，目前已可达 1000kW；交流主轴驱动多用于数控机床的主轴控制，根据实际需要，功率范围一般在 100kW 以下；而交流伺服则多用于高速、高精度位置控制，电机的功率范围一般在 15kW 以下。

由于交流主轴、交流伺服是针对特定电机设计的专用控制器，驱动器与电机原则上需要一一对应；而变频器是一种通用产品，对电机的参数无太多要求，因此，只要容量允许，同一变频器可用于不同功率电机的控制，如利用7.5kW的变频器控制3.7kW或5.5kW电机不但可行而且还经常使用；在需要时还可以通过电路切换利用同一变频器来控制多台电机（称1：n控制）。

4. 过载与制动

通用变频器、交流主轴驱动器、交流伺服的过载性能有较大差别，通常而言，三者可以承受的短时过载能力依次为100%～150%、150%～200%、200%～350%。

交流伺服电机的转子安装有永久磁铁，停电时可以通过感应电势的作用在定子绕组中产生短路电流，输出动力制动转矩；而交流主轴与变频器控制的是感应电机，一旦停电旋转磁场即消失，故对停电制动有要求的场合，应使用机械制动器。

此外，由于交流伺服电机的转子永久磁铁具有固定的磁场，只要定子绕组加入电流，即使在转速为零时仍能输出转矩，即具有所谓的“零速锁定”功能。而感应电机的输出转矩需要通过定子旋转磁场与转子间的转差产生，故交流主轴驱动器与变频器在电机停止时无转矩输出。但在闭环位置控制的交流主轴驱动系统上，由于位置调节器的增益可以做得很高，因此，在电机产生位置偏移时，可产生较大的恢复力矩。

5. 综合比较

目前市场上各类交流调速装置的产品众多，由于控制方式、电机结构、生产成本与使用要求的不同，调速性能的差距较大，表1.3-2为通用变频器、交流主轴驱动器、交流伺服的技术性能表，使用时应根据系统的要求选择合适的控制装置。

表1.3-2　交流调速系统技术性能表

项　目	伺服驱动器	变频器				主轴驱动器
电机类型	永磁同步电机	通用感应电机				专用感应电机
适用负载	恒转矩	无明确对应关系，选择时应考虑2倍余量				恒转矩/恒功率
控制方式	矢量控制	开环V/f控制	闭环V/f控制	开环矢量控制	闭环矢量控制	闭环矢量控制
主要用途	高精度、大范围速度/位置/转矩控制	低精度、小范围变速、1：n控制	小范围、中等精度变速控制	小范围、中等精度变速控制	中范围、中高精度变速控制	恒功率变速；简单位置/转矩控制
调速范围	≥1:5000	≈1:20	≈1:20	≤1:200	≥1:1000	≥1:1500
调速精度	≤±0.01%	±2%～3%	±0.3%	±0.2%	±0.02%	≤±0.02%
最高输出频率	—	400～650Hz	400～650Hz	400～650Hz	400～650Hz	200～400Hz
最大起动转矩/最低频率（转速）	200%～350%/0（r/min）	150%/3Hz	150%/3Hz	150%/0.3～1Hz	150%/0（r/min）	150%～200%/0（r/min）
频率响应	400～600Hz	1.5～3Hz	1.5～3Hz	3～5Hz	30～50Hz	50～80Hz
转矩控制	可	不可	不可	不可	可	可
位置控制	可	不可	不可	不可	简单控制	简单控制
前馈、前瞻控制等	可	不可	不可	不可	可	可

1.3.3 环境影响

在交流调速系统中，交流伺服、交流主轴驱动器是配套专用电机的调速装置，其调速性能好、输出特性相对稳定，一般可根据生产厂家提供的参数进行选择。但是，通用变频器受环境的影响较大，在选用时需要注意如下几点。

1. 负载性质

风机的负载转矩与转速的二次方成正比，它对起动转矩的要求不高，也不易过载。为此，一般只要保证变频器的额定输出能满足负载要求，就可以正常使用。

恒转矩负载的起制动，不仅需要考虑负载转矩，而且需要满足加减速的要求，因此，变频器必须有短时过载的能力。低速工作时，还应考虑自通风电机因散热能力下降而引起的输出转矩下降；高速运行时，电机应工作于弱磁区，如负载转矩超过电机输出转矩，输出特性将工作于不稳定区，从而可能出现停转现象（称为失速）；为此，在设计时一般应保证电机的输出转矩大于130%负载转矩。

变频器的恒功率调速只能在额定频率以上区域进行，其调速范围主要决定于电机，选择时需要根据不同电机的特性进行综合，且需要留有足够的功率余量。

2. 过载能力

变频器、电机的过载能力主要受器件发热的限制，因此，其过载能力和工作状态、过载时间等因素有关，如变频器、电机长时间工作于额定电流，其发热已达到极限，也就不能再进行过载运行。

对于绝大多数过载能力为150% M_e 的变频器来说，其过载特性一般如图1.3-2所示，实际允许的过载性能如下。

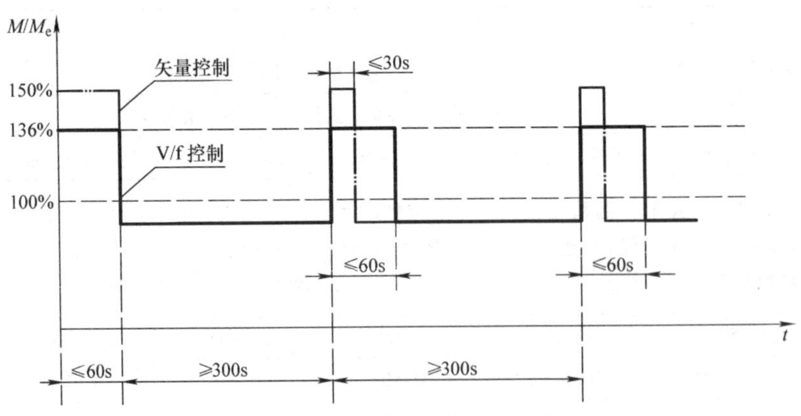

图1.3-2 变频器的过载能力

1）冷态启动时，通常允许136%过载持续60s。

2）V/f控制的变频器，如其正常工作的电流小于额定电流的91%、过载间隔时间在300s以上，允许136%过载持续60s。

3）矢量控制的变频器，如其正常工作电流小于额定电流的91%、过载间隔时间在300s以上，允许150%～160%过载持续30s。

因此，为了保证变频器的连续长时间使用，其过载电流原则上应控制在额定工作电流的

136%以内。

3. 环境温度与海拔

变频器的额定工作电流随着环境温度和海拔的升高而降低，当海拔高于2000m时，变频器的额定输入电压也需要考虑海拔的影响。环境温度和海拔对额定电流、电压的影响，可利用图1.3-3所示的曲线，按各自的系数进行修正。

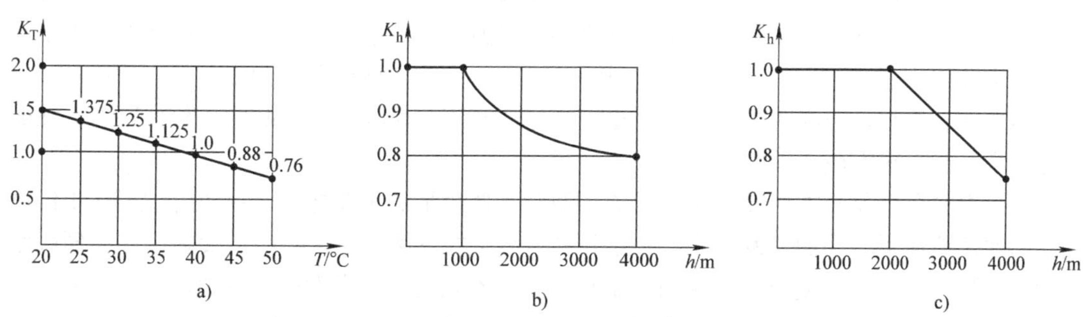

图1.3-3 环境对变频器的影响

a）额定电流的温度修正 b）额定电流的海拔修正 c）额定电压的海拔修正

4. 最低输出限制

变频器的额定输出电流既要充分考虑过载能力、环境的影响，同时，为了提高效率，也应尽可能在接近额定输出的情况下运行。

如变频器的工作电流远小于额定输出，采用V/f控制时，变频器虽能够运行，但不能进行正常的转差和定子电阻的补偿，其控制精度将有所降低。对于矢量控制的变频器，连续工作时的负载电流原则上需要大于变频器额定输出电流的12.5%，否则，变频器将不能正常工作。

5. 载波频率

变频器是一种采用了PWM控制技术的交流调速装置，其基波称为载波，载波频率越高，所产生的PWM脉冲就越密，输出波形也就越接近于调制信号。因此，载波频率（亦称PWM频率）是决定变频器、交流伺服驱动器最高输出频率和波形质量的重要技术指标。

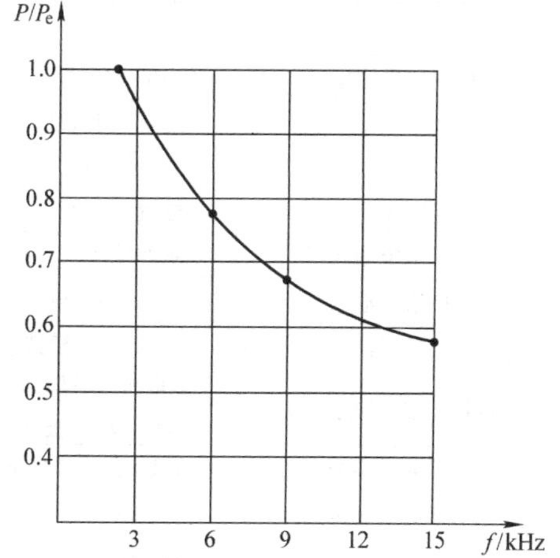

图1.3-4 载波频率对输出功率的影响

提高PWM载波频率，可改善波形质量、降低运行噪声，但是频繁的开关，同样会带来逆变回路功率管损耗的迅速增加，直接导致输出功率的下降与发热。

图1.3-4是变频器在不同载波频率下的输出功率变化图。不同公司、不同的产品虽然有所不同，但总体趋势相同。因此，在选择变频器时，如需要修改变频器的载波频率，则选择时必须考虑功率余量。

1.4 典型产品简介

1.4.1 伺服驱动器

交流伺服驱动器最初以数控系统生产厂家配套使用的速度控制型驱动器为主，后来逐步发展到了可用于独立位置控制的通用型伺服器。目前，国内市场上常用的通用交流伺服驱动器以日本生产的产品居多，安川（YASKAWA）、三菱（MITSUBISHI）、松下（Panasonic）为常用产品，索尼、三洋等公司的产品也有一定的使用。而我国的产品由于种种原因，性能与先进产品相比还有较大差距。

三菱电机公司是日本研发、生产交流伺服驱动器最早的企业之一，在20世纪70年代已经开始通用变频器产品的研发与生产，是目前世界上能够生产15kW以上大容量交流伺服驱动的少数厂家之一。三菱公司不仅伺服驱动产品技术先进、可靠性好、转速高、容量大，而且还是世界著名的PLC生产厂家，驱动器可以与该公司生产的PLC轴控模块配套使用，因此，在专用加工设备、自动生产线、纺织机械、印刷机械、包装机械等行业应用较广。国内市场常用的三菱伺服产品有早期的MR－J2和最新的MR－J3系列，有关MR－J3驱动器的主要技术参数将在本书第3章进行详细介绍。

1. 安川产品

安川公司是日本最早研发交流伺服的公司之一，产品技术性能居领先水平，国内市场常见的产品有早期的Σ系列、近期的ΣⅡ系列与最新的ΣV系列；其中，ΣV的速度响应可达1600Hz，其处理速度、位置控制精度均达到了当今世界最高水平。安川ΣⅡ、ΣV系列驱动器的主要技术参数见表1.4-1。

表1.4-1 安川伺服主要技术参数表

产品系列	ΣⅡ	ΣV
控制电机功率	30W～15kW	30W～1.5kW
PWM形式	正弦波PWM	正弦波PWM
控制方式	矢量控制	矢量控制
控制类型	位置、速度、转矩	位置、速度、转矩
位置给定输入	脉冲输入	脉冲输入
速度给定输入	0～±10V模拟量	0～±10V模拟量
转矩给定输入	0～±10V模拟量	0～±10V模拟量
最高脉冲输入频率/kHz	500（差分输入） 200（集电极开路输入）	4000（差分输入） 200（集电极开路输入）
位置测量系统	17bit（131072脉冲/r）	20bit（1048576脉冲/r）
直接速度控制范围	1:5000	1:5000
伺服速度控制范围	1:5000	1:5000
伺服速度控制精度	≤±0.01%	≤±0.01%
直接速度控制精度	≤±0.2%	≤±0.2%
速度（频率）响应	400 Hz	1600Hz
电机最高转速	5000	6000
最大负载惯量比	10	30

2. 松下产品

松下公司的伺服驱动产品性能价格比较高，使用调试简便，在普及型数控设备、机器人等上有一定的市场占有率。国内市场常用的松下产品主要有 MINAS - A 系列与最新的 MINAS - A4 系列，其主要技术参数如表 1. 4-2 所示。

表 1. 4-2　松下伺服主要技术参数表

产品系列	松下 MINAS - A3	松下 MINAS - A4
电机功率	30W ~ 5kW	30W ~ 5kW
PWM 形式	正弦波 PWM	正弦波 PWM
控制方式	矢量控制	矢量控制
控制功能	位置、速度、转矩	位置、速度、转矩
位置指令输入	脉冲输入	脉冲输入
速度指令输入	0 ~ ±10V 模拟量	0 ~ ±10V 模拟量
转矩指令输入	0 ~ ±10V 模拟量	0 ~ ±10V 模拟量
最高输入频率/kHz	500（差分、线驱动输入） 200（集电极开路输入）	2000（差分、线驱动输入） 200（集电极开路输入）
位置测量系统	14bit（16384 脉冲/r）	17bit（131072 脉冲/r）
直接速度控制范围	1:5000	1:5000
直接速度控制精度	≤ ±0. 2%	≤ ±0. 2%
伺服速度控制范围	1:5000	1:5000
伺服速度控制精度	≤ ±0. 01%	≤ ±0. 01%
速度（频率）响应	500Hz	500Hz
伺服电机最高转速	3000	3000
最大负载惯量比	10	10

1. 4. 2　变频器

目前，国内市场所使用的变频器大致有日本与欧美两大类产品。而我国的产品由于种种原因，性能与先进产品相比还有较大差距。

在日本产品中，三菱、安川公司在通用型变频器上的研究较早，其产品规格齐全，性能先进，市场占有率高；此外，富士（FUJI）、日立（HITACHI）、三垦（SANKEN）等公司的产品也有一定数量的销售。总体而言，日产变频器的特点是体积小、可靠性好、使用方便，产品性价比高，但其最高输出频率通常只能达到 400Hz 左右，在高速控制场合，应考虑选择欧美产品。

国内市场常用的欧美变频器主要有西门子（SIEMENS）、施耐德（Schneider）等品牌。欧美变频器的最大输出频率一般可达到 500 ~ 650Hz，故可用于特殊的高速电机，如电主轴控制等，但它与日产变频器比较，其体积较大，使用和调试也相对复杂；此外，产品对外部环境，特别是电源与接地的要求较高，在使用时应引起足够的重视。

表 1. 4-3、表 1. 4-4 是国内市场常用的安川、SIEMENS 变频器的主要技术参数简介表，有关三菱 FR - 500 及 FR - 700 系列变频器的主要技术参数将在本书第 7 章进行详细介绍。

表 1.4-3　安川变频器常用规格与性能

产品系列	CIMR - F7	CIMR - G7	CIMR - V1000	CIMR - A1000
控制电机功率	400W ~ 300kW	400W ~ 300kW	100W ~ 18.5kW	0.4 ~ 750kW
PWM 形式	正弦波 PWM	正弦波 PWM	正弦波 PWM	正弦波 PWM
速度控制方式	开环 V/f 控制、矢量控制	开环、闭环 V/f 控制或矢量控制	开环 V/f 控制或矢量控制	开环、闭环 V/f 控制或矢量控制
频率（速度）输入	0 ~ 10V 电压 4 ~ 20mA 电流	0 ~ ±10V 电压 4 ~ 20mA 电流	0 ~ ±10V 电压 4 ~ 20mA 电流	0 ~ ±10V 电压 4 ~ 20mA 电流
最高输出频率（速度）	400Hz	400Hz	400Hz	400Hz
速度控制范围	V/f 控制：1:40 矢量控制：1:100	V/f 控制：1:40 开环矢量：1:200 闭环矢量：1:1000	V/f 控制：1:40 矢量控制：1:100	V/f 控制：1:40 开环矢量：1:200 闭环矢量：1:1500
速度控制精度	±0.2%	±0.02%（闭环） ±0.2%（开环）	±0.2%（开环）	±0.01%（闭环） ±0.2%（开环）
速度（频率）响应	5Hz	40Hz	5Hz	50Hz

表 1.4-4　SIEMENS 变频器常用规格与性能

产品系列	MM420	MM430	MM440
控制电机功率	120W ~ 11kW	7.5 ~ 250kW	120W ~ 200kW
PWM 形式	正弦波 PWM	正弦波 PWM	正弦波 PWM
速度控制方式	V/f 控制、磁通控制	V/f 控制、磁通控制	V/f 控制、矢量控制
频率输入	0 ~ 10V 模拟电压	0 ~ 10V 模拟电压 4 ~ 20mA 模拟电流	0 ~ ±10V 模拟电压 4 ~ 20mA 模拟电流
最高输出频率	650Hz	650Hz	650Hz
有效调速范围 *	约 1:60	约 1:120	约 1:200
速度控制精度 *	约 ±0.2%	约 ±0.02%	约 ±0.02%
速度（频率）响应	5Hz	20Hz	20Hz

注：标 * 项目与所控制的电机有关。

第 2 章　交流调速基础

2.1　电机控制的基本理论

2.1.1　电磁感应与电磁力定律

电机是实现电能与机械能转换的装置，其能量变换通过电磁场实现，电磁感应定律与电磁力定律是实现交流电机控制的理论基础。

1. 法拉第电磁感应定律

法拉第电磁感应定律的基本内容为当通过某个线圈中的磁通量 Φ 发生变化时，在该线圈中就会产生与磁通量对时间的变化率成正比的感应电动势，其值为

$$e = -\frac{\mathrm{d}\Phi}{\mathrm{d}t}$$

式中的负号表示感应电动势的方向总是试图阻止磁通量的变化。磁通量 Φ 为磁场强度 B 与线圈与磁场正交部分面积 S 的乘积。当线圈的匝数为 N 时，感应电动势的值也将增加 N 倍，为了便于表示与分析，习惯上将 N 与 Φ 以乘积的形式表示为 $\psi = N\Phi$，并将 ψ 称为磁链，这样，对于多匝线圈，上式可以表示为

$$e = -\frac{\mathrm{d}\psi}{\mathrm{d}t} \tag{2.1-1}$$

如果从电路原理上考虑，通电线圈可以视为电感量为 L 的感性负载，因此，当电感的电流随着时间变化时，电感中的感应电动势为

$$e = -L\frac{\mathrm{d}i}{\mathrm{d}t}$$

负号表示感应电动势的方向与电流方向相反，与式（2.1-1）进行比较，可以得到

$$\psi = Li \tag{2.1-2}$$

这就是电流—磁链转换公式。

作为法拉第电磁感应定律的应用，可以推出当闭合导体（线圈）在磁场内作切割磁力线运动时，电磁感应定律的表示形式为

$$e = Blv \tag{2.1-3}$$

式中　B——磁感应强度（$\mathrm{Wb/m^2}$）；

l——导体长度（m）；

v——导体在垂直与磁力线方向的运动速度（m/s）；

e——导体的感应电动势（V）。

导体中的感应电动势的方向可以通过右手定则决定。

在图 2.1-1 所示的交流电机中，由于励磁绕组中通入的是交流电流，故磁链将随时间变

化；此外，由于线圈与磁场还存在相对角位移，也将引起线圈磁链的变化，因此式（2.1-1）可展开为

$$e = \frac{\mathrm{d}\psi}{\mathrm{d}t} = \frac{\partial\psi}{\partial t} + \frac{\partial\psi}{\partial\theta}\frac{\mathrm{d}\theta}{\mathrm{d}t} \tag{2.1-4}$$

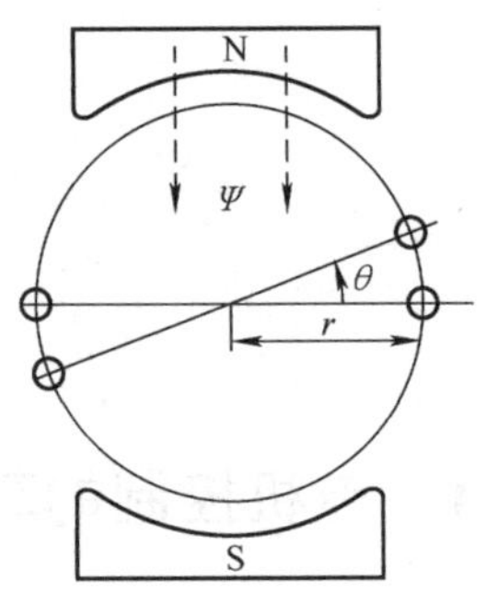

图 2.1-1　交流电机的磁链

式（2.1-4）中的前一部分 $\frac{\partial\psi}{\partial t}$ 为不考虑线圈与磁场相对角位移时由磁链本身随时间变化所产生的感应电动势，变压器就是应用这一原理的典型事例，因此，在部分场合被称为“变压器电动势”。

式（2.1-4）中的第二部分 $\frac{\partial\psi}{\partial\theta}\frac{\mathrm{d}\theta}{\mathrm{d}t}$ 为不考虑磁链本身变化，由线圈与磁场相对角位移（线圈切割磁力线）产生的电动势，称为“切割电动势”或“速度电动势”，对于磁场均匀分布的旋转运动，容易证明 $\frac{\partial\psi}{\partial\theta}\frac{\mathrm{d}\theta}{\mathrm{d}t} = \psi\omega$，$\omega$ 为线圈旋转角速度（rad/s）。

2. 电磁力定律

通电导体在磁场中将受到电磁力的作用，根据电磁力定律，作用力的大小为

$$f = Bli \tag{2.1-5}$$

式中　B——磁感应强度（$\mathrm{Wb/m^2}$）；

l——导体长度（m）；

i——导体的电流（A）；

f——导体所受到的电磁力（N）。

力的方向可以通过左手定则决定。

由式（2.1-3）与式（2.1-5）可见，当通电导体为闭合线圈，通过的电流强度为 i，并假设线圈导体的运动方向始终垂直于磁力线，则机—电功率转换式可以表示为

$$P = ei = Blvi = Bliv = fv$$

对于旋转电机，假设线圈的半径为 r（见图 2.1-1），旋转角速度为 ω，则线圈的转矩 $M = fr$，线圈的线速度为 $v = \omega r$，所以

$$P = ei = fv = M\omega \tag{2.1-6}$$

即导体所消耗的电能与导体所具有的机械能相等，这便是电动机的机电能量转换原理与计算式。

2.1.2　电机运行的力学基础

使用电机的根本目的是通过电机所产生的电磁力带动机械装置（负载）进行旋转或直线运动，因此，习惯上称之为“电力拖动系统”。

研究电机控制系统不但需要考虑电机的电磁问题，而且还涉及诸多的机械运动问题，因此，需要熟悉电机传动系统所涉及的力学问题与计算公式。

1. 转矩平衡方程

电力拖动系统是建立于牛顿运动定律基础上的机电系统，对于转动惯量固定不变的旋转

运动，牛顿第二定律的表示形式为

$$M = M_f + J\frac{d\omega}{dt} \tag{2.1-7}$$

式中　M——电机输出转矩（N·m）；

M_f——负载转矩（N·m）；

J——转动惯量（$kg \cdot m^2$），当质量 m 的物体绕半径 r 进行回转时，$J = mr^2$；

ω——电机角速度（rad/s），当以电机转速 n（r/min）表示时，$\omega = 2\pi n/60$。

式（2.1-7）又称电力拖动系统的转矩平衡方程。

电机输出的机械功率可以通过下式进行计算：

$$P = M\omega \tag{2.1-8}$$

当功率单位为kW、转矩单位N·m、角速度用电机转速 n（r/min）进行表示时，式（2.1-8）可以转换为

$$P = M\frac{2\pi}{60}n \times \frac{1}{1000} \approx \frac{Mn}{9550} \tag{2.1-9}$$

这就是电机输出功率—转矩转换公式，如果已知电机的额定功率、额定转速，就可以计算出其额定输出转矩。

2. 机械特性

图2.1-2a所示的电机输出转矩（或功率）与转速之间的相互关系称为电机的机械特性，即 $M=f(n)$ 或 $P=f(n)$。对于感应电机，为了方便分析，机械特性也可以用图2.1-2b所示的 $n=f(M)$ 的形式进行表示。

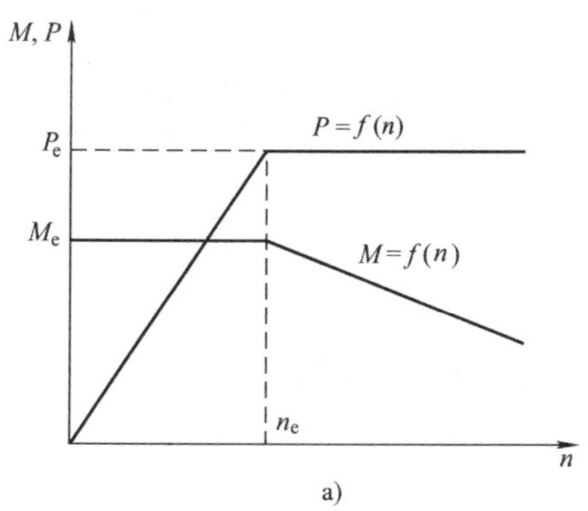

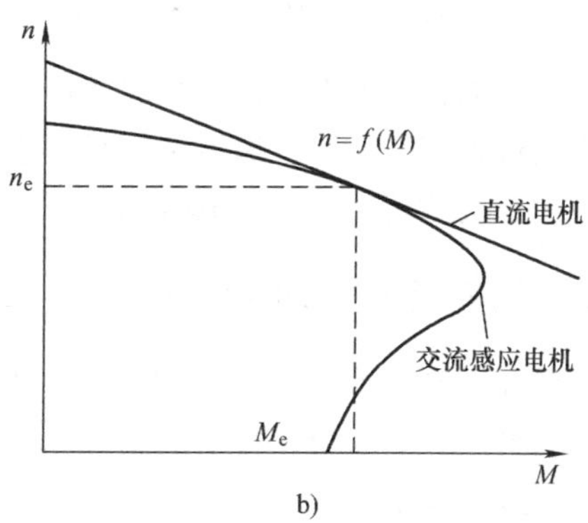

图2.1-2　电机的机械特性

a）$M=f(n)$ 或 $P=f(n)$　b）$n=f(M)$

在图中转速 n_e 所对应的点上，电机输出转矩与功率均达到最大值，它是电机的最佳运行点，该点对应的转速 n_e、转矩 M_e、功率 P_e 称为电机的额定转速、额定转矩、额定功率。

3. 电力拖动系统稳定运行条件

电力拖动系统的稳定运行与电机的机械特性及负载特性有关。

对于图2.1-3所示的机械特性，在恒转矩负载下，特性段 $C—C'$ 为稳定工作区，而特性段 $C'—C''$ 为不稳定工作区。

例如，当电机工作于稳定工作区的 A 点时，电机的输出转矩与负载转矩相等（同为

M_f），由转矩平衡方程 $M - M_f = J\frac{d\omega}{dt}$ 可知，这时的加速转矩 $M' - M_f = 0$，电机转速将保持 n_1 不变。如果运行过程中由于某种原因，使电机转速由 n_1 下降到了 n_1'，从机械特性可见，此时的电机输出转矩将由 M_f 增加到 M'，转矩平衡方程中的 $M' - M_f > 0$，故 $\frac{d\omega}{dt} > 0$、电机随之加速，输出转速随之上升；直到电机转速回到 n_1、$M - M_f = 0$ 时才停止加速，重新获得平衡。反之，当由于某种原因使电机转速由 n_1 上升到 n_1''时，电机输出转矩 M''将小于 M_f，因此，$M'' - M_f < 0$、$\frac{d\omega}{dt} < 0$，电机随即减速，输出转速下降，直到回到 n_1点后 $M - M_f = 0$，重新获得平衡。

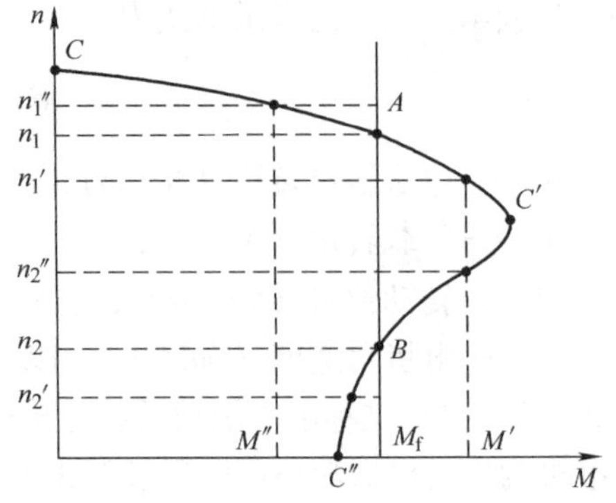

图 2.1-3　电力拖动系统的稳定运行

但是，电机工作在不稳定区的 B 点时，虽在电机输出转矩等于负载转矩也同为 M_f，加速转矩 $M' - M_f = 0$，电机转速可暂时保持 n_2不变。但是，当由于某种原因，使电机转速由 n_2下降到n_2'时，从机械特性上可见，此时，电机输出转矩反而小于 M_f，故 $M - M_f < 0$、$\frac{d\omega}{dt} < 0$，电机将减速，转速进一步下降，如此不断循环，直到停止转动。同样，当由于某种原因，使电机转速由 n_2 上升到 n_2''时，电机输出转矩反而由 M_f增加到 M'，导致 $M' - M_f > 0$、$\frac{d\omega}{dt} > 0$，电机将加速，转速进一步上升，如此不断循环，最终远离 n_2点。

由此可见，电力拖动系统稳定运行的条件是电机必须运行在这样的机械特性段上：当转速高于运行转速时，电机输出转矩必须小于负载转矩；当转速低于运行转速时，电机输出转矩必须大于负载转矩，以便电机加速回到平衡点。

2.1.3　恒转矩和恒功率调速

人们在选择交流调速装置时，经常涉及恒转矩调速、恒功率调速等概念，这是根据不同负载的特性对调速系统所提出的要求。

1. 恒转矩负载

恒转矩负载是要求驱动转矩不随转速改变的负载。例如，对于图 2.1-4 所示的起重机，驱动负载匀速提升所需要的转矩为 $M = Fr$，由于卷轮半径 r 不变，在起重机的提升重量指标确定后，就要求驱动电机能够在任何转速下都能够输出同样的转矩，这就是恒转矩负载。

再如，对于利用滚珠丝杠驱动的金属切削机床的进给运动，电机所产生的进给力 F 和输出转矩 M 的关系为 $M = Fh/2\pi$（h 为丝杠导程）。由于丝杠的导程 h 固定不变，因此，在机床进给力指标确定后，同样要求驱动电机能够在任何转速下都能够输出同样的转矩，这也是典型的恒转矩负载。

2. 恒功率负载

恒功率负载是要求驱动功率不随转速改变的负载。例如，对于金属切削机床，刀具在单位时间内能切削的金属材料体积 Q 直接代表了机床的加工效率，而 $Q = kP$（k 为单位功率的切削体积），在刀具、零件材料确定后，k 为定值。因此，当机床加工效率指标确定后，就要求带动刀具或工件旋转的主轴电机能够在任何转速下输出同样的功率，这就是典型的恒功率负载。

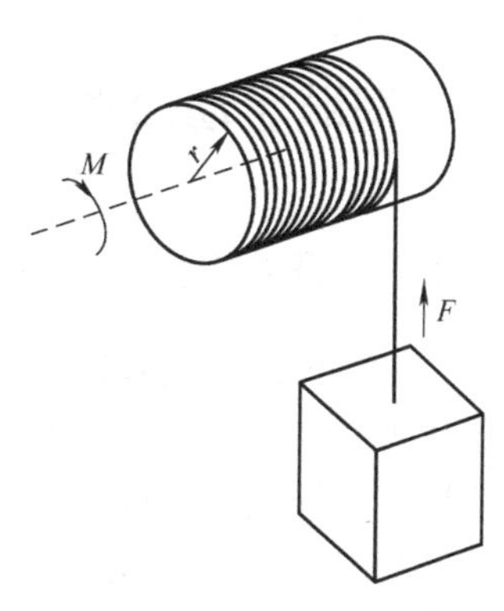

图2.1-4 起重机负载

但是，由电机功率—转矩转换式（2.1-9）可知，电机的功率与输出转矩和转速的乘积成正比，当转速很小时，如要保证输出功率不变，就必须有极大的输出转矩，这是任何调速系统都无法做到的。目前，即使在交流主轴驱动系统上，电气调速只能够保证额定转速以上区域实现恒功率调速。为此，对于需要大范围恒功率调速的负载，如机床主轴等，为了扩大其恒功率调速范围，往往需要通过变极调速、增加机械减速装置等辅助手段，来扩大电机的恒功率输出区域。

例如，对于额定转速为1500r/min、最高转速为6000r/min的主电机，其实际恒功率调速区为1500～6000r/min，电机和主轴1:1连接时的恒功率调速范围为4；但如增加图2.1-5所示的传动比为4:1的一级机械减速，并在主轴低于额定转速1500r/min时自动切换到低速挡，就可将主轴的恒功率输出区扩大至375～6000r/min，主轴的恒功率调速范围成为16。

3. 风机负载

除以上两类负载外，风机、水泵等也是经常需要进行调速的负载，此类负载的特点是转速越高、所产生的阻力越大，负载转矩和转速的关系为 $M=kn^2$，它要求电机在起动阶段的输出转矩较小，但随着转速的升高，电机的输出转矩需要以速度的二次方关系递增，此类负载称为风机负载。

以上三类负载的特性如图2.1-6所示。但实际负载往往比较复杂，多数情况是各种负载特性的组合，如对于恒功率负载，它总是有机械摩擦阻力等非恒功率负载因数，因此，工程上所谓的恒转矩、恒功率和风机负载，只是指负载的主要特性。

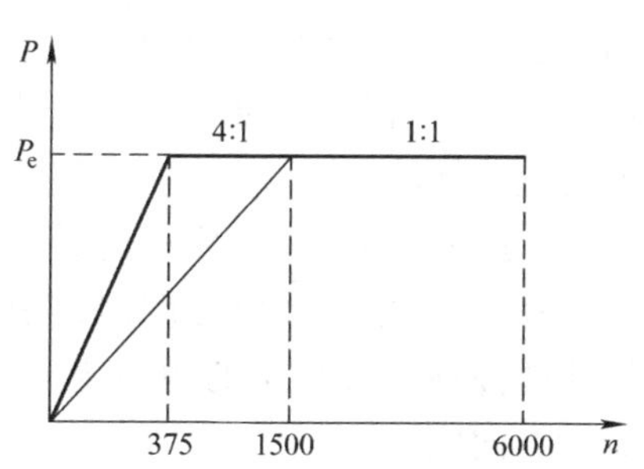

图2.1-5 机械变速增加恒功率范围

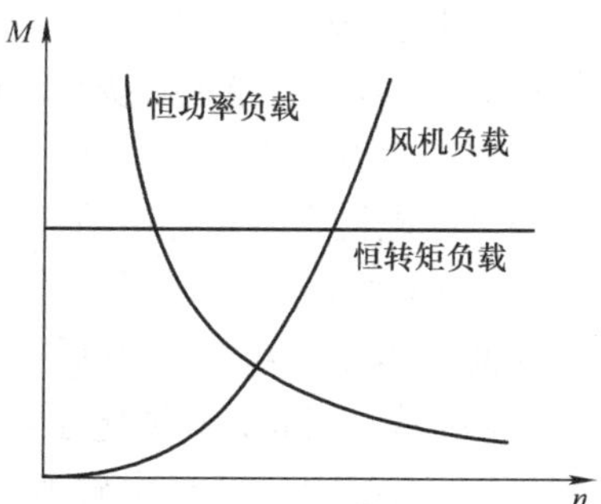

图2.1-6 负载特性图

综上所述，所谓恒转矩调速，就是要求电机的输出转矩不随转速变化的调速方式，而恒功率调速则是要求电机输出功率不随转速变化的调速方式。

2.2　伺服驱动原理

2.2.1　伺服电机运行原理

1. BLDCM 运行原理

作为交流伺服驱动系统控制对象的伺服电机，本质上是一种交流永磁同步电机，它的转子安装有高性能的永磁材料，可产生固定的磁场；定子布置有三相对称绕组，其结构在不同方式运行时并无太大的区别。

交流电机可以像直流电机一样控制其运行，而且其性能与直流电机类似，故又称无刷直流电机（BLDCM）。图 2.2-1 所示为交流伺服电机 BLDCM 运行和直流电机运行的原理比较图。

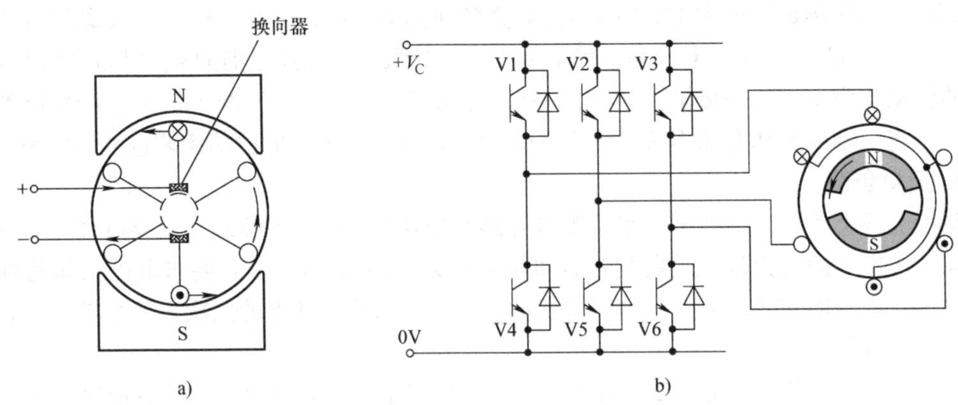

图 2.2-1　交流伺服电机运行原理
a）直流电机　b）交流伺服电机

在图 2.2-1a 所示的直流电机上，定子为磁极（一般由励磁绕组产生，为便于说明，图中以磁极代替），转子上布置有绕组；电机依靠转子线圈通电后所产生的电磁力转动。为了保证电机能够产生方向不变的电磁力，转子绕组需要用接触式换向器来保证任意一匝线圈转到同一磁极下的电流方向总是相同，使转子以固定的方向连续旋转。

在图 2.2-1b 所示的交流伺服电机上，电机的结构相当于将直流电机的定子与转子进行了对调，因此，当定子绕组通电后，可通过绕组通电后所产生的电磁力反作用，使磁极（转子）产生旋转。因此，只要定子绕组中的电流通过功率晶体管按规定的顺序轮流导通，就可以保证定子绕组所产生的电磁力，带动转子以固定的方向旋转。

采用这种控制方式运行的交流伺服电机，只是以功率管的电子换向取代了直流电机的换向器，故其性能与直流电机相同，因此称为 BLDCM 运行。BLDCM 运行的关键是要根据转子磁极的位置来控制绕组的通电，为此，必须在转子上安装位置检测的编码器或霍尔元件，以保证功率管通断按照要求进行。

BLDCM 运行避免了直流电机换向器带来的高速换向、制造、维修等问题，大幅度提高了电机转速，其使用寿命长、维修方便、可靠性高，而且只需要在直流电机控制系统的基础上增加电子换向控制，它可通过简单的电子线路、模拟量控制来实现，驱动器结构简单、控制容易，因此，在20世纪80年代就被实用化与普及，并在数控机床、机器人等控制领域得到了广泛应用。

2. PMSM 运行原理

交流伺服电机在BLDCM运行时，通入电机定子绕组的电流为图2.2-2a所示的方波，它直接利用电磁力带动转子旋转，定子不产生空间旋转的磁场。这种运行方式虽然控制简单、实现容易，但由于绕组是电感负载，其电流不能突变，且绕组所产生的反电势与电流的变化率有关，它将随转速（绕组切换频率）的变化而改变，引起功率管的不对称通断与高速剩余转矩脉动，严重时可能导致机械谐振的产生。因此，BLDCM运行较难做到大范围高速、高精度调速，目前在数控机床等设备上已较少使用。

随着微处理器、电力电子器件及矢量控制理论、PWM变频技术的快速发展，人们借鉴了感应电机的运行原理，将交流伺服电机的定子电流由方波改成为了图2.2-2b所示的三相对称正弦波，这样便可以像感应电机一样，使得定子产生平稳的空间旋转磁场，以带动转子同步、平稳旋转。这种运行方式称为交流永磁同步电机（Permanent – Magnet Synchronous Motor，PMSM）运行。

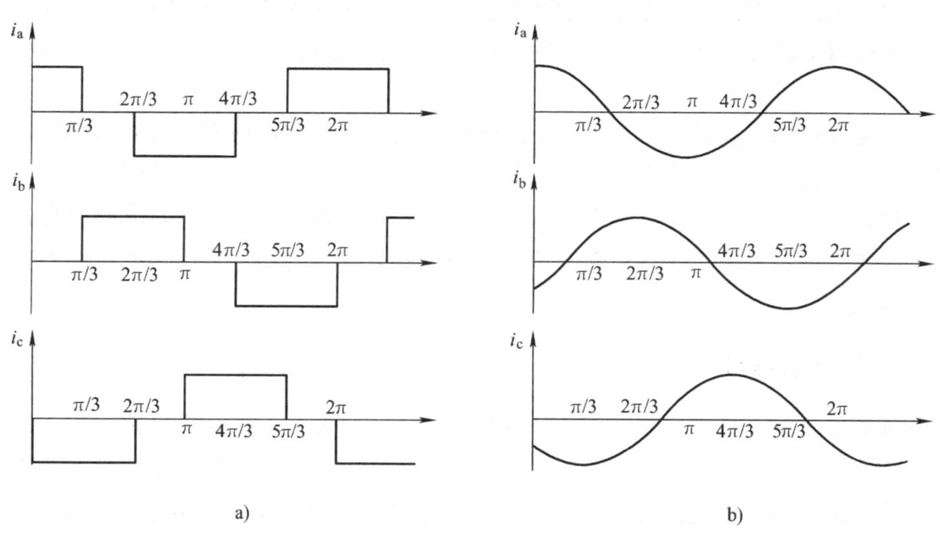

图2.2-2　交流伺服电机定子绕组的电流形式
a）方波　b）正弦波

PMSM运行利用了平稳的空间旋转磁场带动转子同步旋转，它解决了BLDCM运行时的不对称通断与高速剩余转矩脉动问题，其运行更平稳，动静态特性更好，它是当代交流伺服驱动的主要形式。由于交流伺服电机是一种同步电机，其输出转速只与定子的三相电流的频率、磁极对数有关，其调速原理与下述的感应电机变频调速相同。

2.2.2　伺服电机输出特性

交流伺服电机的转子有强度不变的磁场，只要在定子绕组中通入固定的电流，便可以输出恒定的转矩，它具有和直流电机同样的优异恒转矩调速性能。

伺服电机的输出特性如图 2.2-3 所示。电机静止时的输出转矩称静态转矩，由于无摩擦热量等因素的影响，其绕组允许的最大电流可略大于运行时的电流。随着电机转速的升高，摩擦热量逐步增加，绕组允许的最大电流（即输出转矩）有所下降。但在高性能的伺服电机上，在额定转速以下区域，这一输出转矩的下降并不明显。因此，通常可用静态转矩近似代替输出转矩；在额定转速以上区域，则通常需要考虑转矩的下降。

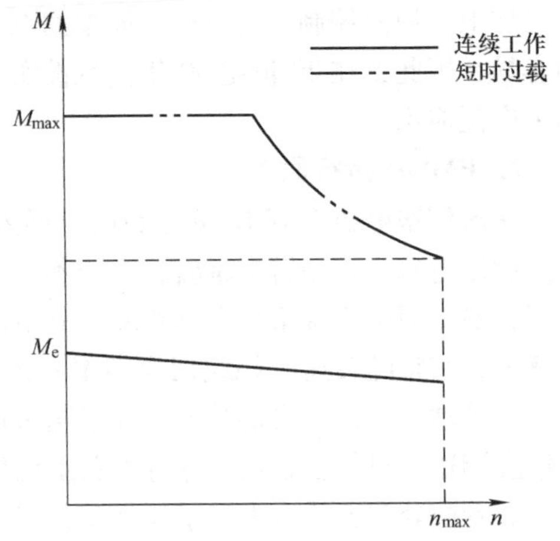

图 2.2-3　交流伺服电机输出特性

交流伺服驱动系统具有优异的加减速与过载性能，其静态加速转矩可达额定转矩的 300% 以上。由于绕组温升与通电时间有关，伺服电机的过载特性是一条与时间成反比的反时限曲线，过载时间越短，允许的过载电流就越大。但是，由于电机的最大电流还受驱动器逆变功率管允许的最大电流、最大电流变化率、开关损耗等因素的限制，因此，在实际驱动器上，一般将额定转速以下区域统一限制在某一值，而在额定转速以上区域，则需要随转速的升高而下降，最终得到的交流伺服驱动系统加减速特性如图 2.2-3 所示。

交流伺服电机的最高转速一般可达到 3000 ~ 6000r/min，在所有交流电机控制系统中，交流伺服的调速范围最大、精度最高、过载能力最强、速度响应最快，故可用于高速、高精度速度与位置控制。但是，交流伺服电机使用的是永久磁铁，它不能像直流电机那样通过改变励磁电流进行弱磁升速，实现恒功率调速。因此，它不适合用于金属切削机床的主轴控制等恒功率负载驱动。

2.2.3　伺服驱动系统

交流伺服系统需要控制位置，因此，必须采用闭环控制。交流伺服系统有半闭环与全闭环之分，两者的区别仅在于位置检测器件及检测器件的安装位置不同。半闭环系统采用的是旋转编码器，编码器一般直接安装在电机上，并与电机制成一体，故实际控制的是电机转子的转角；全闭环直线运动系统，一般采用光栅尺，光栅尺安装在运动部件上，因此，它可以直接控制运动部件的位置。

半闭环伺服系统的结构原理如图 2.2-4 所示，系统实质是对电机的角位移进行闭环控制，由于伺服电机和负载之间一般为机械刚性联结，因此，控制伺服电机的转角与转速，就可间接控制移动部件的速度与位移量。由于这种系统没有实现对最终输出（如直线位移）的闭环控制，故称为半闭环驱动系统。

编码器信号可以分解为转子位置、速度反馈与位置反馈信号。转子位置检测用于逆变功率晶体管的换向控制；速度反馈信号用于速度闭环调节；位置反馈信号用于闭环位置控制。早期的伺服驱动系统，也有使用霍尔元件进行转子位置检测、使用测速发电机进行速度检测的结构，如 SIEMENS 公司的 SIMODRIVE 610 系列交流伺服驱动等。这种伺服驱动器多用于模拟量控制、通过 CNC、PLC 等上级控制器，实现闭环位置控制的系统。

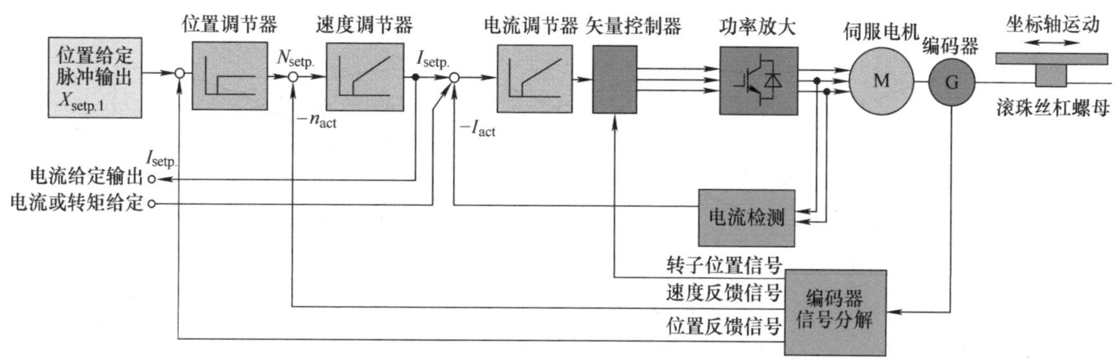

图 2. 2-4　半闭环伺服系统的结构原理

半闭环驱动系统具有设计方便、结构简单、制造成本低、性能价格比高等特点，电气控制与机械传动部分之间有明显的分界，机械部分的间隙、摩擦死区、刚度等非线性环节都在闭环以外。因此，系统调试方便，稳定性好，在数控机床上等设备上得到了广泛应用。

2. 3　变频调速原理

2. 3. 1　感应电机运行原理

变频器是一种用于通用感应电机调速的装置，其调速理论建立于感应电机运行原理之上。

1. 旋转磁场的产生

三相交流感应电机是通过三相交流电在定子中产生的旋转磁场，并通过电磁感应作用在转子中产生感应电流，再利用旋转磁场与感应电流间的相互作用，使转子跟随旋转磁场旋转的电机。理论与实践证明，只要在对称的三相绕组中通入对称的三相交流，就会产生图 2. 3-1所示的强度不变并以一定速度在空间旋转的磁场。

当三相绕组 A－X、B－Y、C－Z 互隔 120°对称分布在定子的圆周上，并在三相绕组中分别通入 $i_A = I_m\cos\omega t$、$i_B = I_m\cos(\omega t - 2\pi/3)$、$i_C = I_m\cos(\omega t - 4\pi/3)$ 三相电流，并假设电流的瞬时值为正时，电流方向从绕组的首端（A、B、C）流入（用符号 × 表示）、末端（X、Y、Z）流出（用符号 · 表示），线圈所产生的磁场变化过程如下：

$\omega t = 0$ 时刻，$i_A = I_m$、$i_B = -I_m/2$、$i_C = -I_m/2$，A 相电流为正（从 A 端流入、X 端流出），B、C 相为负（从 Y、Z 端流入、B、C 端流出）。由图可见，Y、A、Z 三个线圈相邻边的电流都为流入；而 B、X、C 三个线圈相邻边的电流都为流出，根据右手定则，可画出其磁力线分布为图 2. 3-1 左侧第 1 图所示，磁场方向自右向左。

$\omega t = \pi/3$ 时刻，$i_A = i_B = I_m/2$、$i_C = -I_m$，A、B 相电流为正（从 A、B 端流入、X、Y 端流出）；而 C 相为负（从 Z 端流入、C 端流出）。由图可见，A、Z、B 三个线圈相邻边的电流都为流入；而 X、C、Y 三个线圈相邻边的电流都为流出，根据右手定则可画出其磁力线分布为图 2. 3-1 左侧第 2 图所示，磁场方向在第 1 图的基础上顺时针旋转了 60°。

同理可得到 $\omega t = 2\pi/3$、π、$4\pi/3$、$5\pi/3$、2π 时刻的磁场分布图。

由图 2. 3-1 可见，如果在对称的三相绕组通入对称三相电流后，就可以得到一个磁场强

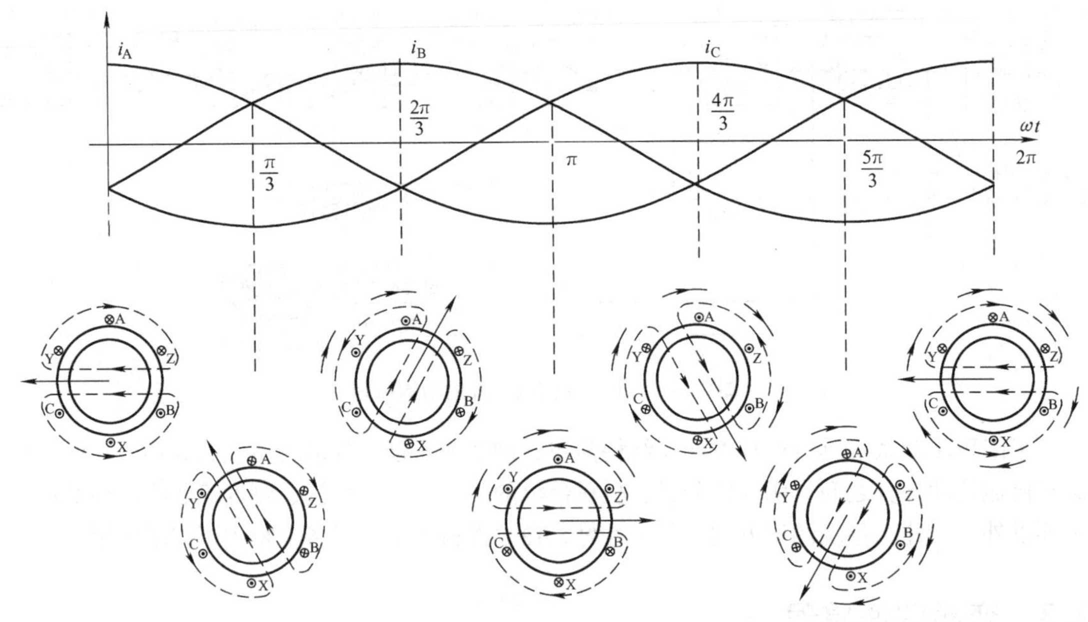

图 2. 3-1　旋转磁场的产生

度不变，但磁极在空间旋转的旋转磁场，它通过电磁感应的作用就可带动转子旋转。

2. 同步转速

从图 2. 3-1 可见，对于单绕组布置（称 1 对极）的电机，当三相电流随时间变化一个周期（2π）时，旋转磁场正好转过 360°（1r），因此，如果电流频率为 f，即每秒变化 f 周期，则旋转磁场的转速也为 f（r/s），即 $n_0 = f(\text{r/s}) = 60f$（r/min）。

旋转磁场的转速 n_0 称为感应电机的同步转速，在 1 对极的电机上它只与电流频率有关。但是，如定子圆周上布置 2 组对称三相绕组 X－A、B－Y、C－Z 与 X′－A′、B′－Y′、C′－Z′，并将同相绕组 X－A 与 X′－A′、B－Y 与 B′－Y′、C－Z 与 C′－Z′串联连接，按图 2. 3-2 排列，电机的极对数将变为 2。通过同样的分析方法可得到 $\omega t = 0$、$2\pi/3$、$4\pi/3$、2π 时刻的磁场分布图 2. 3-2，比较图 2. 3-2 与图 2. 3-1 在同一时刻下的磁场分布可知，极对数为 2 的电机空间旋转磁场在电流变化一周期时仅转过 180°。

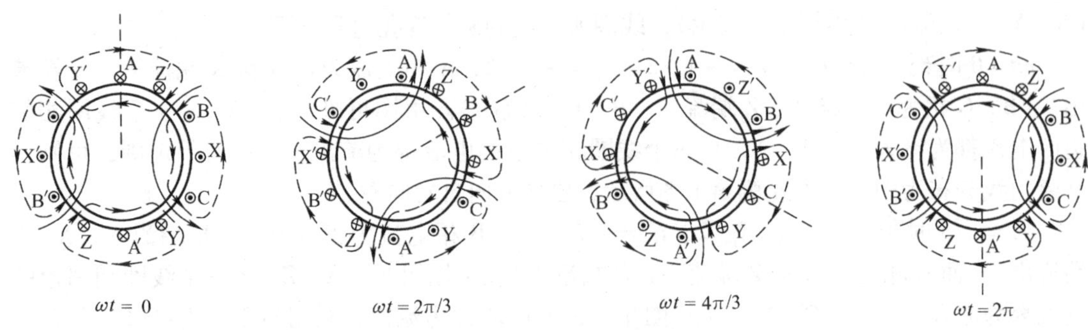

图 2. 3-2　2 对极时的旋转磁场

同理可得，当圆周上布置有 p 组对称三相绕组（极对数为 p）时，其同步转速为

$$n_0 = f/p(\mathrm{r/s}) = 60f/p(\mathrm{r/min}) \tag{2.3-1}$$

由式（2.3-1）可见，交流电机的同步转速只与电机的极对数 p、输入交流电的频率 f 有关，如果需要调节电机同步转速，只需要改变电机的极对数与频率。

3. 感应电机运行原理

当感应电机的定子通过三相交流电产生旋转磁场后，如果转子处于静止状态，则旋转磁场与转子导条之间将产生切割磁力线的运动，导条中将产生感应电动势与感应电流，而这一感应电流又将在导条上产生电磁力。由电磁感应原理可知，这一电磁力的方向总是在使得转子跟随旋转磁场旋转的方向上，通俗地理解，旋转磁场将“吸引”转子同方向旋转，这就是感应电机的运行原理。

由于在转子中产生感应电流的前提是转子导条与旋转磁场之间必须存在切割磁力线的相对运动，也就是说，转子的转速必须小于旋转磁场的转速，否则，两者将相对静止而无感应电流的产生，因此，这是一种转子转速与旋转磁场转速不同步的电机，故称异步电机。在交流伺服电机上，由于转子和定子为同步旋转，故电机转子上无感应电流产生。

在感应电机中，旋转磁场的转速称为同步转速，而转子的转速称为输出转速或直接称电机转速，两者之间的转速差称为转差率。转差率越大，转子的感应电流也就越大，输出转矩也就越大。因此，在同步转速不变的情况下，如加大电机负载，为了产生输出相应的转矩，电机转速也就越低。

感应电机的输出转矩还与旋转磁场的强度有关，磁场强度越大，同样速差下所产生的电磁转矩也就越大，因此，为了控制感应电机的输出转矩，还需要通过改变定子的电压来改变旋转磁场的强度。

2.3.2　感应电机的机械特性

从电磁感应原理上说，感应电机的转子绕组实质上是一组短路的导条，它可看做一个旋转着的变压器，定子绕组相当于变压器的一次绕组，转子相当于二次绕组，其每一相都可以用图 2.3-3 所示的等效电路来代替和分析。

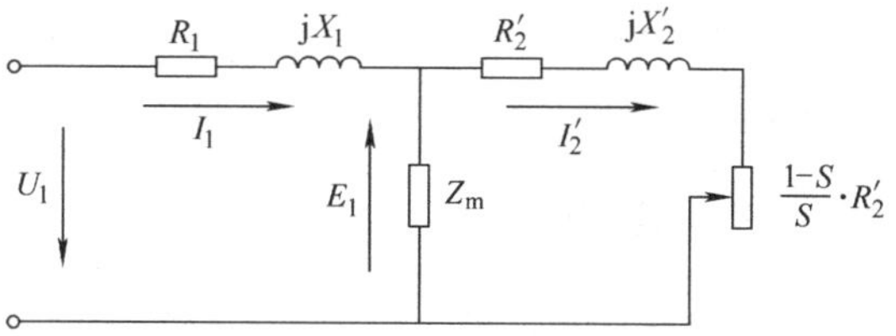

R_1 jX_1 R'_2 jX'_2 I_1 I'_2 U_1 E_1 Z_m $\frac{1-S}{S}\cdot R'_2$

图 2.3-3　感应电机等效电路

根据力学方程，角速度为 ω、输出转矩为 M 的回转体所对应的机械功率为 $P_j = M \cdot \omega$；在等效电路里，它就是三相绕组的电阻 $\frac{1-S}{S} \cdot R'_2$ 所消耗的功率之和，故可得

$$M = \frac{3I'^2_2}{\omega} \cdot \left(\frac{1-S}{S} \cdot R'_2\right) \tag{2.3-2}$$

考虑到 $\omega = 2\pi n$ 及 $n/(1-S) = n_0$、$n_0 = f/p$（n 为转子输出转速，n_0为同步转速，单位 r/s；f_1 为定子电流频率，p 为电机极对数），代入式（2.3-2）整理后得

$$M = \frac{3}{2\pi n} \cdot \frac{I'^2_2 R'_2}{S} = \frac{3p}{2\pi f} \cdot \frac{I'^2_2 R'_2}{S} \tag{2.3-3}$$

由于感应电机的定子绕组的电阻 R_1 与感抗 X_1 的压降与定子感应电势 E_1 相比相对很小，

在工程计算时可用图 2. 3-4 所示的电路来近似代替图 2. 3-3，因此

$$I'_2 = \frac{SE_1}{\sqrt{R_2'^2 + (SX'_2)^2}} \approx \frac{U_1}{\sqrt{(R_1 + R'_2/S)^2 + (X_1 + X'_2)^2}} \tag{2.3-4}$$

将式（2. 3-3）代入式（2. 3-2），便可得到以下的感应电机机械特性方程式：

$$M = \frac{3p}{2\pi f} \cdot \frac{U_1^2}{(R_1 + R'_2/S)^2 + (X_1 + X'_2)^2} \cdot \frac{R'_2}{S} \tag{2.3-5}$$

式中 p——电机极对数；

f——电流频率（Hz）；

U_1——定子电压；

R_1——转子绕组电阻；

X_1——定子绕组感抗，

R'_2——折算到定子侧的转子绕组电阻；

X'_2——折算到定子侧的转子绕组感抗；

S——转差率。

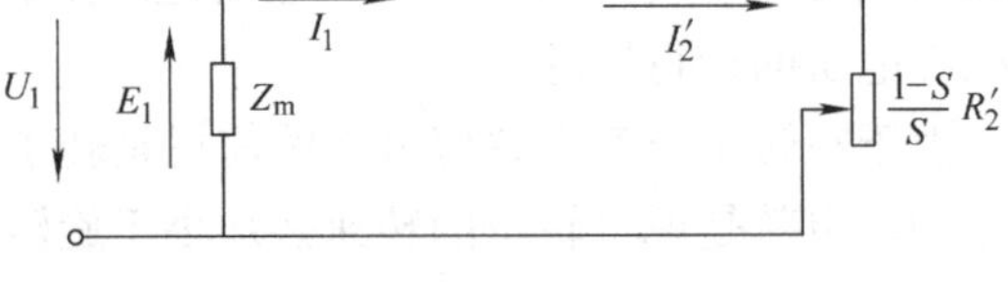

图 2. 3-4 感应电机等效电路简化图

由于电机高速时的转差率 S 很小，可认为 $(R_1+R'_2/S)^2+(X_1+X'_2)^2 \approx (R'_2/S)^2$

因此
$$M \approx M_a = \frac{3p}{2\pi f} \cdot \frac{SU_1^2}{R'_2} \propto S$$

而在低速时的 S 接近于 1，且 $R_1 \gg R_2$，可认为 $(R_1+R'_2/S)^2 \approx (R_1)^2$

因此
$$M \approx M_b = \frac{3p}{2\pi f} \cdot \frac{U_1^2}{(R_1)^2 + (X_1 + X'_2)^2} \cdot \frac{R'_2}{S} \propto \frac{1}{S}$$

感应电机机械特性如图 2. 3-5 所示。图中的 S_k 称为“临界转差率”，在该转差率上，感应电机输出的转矩为最大值 M_m。

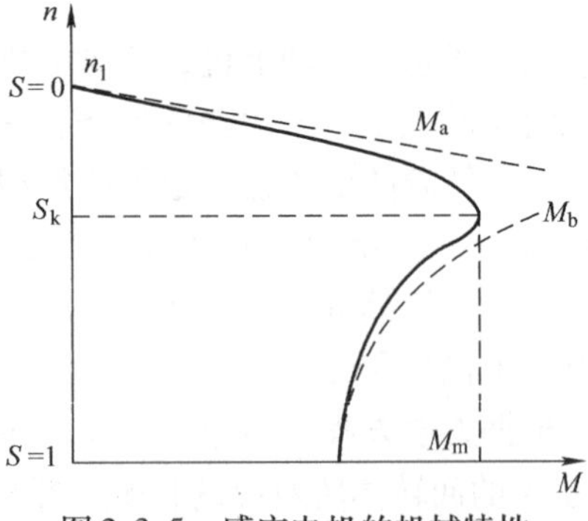

图 2. 3-5 感应电机的机械特性

2. 3. 3 变频调速系统

由式（2. 3-1）可见，三相正弦交流电所产生的旋转磁场转速只与电机的极对数 p、输入交流电的频率 f 有关，如果需要调节电机的同步转速，只需要改变电机的极对数与频率。

由于电机的极对数与结构相关，且改变 p 只能成倍改变同步转速，而不能做到无级调速，故只能作为辅助变速手段；也就是说，通过改变同步转速实现的无级调速只能利用变频控制实现，这一结论同样适用于 PMSM 运行的伺服电机。

因此，无论是感应电机还是交流伺服电机，都可通过改变频率来实现电机的平滑、无级调速；变频器、交流主轴驱动器、交流伺服都是利用这一原理制造的控制器。感应电机的变频调速控制可分为保持定子电压/频率比恒定的控制（简称 V/f 控制）和矢量控制两大类，简要说明如下。

1. V/f 控制原理

V/f 控制是基于感应电机传统的等效电路，从交流电机的静态特性分析出发，对感应电机所进行的变频调速控制，其控制原理如下。

由感应电机的运行原理可知，当定子绕组通入了频率为f的交流电后，线圈中产生的感应电动势为

$$E_1 = \pi \sqrt{2} f k_1 W_1 \Phi \tag{2.3-6}$$

式中，E_1——定子感应电动势；

f——定子电流频率；

k_1——定子绕组系数；

W_1——定子绕组匝数；

Φ——磁通量。

感应电机转子产生的电磁转矩为

$$M = K_m \Phi I_2 \cos\varphi \tag{2.3-7}$$

式中，K_m——电机转矩常数；

I_2——转子感应电流；

Φ——磁通量；

$\cos\varphi$——转子电路的功率因数。

由式（2.3-7）可见，对于结构固定的感应电机，K_m、$\cos\varphi$ 基本不变，其输出转矩与转子感应电流 I_2 与磁通量 Φ 有关。因此，为了实现感应电机的恒转矩调速，要求在同样的转子感应电流 I_2 下，电机能够输出同样的转矩，则磁通量 Φ 必须保持恒定。

从式（2.3-6）可知，当电机结构一定时，定子的绕组匝数 W_1、绕组系数 k_1 不变，为此只要能够保持 E_1/f_1 恒定，就能保证磁通量 Φ 不变。由于定子绕组的电阻与感抗均很小，在要求不高的场合可认为 $E_1 \approx U_1$（定子电压），因此，只要保持变频调速时的 U_1/f_1 不变，就可近似实现感应电机的恒转矩调速。这种变频调速控制称为“V/f 控制”，它是目前通用变频器使用最广泛的基本调速方式。

2. V/f 变频调速系统

V/f 变频调速系统有开环和闭环控制两种基本形式，增加闭环的目的主要是提高速度控制精度，变频器的结构并无太大的差别，因此，在先进的变频器上，一般为两者通用，在通过增加编码器连接模块后，便可用于闭环控制。一般而言，在采用闭环控制后，变频器的速度控制精度可以从 2% ~3% 提高到 0.2% ~0.3%。

感应电机的开环 V/f 变频调速系统的结构原理如图 2.3-6 所示。为了便于说明，图中仍使用了传统的功能框图。但在实际变频器上，其中的大部分功能都通过计算机控制完成。

变频器的整流与逆变主回路与交流伺服驱动器无太大的区别。中小功率的变频器通常采用三相桥式二极管不可控整流电路，其输入电压一般为三相 AC400V（380V），小功率变频器也有采用单相或三相 AC200V 的情况。变频器的逆变回路一般采用 IGBT 驱动，并带有为制动提供能量反馈的续流二极管。

变频器的直流母线上需要安装制动电阻单元（图中未画出），释放电机制动能量；大容量的变频器，由于制动功率较大，制动电阻通常需要外接。

变频器内部分电压控制与频率控制两部分。频率（速度）给定输入一般为 0 ~ ±10V 的

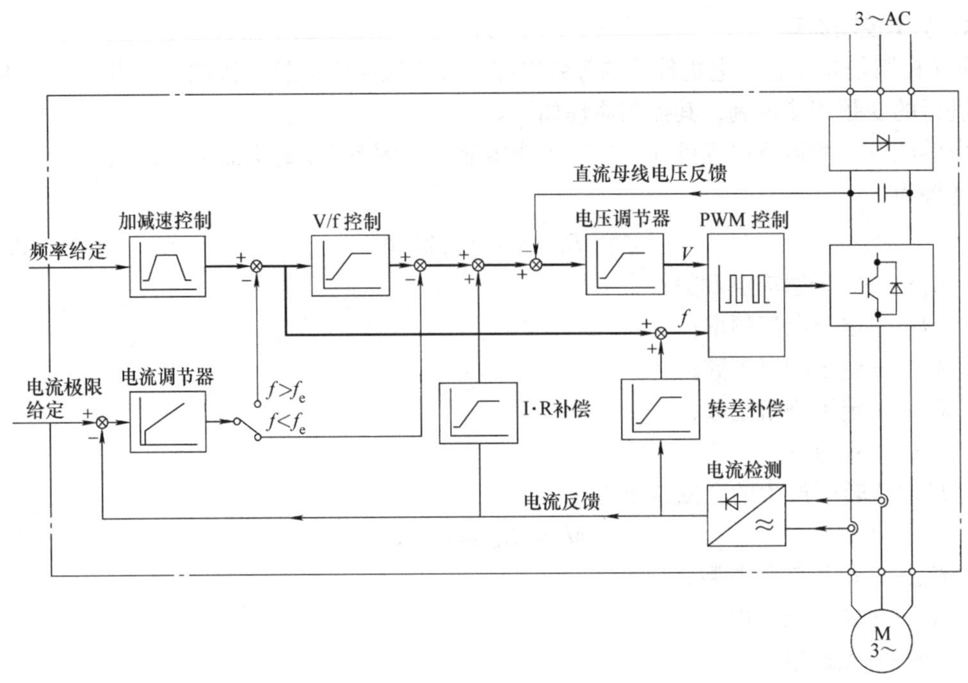

图 2.3-6　开环 V/f 控制系统结构

模拟电压，输入经过加减速控制处理，在内部分成电压与频率两条控制支路。电压控制支路经过 V/f 控制计算，得到 V/f 比保持不变的电压给定，电压给定经过电压调节器，输出到 PWM 控制环节控制 SPWM 脉宽、改变输出电压。频率控制支路直接控制 SPWM 输出频率。两者在 PWM 控制环节中合成后，生成 SPWM 波，SPWM 波经 IGBT 的功率放大，输出驱动电机的三相正弦波。

电流反馈具有速度反馈类似的作用。负载增加时，电机电流增大、转速下降、转差增大，定子电阻上的压降也将增加，为此，需要增加转差补偿、定子电阻压降 *IR* 补偿和电流反馈环节，通过提高输出电压，维持转速的基本不变。但是，由于变频器的输出电压受到电机额定电压的限制，在额定频率 f_e 以上的调速区域，输出电压已被限幅，故不能再通过提高输出电压来改变转速，因此，需要将电流反馈切换至给定上，通过提高频率来维持转速的基本不变。

以上控制系统结构简单、控制方便、通用性强，但由于无法检测实际速度，其定子电阻压降、转差补偿、电流反馈补偿都是预估值。对于带速度检测的闭环系统来说，图中的转差补偿、电流反馈补偿都可以用实际转速反馈代替。

2.4　交流逆变技术

2.4.1　电力电子器件

1. 交流逆变

在以交流电机为执行元件的控制系统中，为了实现位置、速度或转矩的控制，都需要改变电机的转速。根据电机运行原理，电机转速决定于同步转速，而同步转速只能通过改变磁极对数或交流电频率改变。由于磁极对数与电机结构相关，且只能成对改变，因此，变极调速只能作为一种辅助调速手段，这就决定了变频是实现交流电机无级转速的唯一选择。

将来自电网的工频交流电转换为频率、幅值、相位可调的交流电的技术称为交流逆变技术。实现交流逆变需要一整套控制装置，这一装置称为变换器（Inverter），有时直接称为逆变器，俗称变频器。通用变频器、交流伺服驱动器、交流主轴驱动器广义上都属于变频器的范畴，它们的区别只是控制对象（电机类型）有所不同而已。

交流逆变可采用多种方式，但是为了能够对电压的频率、幅值、相位进行有效控制，绝大多数变频器都采用了图2.4-1所示的将电网交流输入转换为直流、然后再将直流转换为所需要的交流的逆变方式，并称之为交—直—交逆变。在逆变装置中，将交流输入转换为直流的过程称为整流，而将直流转换为交流的过程称为逆变。

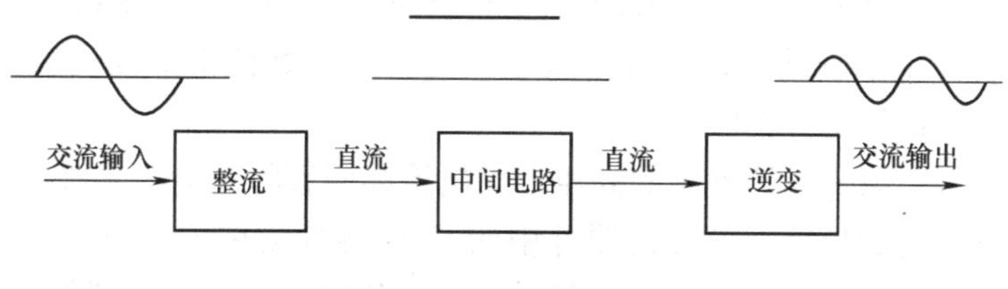

图2.4-1 交—直—交逆变

由图2.4-1可见，变频器的主回路由整流、中间电路（称为直流母线控制电路）与逆变三部分组成。整流电路用来产生逆变所需的直流电流或电压；中间电路可以实现直流母线的电压的控制；而逆变电路则通过对输出功率管的通/断控制，将直流转变为幅值、频率、相位可变的交流。

整流电路的作用只是将交流输入转换为直流输出，由于电网输入的交流电频率通常为50Hz或60Hz，它对控制器件的工作频率要求不高，为此，小功率变频器一般采用二极管作为整流器件。但是，在大功率变频器上，为了能将电机制动时所产生的能量返回到电网实现节能，其整流器件需要使用晶闸管或功率晶体管。

中间电路的主要作用是保持直流母线电压的不变，在以二极管为整流器件的变频器中，由于整流电路的输出电流无法调节，当逆变电路的输出电流（负载）发生变化或由于电机制动产生能量回馈时，都会引起直流母线电压的波动，因此，需要通过动态调整电阻的能量消耗来维持其电压的不变，故必须采用通断可控的大功率器件。

逆变电路是通过对大功率器件的通断控制，采用PWM技术将直流转换为幅值、频率、相位可控的交流输出的电路，其输出波形将直接决定交流逆变的质量，它是交流逆变的关键。逆变器件必须采用能够高频通断的器件。

2. 电力电子器件

交流逆变需要使用专门的、用弱电控制强电的半导体器件，这些器件必须在高压、大电流的状态下工作，因此称为电力电子（Power Electronics）器件。电力电子器件是用于高压、大电流电路通断控制的器件，其理想的性能应是：载流密度大、导通压降小，即器件可承受大电流，且本身所产生的功耗较小；耐压高、控制容易，即截止时能承受高压，且能方便地进行通断控制；工作频率高、开关速度快，即器件能够承受的 di/dt、dv/dt 大。

电力电子器件是实现交流逆变的基础元件，其发展经历了以晶闸管为代表的第一代“半控型”器件，以 GTO、GTR 与功率 MOSFET 为代表的第二代“全控型”器件，以 IGBT 为代表的第三代“复合型”器件及以 IPM 为代表的第四代功率集成器件（PIC）的发展历程。提高器件的容量和工作频率、降低通态压降、减小驱动功率、改善动态性能以及进行器件的复合化、智能化与模块化，如开发适合与三电平逆变、矩阵控制所需要的复合器件与双向控制器件等是当前电力电子的发展方向。

第一代电子电力器件由于存在关断不可控与工作频率低两大主要问题，实际上并没有为交流调速装置的实用化带来太大的帮助。交流调速装置的快速发展始于第二代“全控型”器件；而第三代“复合型”器件 IGBT（Insulated Gate Bipolar Transistor）的出现，使得交流电机控制装置性能的提高与小型、高效、低噪声成为了现实；第四代 IPM 的实用化则使交流电机控制装置的结构更为简单、性能更好、可靠性更高。

变频器、伺服驱动器最初都采用 GTR；自 1988 年起开始使用 IGBT；1994 后在高性能、专用变频器（如交流主轴驱动器、交流伺服驱动器）上开始使用第四代 IPM 器件；目前通用变频器的主流器件仍然是 IGBT。

从应用的角度看，第一代器件中的高压、大电流晶闸管将在电力系统的直流高压输电和无功功率补偿装置中得到延续；第二代器件中的 GTO 将继续在超高压、大功率领域发挥作用；功率 MOSFET 在高频、低压、小功率领域仍具竞争优势；第三代器件中的 IGBT 在中高压、中小功率控制场合将保持良好的市场；而第一代器件中的普通晶闸管和第二代器件中的 GTR 则将逐步被功率 MOSFET 和 IGBT 所代替。

3. 关断不可控器件

在交流电机控制系统中，关断不可控器件主要用于整流主回路，表 2.4-1 为典型产品二极管与晶闸管的技术特点与用途表。

表 2.4-1　关断不可控型电力电子器件简表

名　称	功率二极管	晶　闸　管
符号	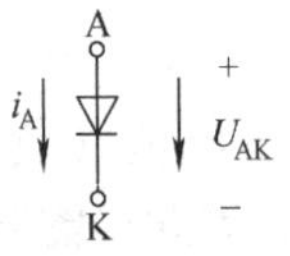 A, K, i_A, +, U_{AK}, −	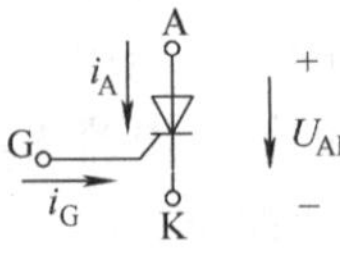 A, K, G, i_A, i_G, +, U_{AK}, −
输出特性	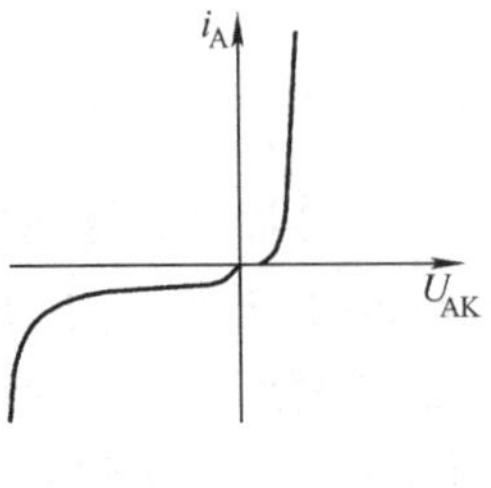 i_A, U_{AK}	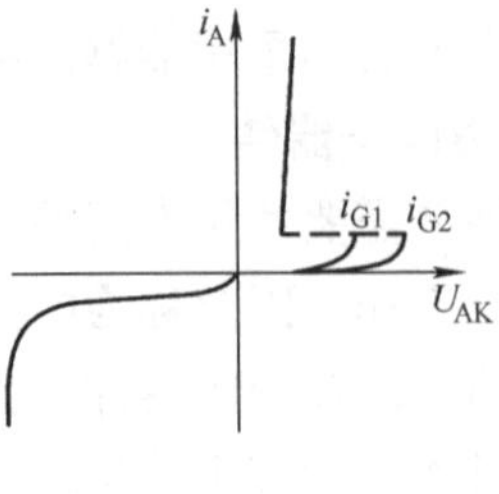 i_A, i_{G1}, i_{G2}, U_{AK}

（续）

名　　称	功率二极管	晶　闸　管
电压、电流波形	U_{AK} i_A	U_{AK} i_A i_G
功能说明	不可控整流 U_{AK}≥0.5V时，二极管导通 U_{AK}<0.5V时断开	可控制导通、但不能控制关断 U_{AK}≥0.5V时，且i_G≥0时导通 导通后，只要i_A大于维持电流 仍然可以保持导通状态
用途	高压、大电流不可控整流电路	高压、大电流可控整流电路；带有换流控制的逆变回路

功率二极管的工作原理与普通二极管相同，只要正向电压U_{AK}>0.5V，便可正向导通；如工作电流保持在允许范围，正向压降可保持0.5V基本不变；当正向电压U_{AK}<0.5V或反向加压时，如反向电压在允许范围，可认为反向漏电流为0；这是一种通/断决定于正向电压控制的不可控器件。

晶闸管具有控制导通的门极（G），当正向电压U_{AK}>0.5V，且在门极加入触发电流i_G后导通；晶闸管一旦导通，门极即失去控制作用，只要正向电流大于维持电流就可以保持导通（即使U_{AK}<0V），但是，关断晶闸管必须使得正向电流小于维持电流；因此，称为半控型器件。

功率二极管与晶闸管的共同特点是工作电流大、可承受的电压高，但缺点是关断不可控与开关频率低，故可以用于高压、大电流低频控制的场合。此外，功率二极管与晶闸管的关断控制必须通过改变电压或电流的极性实现，在“交—直—交”变流系统中，由于直流母线电压与电流的方向通常不可改变，因此，它们只能用于整流回路。

4. 全控器件

在交流电机控制系统中，全控型器件主要用于逆变主回路，表2.4-2为变频器与交流伺服常用的全控型电力电子器件的技术特点与用途表。

表2.4-2　全控型电力电子器件简表

名　　称	电力晶体管	功率MOSFET	IGBT
符号	C i_C + U_{CE} − B i_B E	D i_D + U_{CE} − G + U_{GS} − S	C i_C + U_{CE} − G + U_{CE} − E

（续）

名　称	电力晶体管	功率 MOSFET	IGBT
输出特性	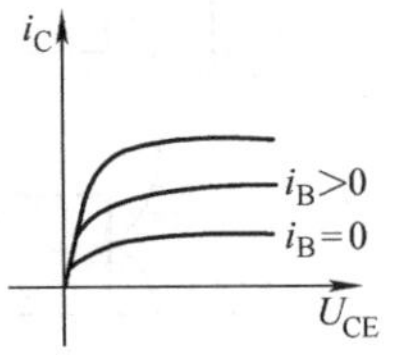 i_C $i_B>0$ $i_B=0$ U_{CE}	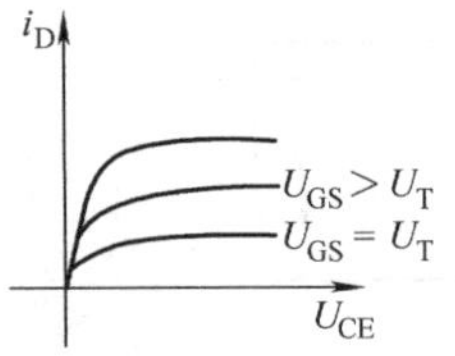 i_D $U_{GS}>U_T$ $U_{GS}=U_T$ U_{CE}	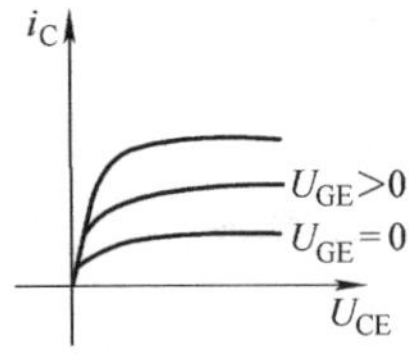 i_C $U_{GE}>0$ $U_{GE}=0$ U_{CE}
电压、电流波形	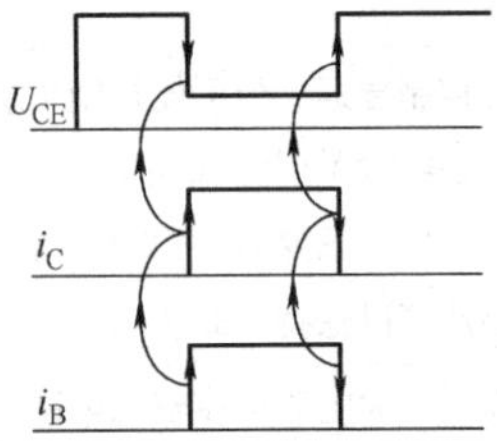 U_{CE} i_C i_B	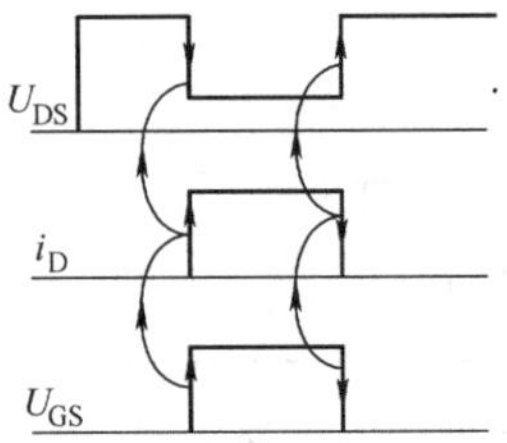 U_{DS} i_D U_{GS}	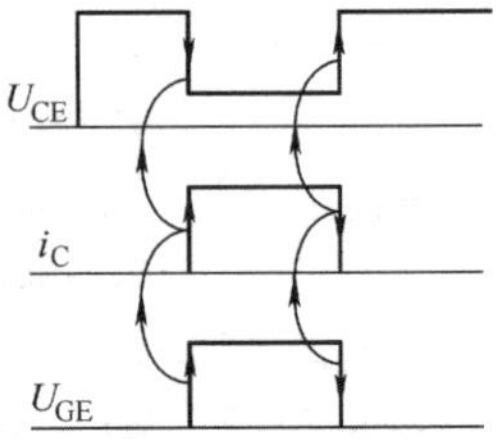 U_{CE} i_C U_{GE}
功能说明	当 $U_{CE}>0$ 时，开关可控状态为 $i_B>0$ 时导通；$i_B\leqslant 0$ 关断 当 $U_{CE}\leqslant 0$ 时，关断	当 $U_{DS}>0$ 时，开关可控状态为 $U_{GS}>U_T$ 时导通；$U_{GS}\leqslant U_T$ 关断 当 $U_{DS}\leqslant 0$ 时，关断	当 $U_{CE}>0$ 时，开关可控状态为 $U_{GE}>U_{GET}$ 时导通；$U_{GE}\leqslant U_{GET}$ 关断 当 $U_{CE}\leqslant 0$ 时，关断
用途	中电压、中电流逆变与斩波	中低电压、中小电流高速逆变	中低电压、中小电流高速逆变

电力晶体管是一种利用基极电流 i_B 控制开/关的电力电子器件。以 NPN 型电力晶体管为例，当晶体管的集电极（C）与发射极（E）之间加入正向电压时，集电极电流 i_C 受基极电流 i_B 的控制；当 $i_B>0$ 时，晶体管导通；当 i_B 为 0 时，晶体管关断。电力晶体管具有通态压降低、阻断电压高、电流容量大的优点，其最大工作电流与最高工作电压可以达到 1000A 与 1000V 以上；但其开关频率较低（通常在 5kHz 以下）。

功率 MOSFET 是一种利用栅极电压 U_{GS} 控制开/关的电力电子器件。以 N 沟道功率 MOSFET 为例，当功率 MOSFET 的源极（D）与漏极（S）之间加入正向电压时，源极电流 i_D 受栅极电压 U_{GS} 的控制；当 $U_{GS}>U_T$ 时（U_T 为开启电压），功率 MOSFET 导通；当 $U_{GS}<U_T$ 时，功率 MOSFET 关断。功率 MOSFET 具有开关速度快（最高开关频率可以达到 500kHz 以上），输入阻抗高，控制简单的优点，但其电流容量小，导通压降较高。

IGBT 是一种从功率 MOSFET 基础上发展起来的、利用栅极电压 U_{GE} 控制开/关的电力电子器件。以 N 沟道 IGBT 为例，当 IGBT 的集电极（C）与发射极（E）之间加入正向电压时，集电极电流 i_C 受栅极电压 U_{GE} 的控制；当 $U_{GE}>U_{GET}$ 时（U_{GET} 为开启电压），IGBT 导通；当 $U_{GS}<U_{GET}$ 时，IGBT 关断。IGBT 兼有电力晶体管与功率 MOSFET 的优点，目前，其最大工作电流与最高工作电压可以达到 1600A 与 3330V 以上；最高开关频率可以达到 50kHz 以上；因此，在变频器与交流伺服驱动器中实用最为广泛。

IPM 内部的功率器件一般为 IGBT，故其功率性能与 IGBT 相似。与 IGBT 相比，IPM 不但具有体积小、可靠性高、使用方便等优点，而且内部还集成了功率器件和驱动电路与过电压、过电流、过热等故障监测电路，监测信号可直接传送至外部，为提高 IPM 的工作可靠性创造了条件。但目前的价格相对较高，因此多用于性能要求高、价格贵的专用变频器，如交流伺服驱动器、交流主轴驱动器等。

2.4.2　PWM 逆变原理

PWM 是晶体管脉宽调制的简称，这是一种将直流转换为宽度可变的脉冲序列的技术。采用了 PWM 技术的逆变器只需要改变脉冲宽度与分配方式，便可同时改变电压、电流与频率，它具有开关频率高、功率损耗小、动态响应快等优点，在交、直流电机控制系统与其他工业控制领域得到了极为广泛的应用。

1. PWM 原理

PWM 逆变技术来源于采样理论，根据这一理论，如果图 2.4-2a 所示的面积（冲量）相等、形状不同的窄脉冲，加到一个具有惯性的环节上（如 RL 或 RC 电路），所产生的效果基本相同。因此，矩形波便可用 N 个面积相等的窄脉冲进行等效，在脉冲的幅值不变时，改变脉冲的宽度就可改变矩形波幅值，这就是图 2.4-2b 所示的 PWM 直流调压原理。

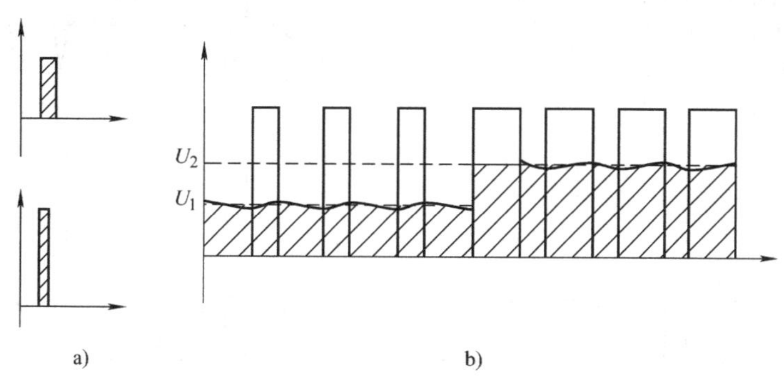

图 2.4-2　直流调压原理
a）等效脉冲　b）直流调制波形

同样，图 2.4-3 所示的正弦波也可以用幅值相等、宽度不同的矩形脉冲串来等效代替，通过改变脉冲的宽度与数量，就可改变正弦波的幅值、相位，这就是正弦波 PWM 调制原理，所产生的波形称为 SPWM 波。

2. PWM 波形的产生

PWM 逆变的关键问题是产生 PWM 的波形。虽然，从理论说可以根据交流输出的频率、幅值要求，通过计算得到脉冲宽度，但这样的控制通常比较复杂，因此实际控制系统大都采用了载波调制技术来生成 SPWM 波。

载波调制技术源于通信技术，20 世纪 60 年代中期被应用到电机调速控制上。载波调制产生 SPWM 波的方法很多，图 2.4-4 所示为一种最简单、最早应用的单相交流载波调制方法，它直接通过比较电路，将三角波与要求调制的波形进行比较，在调制电压幅值大于三角波电压时其输出为“1”，故可获得图示的 PWM 波形。

当调制信号为图 2.4-4a 所示的直流（或方波）时，所产生的 PWM 波形为等宽脉冲直流调制波；当调制信号为图 2.4-4b 所示的正弦波时，产生的波形即为 SPWM 波。如果在三

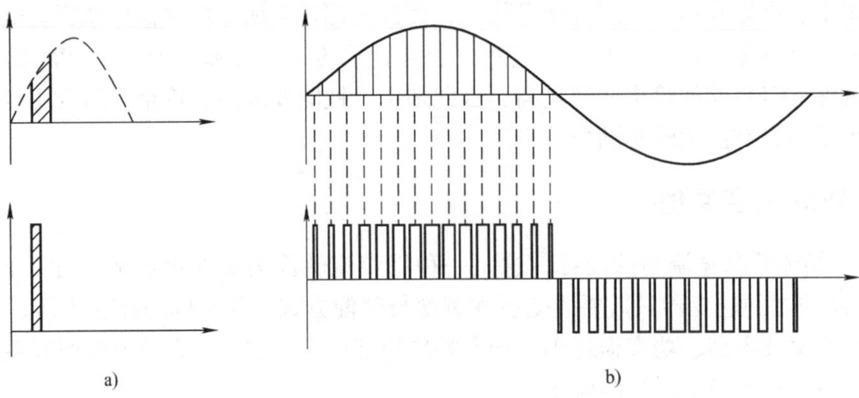

图 2.4-3　SPWM 调制原理

a）等效窄脉冲　b）正弦波调制波形

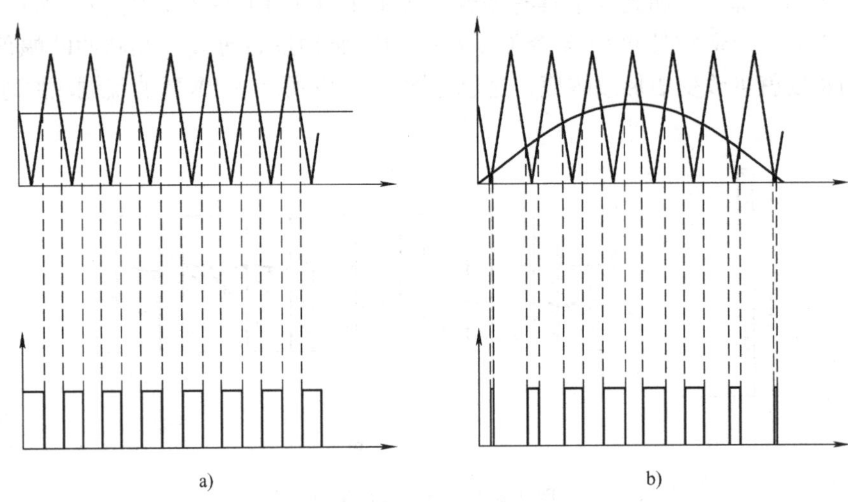

图 2.4-4　单相 PWM 的载波调制原理

a）直流调制波　b）SPWM 波

相电路中使用一个公共的载波信号来对 A、B、C 三相调制信号进行调制，并假设逆变电路的直流输入幅值为 E_d，并选择 $E_d/2$ 作为参考电位，则可以得到图 2.4-5 所示的 U_a、U_b、U_c 三相波形。此电压加入到三相电机后，按 $U_{ab}=U_a-U_b$、$U_{bc}=U_b-U_c$、$U_{ca}=U_c-U_a$ 的关系，便可得到图 2.4-5 所示的三相线电压的 SPWM 波形（图中以 U_{ab} 为例）。

在载波调制中，接受调制的基波（图中的三角波）称为载波；希望得到的波形称为调制波或调制信号。显然，载波频率越高，所产生的 PWM 脉冲就越密，输出波形也就越接近调制信号。因此，载波频率（PWM 频率）是决定逆变输出波形质量的重要技术指标，目前变频器与伺服驱动器的载波频率通常都可达 2～15kHz。

2.4.3　双 PWM 逆变与 12 脉冲整流

双 PWM 变频、12 脉冲整流是对“交—直—交”PWM 控制逆变整流侧电路（称为网侧）的改进，是变频器降低高次谐波、提高功率因数、节能降耗的新颖控制方案。

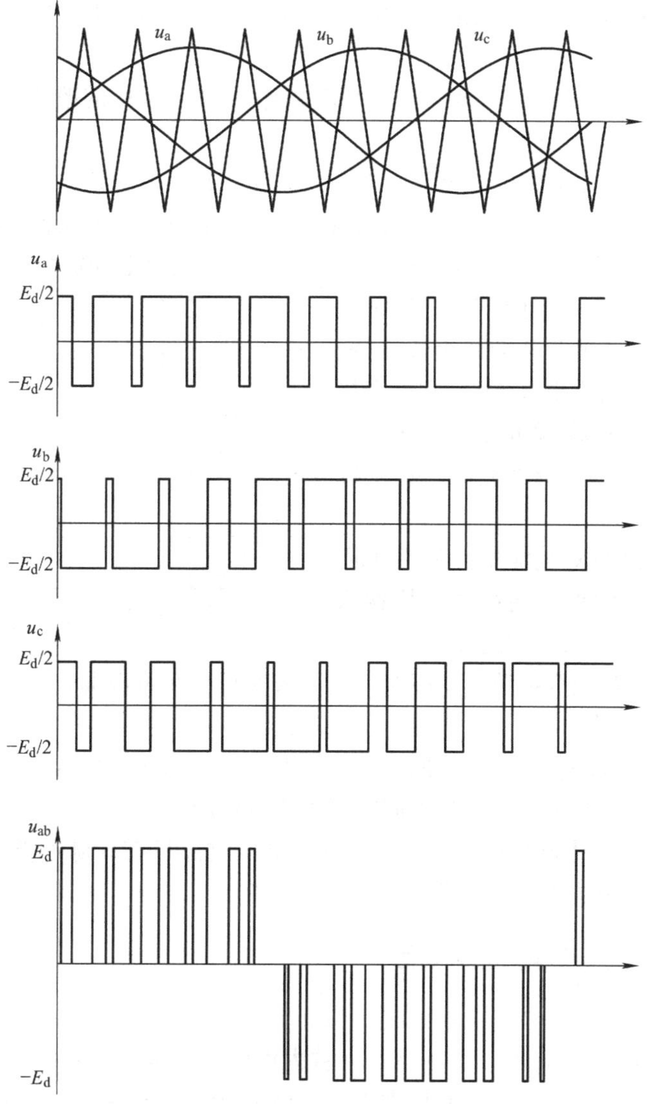

图 2.4-5　三相 SPWM 的载波调制原理

1. 双 PWM 变频

双 PWM 变频是一种新颖的“交—直—交”PWM 逆变电路。为了简化系统结构、降低成本，目前所使用的中小功率变频器，其整流部分大都采用二极管不可控整流方式，它存在固有的功率因数低、谐波严重、无法实现能量回馈制动等方面的问题。为此，往往需要通过专门的功率因数补偿器、回馈制动单元等配套附件来改善电网环境、提高功率因数与节能降耗。

双 PWM 变频是整流与逆变同时采用 PWM 控制的拓扑结构。双 PWM 变频具有本征四象限工作能力。因此，它可解决变频器能量的双向流动问题，无须增加附加设备就能实现变频器的回馈制动。

双 PWM 变频还可通过对整流电路的高频正弦波 PWM 控制，使得整流输入的电流波形近似为相位与输入电源相同的正弦波，因此，变频器的功率因数可以接近于1。

2. 12脉冲整流

12脉冲整流是对传统“交—直—交”变频器整流电路所作的改进，安川 Varispeed G7 系列等变频器已设计有该功能。

传统的三相桥式整流电路由于整流时的断续通断，必然会导致输入电流谐波的产生，通过傅里叶级数展开后的分析，可知其谐波电流的幅值与谐波次数成反比，因此，对于三相桥式整流电路来说5次、7次谐波对电网的影响最大，其谐波分量分别为20%与14.3%。

12脉冲整流主回路采用了图2.4-6所示的交流输入独立、直流输出并联的两组整流桥，输入电压幅值相同、相位相差30°，它可直接通过△/Y变压得到，这样就可在直流输出侧得到电压叠加的12个整流脉冲波形，故称12脉冲整流。

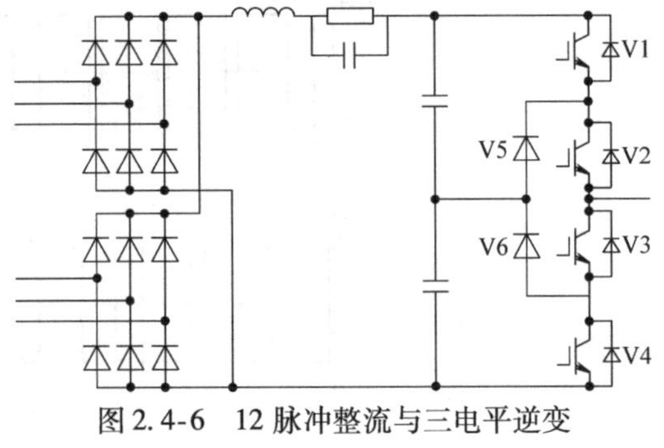

图2.4-6　12脉冲整流与三电平逆变

12脉冲整流虽然只对整流电路进行了简单的改进，但带来的优点是两组整流桥输入电流傅里叶级数展开式中的5、7、17、19……次谐波正好相互完全抵消，从而对于电网来说只存在可以通过简单滤波消除的 $12k \pm 1$（k为正整数）次谐波。

消除谐波不仅可减轻变频器对电网的危害，而且还可降低变频器对断路器、电缆等附件的容量与耐压要求，在改善电网质量的同时减少投资费用。

12脉冲整流的另一优点是整流侧输出的直流电压纹波只有6脉冲整流的50%，因而可以降低变频器内部对平波器件的要求，简化系统结构。

2.4.4　三电平逆变与矩阵控制变频

1. 三电平逆变

三电平逆变由1980年日本学者A. Nabae首先提出，其本来的目的是解决中低压器件对中高电压的控制问题，但由于它具有可靠性高、输出电流波形好、电机侧的电磁干扰与谐波小的优点，目前现已推广到中小容量的通用变频器（如安川 Varispeed G7 系列）。

三电平逆变的逆变电路如图2.4-6所示，它的每个桥臂都使用了两只串联（V1/V2与V3/V4）的IGBT，并利用二极管V5与V6的1/2电压钳位控制，使每个IGBT所承受的最大电压降低到了 $E/2$，从而实现了中低压器件对中高电压的控制。

三电平逆变时电机的每相输出将由普通逆变的两种状态（$-E$、E）变为三种状态，即V3/V4导通（输出电压为 $-E/2$）、V2/V3导通（输出电压为0）、V1/V2导通（输出电压为 $E/2$），IGBT所承受的最大电压被降低到 $E/2$。中小容量的通用变频器采用三电平逆变可以降低IGBT的电压、提高可靠性、缩小体积，同时有改善输出电流波形、降低电机侧的电磁干扰与谐波的作用。

2. 矩阵控制变频器

矩阵控制变频器（Matrix Converter）是一种借鉴了传统“交—交”变频方式，融合现代控制技术的新型控制技术，矩阵控制完全脱离了“交—直—交”的结构，可直接将输入的

M 相交流转换为幅值与频率可变、相位可调的 N 相交流输出，目前小容量的矩阵控制变频器产品已经问世（如安川 Varispeed AC 系列等），其研究与应用正在日益引起人们的关注。

矩阵控制变频电路的拓扑方案由 L. Gyllglli 在 1976 年首先提出，当初设想的是一种从 M 相输入变换到 N 相输出的通用结构，因此，曾一度被称为通用变换器。1979 年，M. Venturini 和 A. Alesina 首先提出了由 9 个功率开关组成的从三相到三相的矩阵式“交—交”变换器结构，为矩阵控制变频提供了雏形，同时还证明了矩阵变换器的输入相位角的可调性，但由于种种原因，研究工作的进展较慢。直到 20 世纪 90 年代初，通过多人的研究，矩阵变换理论和控制技术才渐趋成熟，并提出了一种基于空间矢量的 PWM 控制方案，并在 1994 年研制了具有输入功率因数校正功能的三相到三相的矩阵式“交—交”变换器。

矩阵控制变频利用现代控制技术解决了传统“交—交”变频存在的输出频率只能低于输入频率的问题，还可以直接实现从 M 相到 N 相的变换，因此，是一种有着广阔应用前景的新型结构。

矩阵控制变频与“交—直—交”变频方式相比，不仅具有无中间直流储能环节、能量可以双向流动、输入谐波低等显而易见的优点，更重要的是输入电流的相位灵活可调，理论功率因数在 0.99 以上，并可对相位进行超前与滞后控制，起到功率因数补偿器的作用。由于无直流中间环节，矩阵控制的变频器结构更紧凑、效率更高，且可以实现四象限运行与回馈制动，人们对其发展前景普遍看好。矩阵控制变频当前存在的主要问题是，使用的功率器件数量众多且需要采用双向器件，变换控制的难度较大，电压的传输比较低等，其变换控制方案、PWM 调制策略等还有待于人们进一步深入研究解决。

第3章　伺服驱动电路设计

3.1　性能与规格

3.1.1　三菱伺服简介

1. 产品概况

三菱电机（MITSUBISHI ELECTRIC）公司是日本研发、生产交流伺服驱动器最早的企业之一，在20世纪70年代已经开始通用变频器产品的研发与生产，是目前世界上能够生产15kW以上大功率交流伺服驱动的少数厂家之一。

三菱公司不仅伺服驱动产品技术先进、可靠性好、转速高、容量大，而且还是世界著名的PLC生产厂家，驱动器可以与该公司生产的PLC轴控模块配套使用，因此，在专用加工设备、自动生产线、纺织机械、印刷机械、包装机械等行业应用较广。

三菱公司目前常用的通用伺服驱动器产品有本世纪初开发的MR－J2S系列、最新开发的高性能MR－J3系列与小功率经济型MR－ES系列三大产品系列。在最新产品中，MR－J3系列是MR－J2S的改进型替代产品，可用于三菱最新生产的所有系列伺服电机（包括直线电机）的位置、速度与转矩控制，最大功率可达55kW。MR－ES系列产品用于2kW以下、小功率的位置、速度与转矩简单控制场合，其性价比较高，可替代原MR－E系列驱动器。

MR－J3伺服驱动的外形如图3.1-1所示。

图3.1-1　三菱MR－J3伺服驱动的外形

2. 产品特点

MR－J3系列伺服驱动主要具有技术如下特点。

1）高速、高精度。MR－J3系列驱动器采用了最新技术，其伺服电机的最高转速可达6000r/min，瞬间最高转速为6900r/min；电机内置编码器的分辨率从17bit提高到了18bit（262244脉冲/r），位置检测与控制精度更高。驱动器速度响应为900Hz，系统快速定位时间可比MR－J2缩短近30%。驱动器位置给定输入的最高脉冲频率为1MHz，增加选件模块后，最高脉冲频率可达4MHz，驱动器还可连接光栅等外置检测器件，构成全闭环控制系统。

2）小型、系列化。与MR－J2系列产品相比，MR－J3系列伺服电机的体积一般只有同规格MR－J2电机的80%左右，驱动器的体积只有同规格MR－J2系列的40%左右，驱动器可无间隙安装，其体积更小。MR－J3驱动器增加了三相AC400V供电产品和分离型大功率驱动器产品，电机最大功率可达55kW，产品规格更加齐全；驱动器还可与直线电机配套，以实现“零传动”。

3）网络化。为了适应信息技术发展与自动化系统网络控制与远程调试要求，MR－J3系列驱动器配备了USB接口，计算机连接更为方便；新型光缆通信高速串行总线SSCNET Ⅲ的应用，使得通信速率从SSCNET的5.6Mbit/s提高到了50Mbit/s；通信距离从30m扩展到了800m。配套的MR Configurator调试软件功能更强，在线调整的功能更为完善。

3. 主要技术参数

MR－J3驱动器的主要技术参数见表3.1-1。

表3.1-1　MR－J3驱动器主要技术参数一览表

项　目		技　术　参　数
逆变控制方式		正弦波PWM控制
位置反馈		18bit绝对/增量编码器或光栅
速度调节范围		≥1:5000
速度控制精度		≤±0.01%
频率响应		900Hz
控制方式		位置、速度、转矩
位置给定	输入方式	脉冲+方向，90°相位差脉冲，正转脉冲+反转脉冲
	信号类型	DC5V线驱动输入，DC5～24V集电极开路输入
	输入频率	线驱动输入：1MHz（最大值）；集电极开路输入：200kHz（最大值）
速度/转矩给定		DC－10～10V（速度）、DC－8～8V（转矩），输入电阻10～12kΩ
位置反馈输出		A/B/Z三相线驱动输出+Z相集电极开路输出，任意分频
DI/DO信号		10/6点

3.1.2　驱动器

1. 型号

MR－J3系列驱动器的型号组成以及代表的意义如下：

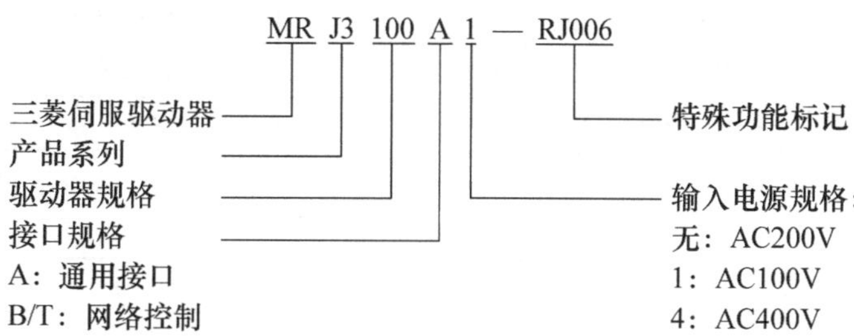

1）驱动器规格。表示可控制的最大伺服电机功率，功率小于10 kW，其单位为0.01kW，例如100代表1kW等；功率大于10kW时，数字后缀k，代表单位为kW，如22k

为 22kW 等。30kW 以上的驱动器采用电源、驱动分离型结构，驱动模块的型号加前缀 DU，电源模块的型号加前缀 CR；例如，MR – J3 – DU37KA 为 37kW 为驱动模块，而 MR – J3 – CR55K 为 55kW 电源模块等。

2）接口规格。“A”代表通用接口，驱动器的位置给定使用脉冲输入，速度/转矩给定为模拟电压输入，它在工程控制中应用最广，本书将对其进行全面介绍。“B”、“T”分别代表使用 SSCNET、CC – LINK 网络控制的驱动器，此类驱动器需要配套 CNC、PLC 等上级控制装置，有关内容可以参见三菱技术资料。

3）特殊功能标记。驱动器附加的选择功能标识，KE 代表位置脉冲最高频率为 4MHz；U004 代表驱动器能兼容单相 AC200V 输入；RJ004 用于直线电机控制；RJ006 用于全闭环控制等。

2. 驱动器规格

MR – J3 系列驱动器与电机一般应按额定功率相等的原则配套，不论电机的类型，例如，MR – J3 – 100A 驱动器可配套 1kW 伺服电机等。从理论上说，驱动器的功率可大于伺服电机的功率，但为了保证系统性能，原则上不应超过电机额定功率 2 个规格。

MR – J3 交流伺服驱动器的主要规格见表 3.1-2。

表 3.1-2 MR – J3 交流伺服驱动器规格表

驱动器型号	输入电源		输出规格	
	输入电压	输入容量/kV · A	适用电机功率/kW	额定/最大电流/A
MR – J3 – 10A1	单相 AC100V，允许范围：AC 85 ~ 132V 频率：50/60Hz（1 ±5%）	0.3	0.05 ~ 0.1	1.2/4
MR – J3 – 20A1		0.5	0.2	1.6/5.0
MR – J3 – 40A1		0.9	0.4	3/9
MR – J3 – 10A	单相 AC230V，允许范围：207 ~ 253V 频率：50/60 Hz（1 ±5%）	0.3	0.05 ~ 0.1	1.2/4
MR – J3 – 20A		0.5	0.2	1.6/5.0
MR – J3 – 40A		0.9	0.4	3/9
MR – J3 – 60A		1.0	0.6	3.6/12
MR – J3 – 70A		1.3	0.75	6/20
MR – J3 – 10A	三相 AC200V，允许范围：AC 170 ~ 253V 频率：50/60 Hz（1 ±5%）	0.3	0.05 ~ 0.1	1.2/4
MR – J3 – 20A		0.5	0.2	1.6/5.0
MR – J3 – 40A		0.9	0.4	3/9
MR – J3 – 60A		1.0	0.6	3.6/12
MR – J3 – 70A		1.3	0.75	6/20
MR – J3 – 100A		1.7	0.85 ~ 1.0	8/25
MR – J3 – 200A		3.5	1.2 ~ 2.0	12/36
MR – J3 – 350A		5.5	3.5	16/48
MR – J3 – 500A		7.5	5	30/90
MR – J3 – 700A		10	7.5	40/120
MR – J3 – 11KA		18	8 ~ 12	65/195
MR – J3 – 15KA		22	15	87/261
MR – J3 – 22KA		38	20 ~ 25	126/315

（续）

驱动器型号	输入电源		输出规格	
	输入电压	输入容量/kV·A	适用电机功率/kW	额定/最大电流/A
MR－J3－DU30KA	MR－J3－CR55K 电源模块供电	48	30	174/435
MR－J3－DU37KA		59	37	204/510
MR－J3－60A4	三相 AC400V，允许范围：AC 323～528V 频率：50/60 Hz（1±5%）	1.0	0.5	1.5/5
MR－J3－100A4		1.7	1.0	3/10
MR－J3－200A4		3.5	1.5～2.0	5/15
MR－J3－350A4		5.5	3.5	9/25
MR－J3－500A4		7.5	5	12/36
MR－J3－700A4		10	7～7.5	18/54
MR－J3－11KA4		18	8～12	31/93
MR－J3－15KA4		22	15	41/123
MR－J3－22KA4		33	20	63/158
MR－J3－DU30KA4	MR－J3－CR55K4 电源模块供电	48	25～30	87/218
MR－J3－DU37KA4		59	37	101/253
MR－J3－DU45KA4		71	45	131/328
MR－J3－DU55KA4		87	55	143/358

3.1.3　伺服电机

1. 产品系列

根据结构与用途，MR－J3 驱动器配套的伺服电机有中惯量标准电机、小惯量电机、超低惯量电机和扁平电机四大类，HF－SP、HF－KP/HC－LP/HA－LP、HF－MP/HC－RP、HC－UP 共 7 个系列，作为标准附件，电机均带有 18bit（262144 脉冲/r）增量/绝对通用型内置编码器。电机型号所代表的意义如下：

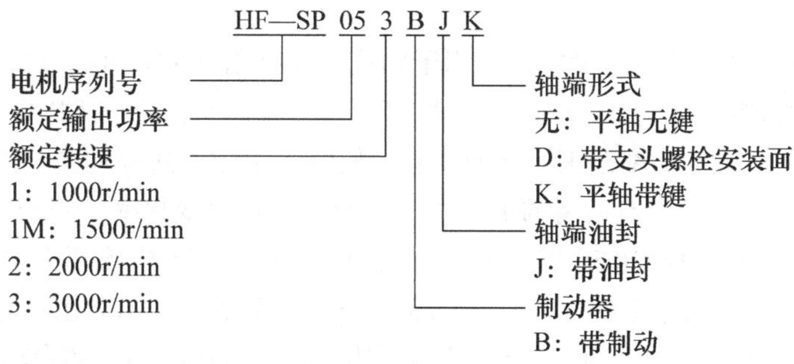

电机额定输出功率的表示方法如下。

100W 以下：单位为 10W，如 05 为 50W 电机；

100W～10kW：单位为 100W，如 50 为 5kW 电机；

10kW 以上：数字后加 K 代表功率单位为 kW，如 11K 为 11kW 电机。

以上七个系列电机的额定输出功率范围如图 3.1-2 所示。

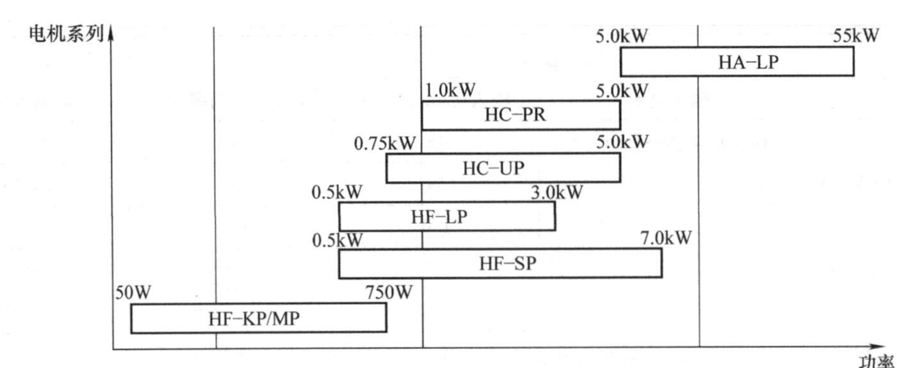

图 3.1-2　J3 系列伺服电机的功率范围

2. 电机规格

1）中惯量电机：HF－SP 系列中惯量标准电机多用于数控机床、机器人、自动生产线等的控制。电机有额定转速 1000r/min 与 2000r/min 两类，其功率范围分别为 0.5～4.2kW 与 0.5～7kW；两类产品均有三相 AC200V 与 AC400V 两种电压等级，电机的主要技术参数与输出特性可以参见本书附录 A。

2）小惯量电机：小惯量电机可广泛用于印刷、食品、包装、传送设备、纺织机械、注塑机、压力机等负载惯量小、转速要求高的控制场合，这是目前使用最多的电机产品。三菱小惯量电机规格最全，产品分小功率 HF－KP、中功率 HC－LP 和大功率 HA－LP 三大系列。

HF－KP 系列电机的额定功率为 50～750W，额定/最高转速为 3000/6000r/min；HC－LP 系列电机的额定功率为 0.5～3kW，额定/最高转速为 2000/3000r/min；两类产品的电压等级均为三相 AC200V。

HA－LP 系列大功率电机用于注塑机、压力机等负载大、动作频繁的设备控制，额定/最高转速有 1000/1200r/min、1500/2000r/min 及 2000/2000r/min 三种；额定功率范围分别为 6～37kW、7～50kW、5～55kW；产品有三相 AC200V 与 AC400V 两种电压等级。

HF－KP、HC－LP、HA－LP 系列小惯量电机的主要技术参数与输出特性可以参见本书附录 A。

3）超低惯量电机：超低惯量电机是用于印刷、工业缝纫机、电子插装机、高速输送机械等高频、高速控制的新产品，分为小功率 HF－MP 与中功率 HC－RP 两个系列。

HF－MP 系列电机的功率范围、转速、输出转矩、轴端形式等均与同规格的 HF－KP 系列电机相同，但转子惯量只有后者的 1/3 左右；允许的功率变化率、制动频率是后者的 3 倍左右；最大负载惯量比可高达 30 倍；因此，同功率电机的额定电流要大于 HF－KP 系列。

HC－RP 系列电机的额定功率为 1～5kW，与同功率的 HC－LP 系列电机比较，其转子惯量只有后者的 1/3 左右；其额定/最高转速可达 3000/4500r/min，在中功率电机中为最高；允许的功率变化率、制动频率比后者更高；但其输出转矩要小于 HC－LP 系列电机，允许的负载惯量比一般只能在 5 倍以下。

HF－MP、HC－RP 系列超低惯量电机的主要技术参数与输出特性可以参见本书附录 A。

4）扁平电机：扁平电机可用于安装长度受到限制的机器人、食品机械等特殊设备的控制。HC－UP 系列扁平电机的输出特性与 HF－SP 系列 2000r/min 电机相似，但电机长度只有同规格电机的 1/2 左右。扁平电机的用量相对较小，常用的只有 0.75 ~ 5kW 共 5 个规格，电机的额定转速均为 2000r/min，2kW 及以下电机的最高转速为 3000r/min；3.5/5kW 电机的最高转速为 2500r/min，电机的主要技术参数与输出特性可以参见本书附录 A。

3.2　硬件与连接

3.2.1　硬件组成

1. 连接总图

三菱 MR－J3 的硬件的一般组成如图 3.2-1 所示。图中的断路器、主接触器等为通用器件，只需要选用符合要求的产品，DC 电抗器、滤波器、制动电阻可根据需要选用，驱动器组成部件的作用如下。

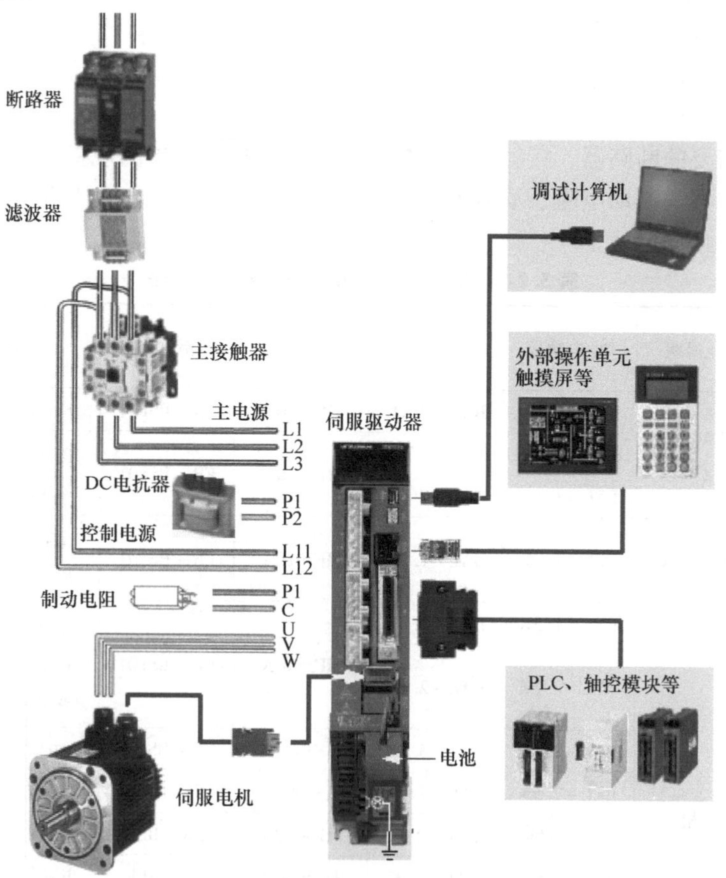

图 3.2-1　三菱驱动器的硬件组成

1）调试设备：MR－J3 驱动器配套有简易的操作/显示面板，可进行一般的方式转换、参数设定、状态监控等操作，当需要进行驱动器参数优化、自适应调整等进一步调整时，则应选用外部操作单元选件或使用安装有 MR Configurator 调试软件的计算机。

2）断路器：断路器用于驱动器短路保护，必须予以安装，断路器的额定电流应与驱动器容量相匹配。

3）主接触器：驱动器不允许通过主接触器的通断来频繁控制电机的起/停，电机的运行与停止应由控制信号进行控制。安装主接触器的目的是使主电源与控制电源独立，以防止驱动器故障时的主电源加入，驱动器输出的准备好（故障）触点应作为主电源接通的条件。当驱动器配有外接制动电阻时，必须在制动电阻单元上安装温度检测器件，温度超过时应立即通过主接触器、切断输入电源。

4）滤波器：进线滤波器与零相电抗器用于抑制线路的电磁干扰。此外，保持动力线与控制线之间的距离、采用屏蔽电缆、进行符合要求的接地系统设计也是消除干扰的有效措施。

5）直流电抗器：直流电抗器用来抑制直流母线上的高次谐波与浪涌电流，减小整流、逆变功率管的冲击电流，提高驱动器功率因数。驱动器在安装直流电抗器后，对输入电源容量的要求可以相应减少 20% ~30%。

6）外接制动电阻：当电机需要频繁起/制动或是在负载产生的制动能量很大（如受重力作用的升降负载控制）的场合，应选配制动电阻。制动电阻单元上必须安装有断开主接触器的温度检测器件。

2. 附件及选择

驱动器所需要的断路器、接触器等常规器件，可根据驱动器的规格与输入电流选用通用器件；对于电抗器、制动电阻、滤波器等特殊附件，可直接按表 3. 2-1 选用三菱公司配套产品，或按 3. 3 节计算后确定。

表 3. 2-1　MR－J3 系列驱动器附件一览表

驱动器 MR－J3－	电压等级	DC 电抗器	AC 电抗器	滤波器	零相电抗器	外置制动电阻
10A/B	单相 AC100V 或 230V	BEL－0. 4K	BAL－0. 4K	HF3010A	FR－BSF01	RB032（40Ω/30W）
20A/B		BEL－0. 75K	BAL－0. 75K	HF3010A	FR－BSF01	RB032（40Ω/30W）或 RB12（40Ω/100W）
40A/B		BEL－1. 5K	BAL－1. 5K			
60A/B	单相或三相 AC200V	BEL－1. 5K	BAL－1. 5K	HF3010A	FR－BSF01	RB032（40Ω/30W）或 RB12（40Ω/100W）
70A/B		BEL－1. 5K	BAL－1. 5K	HF3010A	FR－BSF01	RB032（40Ω/30W）或 RB12（40Ω/100W）或 RB32（40Ω/300W）
100A/B	三相 AC200V	BEL－2. 2K	BAL－2. 2K			
200A/B		BEL－3. 7K	BAL－3. 7K	HF3030A	FR－BSF01	RB30（13Ω/300W）或 RB50（13Ω/500W）
350A/B		BEL－7. 5K	BAL－7. 5K	HF3030A	FR－BLF	
500A/B		BEL－11K	BAL－11K	HF3040A	FR－BLF	RB31（6. 7Ω/300W）或 RB51（6. 7Ω/500W）
700A/B		BEL－15K	BAL－15K	HF3040A	FR－BLF	
11KA/B		BEL－15K	BAL－15K	HF3100A	FR－BLF	RB5E（6Ω/500W）
15KA/B		BEL－22K	BAL－22K	HF3100A	FR－BLF	RB9P（4. 5Ω/850W）
22KA/B		BEL－30K	BAL－30K	HF3100A	FR－BLF	RB9F（3Ω/850W）
DU30KA/B	电源模块 CR55K	DCL－30K	—	HF3200A	FR－BLF	RB139（1. 3Ω/1300W）或 RB137（1. 3Ω/3900W）
DU37KA/B		DCL－37K	—	HF3200A	FR－BLF	

（续）

驱动器 MR－J3－	电压等级	DC 电抗器	AC 电抗器	滤波器	零相电抗器	外置制动电阻
60A4/B4	三相 AC400V	BEL－H1.5K	BAL－H1.5K	TF3005C	FR－BSF01	RB1H－4（82Ω/100W）或 RB3M－4（120Ω/300W）
100A4/B4		BEL－H2.2K	BAL－H2.2K			
200A4/B4		BEL－H3.7K	BAL－H3.7K	TF3020C	FR－BSF01	RB3G－4（47Ω/300W）或 RB5G－4（47Ω/500W）
350A4/B4		BEL－H7.5K	BAL－H7.5K	TF3020C	FR－BLF	
500A4/B4		BEL－H11K	BAL－H11K	TF3020C	FR－BLF	RB34－4（26Ω/300W）或 RB54－4（26Ω/500W）
700A4/B4		BEL－H15K	BAL－H15K			
11KA4/B4		BEL－H15K	BAL－H15K	TF3030C	FR－BLF	RB6B－4（20Ω/500W）
15KA4/B4		BEL－H22K	BAL－H22K	TF3040C	FR－BLF	RB60－4（12.5Ω/850W）
22KA4/B4		BEL－H30K	BAL－H30K	TF3060C	FR－BLF	RB6K－4（10Ω/850W）
DU30K＊4	电源模块 CR55K4	DCL－30K－4	—	TF3150C	FR－BLF	RB136－4（5Ω/1300W）或 RB138－4（5Ω/3900W）
DU37K＊4		DCL－37K－4	—			
DU45K＊4		DCL－45K－4	—			
DU55K＊4		DCL－55K－4	—			

3.2.2　驱动器连接

MR－J3 系列驱动器连接总图如图 3.2-2 所示，连接端功能与作用说明见表 3.2-2。

表 3.2-2　MR－J3 驱动器连接端功能表

连接端	代号	名 称	控制方式			功 能 说 明
			位置	速度	转矩	
L1/L2/L3/ PE	—	主电源	●	●	●	三相：AC 170～253V 或 323～528V 单相：AC 85～132V 或 207～253V（L1/L2）
L11/L21	—	控制电源	●	●	●	驱动器控制电源输入
U/V/W	—	电机	●	●	●	伺服电机电枢
D/P/C	—	制动电阻	☆	☆	☆	配置外部制动电阻时连接
P1/P2	—	DC 电抗器	☆	☆	☆	需要时连接直流电抗器
N	—	直流母线输出	×	×	×	驱动器直流母线输出端
CN1－1	P15R	DC15V 输出	☆	☆	☆	用于 AI 输入驱动
CN1－2	VC/ LG	速度给定输入	×	●	☆	速度给定或速度限制输入
CN1－4/5	LA/ LAR	位置反馈 A	☆	☆	☆	驱动器位置反馈输出 PA/＊PA
CN1－6/7	LB/ LBR	位置反馈 B	☆	☆	☆	驱动器位置反馈输出 PB/＊PB
CN1－8/9	LZ/ LZR	位置反馈 C	☆	☆	☆	驱动器位置零脉冲输出 PC/＊PC
CN1－10/11	PP/ PG	位置给定输入	●	×	×	位置给定脉冲输入端 PULS/＊PULS
CN1－12	OPC	AI 驱动电源	☆	×	×	供集电极开路输入用的驱动电源
CN1－15	SON	伺服 ON	☆	☆	☆	驱动器伺服 ON 信号输入
CN1－16	SP2	速度选择 2	×	☆	☆	驱动器参数设定速度选择输入 2

（续）

连接端	代号	名称	控制方式			功能说明
			位置	速度	转矩	
CN1-17	PC	PI/P 切换	☆	×	×	速度调节器 PI/P 切换控制输入
	ST1	转向选择 1	×	☆	×	速度控制方式的正转选择输入
	RS2	转矩方向 2	×	×	☆	转矩方向选择负（反转或正转制动）
CN1-18	TL	转矩限制信号	☆	×	×	位置控制时转矩限制有效
	ST2	转向选择 2	×	☆	×	速度控制方式的反转选择输入
	RS1	转矩方向 1	×	×	☆	转矩方向选择正（正转或反转制动）
CN1-19	RES	驱动器复位	☆	☆	☆	驱动器故障清除与复位输入
CN1-20/21	DICOM	DI 信号公共端	●	●	●	根据 DI 信号要求，连接 DC24V 或 0V
CN1-22	INP	定位完成输出	☆	×	×	多功能输出，默认为定位完成信号
	SA	速度一致输出	×	☆	×	多功能输出，默认为速度到达信号
CN1-23	ZSP	速度为零	☆	☆	☆	多功能输出，默认为转速为 0 信号
CN1-24	INP	定位完成输出	☆	×	×	多功能输出，默认为定位完成信号
	SA	速度一致输出	×	☆	×	多功能输出，默认为速度到达信号
CN1-25	TLC	转矩限制输出	☆	☆	×	多功能输出，默认为转矩限制中信号
	VLC	速度限制输出	×	×	☆	多功能输出，默认为速度限制中信号
CN1-27/28	TLA	转矩限制输入	☆	☆	×	外部模拟量输入转矩限制
	TC	转矩给定输入	×	×	●	转矩给定输入
CN1-30	LG	0V	☆	☆	☆	AI/位置反馈输出 0V 端
CN1-33/34	OP	零脉冲输出	☆	☆	☆	集电极开路零脉冲输出 PC/ * PC
CN1-35/36	NP/ NG	位置给定	●	×	×	位置给定脉冲输入端 SING/ * SING
CN1-41	CR	位置误差清除	☆	×	×	多功能输入，默认位置误差清除信号
	SP1	速度选择 1	×	☆	☆	驱动器参数设定速度选择输入 1
CN1-42	* EMG	急停输入	●	●	●	驱动器急停，常闭信号
CN1-43	* LSP	正转禁止	☆	☆	×	正转禁止，常闭信号
CN1-44	* LSN	反转禁止	☆	☆	×	反转禁止，常闭信号
CN1-45	LOP	控制方式切换	☆	☆	☆	切换驱动器控制方式
CN1-46/47	DOCOM	DO 信号公共端	●	●	●	根据 DO 要求连接 DC24V 或 0V
CN1-48	* ALM	驱动器报警	☆	☆	☆	驱动器报警输出，常闭触点
CN1-49	RD	驱动器准备好	☆	☆	☆	驱动器准备好输出
CN2-1/2	P5	编码器电源	●	●	●	编码器 DC5V 电源
CN2-3/4	MR/ MRR	串行数据	●	●	●	串行编码器数据线 MR/ * MR
CN2-7/8	MD/ MDR	串行数据	●	●	●	串行编码器数据接收端 MD/ * MD
CN2-9	BAT	后备电池	●	●	●	绝对编码器后备电池
CN3	——	RS422/485 接口	☆	☆	☆	RS422/485 通信接口
CN4-1/2	BAT/ LG	后备电池	☆	☆	☆	绝对编码器后备电池
CN5	——	USB 接口	☆	☆	☆	USB 接口
CN6-1	LG	AO 输出 0V	☆	☆	☆	模拟量输出通道 1、2 公共端
CN6-2	MO2	AO 输出 2	☆	☆	☆	模拟量输出通道 2
CN6-3	MO1	AO 输出 1	☆	☆	☆	模拟量输出通道 1

注：“●”表示必须连接；“☆”表示决定于驱动器或控制要求；“×”表示不需要连接。

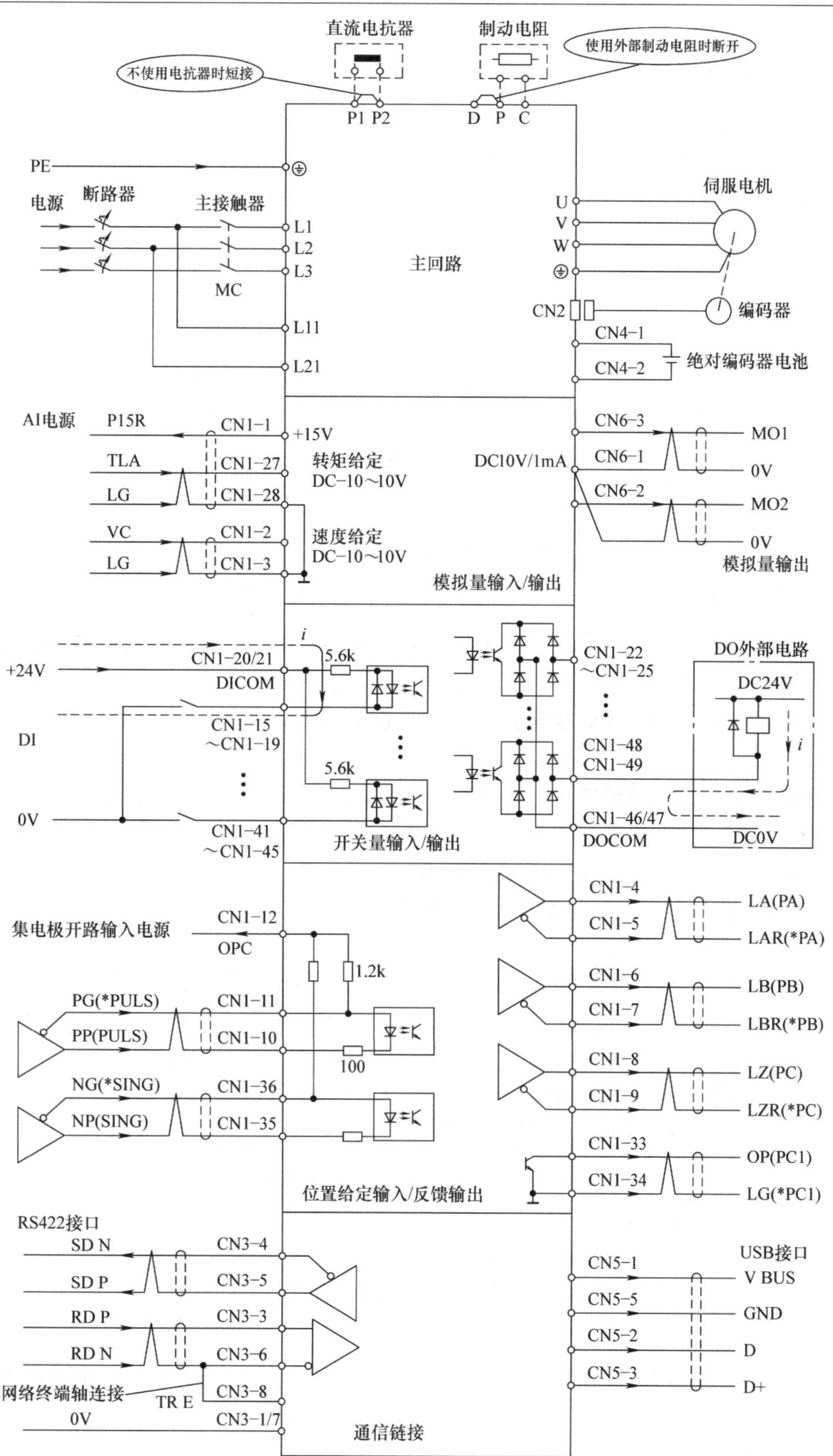

图 3. 2-2　MR－J3 驱动器连接总图

3.2.3　伺服电机连接

1. 电枢与制动器连接

MR－J3 系列伺服电机的电枢与制动器的连接器形式与电机容量、型号有关。HF－KP、HF－MP 小功率的电枢连接器与制动器连接器均为矩形，连接要求如图 3.2-3 所示。

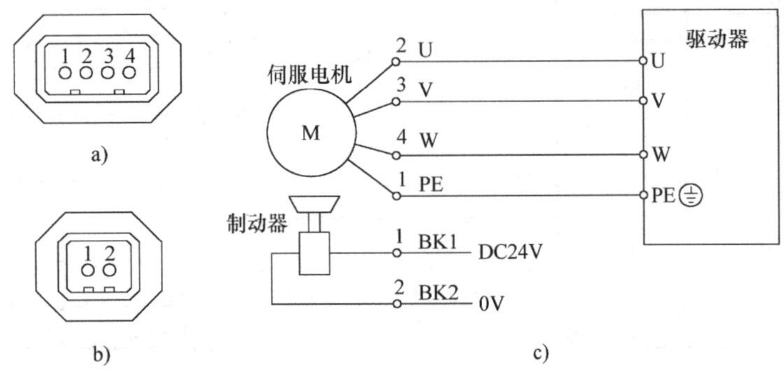

图 3.2-3　小功率电机的电枢与制动器连接

a）电枢连接器　b）制动器连接器　c）电枢与制动器连接

中功率电机的电枢与制动器均为圆形连接器，有制动器与电枢共用连接器及使用独立连接器两种情况，连接器有 4 芯、7 芯与 8 芯等规格，连接应按照如下原则进行。

1）电枢的 U、V、W、PE 总是连接到圆形连接器的 A、B、C、D 脚，它与连接器的芯数无关。

2）制动器使用独立连接器时，连接器为两芯，制动器无极性要求。

3）电枢与制动器共用连接器时，如连接器为 7 芯，其制动器应连接到 E、F 脚，G 脚空余；如连接器为 8 芯，则制动器应连接到 G、H 脚，E、F 脚空余。

中大功率电机的电枢与制动器连接要求如图 3.2-4 所示。

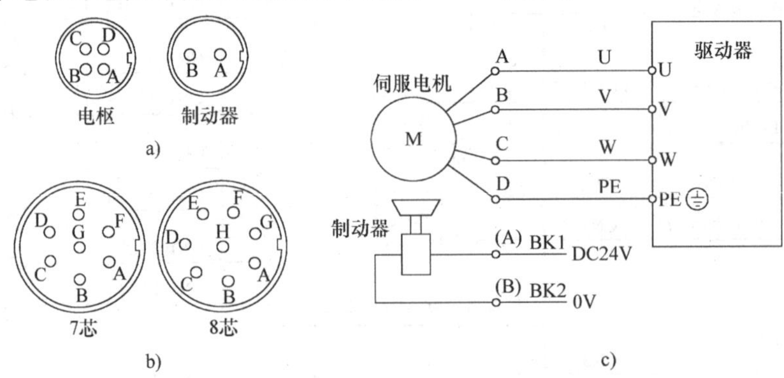

图 3.2-4　中大功率电机的电枢与制动器连接

a）使用独立连接器　b）共用连接器　c）电枢与制动器连接

大功率电机的电枢连接一般采用端子盒，制动器为独立的圆形连接器，其连接要求与中功率电机相同。

2. 编码器连接

MR－J3 伺服电机的内置编码器为增量/绝对通用型串行编码器，作绝对编码器使用时，需要外部提供用于编码器位置数据断电保持的后备电池。电机规格的不同，编码器的连接器形式有所不同，使用时应参照随机说明书。一般而言，MR－J3驱动器所配套的伺服电机编码器连接器主要有以下几种形式。

1）矩形连接器。HF－KP/HF－MP系列小功率电机的电机侧使用图3.2-5所示的矩形连接器。对于电缆长度20m以下的短距离连接，只需要连接＋5V（P5）、0V（LG）和1对串行数据线MR/MRR；如使用绝对编码器功能，需要连接后备电池BAT。当电缆长度小于10m时，编码器可以直接连接驱动器；长度大于10m时，P5/LG电源连接线应使用3对以上双绞线并联，电机侧需要增加中继电缆；中继电缆的长度为0.3m，中继连接器形状如图3.2-5b所示，中继插头到驱动器的长度允许10～20m。

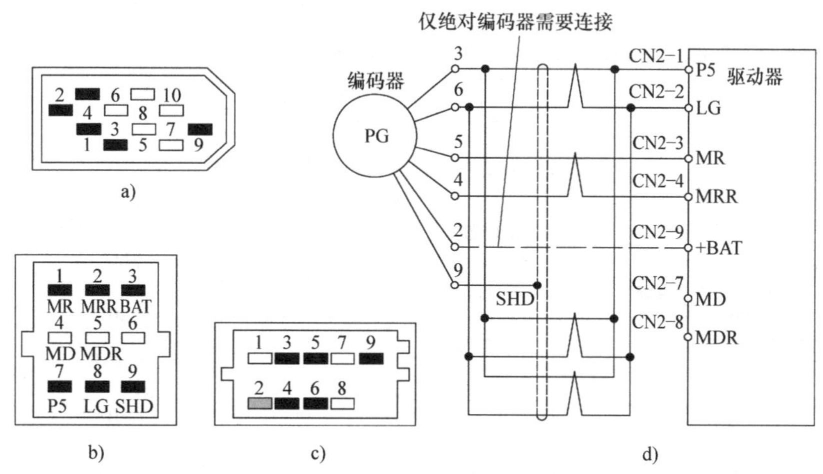

图3.2-5 小功率电机的编码器连接

a）驱动器侧连接器 b）中继连接器 c）电机侧连接器 d）编码器的连接

对于电缆长度大于20m设备，编码器需要连接2对串行数据线MR/MRR和MD/MDR，并设定参数PC22.1 ＝ 1；P5/LG电源连接线应使用多对（3对以上）双绞线并联，电机侧需要增加中继电缆；连接要求如图3.2-6所示。

2）圆形连接器。HF－SP系列等中、大功率伺服电机的内置编码器使用的圆形连接器。编码器一般只需要连接＋5V（P5）、0V（LG）和1对串行数据线（MR/MRR）；如使用绝对编码器功能，需要连接后备电池BAT；在电缆长度超过10m时，电源连接线P5/LG应使用多对（3对以上）双绞线并联连接。编码器的连接要求与连接器外形如图3.2-7所示。

3. 后备电池安装

采用绝对编码器作为位置检测器件，需要在驱动器上安装用于断电数据保持的后备电池。后备电池应使用带充电功能的锂电池，为了便于安装，宜直接使用三菱驱动器配套的、带有连接器的标准电池MR－J3BAT。

MR－J3BAT的后备电池电压为3.6V，容量大于200mA · h，数据保持时间大于10000h，停电时允许的最大转速为3000r/min。电池单元可以直接按图3.2-8所示，将其安装到驱动器上，电池连接插头CN4和编码器之间的连接已内部实现。

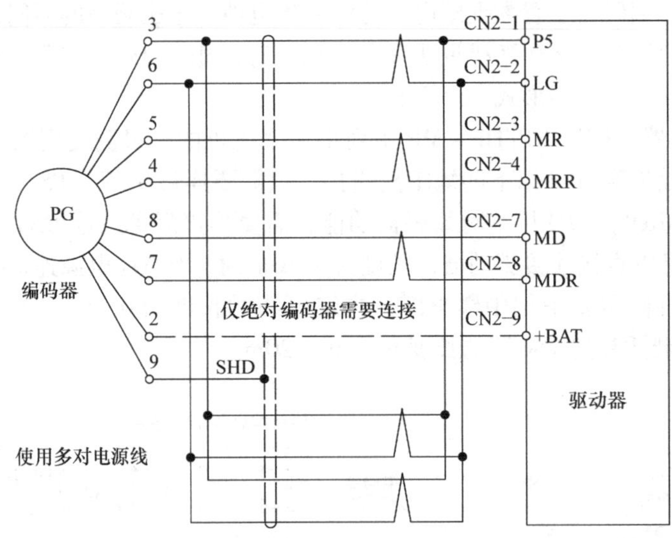

图 3.2-6　小功率电机编码器的长距离连接

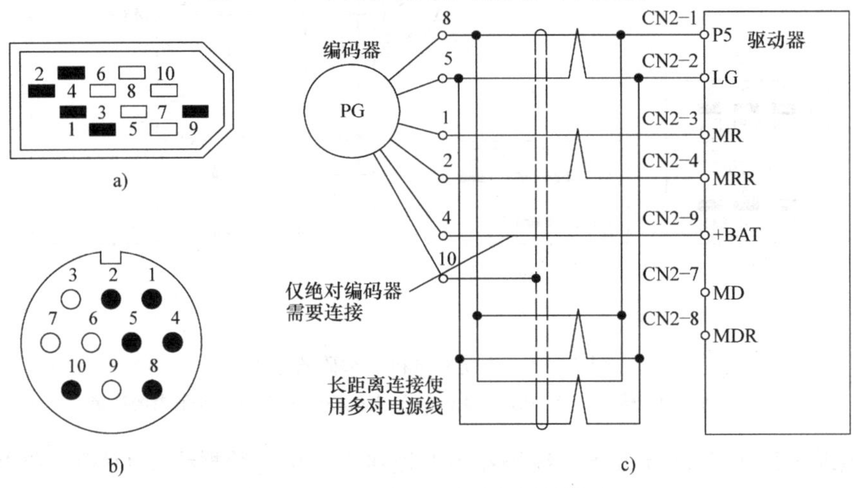

图 3.2-7　中大功率电机编码器连接

a）驱动器侧连接器　b）电机侧连接器　c）编码器的连接

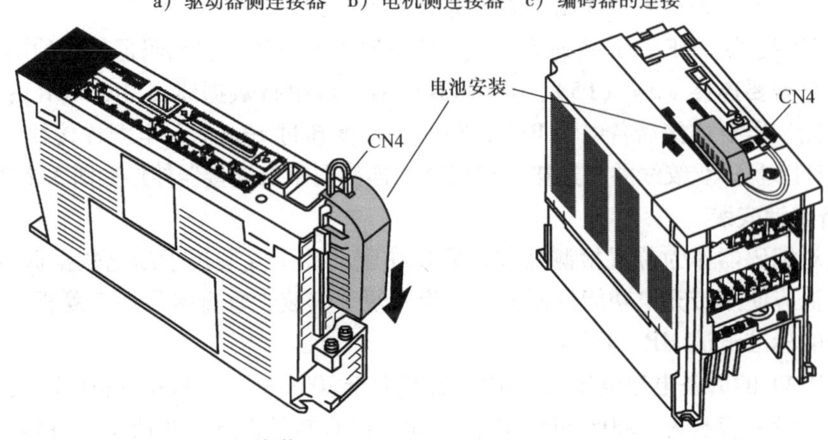

图 3.2-8　后备电池的安装

驱动器的绝对位置数据可通过驱动器的 DI/DO 信号或 RS422 通信接口向外部控制器发送，数据传送方式可以通过驱动器基本参数 PA03 选择。

3.3　主回路设计

3.3.1　电路设计与连接

1. 内部线路与连接

3～AC200V 输入的驱动器内部主回路如图 3.3-1 所示。不同驱动器的外形、连接端子略有区别，但原理基本相同。驱动器主回路的设计要点如下。

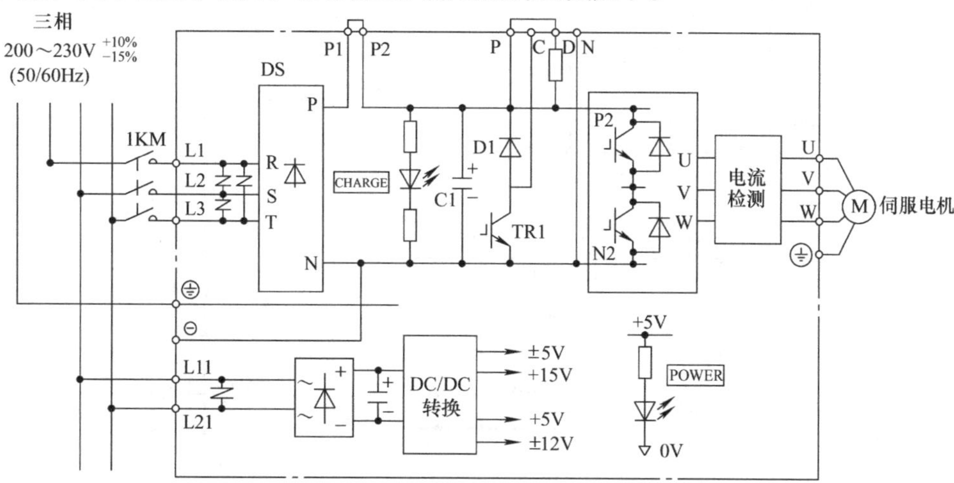

图 3.3-1　驱动器内部主回路原理

1）输入电源的连接端为 L1/L2/L3，切不可以连接到电机电枢连接端 U/V/W 上；N 端为驱动器的直流母线输出，不能与外部零线或保护地线连接。单相 AC230V 或 AC100V 供电的驱动器，控制电源的电压与主回路输入相同，图中的 L3 不需要连接。

2）使用 DC 电抗器时，应断开 P1、P2 间的短接片，并将 DC 电抗器串联连接到 P1 与 P2 上；如不使用 DC 电抗器，则保留 P1 与 P2 间的短接端。

3）使用内置式制动电阻的驱动器，应保留 P 与 D 间的短接端。

4）使用外置制动电阻时，对于 MR－J3－350A 及以下规格，应断开 P、D 间的短接片，将制动电阻串联接入到 P、C 上；对于 MR－J3－500A 及以上规格，应首先取下连接在 P、C 上的内置电阻连接线，然后再将外置电阻串联到 P、C 上。此外，还需要在驱动器的基本参数 PA02 上设定外置电阻的型号与规格，参数 PA02 的常用设定值如下，其他规格的外置电阻应使用驱动器出厂默认值。

PA02 ＝0000：不使用外置制动电阻或制动单元。

PA02 ＝0001：使用 FR－BU 制动单元或 FR－RC 回馈制动单元。

PA02 ＝0002～6：依次为使用 MR－RB032、RB12/32/30/50 外置制动电阻。

PA02 ＝0008/0009：分别为使用 MR－RB31/51 外置制动电阻。

5）大于 22kW 的驱动器为分离型结构，需要配套 MR－J3－CR55K/55K4 电源模块。

6）驱动器存在高频漏电流，进线侧如需要安装漏电保护断路器，应选择动作电流大于驱动器漏电流（3～10mA）的专用漏电保护断路器，或动作电流大于驱动器漏电流3倍（9～30mA）的工业用漏电保护断路器。

7）单相AC230V或AC100V供电的驱动器，控制电源的电压与主回路的单相输入相同，此时图8－4.3中的L3不需要连接，其余均相同。

2. 主接触器与控制

为了对驱动器的主电源进行控制，需要在主回路上安装主接触器，驱动器的主接触器控制一般使用图3.3-2所示的典型电路，主回路设计应注意以下几点。

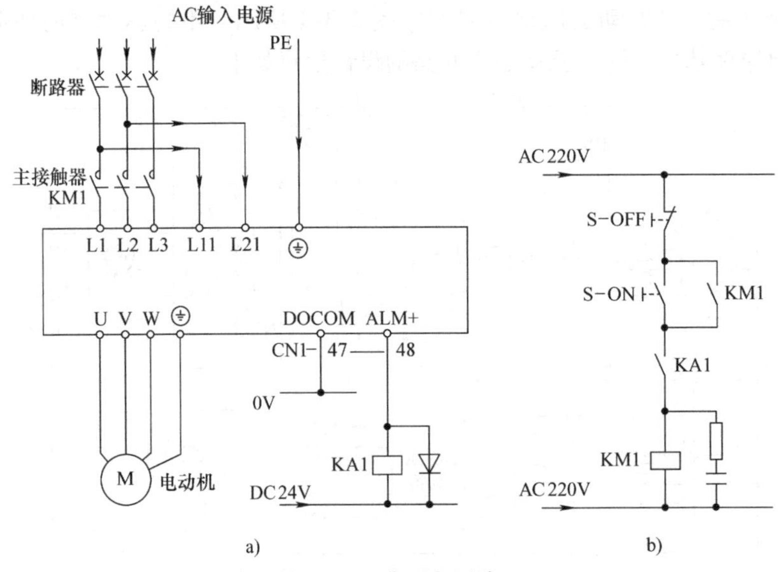

图3.3-2 典型主回路

a）驱动器主回路 b）主接触器控制

1）主回路的频繁通/断将产生浪涌冲击直接影响驱动器使用寿命，其通断频率原则上不能超过30min一次，故不能用于正常工作时的起动/停止控制。主接触器的触点额定电流应为驱动器额定输入电流的1.5～2倍。

2）应将驱动器的故障输出触点＊ALM，串联到主接触器的线圈控制回路中，以防止驱动器故障时的主电源加入。当多台驱动器的主电源通过同一主接触器通断时，应将所有驱动器的故障输出触点串联后，接入控制主接触器线圈控制回路。

3）驱动器配有外置制动电阻或制动单元时，制动电阻的发热无法通过驱动器监测，为防止事故，必须将制动电阻的过热触点串联到主接触器控制回路。

4）驱动器与电机之间不推荐使用接触器，如必须安装接触器，其通断不能在驱动器运行时进行。

5）3相400V驱动器的控制电源为AC400V，图中除输入电源电压为AC400V外，两者的电路无区别。

3. 分离型驱动器

30kW以上的分离型驱动器的驱动模块与电源模块分离，推荐使用图3.3-3所示的电路。驱动器的主电源应连接到电源模块上，模块通过直流母线L+/L－向驱动模块供电，驱动器主回路设计应注意以下几点。

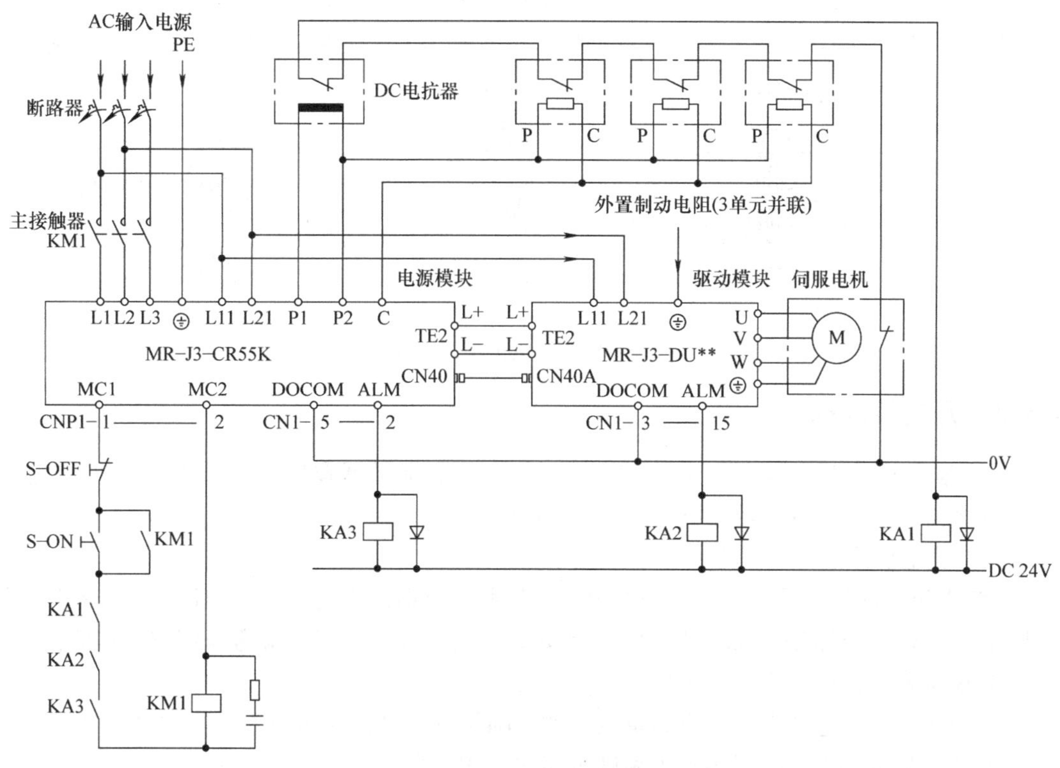

图3.3-3　分离型驱动器的主回路

1）电源模块和驱动模块的控制电源输入端L11/L21，应并联连接到控制电源上，模块的控制电源有相位要求，L11/L21必须与主电源的L1/L2一一对应。

2）电源模块和驱动模块间需要连接控制总线，总线电缆的型号为MR－J3CDL05M；驱动模块的连接端CN40A应与电源模块的CN40连接；CN40B应安装终端连接器MR－J3－TM。

3）主接触器控制应同时考虑电源模块报警、驱动模块的报警、制动电阻过热、DC电抗器过热及电机过热等因素，以上触点应串联连接后控制主接触器的通断。

4）主接触器应使用电源模块的控制输出MC1/MC2，该输出的电压与驱动器控制电源电压一致，因此，对于3～AC400V输入的电源模块，其输出电压同样为AC400V。

5）采用三菱标准外置式制动电阻单元的电源模块，应将3个标准制动单元（MR－RB137或MR－RB138－4）并联；其过热触点串联后控制主接触器。MR－RB137与MR－RB138－4制动单元需要连接风机，驱动器工作时必须保证风机始终处于运行状态。

4. 滤波器安装

伺服驱动器采用了PWM调制技术，其电流、电压中的高次谐波部分已在射频范围，为了避免对其他设备的干扰，可通过零相电抗器与电磁滤波器来抑制干扰。

1）零相电抗器。零相电抗器用于抑制10MHz以下的电磁干扰。零相电抗器是一只磁性环，使用时只需按图3.3-4所示，将连接导线在磁环上同方向绕3～4匝、制成小电感，就可以抑制共模干扰。零相电抗器可用于主电源输入和电机连接线。

2）输入滤波器。输入滤波器用来抑制高次谐波，滤波器连接时只要将电源进线与对应的连接端一一连接即可。滤波器宜选用驱动器生产厂配套的产品，市售的LC、RC型滤波器可能会产生过热与损坏，既不可用于驱动器，也不能用于连接有驱动器的其他设备电源。

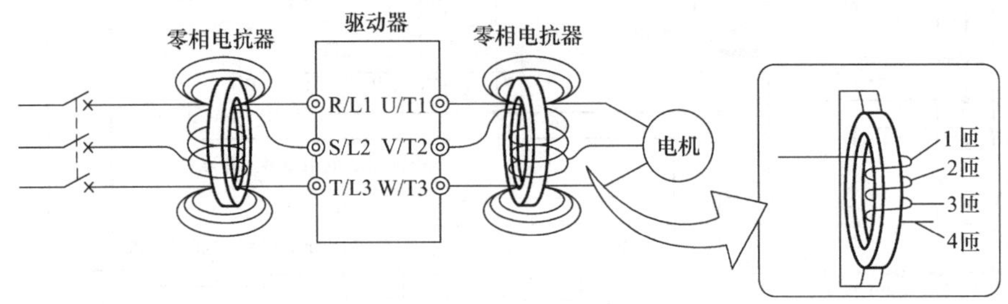

图3.3-4　零相电抗器的连接图

3.3.2　元器件选择

驱动器的主回路的接触器、断路器的选择可以根据驱动器容量计算后确定，选择方法参见后述的设计实例，其他器件的选择方法简介如下。

1. 交流电抗器

交流电抗器的作用是消除电网中的电流尖峰脉冲与谐波干扰。严格地说，电抗器的选用应根据所在国对电网谐波干扰指标的要求确定，但对于如下情况，应考虑使用电抗器：

1）驱动器主回路未安装伺服变压器时。

2）驱动器的主电源上并联有容量较大的晶闸管变流设备或功率因数补偿设备时。

3）驱动器的供电电源三相不平衡度可能超过3%时。

4）驱动器的供电电源对用电设备有其他特殊的谐波指标要求时。

当交流电抗器用于谐波抑制时，如电抗器所产生的压降能够达到供电电压（相电压）的3%，就可以使得谐波电流分量降低到原来的44%，因此，交流电抗器的电感量一般按照所产生的压降为供电电压的2%～4%进行选择，其计算式如下：

$$L=(0.02\sim0.04)\frac{U_1}{\sqrt{3}}\frac{1}{2\pi fI} \tag{3.3-1}$$

当驱动器输入容量为S（kV·A）时，根据三相容量计算式$S=\sqrt{3}U_iI$可得到

$$L=\frac{(0.02\sim0.04)}{2\pi f}\frac{U_1^2}{S} \tag{3.3-2}$$

对于常用的三相200V供电的驱动器，式（3.3-2）可简化为

$$L=(2.5\sim5)\frac{1}{S} \tag{3.3-3}$$

L单位为mH。

2. 直流电抗器

直流电抗器应安装于驱动器直流母线的滤波电容器之前，它可以起到限制电容器充电电流峰值、降低电流脉动、改善驱动器功率因数等作用，在加入了直流母线电抗器后，驱动器对电源容量要求可降低20%～30%。

直流电抗器的电感量计算方法与交流电抗器类似，由于三相整流、电容平波后的直流电压为输入线电压的1.35倍，因此，电感量也可以按照同容量交流电抗器的1.35倍左右进行选择，即

$$L_d = \frac{(0.027 \sim 0.054)}{2\pi f} \frac{U_1^2}{S} \tag{3.3-4}$$

电抗器可由驱动器生产家配套提供，但其规格较少，因此，实际电感量可能与计算值有较大的差异。

3. 制动电阻

驱动器在制动时，电机侧的机械能将通过续流二极管返回到直流母线上，导致直流母线电压的升高，为此，需要安装消耗制动能量（也称再生能量）的制动单元与电阻。

MR－J3 驱动器一般内置有标准制动电阻，可用于大多数控制场合，但在需要频繁制动或制动能量较大，如有重力作用的垂直轴时，需要增加外置式制动电阻。外置制动电阻可根据表 3.2-1 选择三菱公司标准配件，或参照表 3.2-1 选择阻值和功率接近的其他公司产品。

制动电阻需要根据系统的制动能量、负载惯量、加减速时间、电机绕组平均消耗功率等参数计算后确定，阻值过大将达不到所需的制动效果，阻值过小则容易造成制动管的损坏。由于制动电阻的计算涉及较多的参数，且与系统的负载条件密切相关，在此不再进行介绍，实际使用时尽可能选择驱动器生产厂家配套提供的制动电阻。

3.3.3　电路设计实例

【例 1】　某两轴普及型数控车床使用了 2 台 MR－J3－200A 驱动器，其主回路需要同时通断，试设计驱动器主回路。

多台驱动器的输入电源需要通过同一主接触器控制通断时，应将各驱动器的故障输出触点串联后控制主接触器，设计的线路如图 3.3-5 所示，主接触器控制回路与图 3.3-2b 相同。

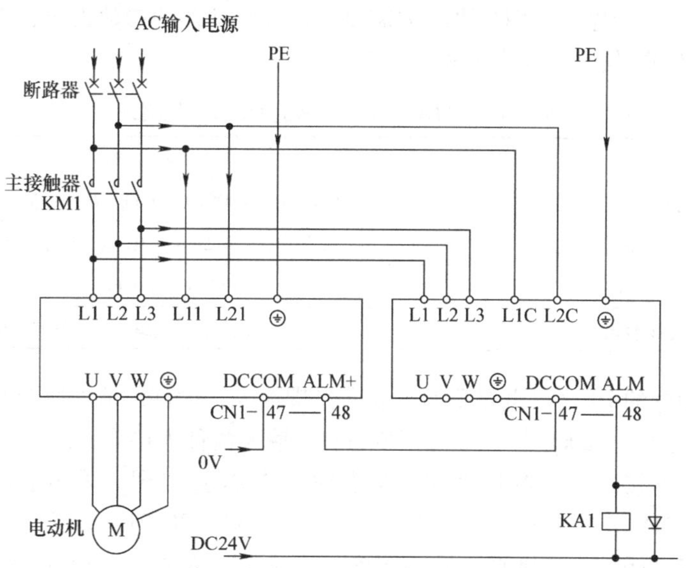

图 3.3-5　数控车床驱动器主回路

图 3.3-5 所示线路中，第 1 台驱动器的 DCCOM 端连接继电器控制电源的 0V 端、ALM 端与第 2 台驱动器的 DCCOM 端连接；第 2 台驱动器的 ALM 端连接故障中间继电器的线圈。线路只有在 2 台驱动器都无故障的情况下，KA1 才能接通。

【例 2】 某设备配套有三菱 MR－J3－200A 驱动器，试设计利用主接触器控制主电源通断的驱动器主回路，并选择断路器与主接触器。

根据要求，本例可采用图 3.3-2 所示的典型电路。驱动器控制电源可在断路器合上后直接加入，主接触器在驱动器无故障（触点 ALM 接通）时，通过 S－ON 按钮启动。

根据驱动器型号，从表 3.1－3 可查得 MR－J3－200A 驱动器的输入容量为 3.5kV·A，断路器的额定电流可计算如下：

$$I_e = (1.5 \sim 2)\frac{S_e}{\sqrt{3}U_e} = 15.1 \sim 20.2\text{A}$$

根据断路器额定电流系列，可选择 16A 标准规格，如 DZ47－63/3P－16A 等。主接触器的额定电流与断路器相同，可选择 16A 标准规格，如 CJX1－16/22 等。

3.4 控制回路设计

交流伺服驱动器的控制电路包括控制驱动器运行的开关量输入（简称 DI）、反映驱动器工作状态的开关量输出（简称 DO）以及位置指令脉冲输入，速度/转矩控制模式下的速度/转矩给定模拟量输入等，驱动器控制电路的设计要求分别如下。

3.4.1 DI 电路设计

1. DI 规格与连接

DI 信号用于驱动器的运行控制，MR－J3 驱动器最多可选择 10 点输入，DI 信号功能已由驱动器生产厂家进行规定，用户可根据需要，通过驱动器的参数设定，来选择或改变输入连接端。驱动器对 DI 信号的要求见表 3.4-1。

表 3.4-1　MR－J3 驱动器的 DI 信号规格表

项　目	规　格
信号输入驱动能力与响应时间	驱动能力：≥DC24V/5mA；响应时间：≤10ms
额定工作电流与内部限流电阻	工作电流：4.2mA；内部限流电阻：6.5kΩ
输入信号 ON/OFF 电流	ON 电流：≥1.5mA；OFF 电流：≤0.1mA
输入信号连接形式	直流汇点输入或源输入；双向光耦

MR－J3 驱动器的 DI 接口电路采用了双向光耦输入，内部限流电阻为 5.6kΩ，故可采用图 3.4-1 所示的汇点（Sink）输入或源（Source）输入两种连接形式。

1）汇点输入连接。图 3.4-1a 为采用汇点输入的 DI 连接图。采用汇点输入连接时，用于输入驱动的 DC24V 公共电源应从公共端 DICOM（CN1－20/21）输入，输入触点的一端分别连接至驱动器各自的 DI 连接端，另一端统一连接到输入驱动电源的 0V 端（参见连接总图）。DI 输入驱动电源需要外部提供，电源容量应大于 300mA。

汇点输入可直接连接 NPN 型集电极开路输出的接近开关，接近开关的输出端直接连接到驱动器的 DI 连接端，0V 端与输入驱动电源的 0V 连接。接近开关的驱动能力应大于 DC24V/5mA，发信时的饱和压降小于 1V，未发信时的漏电流小于 0.1mA。汇点输入连接 PNP 型集电极开路输出的接近开关时，需要在 DI 输入端和 0V 间增加下拉电阻，其连接方

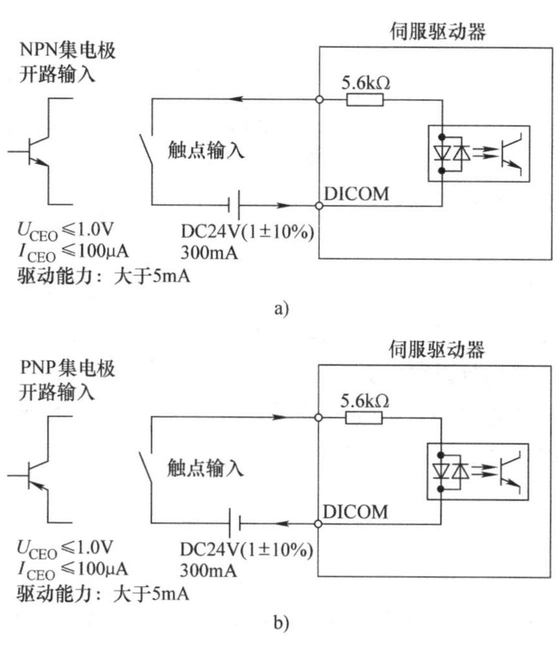

图 3.4-1　DI 信号的连接

a）汇点输入连接　b）源输入连接

法和电阻选择要求可参见第 7 章 7.4 节。

2）源输入连接。图 3.4-1b 为采用源输入的 DI 信号连接图。采用源输入连接形式时，输入触点的一端分别连接至驱动器的 DI 连接端，另一端应统一连接到输入驱动电源的 DC24V 上，驱动器的输入公共端 DICOM（CN1 -20/21）与输入驱动电源的 0V 连接。DI 输入驱动电源同样需要外部提供，电源容量应大于 300mA。

源输入可直接与 PNP 集电极开路输出的接近开关连接，接近开关的输出端直接连接到驱动器的 DI 连接端，DC24V 端与输入驱动电源的 DC24V 连接；接近开关的要求同 NPN 型。源输入连接 NPN 型集电极开路输出的接近开关时，需要在 DI 输入端和 DC24V 间增加上拉电阻，其连接方法和电阻选择要求可参见第 7 章 7.4 节。

2. 常用信号说明

MR - J3 驱动器常用的 DI 信号与功能如下：

1）急停（ * EMG）。* EMG 信号用于驱动器紧急停止，其连接端固定为 CN1 -42，且与控制方式无关。* EMG 信号为常闭型输入，输入 OFF，驱动器紧急制动，EMG 信号不能作为正常工作时的驱动器 ON/OFF。

2）伺服（SON）：SON 信号用于驱动器的控制使能，信号 ON，逆变管开放、伺服电机励磁；信号 OFF，逆变管关闭，电机停止后进入自由状态。如控制系统不使用 SON 信号，可设定参数 PD01.0 =4，这时，SON 始终视为 ON，因此，只要驱动器准备就绪，便可自动进入伺服 ON 状态。

3）复位（RES）。RES 信号用于清除驱动器报警，信号 ON 并保持 50ms 以上，可对驱动器的故障进行复位。当驱动器无报警时，信号 RES 输入 ON，则可根据参数 PD20.1 的设定，可以选择伺服 OFF（PD20.1 =0）或驱动器复位、伺服保持 ON（PD20.1 =1）。

4）正/反转禁止（＊LSP/＊LSN）。＊LSP/＊LSN 信号一般用于超程保护，通常采用常闭型输入，输入 OFF，电机停止并禁止对应方向上的禁止。如控制系统不使用转向禁止信号，可将设定驱动器参数 PD01.2 = C，这时，电机正反转运行总是允许。

5）正/反转起动（ST1/ST2）。ST1/ST2 信号用于速度控制方式的起/停和转向控制。ST1 信号 ON，伺服电机起动正转；ST2 信号 ON，伺服电机起动反转；ST1/ST2 同时为 0 或同时为 1，电机停止。

6）速度选择（SP1/SP2/SP3）。信号 SP1 ~ SP3 可用来选择速度控制时的电机速度，通过 SP1 ~ SP3 的状态组合，可选择参数设定的 7 种不同速度作为速度给定值。当驱动器为转矩控制时，则可作为速度限制选择信号。

以上 DI 信号可根据驱动器的实际控制要求选用，信号的输入连接端可通过驱动器参数 PD03 ~ PD12 的设定予以选择，有关内容可参见第 4 章。

3.4.2 DO 电路设计

1. DO 规格与连接

DO 信号是驱动器的内部工作状态输出，MR－J3 驱动器最多可选择 6 点输出，DO 信号功能已由驱动器生产厂家进行规定，用户可以根据需要，通过驱动器的参数设定，来选择或改变输出连接端。

MR－J3 驱动器的 DO 接口采用了改进型光耦输出接口电路，接口电路通过二极管换向桥转换成了交/直通用输出驱动电路，对于直流负载连接，可采用图 3.4-2 所示的汇点输出和源输出两种连接形式。

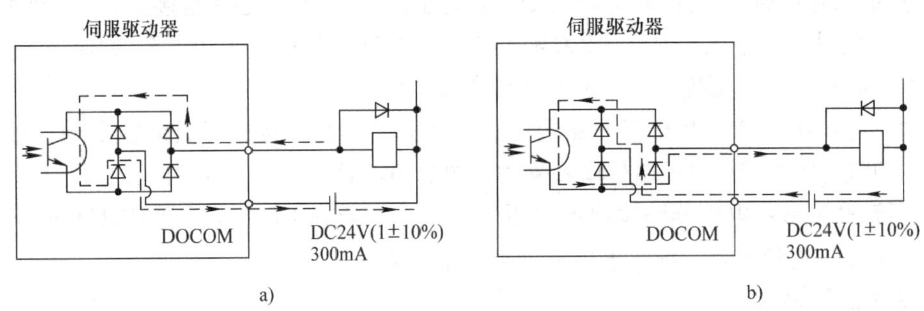

图 3.4-2　DO 信号的连接
a）汇点输出　b）源输出

1）汇点输出连接。图 3.4-2a 为汇点输出连接图。驱动器的输出公共端 DOCOM（CN1－46/47）连接外部电源的 0V，DO 连接端连接负载，负载的另一端统一连接到输出驱动电源的 DC24V 上。当 DO 输出 ON 时，输出驱动电流从负载流入驱动器，并经 DO 的输出光耦形成回路。当负载断开时，DO 输出端为 0V（无源）。

2）源输出连接。图 3.4-2b 为源输出连接图。此时，驱动器的输出公共端 DOCOM（CN1－46/47）连接外部电源的 DC24V 端，DO 连接端连接负载，负载的另一端统一连接到输出驱动电源的 0V 上。当 DO 输出 ON 时，输出驱动电流从输出公共端 DOCOM 流入驱动器，并经 DO 的输出光耦向负载供电、形成回路。当负载断开时，DO 输出端为 DC24V（有源）。

MR－J3 驱动器 DO 输出允许的负载电压为 AC/DC5 ~ 30V；驱动能力为 40mA，瞬间最大电流允许100mA；负载电源需要外部提供，电源的类型与驱动电流决定于负载要求。由于二极管换向桥与光耦的存在，DO信号ON时，驱动器内部存在2.6V左右的压降。当输出用于驱动感性负载时，应在负载两端加过电压抑制二极管，并特别注意二极管的极性，防止极性错误引起的输出短路。

2. 常用信号说明

MR－J3驱动器常用的DO信号与功能如下。

1）驱动器报警（＊ALM）。＊ALM信号的输出端固定为CN1－48，信号为常闭型输出。如驱动器无故障，在电源接通1.5s后自动成为ON状态；当驱动器发生报警时，＊ALM将变成OFF状态。

2）驱动器准备好（RD）。信号RD在驱动器电源接通、SON信号ON、RES信号OFF，驱动器的逆变管开放后输出ON，信号的输出时序如图3.4-3所示。

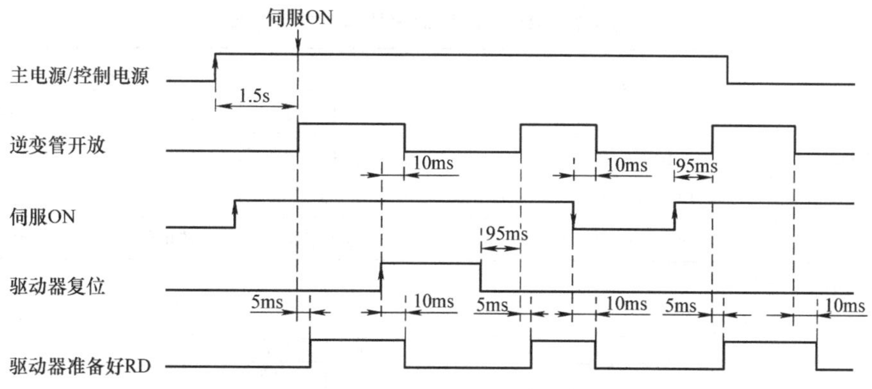

图3.4-3　驱动器准备好信号输出

3）定位完成（INP）。当驱动器选择位置控制方式时，如位置跟随误差已小于到位允差（参数PA10）设定，INP信号输出ON。

4）速度一致（SA）。当电机实际转速到达速度给定值的允差范围（通常为±20r/min），SA信号输出ON；如速度给定小于20r/min，SA信号的输出总是为ON状态。

5）零速信号（ZSP）。如电机的实际转速小于参数PC17设定的值（绝对值），ZSP信号输出ON。ZSP信号一旦ON，必须等到电机转速上升到参数PC17＋20r/min（绝对值）时，才能再次成为OFF状态，信号输出如图3.4-4所示。

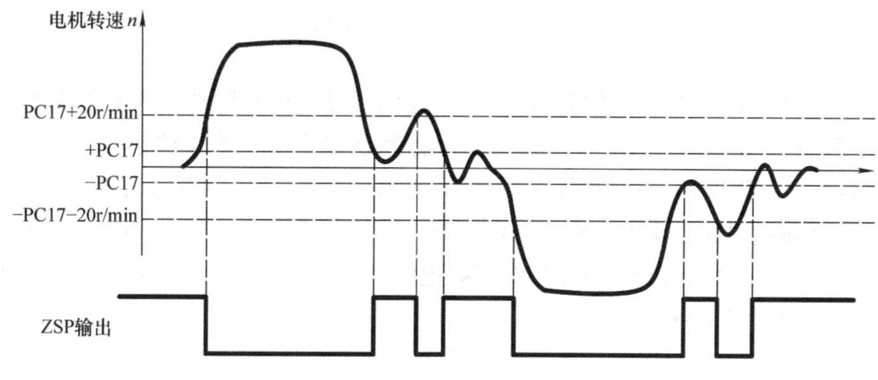

图3.4-4　ZSP信号输出

以上 DO 信号可根据驱动器的实际控制要求选用，信号的输出连接端可通过驱动器参数 PD13 ~ PD18 的设定予以选择，有关内容可参见第 4 章 4.2 节。

3.4.3　给定与反馈电路设计

MR – J3 驱动器的给定输入包括位置脉冲输入和速度/转矩模拟量输入两类，输入端功能与驱动器所选择的控制方式有关，具体见表 3.4-2。

1. 位置给定输入

MR – J3 驱动器的位置给定输入可连接 2 通道脉冲输入，给定脉冲形式可以是脉冲（PLUS）+方向（SING）、正转脉冲（CCW）+反转脉冲（CW）输入、90°相位差 A/B 两相脉冲输入。信号类型可以为线驱动差分输出或集电极开路输出脉冲信号；位置给定输入的连接要求如图 3.4-5 所示。

表 3.4-2　MR – J3 驱动器的给定输入功能

连接端	类　型	控制方式		
		位置控制	速度控制	转矩控制
PP/NP/PG	位置给定脉冲输入	位置给定	×	×
VC/LG	DC – 10 ~ 10V 模拟电压	×	速度给定	速度限制
TC/LG	DC – 10 ~ 10V 模拟电压	转矩限制	转矩限制	转矩给定

注：“×”表示不能使用。

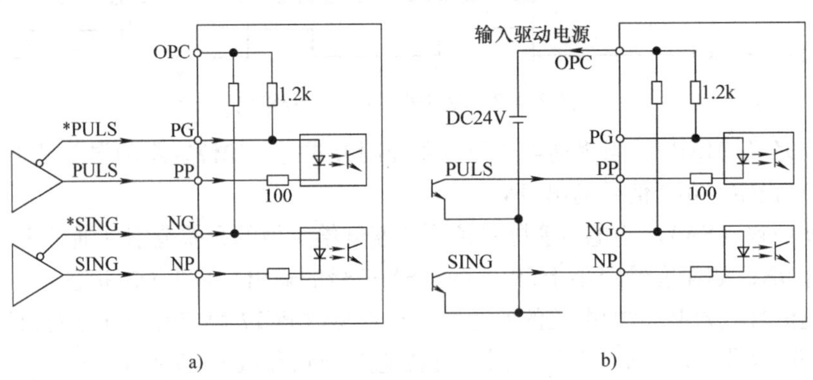

图 3.4-5　位置给定连接电路

a）线驱动输出连接　b）集电极开路输出连接

MR – J3 驱动器的脉冲输入接口电路的为负逻辑设计，即：脉冲输入的正端 PP/NP 连接的是图 3.4-5a 所示光耦的负极，故在使用驱动器默认设定时，为下降沿有效；但当采用集电极开路输入时，PP 与 NP 可直接按图 3.4-5b 所示与 NPN 的集电极输出连接。

MR – J3 驱动器的脉冲输入电路的内部限流电阻为 100Ω，可连接 Am26LS3 或同等特性的线驱动输出。差分输入信号应使用双绞屏蔽电缆，连接长度应小于 10m，标准型驱动器的最大输入脉冲频率为 1MHz。

当采用集电极开路输入时，驱动器内部已配有 1.2kΩ 的限流电阻，因此，可直接采用 DC24V 输入，信号驱动电流在 20mA 左右。输入信号同样应使用双绞屏蔽电缆，连接长度宜控制在 2m 以内，最大输入脉冲频率为 200kHz。

2. 速度/转矩给定输入

MR－J3 驱动器的速度/转矩给定输入为 DC－10～10V 模拟电压，可使用 D－A 转换器输出或通过电位器调节。模拟量输入接口电路的输入阻抗为 10kΩ，推荐的连接电路见图 3.4-6 所示。驱动器带有电位器输入驱动用的 DC15V 电源输出端 P15R，可直接使用电位器连接驱动器的 AI 输入。

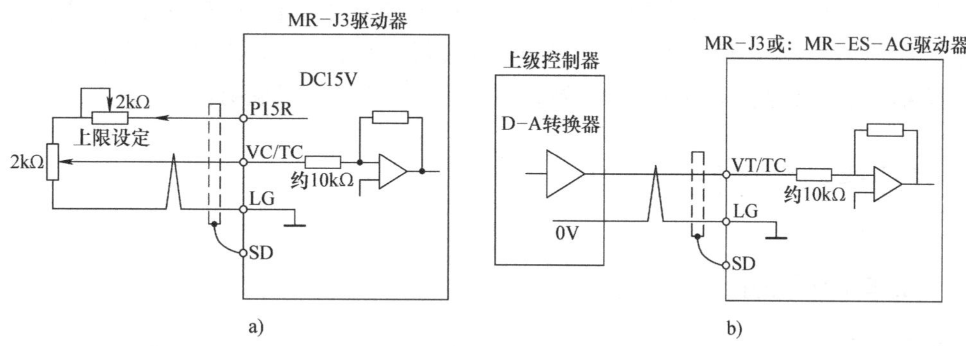

图 3.4-6　速度/转矩给定连接电路

a）使用电位器的连接　b）D－A 转换器输出连接

3. 位置检测输出

MR－J3 驱动器的 3 通道位置检测信号输出 LA/LAR、LB/LBR、LZ/LZR 的输出接口采用的是 Am26LS32 系列线驱动，可以直接连接线驱动接收器；如需要与光耦接收电路连接，接收侧一般应有图 3.4-7 所示的 100Ω 输入限流电阻。驱动器还可提供集电极开路输出的零脉冲输出信号 OP，该信号的输出驱动能力为 DC5～24V/35mA，可用于 PLC、CNC 等位置控制器的回参考点控制，OP 的连接要求与 DO 信号相同。

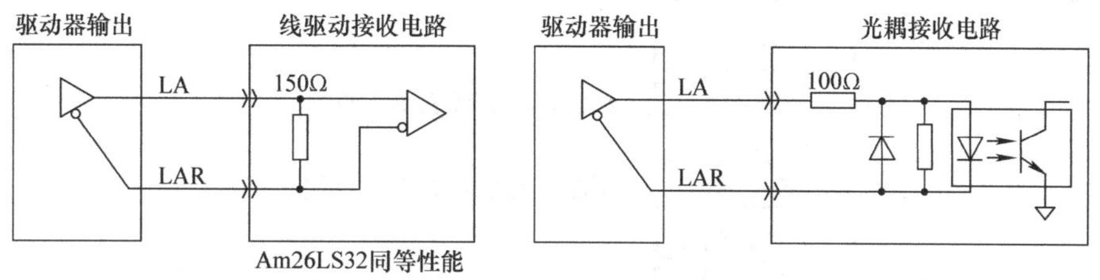

图 3.4-7　位置检测输出连接线路

第 4 章　伺服驱动操作与调试

伺服驱动器的调试相对较简单，对于常规应用，一般只要按第 3 章的要求完成电路设计与硬件连接后，便可根据驱动器的用途，直接通过快速调试和自动调整完成调试工作。快速调试和自动调整需要利用驱动器配套的操作单元进行，本章将对其使用方法和操作步骤进行说明，有关驱动器其他更多的功能和参数，将在第 5 章进行详细说明。

4.1　驱动器基本操作

4.1.1　操作单元说明

1. 操作单元

通用伺服驱动器是一种可以独立使用的控制装置，为了对驱动器进行设定、调试和监控，驱动器一般都配套有简单的操作单元。MR－J3 驱动器的操作单元如图 4.1-1 所示，操作单元分为数码显示与操作按键两个区域。

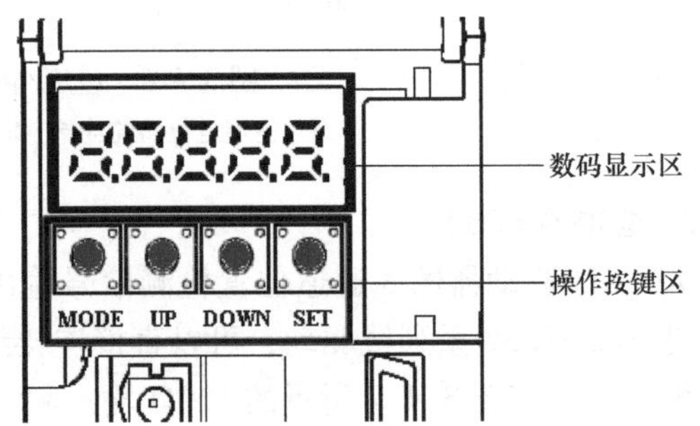

图 4.1-1　MR－J3 操作显示单元

数码显示区为 5 只 8 段数码，可显示驱动器的运行状态、参数、报警号等基本信息。小数点显示具有特殊的意义，它在不同情况下所代表的意义有如下不同。

当需要检查位置反馈脉冲数、位置跟随误差等无法显示负号的数据时，第 2 ~5 只数码管的小数点同时亮，代表所显示数据为负。

驱动器的操作按键区有 4 只不同的键，用于显示切换、参数设定等，按键的作用与意义如下。

【MODE】：操作/显示模式转换键；

【UP】：数值增加/显示转换键；

【DOWN】：数值减少/显示转换键；

【SET】：数据设置键。

按键的功能在不同操作、显示模式下有所不同，具体使用方法将在后述的内容中进行具体介绍。

2. 状态显示

MR－J3 驱动器可选择状态显示、诊断显示、报警显示与参数显示 4 种基本显示模式，显示模式可通过【MODE】键切换，出厂默认的初始显示内容见表 4.1-1。显示模式选定后，利用【UP】／【DOWN】键可改变显示内容，按下【SET】键可显示相应的数据。

表 4.1-1　MR－J3 操作模式转换与初始显示

显示类别	显示状态	显示内容
状态显示	C	位置控制方式
诊断显示	rd-oF	驱动器未准备好
报警显示	AL --	驱动器报警显示
参数显示	P A01	基本参数显示
	P b01	调节器参数显示
	P C01	扩展参数显示
	P d01	DI/DO 设定参数显示

1）状态显示。驱动器在电源接通后自动选择状态显示模式，初始显示内容可通过参数 PC36 的设定改变。出厂默认 PC36.2＝0，其显示内容与驱动器的控制方式有关，位置控制为反馈脉冲数“C”；速度控制为电机转速“r”；转矩控制为转矩给定输入端 TC 的电压“U”。如设定 PC36.2＝1，初始显示可利用参数 PC36.0 的设定改变。状态显示的内容可在显示模式选定后，用【UP】或【DOWN】键切换。显示内容选定后，按【SET】键可显示其数据或状态，例如，在位置控制方式下，初始显示为位置控制为反馈脉冲数“C”，按【SET】键可以依次进行电机实际转速“r”、位置跟随误差“E”、指令脉冲数“P”、指令脉冲频率“n”等的切换，有关内容将在第 6 章介绍。

2）诊断显示。诊断显示可通过【MODE】键选择，诊断项目可用【UP】／【DOWN】键切换；MR－J3 驱动器常用的诊断显示内容见表 4.1-2，更多的显示内容将在第 6 章详细介绍。

3）报警显示。报警显示可显示当前报警、报警历史记录和警示信息，其内容可在报警显示模式下，用【UP】／【DOWN】键切换，显示内容见表 4.1-3。

表 4.1-2　MR－J3 诊断显示的内容

显　示	显示含义
rd-oF	驱动器未准备好。驱动器初始化中或发生报警
rd-on	驱动器准备好。驱动器初始化完成，处于准备运行状态
do-on	DO 信号强制。驱动器 DO 信号强制 ON 或 OFF
TEST 1	点动试运行。利用操作单元进行的驱动器点动运行试验
TEST 3	无电机试运行。在关闭驱动器输出或不连接电机时，进行驱动器 DI/DO 信号模拟
H1　0	AI 输入端 VC 的自动偏移调整

表 4.1-3　MR－J3 驱动器的报警显示

显示	含　义	显示说明
AL　--	当前报警显示	驱动器当前无报警
AL. 33	当前报警显示	发生报警时，报警号 AL. 33 闪烁（直流母线过电压）
A0　50	报警历史记录显示	显示由此上溯的第 1 次报警
A1　33	报警历史记录显示	显示由此上溯的第 2 次报警
A3　31	报警历史记录显示	显示由此上溯的第 3 次报警
A4　--	报警历史记录显示	显示由此上溯的第 4 次报警
A5　--	报警历史记录显示	显示由此上溯的第 5 次报警
E　--	操作出错报警	当前无操作出错
E.A12	操作出错报警	参数 PA12 设定错误

驱动器的报警显示操作需要注意以下几点。

1）当驱动器发生报警时，无论在何种显示模式下，都将转入报警显示，闪烁显示的报警号将自动显示在操作单元上。

2）驱动器报警后，也可通过显示转换检查其他信息，此时第 4 只显示器的小数点将持续闪烁，以提示驱动器存在报警。

3）驱动器故障排除后，可通过重新启动驱动器电源、按操作单元的【SET】键、将 DI 信号 RES 置 ON 操作清除报警。

4）如设定参数 PC18.0 = 1，将清除驱动器的报警记录；在显示报警记录时，如按【SET】键并保持 2s 以上，可以显示生产厂家用的驱动器维护信息。

4.1.2　参数的显示与设定

1. 参数显示

MR－J3 驱动器的参数分为基本参数（PA 组）、调节器参数（PB 组）、扩展参数（PC 组）和 DI/DO 参数（PD 组）共 4 组，4 组参数可在参数显示模式选定后，通过【MODE】键进行图 4.1-2 所示的切换。参数组选定后，可用【UP】/【DOWN】键改变参数号，然后按【SET】键显示参数内容；如果需要，还可通过操作【UP】/【DOWN】、【SET】键，进行参数的设定与修改。

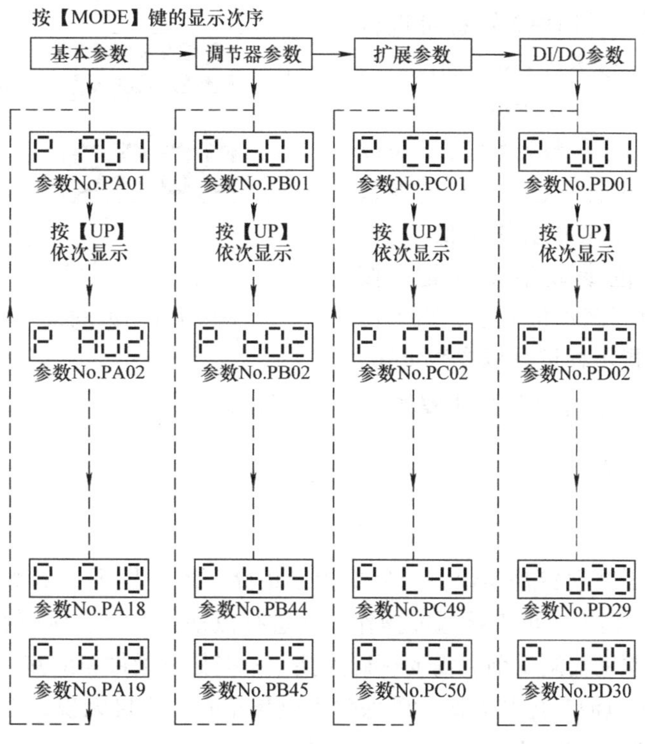

图 4.1-2　参数显示的操作

2. 参数保护

为了防止参数被错误的操作所设定与修改，MR－J3 驱动器的参数可通过基本参数 PA19 的设定予以保护。PA19 设定需要通过驱动器的电源 ON/OFF 操作生效，设定值的意义见表 4.1-4。

表 4.1-4　MR－J3 参数的保护设定

PA19	参数操作	参数类别			
		基本参数 PA	调节器参数 PB	扩展参数 PC	DI/DO 参数 PD
0000	读出/写入	●	×	×	×
000B	读出/写入	●	●	●	×
000C	读出/写入	●	●	●	●
100B	读出	●	×	×	×
	写入	×（除 PA19）	×	×	×
100C	读出	●	●	●	●
	写入	×（除 PA19）	×	×	×

注：“●”表示操作允许；“×”表示操作不允许（保护）

3. 参数的修改

当基本参数 PA19 设定为 000C 时，所有参数的读出、写入都成为允许状态，操作【SET】、【UP】/【DOWN】键可进行参数的设定与修改。以参数 PA01 的设定为例，其操作步骤如图 4.1-3 所示。

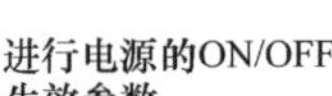

图 4.1-3　驱动器的参数设定操作

显示器的最大显示位数为 5 位，5 位以上的参数需要进行两次设定。这样的参数一旦选定，显示器首先显示的是低 4 位、第 5 位显示低 4 位参数指示标记；按【MODE】键可切换到高 4 位显示、第 5 位上显示高 4 位参数指示标记。以参数 PA06 设定 123456 为例，其设定的操作步骤如图 4.1-4 所示。

4.1.3　驱动器测试

1. 基本内容

驱动器测试用于驱动器基本部件、外部控制电路、PLC 程序、驱动器参数设定等的检查。在 MR－J3 驱动器上，可直接通过操作单元进行点动试运行、DO 信号强制和无电机试运行等操作。进行驱动器测试前，需要正确连接、检查如下硬件与线路。

1）驱动器的主电源与控制电源：确保输入电压正确，连接无误；为了简化，主电源与控制电源可直接用独立的断路器进行通/断控制。

2）电枢与编码器：确保电机绕组标号 U/V/W 与驱动器的输出 U/V/W 一一对应，编码器连接无误。

3）DI/DO 连接：确认驱动器的 DI/DO 信号连接。

4）安装与固定：可靠固定电机，并对电机旋转轴进行必要的防护。

5）制动器：对于带内置制动器的电机，在点动前必须先加入制动器电源，并检查电机轴已经完全自由。

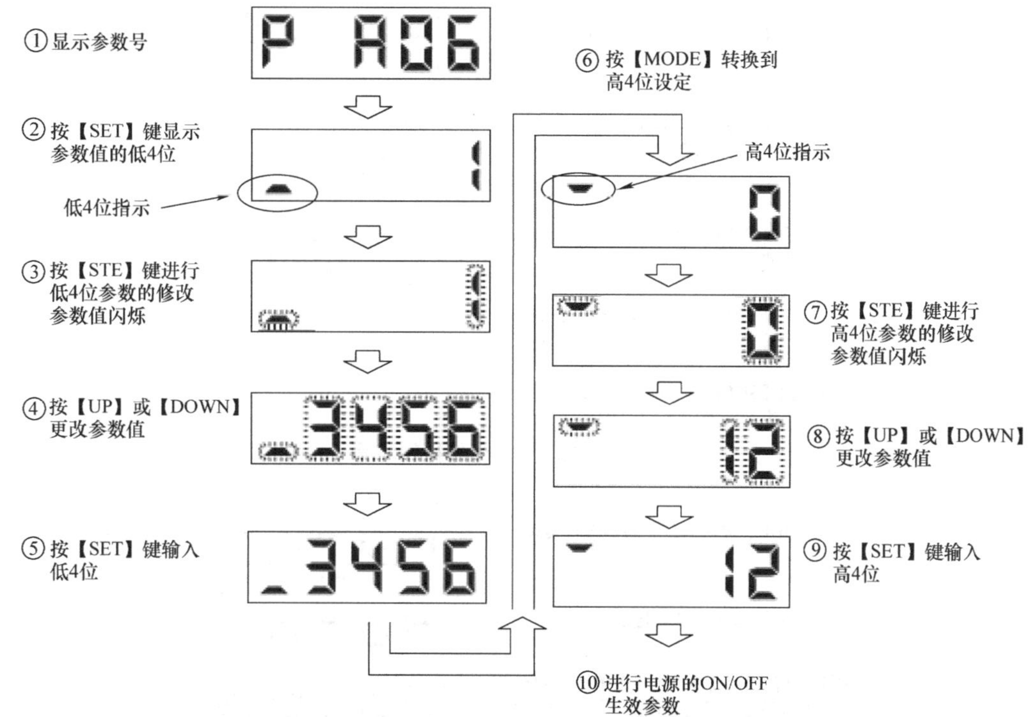

图 4. 1-4　超过 5 位的参数设定操作

驱动器测试的基本步骤如下：

1）加入驱动器控制电源，确认操作单元无报警显示。

2）加入主电源，接通驱动器主回路。

3）根据需要，按照以下步骤，选择点动试运行、DO 信号强制和无电机试运行等操作。

2. 点动试运行

驱动器的点动试运行用于驱动器、电机、编码器等基本部件的检查，它只需要连接驱动器、电机、编码器及简单的 DI 信号，便可通过操作单元实施，点动试运行正常的驱动器一般无软件和硬件上的问题。

驱动器的点动试运行可以在诊断显示模式下，选择 TEST1 后进行。试运行时，驱动器的急停 * EMG 与正/反转禁止信号 * LSPT/ * LSN 信号必须为 ON 状态，因此，连接端CN1 ~ CN42 所连接的急停 * EMG 输入信号必须为 ON；而正/反转禁止信号 * LSPT/ * LSN，则可通过设定参数 PC01 = * C * * 予以撤销。

驱动器的点动试运行操作如图 4. 1-5 所示，它可直接用【UP】/【DOWN】键控制电机的转向。驱动器出厂默认的点动转速为 200r/min、加减速时间为 1s，转速与加减速时间不能利用操作单元进行设定与改变；但如果使用 MRZJW3 - SETUP 软件，则可以在调试计算机上修改点动运行速度、加减速时间等参数。

3. DO 强制

DO 信号强制可用于外部控制电路连接、动作或 PLC 程序检查等。DO 强制操作可在诊断模式下进行，其操作步骤如图 4. 1-6 所示。

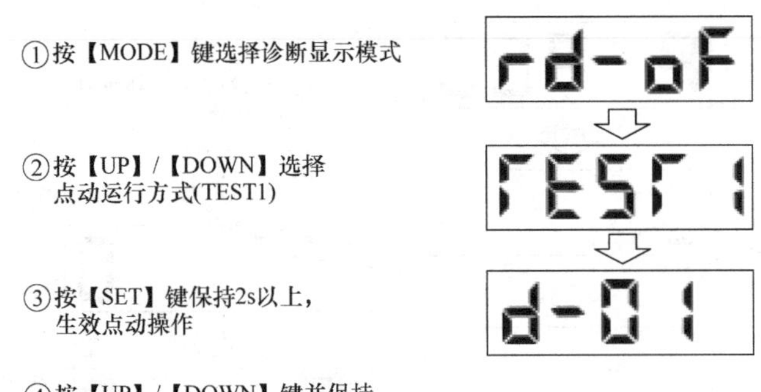

图 4.1-5　点动试运行的操作步骤

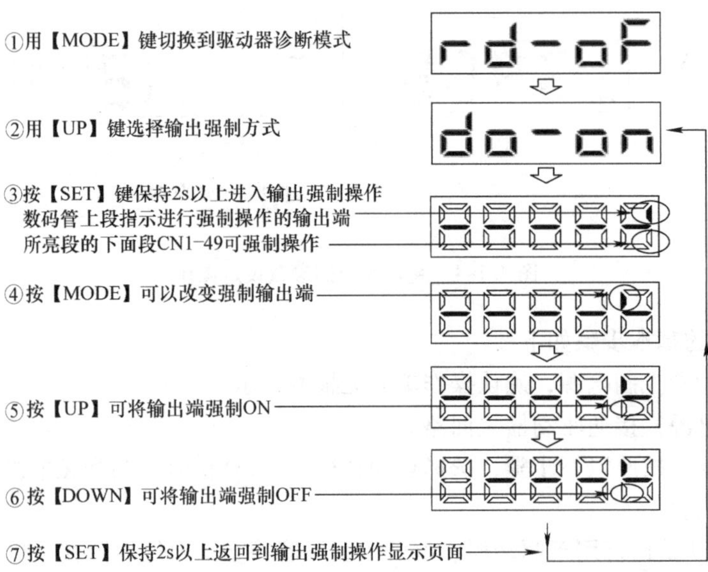

图 4.1-6　驱动器 DO 强制的操作步骤

4. 无电机运行

无电机试运行可以在驱动器输出关闭（逆变管封锁）或电机不连接的情况下，模拟实际运行过程，该功能可用于 DI/DO 信号的连接检查、外部控制线路检查、PLC 程序试运行、驱动器参数确认等。

无电机运行时，外部控制装置、控制电路可像正常工作那样向驱动器发送 DI 信号（SON 除外），驱动器也能够像正常工作一样输出相应的 DO 信号，但伺服电机不旋转。

无电机试运行可在诊断显示模式下，选择 TEST3 实施，试运行时驱动器的伺服 ON 信号 SON 应为 OFF 状态，其他信号可正常发送。无电机试运行的操作步骤如图 4.1-7 所示。

无电机试运行模式 TEST3 一旦选定，驱动器将根据 DI 信号的状态模拟实际运行过程，试运行过程中不能通过【UP】/【DOWN】键切换显示页面。无电机试运行操作可通过按【SET】键并保持 2s 以上，或按【MODE】键切换显示模式，或直接关闭驱动器电源结束。

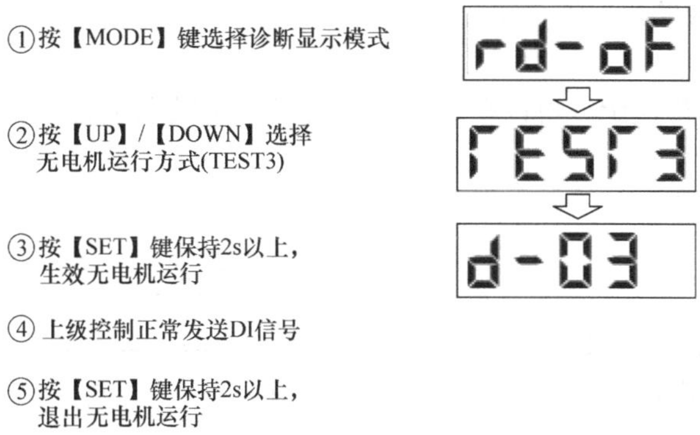

①按【MODE】键选择诊断显示模式

②按【UP】/【DOWN】选择
无电机运行方式(TEST3)

③按【SET】键保持2s以上，
生效无电机运行

④ 上级控制正常发送DI信号

⑤按【SET】键保持2s以上，
退出无电机运行

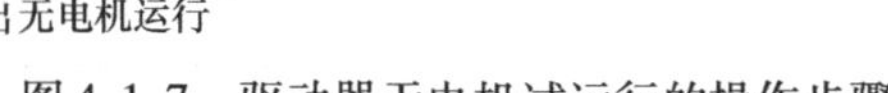

图 4. 1-7　驱动器无电机试运行的操作步骤

4.2　位置控制快速调试

4.2.1　功能与操作

1. 基本功能

与通用变频器、交流主轴驱动器等感应电机控制装置相比，伺服驱动器的 DI/DO 信号、参数均较少，操作与调试相对简单方便。

位置控制是伺服驱动器常用的控制模式，对于一般应用，它可以通过以下简单的参数设定，便可完成驱动器的调试过程，保证驱动器的基本工作需要。驱动器的位置控制快速调试操作可实现以下功能。

1）使驱动器的指令脉冲输入信号与上级控制器的输出匹配。

2）使实际机械位置与上级控制器指令位置一致，完成脉冲当量与测量系统的匹配。

3）使电机的实际转向与指令方向一致，并尽可能减小位置跟随误差。

4）如果需要，保证驱动器能够向外部输出正确的位置反馈脉冲。

当位置控制快速调试完成后，还可以进一步利用驱动器的在线自动调整功能，进行驱动器位置调节器参数的优化和自动设定。

2. 连接要求

驱动器快速调试属于现场调试的范畴，驱动器进行位置控制快速调试前，应确认全部机械部件已可正常工作，驱动系统的安装、连接已经完成，并进行如下检查。

1）确认驱动器的主电源、控制电源的电压与连接及电机、编码器的连接正确。

2）确认位置指令脉冲输入信号 PP、NP 的连接正确，输入信号规格符合驱动器要求。

3）检查驱动器的 I/O 连接器 CN1 至少已连接以下 DI 信号。

* EMG 信号：驱动器急停，常闭型输入，输入 ON 时允许驱动器工作；

SON 信号：伺服 ON 信号，信号 ON 时驱动器启动；

* LSP/ * LSN 信号：正/反转禁止信号，常闭型输入，输入 ON 时允许电机正转。

信号 * LSPT/ * LSN 可通过参数 PC01 = “ * C * * ” 的设定予以撤销，使得电机正反转始终允许。

快速调试与驱动器控制方式密切相关，当 MR - J3 驱动器用于位置控制时，必须设定参数 PA01. 0 =0，选定位置控制方式，如驱动器需要进行控制方式的切换，则需要分别对不同的控制方式，实施不同的快速调试操作。

3. 操作步骤

MR－J3 驱动器的快速调试可以在出厂默认的参数基础上进行，位置控制快速调试的步骤如图 4.2-1 所示。

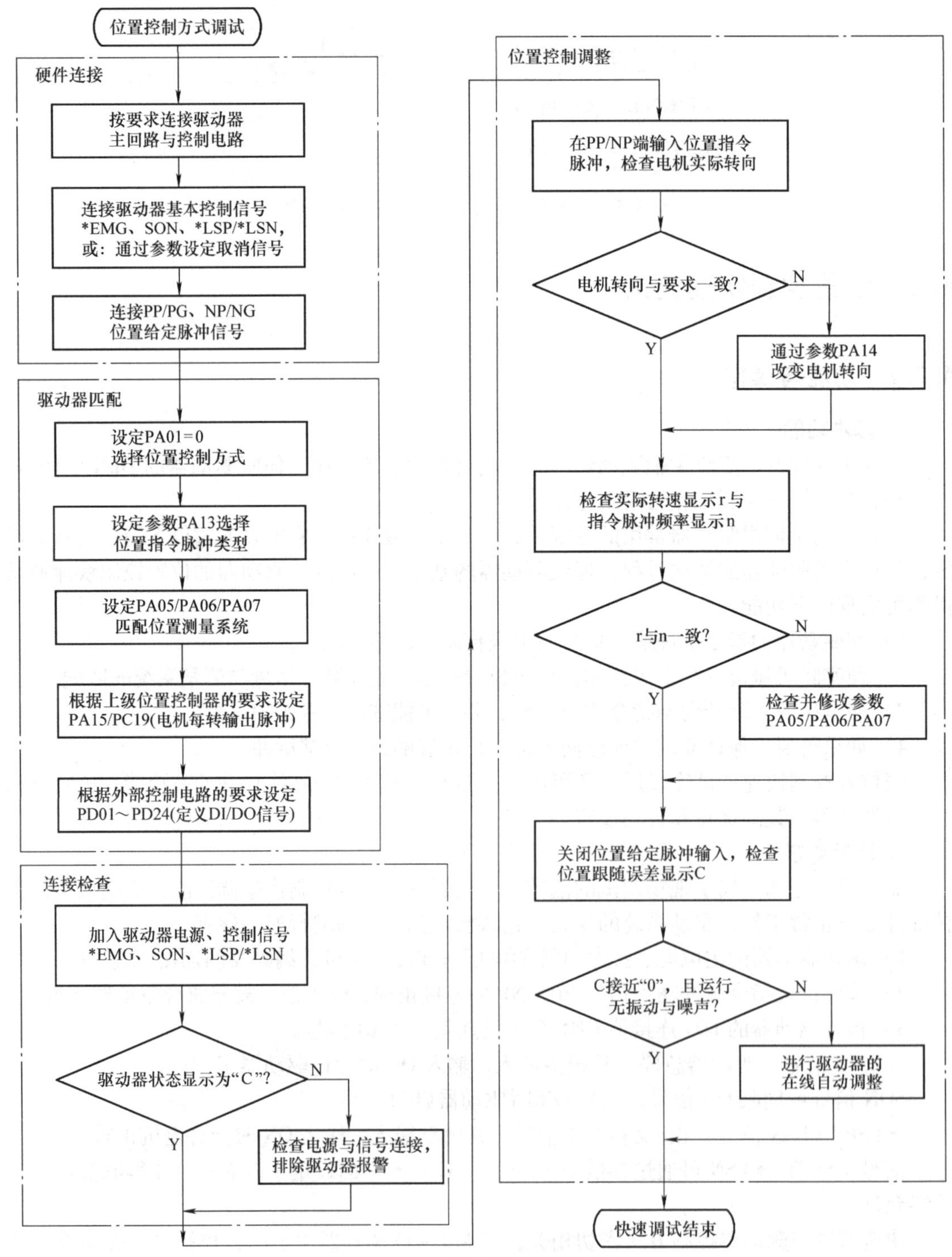

图 4.2-1　位置控制的快速调试

4.2.2　参数设定

1. 指令脉冲选择

驱动器的位置指令脉冲一般来自 PLC、CNC 等上级控制装置，指令脉冲的连接要求可参见第 3 章 3.4 节；脉冲类型可通过参数 PA13 选择，设定值与脉冲类型的对应关系如下。

PA13 =0000：正极性的正/反转脉冲输入，上降沿有效，输入要求如图 4.2-2 所示。

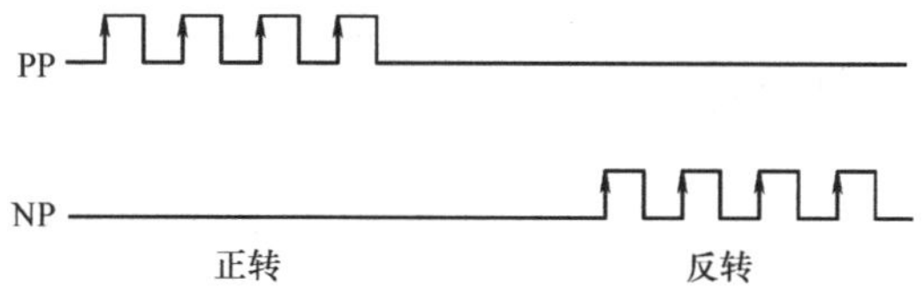

图 4.2-2　正极性正/反转脉冲输入

PA13 =0001：正极性的脉冲 + 方向输入，上降沿有效，NP 高电平为正转，输入要求如图 4.2-3 所示。

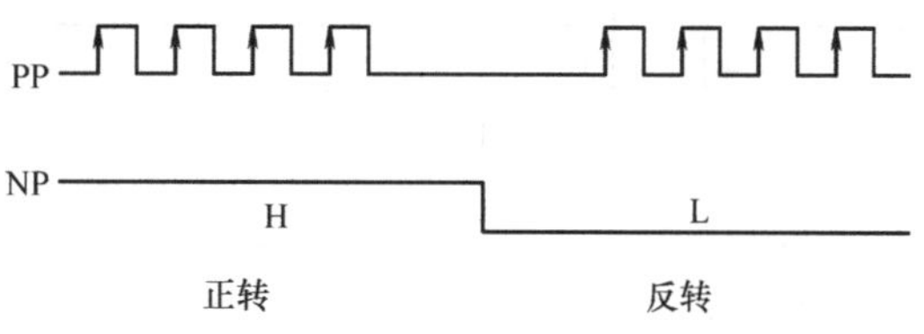

图 4.2-3　正极性脉冲 + 方向输入

PA13 =0002：正极性的 A/B 两相 90°差分脉冲输入，上降沿有效，输入要求如图 4.2-4 所示。

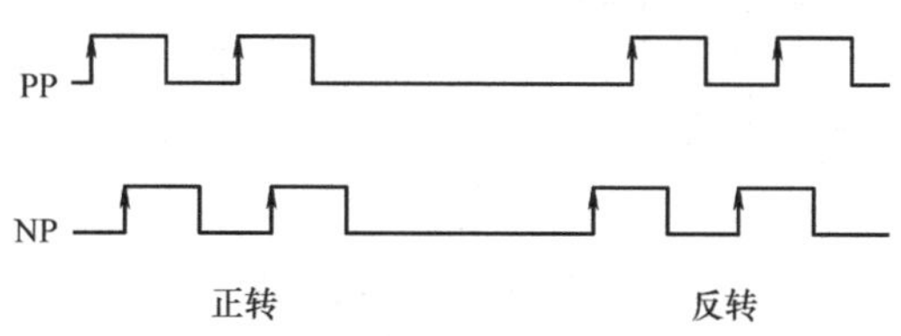

图 4.2-4　正极性 90°相位差 A/B 脉冲输入

PA13 =0010：负极性的正/反转脉冲输入，输入要求与图 4.2-2 相同，下降沿有效。

PA13 =0011：负极性的脉冲 + 方向输入，输入要求与图 4.2-3 相同，下降沿有效、NP 高电平为反转。

PA13 =0012：负极性的 A/B 两相 90°差分脉冲输入，输入要求与图 4.2-4 相同，下降沿有效。

2. 指令脉冲要求

不同形式的位置指令脉冲的时序与波形要求分别如图 4.2-5 所示。

当指令脉冲采用线驱动输入时，其最高输入频率为 1MHz，图 4.2-4 中各时间的要求为 t_1、t_2、t_3、$t_7 \leqslant 0.1\mu s$；t_4、t_5、$t_6 \geqslant 3\mu s$；$\tau \geqslant 0.35\mu s$；$\tau/T \leqslant 50\%$。

当指令脉冲为集电极开路输入时，其最高输入频率为 200kHz，图 4. 2-4 中各时间的要求为 t_1、t_2、t_3、$t_7 \leqslant 0.2\mu s$；t_4、t_5、$t_6 \geqslant 3\mu s$；$\tau \geqslant 2\mu s$；$\tau/T \leqslant 50\%$。

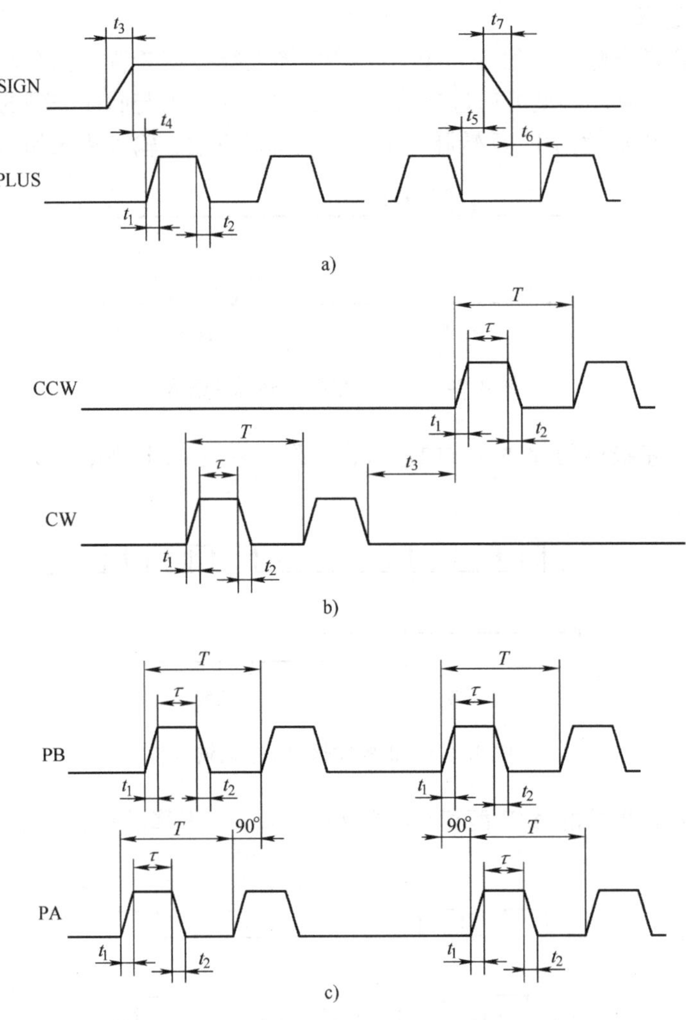

图 4. 2-5　指令脉冲输入要求

a）脉冲＋方向输入　b）正/反转脉冲输入　c）A/B 两相差分脉冲输入

3. 位置测量系统匹配

闭环位置控制系统的位置指令输入和位置反馈都为脉冲信号，其单位脉冲所对应的移动量称为脉冲当量。为了进行闭环位置控制，输入到闭环系统位置比较器的给定信号与反馈信号的脉冲当量必须一致，这样才能保证定位位置的正确。

在 MR－J3 驱动系统上，一般直接使用伺服电机内置编码器作为位置检测元件，其脉冲当量可通过驱动器的电子齿轮比参数 PA05/PA06/PA07 进行匹配，参数的作用如下。

PA05≠0：参数 PA05 可直接设定电机每转对应的指令脉冲数，电子齿轮比参数 PA06/PA07 无效。

PA05＝0：电子齿轮可由参数 PA06/PA07 进行设定，脉冲当量的匹配由参数 PA06/PA07 的设定实现。

参数 PA05/PA06/PA07 的意义如图 4.2-6 所示。由图可见，当参数 PA05 ≠0 时，PA05 直接设定了电机每转所对应的指令脉冲数，此时，相当于将电子齿轮比固定为电机每转反馈脉冲数 P_f与 PA05 之比；当参数 PA05 =0 时，电子齿轮比需要通过参数 PA06、PA07 设定，其计算方法如下。

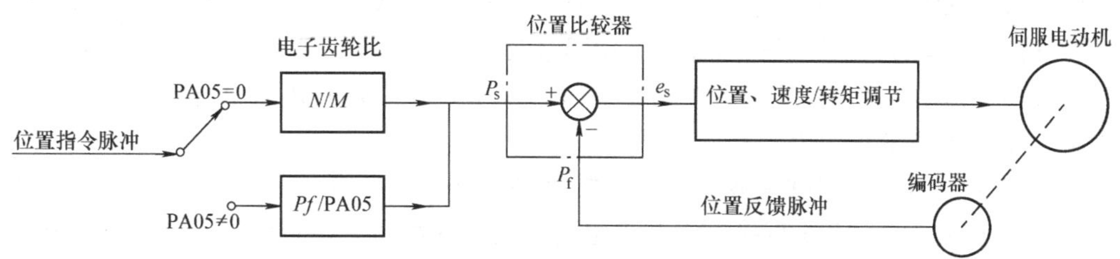

图 4.2-6　电子齿轮比的意义

电子齿轮比实质上是对位置指令脉冲数量的调整。对位置指令来说，如电机每转所对应的机械移动量为 h、每一指令脉冲所产生的移动量（称指令脉冲当量）为 δ_s，通过电子齿轮比参数 N/M 的修正，输入到位置比较器的电机每转指令脉冲数 P_s为 $P_s=(h/\delta_s)\times N/M$。由于编码器与电机为同轴安装，因此，电机每转产生的位置反馈脉冲数 P_f就是编码器每转脉冲数 P。为使指令脉冲当量与反馈脉冲当量一致，则必须有 $P_f=P_s$，由此可得：

$$N/M=(P\times\delta_s)/h$$

上式中的 N 称为电子齿轮比分子，由参数 PA06 设定；而 M 为电子齿轮比分母，由参数 PA07 设定。作为 MR－J3 驱动器的简单设定方法，一般只要将参数 PA06 直接设定为编码器的每转反馈脉冲数 P，即 PA06 $=2^{18}=262144$，而将 PA07 设定为电机每转外部输入的指令脉冲数便可（也可进行约分）。

【例 1】　假设某直线进给轴的电机每转移动量为 $h=10$mm，电机与滚珠丝杆为直接连接，电机内置编码器的每转反馈脉冲数为 2^{18}，如指令脉冲当量 $\delta_s=0.001$mm，电子齿轮比应为：

$$N/M=(0.001\times2^{18})/10=262144/10000$$

当参数 PA06 直接设定为编码器的每转脉冲数 262144 时，参数 PA07 即为电机每转指令脉冲数 10000。

【例 2】　假设某直线进给轴的电机每转移动量为 $h=10$mm，电机与滚珠丝杆通过减速比为 2:1 的减速器连接，电机内置编码器的每转反馈脉冲数为 2^{18}，如指令脉冲当量 $\delta_s=0.01$mm，电子齿轮比的设定方法如下。

减速后的电机每转移动量：$h=10\text{mm}/2=5\text{mm}$；

电机每转所对应的指令脉冲数：$P=5\text{mm}/0.01\text{mm}=500$；

故参数 PA06、PA07 的设定如下：

PA06 =262144（直接设定编码器每转脉冲数）；

PA07 =500（电机每转对应的指令脉冲数）。

【例 3】　假设某回转轴的电机每转移动量 $h=2°$，电机编码器的每转脉冲数为 2^{18}，如指令脉冲当量 $\delta_s=0.001°$，则电机每转所对应的指令脉冲数为 $P=2°/0.001°=2000$；故参数 PA06、PA07 的设定如下：

PA06 = 262144（直接编码器每转脉冲数）;

PA07 = 2000（电机每转对应的指令脉冲数）。

4. 位置反馈输出设定

如果需要，电机内置编码器的反馈脉冲，可通过驱动器的连接器 CN1 上的 LA/LAR、LB/LBR、LZ/LZR 信号向外部输出，用于上级控制器或显示装置。位置反馈脉冲输出为线驱动差分信号，输出脉冲的形式可通过驱动器参数 PA15、PC19 的设定进行如下选择。

1）脉冲方向。由参数 PC19.0 设定，PC19.0 = 0，电机正转时 A 相超前 B 相 90°；PC19.0 = 1，电机正转时 B 相超前 A 相 90°。

2）输出脉冲数。输出脉冲数决定于参数 PC19.1 和 PA15 的设定，参数设定方法如下。

PC19.1 = 0：参数 PA15 直接设定电机每转的输出脉冲数，设定值应为实际输出脉冲数的 4 倍，例如，需要电机每转输出 2500 脉冲时，应设定 PA15 = 2500 × 4 = 10000。

PC19.1 = 1：参数 PA15 设定的是反馈脉冲与输出脉冲之比（分频率），实际输出脉冲数决定于编码器的每转脉冲数，同样，设定值应为实际输出脉冲数的 4 倍。例如，当编码器为 262144P/r（2^{18}）时，如要求电机每转输出 8192 脉冲，则 PA15 可按照如下方法确定。

驱动器应设定的输出脉冲数：8192 × 4 = 32768P/r

PA15 参数设定值：PA15 = 262144/32768 = 8

PC19.1 = 2：参数 PA15 的设定无效，输出脉冲数与指令脉冲数相等。例如，当电机每转移动量为 $h = 10$mm、指令脉冲当量 $\delta_s = 0.001$mm 时，若设定 PC19.1 = 2，则电机每转所对应的输出脉冲数总是为 10000。

【例 4】 假设某驱动系统采用 PLC 的轴控模块控制定位，PLC 输出的位置指令脉冲当量为 0.001mm、轴控模块的位置反馈连接接口带 4 分频电路，电机每转对应的机械移动量为 6mm，要求反馈脉冲当量为 0.001mm，参数 PC19 与 PA15 的设定方法如下。

由于本例中所要求的输出脉冲数不为 2^n、且所要求的反馈脉冲数与指令脉冲数不相等，故应设定 PC19.1 = 0。在 PLC 轴控模块上，电机每转所对应的反馈脉冲应为

$$P_f = 6/0.001 = 6000(P/r)$$

考虑到轴控模块内部的 4 分频，来自驱动器的电机每转的输出脉冲数应为

$$P = 6000/4 = 1500(P/r)$$

而 PA15 的设定值应为驱动器实际输出脉冲数的 4 倍，所以 PA15 = 1500 × 4 = 6000。

5. 转速与转向检查

位置控制方式下的电机实际转速可在状态显示模式下，通过选择“r”进行显示，其单位为 r/min。但是，指令脉冲所给定转速，则需要根据脉冲的频率 n（单位 kHz，选择“n”进行显示）通过计算得到。两者的换算关系如下：

经电子齿轮比处理后的指令脉冲频率（kHz）：$f = n \times N/M$；

转换为电机转速：$r_s = 60 \times f \times 1000/P$（单位 r/min，$P$ 为编码器每转脉冲数）。

如电机实际转速显示 $r = r_s$，则表明转速正确，参数 PA05 ~ PA07 设定无误。

【例 5】 假设某直线进给轴的电机每转移动量为 $h = 10$mm，电机与滚珠丝杆为直接连接，电机内置编码器的每转反馈脉冲数 $P = 2^{18}$（262144），如指令脉冲当量 $\delta_s = 0.001$mm，电子齿轮比设定为 $N/M = 262144/10000$，当输入脉冲频率为 $n = 500$kHz 时，电机理论转速为：

$$f = n \cdot N/M = 500 \times 262144/10000\text{kHz}$$

$$r_s = 60 \times f \times 1000/P = 3000\text{r/min}$$

因此，如驱动器的转速显示“r”为 3000.0，则表明电机转速正确。

位置控制方式的电机转向决定于指令脉冲的方向，如实际转向与要求不符，可直接通过参数 PA14 的设定值由 0 变为 1 或反之交换转向。

4.3　速度控制快速调试

4.3.1　功能与操作

1. 基本功能

如果驱动系统通过 PLC、CNC 等上级控制装置进行闭环位置控制，驱动器只需要进行速度闭环控制，或驱动器只用于速度控制，则可选择速度控制方式，直接进行速度控制的快速调试。驱动器通过快速调试可以实现如下功能。

1）使电机的转向、转速与要求相符。

2）使速度给定输入 VC 为 0V 时，电机转速尽可能接近 0。

3）使同一给定电压下的正反转速度尽可能一致。

速度控制方式下的电机转向改变可交换 DI 信号 ST1/ST2 实现；电机实际转速可利用 VC 输入增益调整参数 PC12 调整；0V 时的电机停止以及正反转的转速一致性，可利用 VC 偏移调整参数 PC37 调整。

2. 连接要求

驱动器进行速度控制快速调试前，应确认全部机械部件已可正常工作，驱动系统的安装、连接已经完成，并进行如下检查。

1）确认驱动器的主电源、控制电源的电压与连接及电机、编码器的连接正确。

2）确认速度给定模拟量输入 VC 已经正确连接，输入信号规格符合驱动器要求。

3）检查驱动器的 I/O 连接器 CN1 至少已连接以下 DI 信号。

* EMG 信号：驱动器急停，常闭型输入，输入 ON 时允许驱动器工作。

SON 信号：伺服 ON 信号，信号 ON 时驱动器启动。

ST1/ST2 信号：正/反转启动信号，信号 ON 时启动驱动器正/反转。

* LSP/ * LSN 信号：正/反转禁止信号，常闭型输入，输入 ON 时允许电机正转；正/反转禁止信号 * LSPT/ * LSN 可以通过参数 PC01 = * C * * 的设定予以撤销，使得电机的正反转始终成为允许状态。

速度控制方式通过驱动器的模拟量输入 VC 调节速度，它不需要连接位置指令脉冲输入信号 PP、NP。如 PLC、CNC 等上级位置控制装置，需要以伺服电机内置的编码器作为位置反馈元件，则需要将驱动器的位置反馈输出信号 LA/LAR、LB/LBR、LZ/LZR 连接到上级控制器上；在这种情况下，也需要通过参数 PA15 和 PC19 来设定位置反馈的输出脉冲数和方向，其设定方法与位置控制方式相同。

3. 操作步骤

当 MR－J3 驱动器用于速度控制时，必须设定参数 PA01.0＝2，然后可在驱动器出厂默认参数的基础上按照图 4.3-1 所示的操作步骤进行。

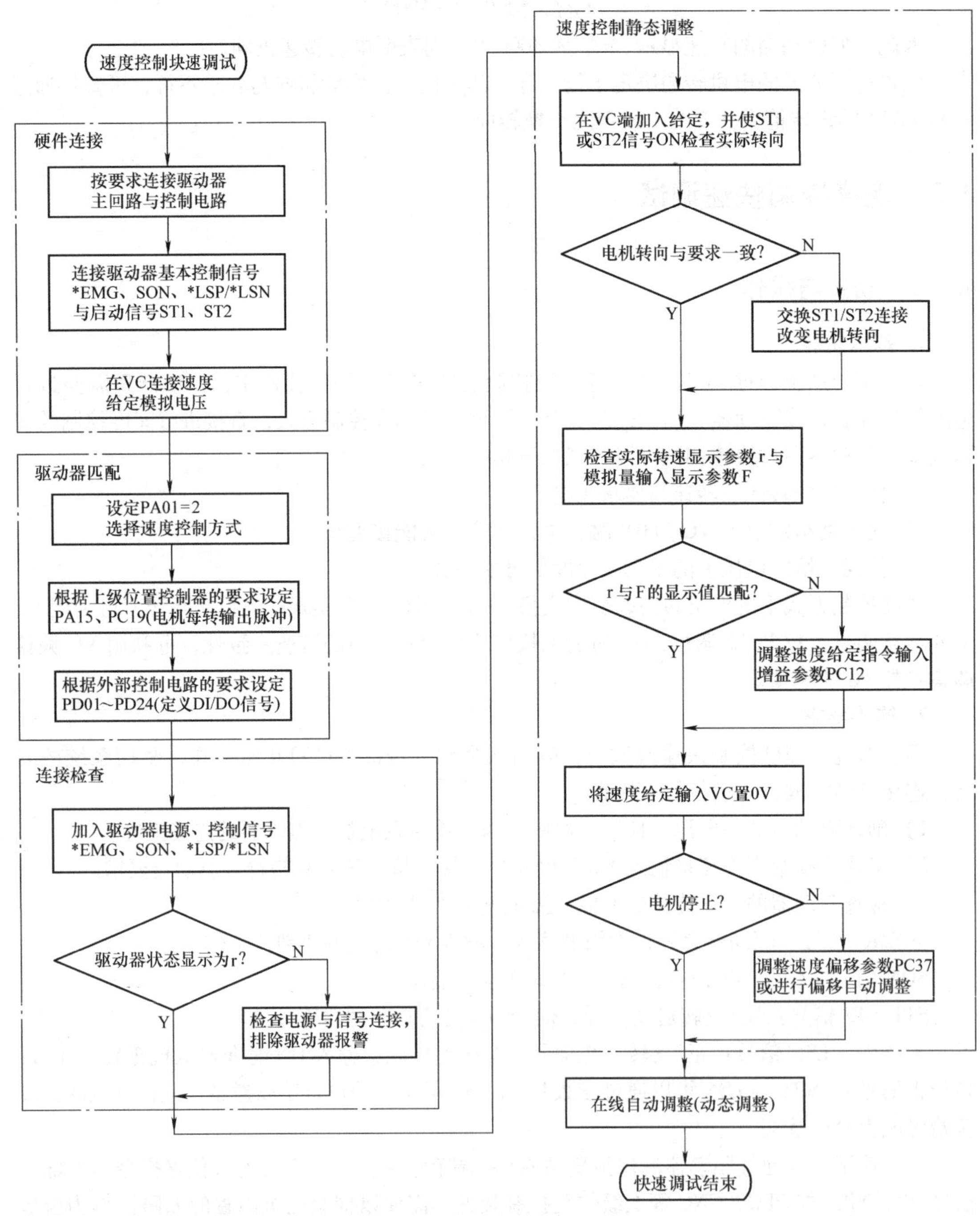

图 4.3-1　速度控制的快速调试

4.3.2　参数与调整

1. 增益调整

伺服系统的电机转速与速度给定输入电压成线性关系，MR－J3 的增益调整参数 PC12

可设定VC端输入10V所对应的电机转速，改变参数PC12相当于改变了图4.3-2所示的转速/给定特性斜率，它可使所有给定输入所对应的电机转速均发生变化。

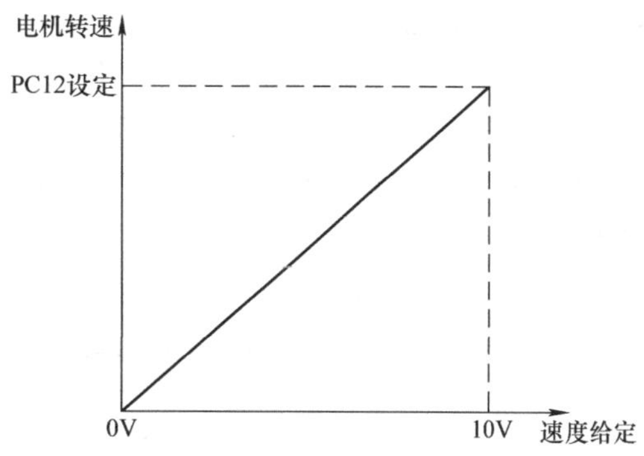

图4.3-2 输入增益的调整

如增益调整参数PC12设定为0，驱动器将自动选择电机的额定转速作为10V模拟量输入时的转速值，其效果相当于在PC12上设定了电机额定转速值。

【例6】 假设某驱动系统所要求的机械部件最大移动速度为15m/min，电机每转所对应的机械移动量为6mm。如CNC在最大移动速度时所输出的速度给定电压为8V，参数PC12可按如下方法确定。

最大移动速度15m/min所对应的电机转速：$n_m = 15000/6 = 2500$r/min；

由于最大移动速度时的给定电压为8V，故驱动器10V模拟量输入所对应的转速为：$n_{max} = 2500 \times 10/8 = 3125$r/min。

即应设定参数PC12 = 3125。

2. 偏移调整

在使用模拟量控制速度的伺服驱动系统中，由于温度变化、元器件特性变化、接地干扰等多方面原因，可能导致上级控制装置输出为0V时，驱动器的实际速度给定输入不为0，从而使电机产生低速旋转，这一现象称为速度偏移或"零漂"。零漂可导致转速/给定特性作图4.3-3所示的整体上移或下移。

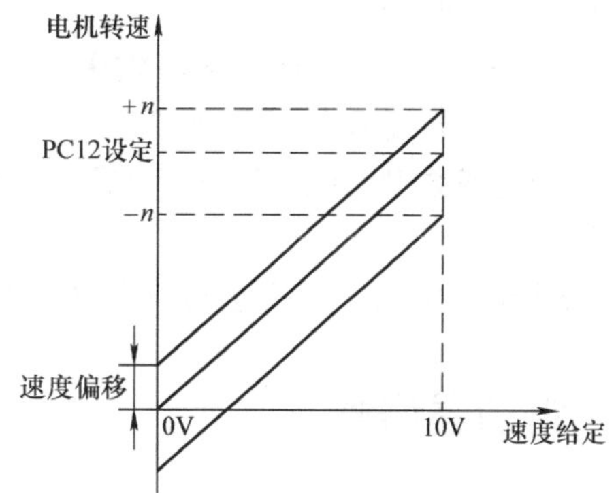

图4.3-3 输入偏移的调整

如驱动器通过上级控制装置构成了闭环位置控制系统，零漂虽然不会引起电机停止时的轴运动，但它将导致位置跟随误差的增加。MR－J3驱动器的零漂可以通过速度偏移调整参数PC37的调整减小，它可使得转速/给定特性产生平移，从而使实际转速与理论转速基本一致；在给定为0时的电机接近0。

参数PC37的设定值应为零漂转速折算到给定输入的电压值，其设定范围为－999～999mV。零漂只能通过调整减小，但不可能完全消除。

【例7】 在例6的系统中，如上级控制器的速度给定输出为0V时，在驱动器正转启动后，通过状态显示参数"r"所显示的电机零漂转速为15r/min，参数PC37可以通过如下方式确定。

由于例6已设定驱动器的增益为3125，即10V给定输入所对应的转速为3125r/min，因此，零漂转速15r/min折算至给定输入的模拟电压值为$V_0 = 15 \times 10/3125 = 0.096$V。

故应设定参数PC37 = 96。

3. 偏移的自动调整

MR－J3 驱动器的输入偏移也在诊断显示模式下，通过 H1 的设定生效偏移自动调整功能。驱动器的偏移自动调整功能可自动检测偏移转速，并自动设定偏移调整参数 PC37。进行偏移自动调整时，应将 VC 端的输入置 0V，然后按照图 4.3-4 的操作步骤完成调整。

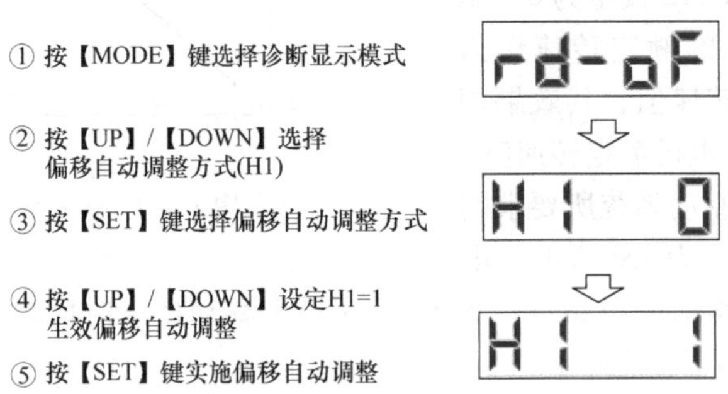

图 4.3-4 偏移自动调整操作

4. 转矩控制的快速调整

驱动器的转矩控制用于张力控制、主从同步轴等特殊控制场合，转矩控制的调试与速度控制的主要区别如下：

1）驱动器控制方式选择参数 PA01＝4，选择转矩控制方式。

2）在模拟量输入端 TC 上连接转矩给定输入，并由 DI 信号 RS1/RS2 提供转矩方向。

3）通过参数 PC14 和 PC38，调整模拟量输入增益和偏移；转矩偏移不能通过驱动器自动调整。

转矩控制的快速调试方法与速度控制相似，在此不再对其进行专门的介绍。

4.4 驱动器调整

4.4.1 调整模式与功能

1. 调整模式

伺服驱动是一种通用控制装置，系统的动态稳定性、快速性、控制精度等与负载的惯量、特性及传动系统的结构、刚性、阻尼等因素密切相关。为保证系统能够稳定、可靠运行，必须根据系统的实际情况，通过驱动器的自动调整来设定位置、速度调节器及滤波器、陷波器等动态调节参数。

MR－J3 驱动器的自动调整可根据系统的不同条件，采用如下三种调整方式。

1）在线自动调整。MR－J3 驱动器的在线自动调整分自动调整模式 1、自动调整模式 2 与插补调整模式三种。通过在线调整，驱动器可根据要求的响应特性与系统的负载惯量比，自动完成位置/速度调节器参数的设定，使系统具有较为理想的动态特性。

直线自动调整操作可直接通过驱动器的操作单元进行，如用户具有 MRZJW3－SETUP 调试软件，则可通过调试计算机进行机械特性分析、增益搜索等进一步调整，有关内容可参见三菱公司 MRZJW3 - SETUP 软件说明。

2）手动调整。在线自动调整可进行负载惯量比等主要参数的自动测试，并选择驱动器生产厂家提供的最佳调节器参数，但是，对于结构特殊、负载变化频繁的系统，在线自动调整很难获得理想的响应特性，为此需要采用手动调整模式。在手动调整模式下，MR - J3 驱动器的所有动态响应参数，均可通过常规的参数设定操作进行逐一设定，为了优化响应特性，这样的调整可能需要进行多次。

3）自适应调整。自适应调整是对在线自动调整和手动调整功能的补充，通过自适应调整，驱动器可完成抑制系统共振的滤波器与陷波器参数自动设定。

2. 模式选择

以上自动调整模式中，在线自动调整是最为简单和常用的自动调整方法，对于常规应用，通过在线自动调整一般可获得较为理想的动态特性。在线自动调整模式可根据系统的要求，按照图 4. 4-1 所示的方法选定。

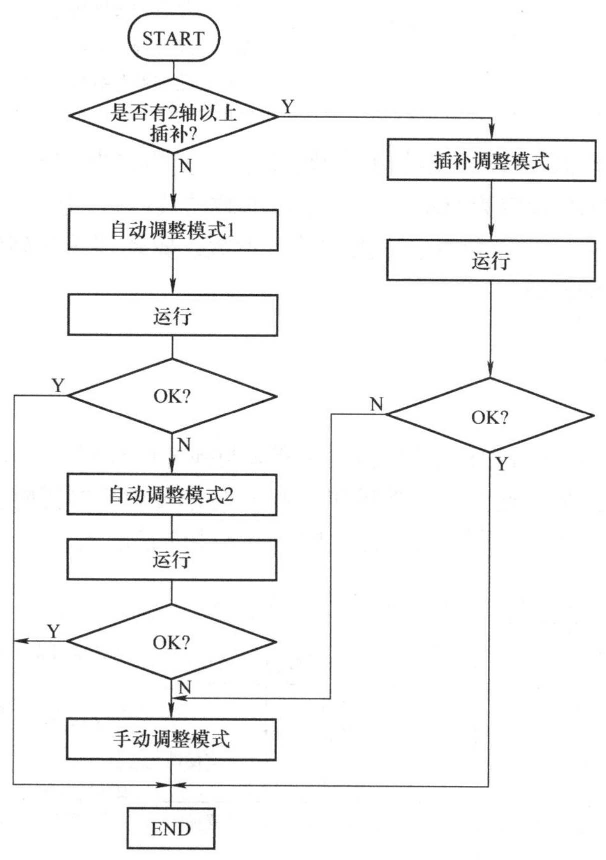

图 4. 4-1　在线自动调整模式的选择

在线自动调整模式可以通过基本参数 PA08 的设定生效，三种不同调整模式的实施要求和自动设定的参数如表 4. 4-1 所示。

表 4.4-1　调整模式的选择与使用条件

调整模式	实施条件		自动设定的参数
	PA08 设定	需要设定的参数	
模式 1	0001	PA09：系统响应特性	PB06：负载惯量比 PB07：模型控制增益 PB08：位置调节器增益 PB09：速度调节器增益 PB10：速度调节器积分时间
模式 2	0002	PA09：系统响应特性 PB06：负载惯量比	PB07：模型控制增益 PB08：位置调节器增益 PB09：速度调节器增益 PB10：速度调节器积分时间
插补调整	0000	PB07：模型控制增益	PB06：负载惯量比 PB08：位置调节器增益 PB09：速度调节器增益 PB10：速度调节器积分时间

实施自动调整操作需要自动设定相关参数，因此，实施在线自动调整前必须将驱动器的参数写入保护参数 PA19 设定为 000C，使得全部参数的读/写成为允许。MR－J3 驱动器的在线自动调整只能计算和设定位置、速度调节器参数，驱动器选择转矩控制（PA01 = A）时，不能进行在线自动调整。

4.4.2　在线自动调整

1. 使用条件

MR－J3 驱动器的在线自动调整模式 1、模式 2 与插补调整模式的功能如图 4.4-2 所示，当驱动器通过 DI 信号 PC（速度调节器 PI/P 切换）将速度调节器切换为 P 调节器时，速度调节器的积分时间参数 PB10 无效，但可通过参数 PB11 对速度调节加入微分补偿功能。

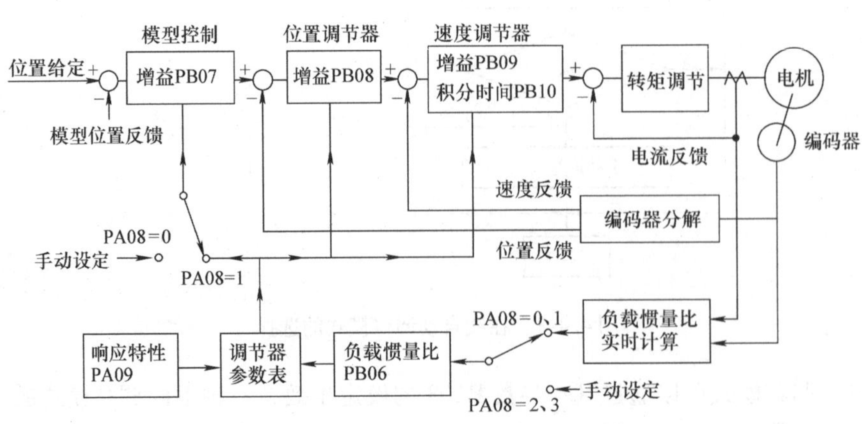

图 4.4-2　在线自动调整模式的功能

三种在线自动调整模式的使用条件如下。

（1）自动调整模式1

自动调整模式1使用最为简单，但它不宜用于以下场合。

1）加减速时间常数大于5s、动态调节过程缓慢的系统。

2）驱动器速度误差小、电机最高转速小于150r/min的低速控制系统。

3）负载惯量超过电机惯量的100倍的特殊设备控制。

4）电机最大输出转矩小于额定输出转矩10%的轻载系统。

5）负载变化频繁与剧烈、变动周期小于200ms、无法通过自动测试获得准确的惯量比的控制系统。

以上系统应采用自动调整模式2进行调整。

通过自动调整模式1实施在线自动调整时，只需要在参数PA09选定要求的响应特性，驱动器可自动完成负载惯量比测试，并将其写入到参数PB06上；然后，根据惯量比与响应特性，自动选择驱动器生产厂家存储在驱动器上的最佳调节器参数，并将其写入到相应的参数上。

（2）自动调整模式2

MR－J3驱动器的自动调整模式2用于以下场合。

1）不能应用自动调整模式1的缓慢调节、低速运行、轻微负载以及负载惯量比超过100倍的系统。

2）负载惯量比可通过计算得到准确数值，且运行过程中固定不变的系统。

3）负载惯量比超出了驱动器内部参数规定的范围，无法利用驱动器的自动测试功能得到的系统。

自动调整模式2与模式1的区别仅在于负载惯量比的设定方式，使用模式2进行自动调整时，调试人员不但需要通过参数PA09选定响应特性，且还需要在参数PB06上设定负载惯量比。

（3）插补调整模式

MR－J3驱动器的插补调整模式（自动调整模式0）用于以下场合。

1）多个坐标轴需要进行插补运算，完成轮廓加工的场合，如数控机床等。

2）不同坐标轴有同步性要求，其位置跟随误差需要控制在要求的范围内的同步控制系统。

用于以上系统控制的驱动器不仅需要满足本身的响应特性要求，而且轴与轴之间的位置跟随误差必须控制在要求的范围内，位置响应特性必须相近。驱动器可根据这一前提条件，选择与设定最佳的调节器参数。

插补调整时，操作者应根据系统要求，在参数PB07上设定决定驱动系统最终位置响应特性与位置跟随误差的模型控制增益，并保证所有参与插补的坐标轴的模型控制增益相同。

MR－J3驱动器的在线自动调整模式1、自动调整模式2与插补调整的区别仅在于部分参数的设定方法，其他操作步骤相同，一并说明如下。

2. 参数保存与更新

在线自动调整是一种实时有效的功能，它可在运动过程中进行负载惯量比等参数的实时计算与动态更新。为了记忆与保存在线自动调整的结果，驱动器每隔60min都会将RAM中的调整结果，自动写入到 EEPROM 中。由于驱动器开机时将按上次运行时保存在 EEPROM 中的参数作为初始值，因此，如果关机后对负载进行了调整与改变，则应在参数 PB06 上手动输入新的负载比，然后再生效在线自动调整模式 1。

3. 动态响应特性

MR－J3 驱动器的动态响应特性可通过参数 PA09 选定，PA09 的设定值越大，系统响应速度就越快，位置跟随误差也就越小。动态响应特性与驱动系统的刚性、阻尼、机械共振频率等诸多因素有关，过大的设定可能导致系统产生振动与噪音，故必须合理选择。

如果控制对象的固有频率已知，驱动器可根据表 4.4-2 直接设定响应特性。

表 4.4-2　驱动器响应特性的设定

响应特性（PA09）	固有频率（Hz）	响应特性（PA09）	固有频率（Hz）	响应特性（PA09）	固有频率（Hz）	响应特性（PA09）	固有频率（Hz）
1	10	9	25.9	17	67.1	25	173.9
2	11.3	10	29.2	18	75.6	26	195.9
3	12.7	11	32.9	19	85.2	27	220.6
4	14.3	12	37	20	95.9	28	248.5
5	16.1	13	41.7	21	108	29	279.9
6	18.1	14	47	22	121.7	30	315.3
7	20.4	15	52.9	23	137.1	31	355.1
8	23	16	59.6	24	154.4	32	400

对于相同固有频率未知的相同，可根据控制对象的类型，在以下推荐范围内选择参数 PA09 的设定值。

大型机械与重载传送带：PA09＝8～12；

装卸用机械手：PA09＝11～16；

一般输送设备：PA09＝13～19；

数控机床等高精度位置控制设备：PA09＝16～21；

注塑机/压力机/包装机械等高速、冲击负载：PA09＝19～24。

对于固有频率大于 100Hz 的机械设备，还应通过驱动器的自适应调整功能，进行滤波器、陷波器参数的设定，以提高系统的响应性能。

4. 在线自动调整操作

MR－J3 驱动器的在线自动调整一般可按以下步骤进行（见图 4.4-3）。

1）利用驱动器出厂默认的惯量比参数 PB06 和动态响应特性参数 PA09 运行系统，如运行过程中系统出现较大的振动与噪音，可通过手动改变惯量比参数和动态响应特性，使系统运行相对稳定。

2）利用上级控制器，如通过 CNC 程序或 PLC 程序，对系统进行较长时间的快速运行试验，使机械传动系统的间隙、阻尼趋于稳定。

3）如果系统的负载惯量比已知，直接在参数 PB06 上手动设定负载惯量比；并设定 PA08＝0002，选择在线自动调整模式 2。否则，将驱动器参数 PA08 设定为 0001，生效驱动器的在线自动调整模式 1，进行负载惯量比的自动测试与计算。对于需要多轴同步控制的插补调整模式，还需要按要求设定模型控制增益。

4）在参数 PA09 上选择所希望的动态响应特性。

5）利用上级控制器，如通过 CNC 程序或 PLC 程序，使工作机械在全行程范围内作快速、循环运动，进行负载惯量的动态测试与调节器参数的实时更新。

以上自动调整操作应进行多次，直至全行程范围内运行达到稳定。

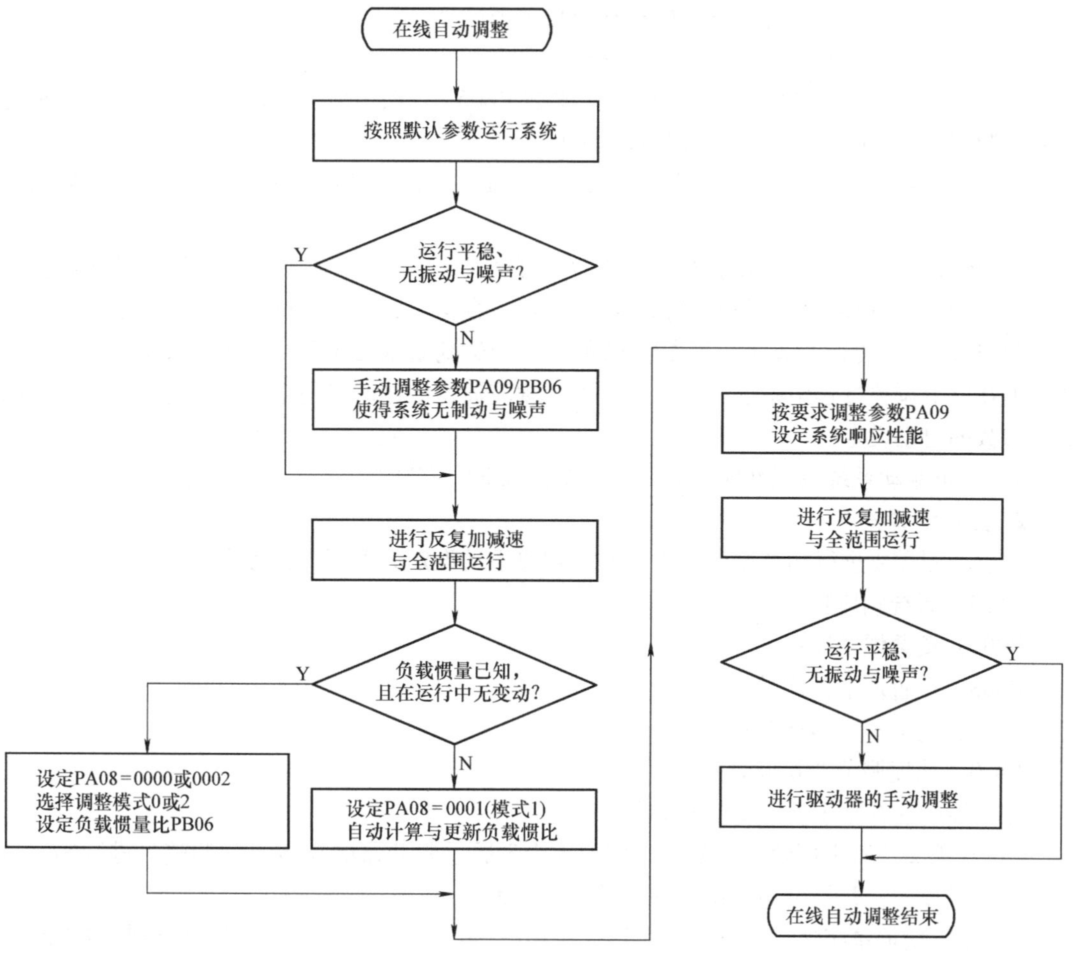

图 4.4-3　在线自动调整操作

4.4.3　手动调整

对结构特殊、负载变化频繁等无法通过自动调整获得理想的响应特性的系统，驱动器的调整应选择手动调整模式。手动调整为驱动器调整的基本方式，它同样可在线自动调整后使用。手动调整与所选择的控制方式有关，其操作步骤分别如下。

1. 位置控制方式

当驱动器选择位置控制方式时，需要手动设定如下调节器参数。

PB06：负载惯量比；

PB07：模型控制增益；

PB08：位置调节器增益；

PB09：速度调节器增益；

PB10：速度调节器积分时间。

位置控制方式的手动调整步骤如下。

1）利用驱动器出厂默认参数，先按图 4.4-3 通过驱动器的在线自动调整，进行驱动器参数的初步设定，并尽可能使系统的振动与噪声为最小。

2）设定 PA08 = 0003，选择手动调整模式。

3）保持在线自动调整时的负载惯量比参数 PB06 不变，然后根据系统要求的位置跟随误差，调整驱动器的模型控制增益参数 PB07。

4）适当减小位置调节器增益参数 PB08 和增加速度调节器积分时间参数 PB10，使系统在运行时无振动与噪声。

5）逐步提高速度调节器增益参数 PB09，直至设定值达到系统无振动与噪声的极限。

6）逐步减小速度调节器积分时间参数 PB10，直至达到系统无振动与噪声的极限。

7）逐步提高位置调节器增益参数 PB08，直至达到系统无振动与噪声的极限。

如在以上调整过程中系统出现机械共振，则应通过后述的自适应调整，进行滤波器与陷波器参数的自动设定。

8）检查驱动系统响应性能，必要时重复步骤 3）～7）。

2. 插补型调整

当驱动器需要进行插补型位置控制时，需要手动设定如下调节器参数。

PA09：系统响应特性；

PB06：负载惯量比；

PB08：位置调节器增益；

PB09：速度调节器增益；

PB10：速度调节器积分时间。

驱动器的插补型手动调整步骤如下。

1）利用驱动器出厂默认参数，先按图 4.4-3 通过驱动器的在线自动调整，进行驱动器参数的初步设定，并尽可能使系统的振动与噪声为最小。

2）逐步增加系统速度响应特性参数 PA09，直至设定值达到系统无振动与噪声的极限；记录此时的模型控制增益参数 PB07 的值。

3）设定 PA08 = 0000，选择插补调整模式。

4）以记录的模型控制增益为上限，逐步提高位置调节器增益参数 PB08，直至设定值达到系统无振动与噪声的极限。

5）将所有参与插补轴的模型控制增益与位置调节器增益设定为相同的值。

6）检查驱动系统的动态性能与插补精度，必要时重复步骤 3）～5）。

3. 速度控制方式

当驱动器选择速度控制方式时，需要手动设定如下调节器参数。

PB06：负载惯量比；

PB09：速度调节器增益；

PB10：速度调节器积分时间。

驱动器速度控制方式的手动调整步骤如下。

1）利用驱动器出厂默认参数，先按图 4.4-3 通过驱动器的在线自动调整，进行驱动器参数的初步设定，并尽可能使系统的振动与噪声为最小。

2）设定 PA08 = 0003，选择手动调整模式。

3）保持在线自动调整时的负载惯量比 PB06 不变，通过减小模型控制增益参数 PB07 与增加速度调节器积分时间参数 PB10，使系统运行无振动与噪声。

4）逐步提高速度调节器增益参数 PB09，直至设定值达到系统无振动与噪声的极限。

5）逐步减小速度调节器积分时间参数 PB10，直至达到系统无振动与噪声的极限。

6）逐步提高模型控制增益参数 PB07，直至达到系统出现位置超调的极限。

如在以上调整过程中系统出现机械共振，则应通过后述的自适应调整，进行滤波器与陷波器参数的自动设定。

7）检查驱动系统响应性能，必要时重复步骤 3）~6）。

4. 调节器参数的计算

如驱动系统的速度增益 K_v、负载惯量 J_L（或负载惯量比 J_L/J_M）、指定电动机转速 n 下的位置跟随误差 e_s 为已知，用于手动调整的调节器参数可直接通过计算得到，其计算方法如下。

（1）模型控制增益

驱动器的模型控制增益可通过下式计算：

$$K_s = \frac{nP_f}{60e_s} \tag{4.4-1}$$

式中　K_s——参数 PB07 设定的模型控制增益（Hz）；

n——电机转速（r/min）；

P_f——编码器每转脉冲数，对于 MR - J3 为 262144（P/r）；

e_s——电机转速 n 下的位置跟随误差（P）。

（2）位置调节器增益

驱动器的位置调节器增益可设定为

$$K_P \geqslant K_s \tag{4.4-2}$$

式中　K_P——参数 PB08 设定的位置调节器增益（Hz）。

（3）速度调节器增益

驱动器的速度调节器增益可通过下式计算：

$$K_{v1} = 2\pi K_v\left(1 + \frac{J_L}{J_M}\right) \tag{4.4-3}$$

式中　K_{v1}——参数 PB09 设定的速度调节器增益（rad/s）；

J_L——负载惯量（kg · m^2）；

J_M——电机转子惯量（kg · m^2）；

K_v——系统要求的速度增益（Hz）。

（4）速度调节器积分时间

驱动器的速度调节器积分时间可通过下式计算：

$$T_v = 4 \times 1/2\pi K_v \tag{4.4-4}$$

式中　T_v——参数 PB10 设定的速度调节器积分时间（s）。

【例 8】 假设某驱动系统采用滚珠丝杆传动，电机与丝杆直接连接，电机每转移动量为 $h=10$mm；系统以电机内置编码器作为位置检测元件（半闭环），编码器的每转反馈脉冲数 $P_f=262144$；系统的指令脉冲当量 $\delta_s=0.001$mm，电子齿轮比设定为 $N/M=262144/10000$；系统的负载惯量比为 $J_L/J_M=2$；系统要求在 1m/min 移动速度时的位置跟随误差 e_s 不大于 0.5mm；速度增益 K_v 不小于 40Hz。

根据以上要求，驱动器的参数可计算如下。

1m/min 移动速度所对应的电机转速：$n=v/h=1000/10=100$（r/min）；

0.5mm 误差所对应的反馈脉冲数：$e_{sp}=P_f\cdot e_s/h=262144\times0.5/10=13107.2$

模型控制增益 $K_s=\dfrac{nP_f}{60e_{sp}}=33\text{Hz}$

速度调节器增益 $K_{v1}=2\pi\left(1+\dfrac{J_L}{J_M}\right)K_v=754\text{rad/s}$

速度调节器积分时间 $T_v\geqslant41/2\pi K_v=0.016\text{s}$

位置调节器增益 $K_P\geqslant K_s=33\text{Hz}$

为此，可手动设定如下驱动器参数：

负载惯量比 PB06＝20（PB06 的单位为 0.1）；

模型控制增益 PB07＝33；

位置调节器增益 PB08＝40；

速度调节器增益 PB09＝750（取整数）；

速度调节器积分时间 PB10＝16（PB06 的单位为 ms）。

4.4.4 自适应调整

1. 自适应调整功能

驱动系统的机械共振可通过转矩滤波器与陷波器进行抑制，自适应调整功能是一种通过自动检测共振频率与自动设定滤波器与陷波器参数的功能。MR－J3 驱动器可以设定与选择 2 段滤波器与 2 段陷波器抑制共振，调节器结构与原理如图 4.4-4 所示。

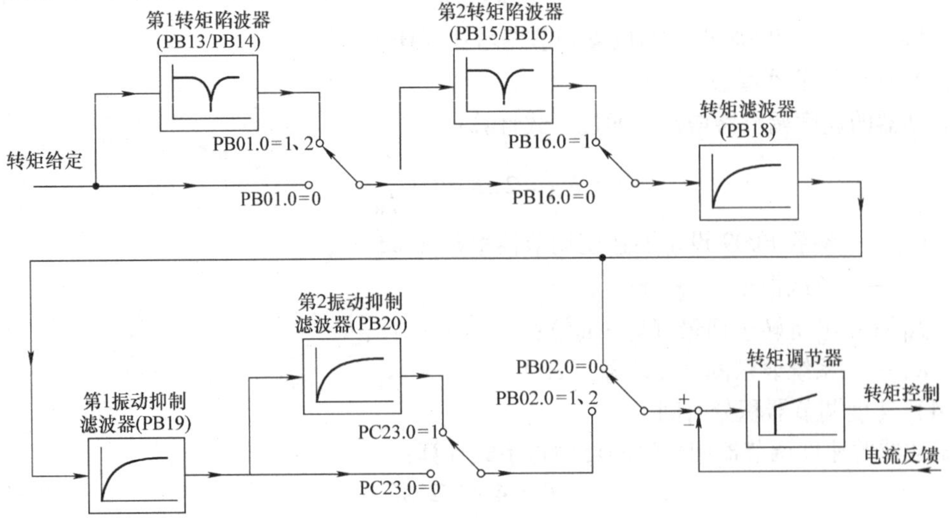

图 4.4-4　自适应调节原理

共振抑制滤波器与陷波器功能及参数的设定方式可以进行如下选择，第 2 滤波器只能在伺服锁定功能有效、参数 PC23. 0 =1 时才能生效。

MR－J3 驱动器的第 1 滤波器（PB19）具有陷波器类似的功能，它可以对 1 ~100Hz 范围特殊频率点上的幅值（增益）特性进行衰减，以抑制低频段在驱动器启动与停止时所产生的振动与噪音，其作用如图 4. 4-5 所示。

滤波器 2（PB20）是针对速度控制方式时的伺服锁定功能设计的滤波器，它以提高 1 ~100Hz 范围特殊频率点上的幅值（增益），增加伺服刚性。

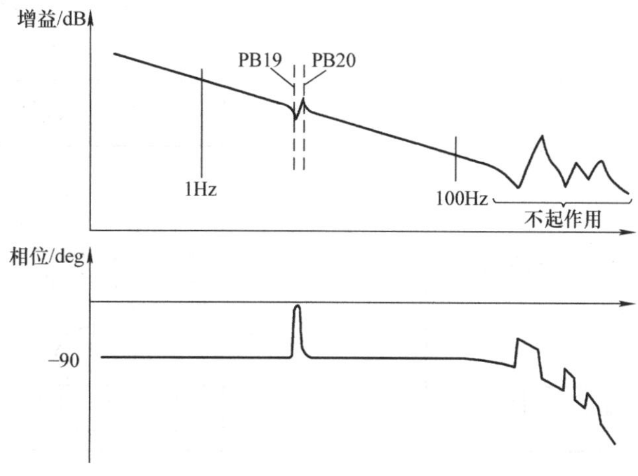

图 4. 4-5　转矩滤波器功能

转矩陷波器的功能是对机械共振点的幅值特性进行大幅度衰减，以抑制共振。MR－J3 驱动器的共振抑制范围为 100 ~2250Hz。

2. 参数设定

（1）滤波器设定

滤波器 1 与 2 的参数设定方式可通过参数 PB02. 0 选择如下。

0：驱动器自动选择内部固定的滤波器参数，参数 PB19/PB20 的设定无效。

1：参数 PB19/PB20 通过自适应调整功能设定。

2：手动设定滤波器参数 PB19/PB20。

滤波器 2 的参数设定方式还可以利用参数 PB23. 1 进行单独选择，设定如下。

0：手动设定第 2 滤波器参数 PB20。

1：参数 PB20 通过自适应调整功能设定。

（2）陷波器设定

陷波器 1 与 2 的参数设定方式可通过参数 PB01. 0 选择如下。

0：驱动器自动选择内部固定的陷波器参数，参数 PB13/PB14、PB15/PB16 的设定无效。

1：参数 PB13/PB14、PB15/PB16 通过自适应调整功能设定。

2：手动设定陷波器 1 参数 PB13/PB14、PB15/PB16。

陷波器 2 的参数设定方式与陷波器 1 相同，但可通过参数 PB16. 0 的设定使之生效或撤销，设定 PB16. 0 =1，陷波器 2 生效；设定 PB16. 0 =0，陷波器 2 无效。

3. 自适应调整操作

MR－J3 驱动器的在线自适应调整步骤见图 4. 4-6 所示。

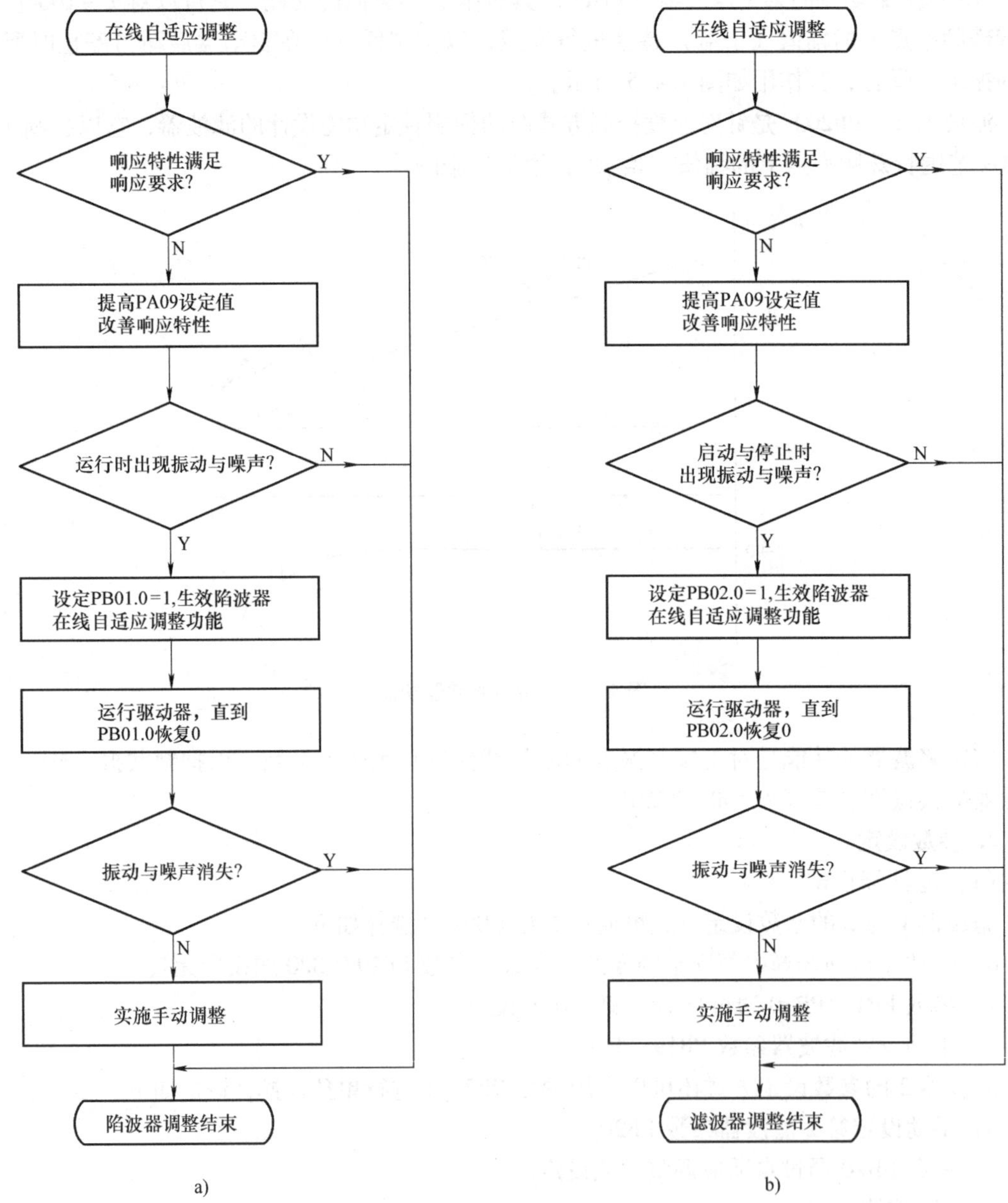

图 4. 4-6　自适应调整步骤

a）陷波器　b）滤波器

第 5 章　伺服驱动功能与参数

5.1　驱动器参数总表

1. 参数分类与表示

伺服驱动器是一种可以用于位置、速度、转矩控制的通用交流伺服电机控制装置，设定正确参数是保证驱动器正常工作和实现所需功能的前提条件，调整参数还可以进一步优化驱动器的性能。本章将对 J3 系列驱动器的功能与参数进行全面介绍。

MR－J3 驱动器的参数按功能与用途分为以下四类。

1）基本参数。用于驱动器基本用途、功能与特性的选择和设定，以参数号 PA□□表示。基本参数需要根据实际控制要求进行设定。

2）调节器参数。用于驱动器的动态性能的优化，它包括位置、速度调节参数及滤波器、陷波器参数等，以参数号 PB□□表示。驱动器动态响应与系统的控制要求、机械传动系统结构等诸多因素有关，其理论分析和计算较为复杂，为此，调节器参数的设定原则上可直接利用驱动器的自动调整功能，进行参数的自动设定。

3）扩展参数。用于加减速、多级运行速度、脉冲输入/输出、模拟量输入/输出、数据通信等的设定，以参数号 PC□□表示。扩展参数可根据实际控制需要，有选择地进行设定。

4）DI/DO 参数。用于驱动器 DI/DO 功能定义与连接端选择，以参数号 PD□□表示。DI/DO 参数与驱动器控制、功能的实现、电路设计密切相关，应根据实际控制需要设定。

MR－J3 驱动器的参数总体分为数值型参数和功能型参数两类，数值型参数直接以十进制数字表示；功能型参数以 16 位二进制格式表示，每一个二进制位都有独立的含义。为了便于阅读和设定，功能型参数统一以 4 位二进制为单位，以十六进制数值 0～F 进行表示，其表示方法如下：

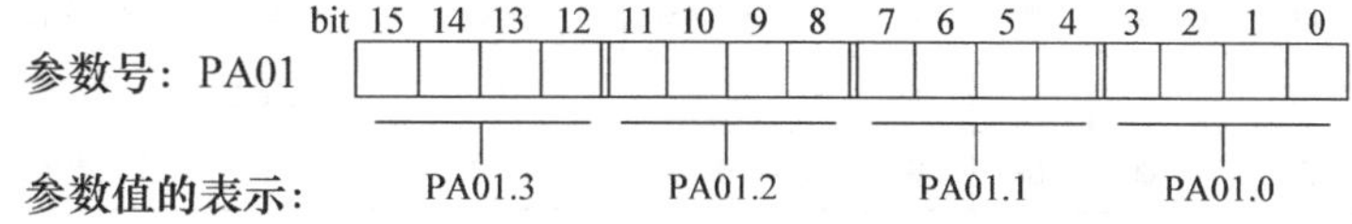

2. 基本参数

MR－J3 驱动器基本参数的作用与意义见表 5.1-1。

表 5.1-1　MR－J3 系列驱动器基本参数一览表

参数号	参数名称	驱动器控制方式			设定范围	出厂默认	作用与意义
		位置	速度	转矩			
PA01.0	控制方式选择	●	●	●	0～5	0	选择驱动器控制方式
PA02.0	制动单元选择	●	●	●	0～9	0000	0：内置电阻；1～9：外置制动单元

（续）

参数号	参数名称	驱动器控制方式			设定范围	出厂默认	作用与意义
		位置	速度	转矩			
PA03.0	编码器类型	●	×	×	0～2	0000	0：增量编码器 1：绝对编码器，数据通过DI/DO传送 2：绝对编码器，数据通过RS422传送
PA04.0	机械制动器控制功能设定	●	●	●	0/1	0000	0：无效，DI功能可定义 1：有效，CN1－23为制动器松开信号
PA05	电机每转指令脉冲数	●	×	×	0～50000	0	0：电子齿轮比参数PA06/PA07有效 1000～50000：电机每转对应的指令脉冲数
PA06	电子齿轮比分子	●	×	×	$1\sim2^{20}$	1	电子齿轮比分子
PA07	电子齿轮比分母	●	×	×	$1\sim2^{20}$	1	电子齿轮比分母
PA08.0	自动调整模式	●	●	×	0～3	1	见自动调整说明
PA09	响应特性选择	●	●	×	1～32	12	设定驱动器响应特性
PA10	定位允差	●	×	×	0～10000	1000	定位完成信号的输出范围；单位：脉冲
PA11	正转转矩限制	●	●	●	0～1000	100	以额定转矩的百分率设定的转矩限制值
PA12	反转转矩限制	●	●	●	0～1000	100	以额定转矩的百分率设定的转矩限制值
PA13	指令脉冲类型	●	×	×	0～12	0	选择位置给定指令脉冲的类型与极性
PA14.0	电机转向调整	●	×	×	0/1	0	0：与指令方向相同；1：与指令方向相反
PA15	位置输出脉冲	●	●	●	1～100000	4000	驱动器LA/LB输出的电机每转脉冲数
PA16～18	系统参数	×	×	×	0	0	三菱设定，不可改变
PA19	参数保护设定	●	●	●	0～100C	000B	设定驱动器参数保护

注："●"需要设定；"×"不需要设定（下同）

3. 调节器参数

MR－J3驱动器调节器参数的作用与意义见表5.1-2。

表5.1-2　MR－J3系列驱动器调节器参数一览表

参数号	参数名称	驱动器控制方式			单位	设定范围	出厂默认	作用与意义
		位置	速度	转矩				
PB01.0	自适应调整功能	●	●	×	—	0～2	0000	见自适应调整功能说明
PB02.0	振动抑制功能	●	×	×	—	0～2	0000	见振动抑制功能说明

（续）

参数号	参数名称	驱动器控制方式			单位	设定范围	出厂默认	作用与意义
		位置	速度	转矩				
PB03	位置加减速时间	●	×	×	ms	0～20000	0	位置控制加减速时间常数
PB04	速度前馈增益	●	×	×	%	0～100	0	速度前馈增益设定
PB05	系统参数	×	×	×	—	—	500	三菱设定，不可改变
PB06	负载惯量比 1	●	●	×	0.1	0～300.0	7.0	设定负载惯量与电机惯量之比
PB07	模型控制增益	●	×	×	Hz	1～2000	24	内部位置控制模型增益
PB08	位置调节器增益	●	×	×	Hz	1～1000	37	位置调节器增益设定
PB09	速度调节器增益	●	●	×	rad/s	20～50000	823	速度调节器增益设定
PB10	速度调节积分时间	●	●	×	0.1ms	1～10000	33.7	速度调节器积分时间
PB11	速度调节微分补偿	●	●	×	—	0～1000	980	速度调节器微分补偿设定
PB12	系统参数	×	×	×	—	—	500	三菱设定，不可改变
PB13	第 1 陷波器频率	●	●	×	Hz	100～4500	4500	设定第 1 陷波器频率
PB14.1	第 1 陷波器深度	●	●	×	—	0～3	0	设定第 1 陷波器深度
PB14.2	第 1 陷波器宽度	●	●	×	—	0～3	0	设定第 1 陷波器宽度
PB15	第 2 陷波器频率	●	●	×	Hz	100～4500	4500	设定第 2 陷波器频率
PB16.0	第 2 陷波器选择	●	●	×	—	0/1	0	0：无效；1：有效
PB16.1	第 2 陷波器深度	●	●	×	—	0～3	0	设定第 2 陷波器深度
PB16.2	第 2 陷波器宽度	●	●	×	—	0～3	0	设定第 2 陷波器宽度
PB17	系统参数	×	×	×	—	—	500	三菱设定，不可改变
PB18	转矩滤波器频率	●	●	×	rad/s	100～18000	3134	设定转矩滤波器频率
PB19	第 1 振动抑制频率	●	●	×	0.1Hz	1～1000	100.0	设定第 1 振动抑制频率
PB20	第 2 振动抑制频率	●	●	×	0.1Hz	1～1000	100.0	设定第 2 振动抑制频率
PB21～22	系统参数	×	×	×	—	—	0	三菱设定，不可改变
PB23.1	转矩滤波器设定	●	●	×	—	0/1	0	0：自适应设定；1：手动设定
PB24.0	振动抑制功能	●	×	×	—	0/1	0	0：无效；1：有效
PB25.1	位置加减速方式	●	×	×	—	0/1	0	0：指数；1：线性加减速
PB26.0	增益切换条件	●	●	×	—	0～4	0	选择增益切换的条件
PB26.1	增益切换方式	●	●	×	—	1/2	0	1/2：大于/小于比较值切换
PB27	增益切换比较值	●	●	×	—	0～9999	10	增益自动切换比较值
PB28	增益切换延时	●	●	×	ms	0～100	1	设定增益自动切换延时
PB29	负载惯量比 2	●	●	×	0.1	0～300.0	7.0	增益切换后的负载惯量比
PB30	位置调节器增益 2	●	×	×	Hz	1～1000	37	增益切换后的位置调节器增益
PB31	速度调节器增益 2	●	●	×	rad/s	20～50000	823	增益切换后的速度调节器增益
PB32	速度调节积分时间 2	●	●	×	0.1ms	1～10000	33.7	切换后的速度调节器积分时间
PB33	第 1 振动抑制频率 2	●	●	×	0.1Hz	1～1000	100.0	增益切换后的第 1 振动抑制频率
PB34	第 2 振动抑制频率 2	●	●	×	0.1Hz	1～1000	100.0	增益切换后的第 2 振动抑制频率
PB35～45	系统参数	×	×	×	—	—	0	三菱设定，不可改变

4. 扩展参数

MR－J3 驱动器扩展参数的作用与意义见表 5. 1-3。

表 5. 1-3　MR－J3 系列驱动器扩展参数一览表

参数号	参数名称	驱动器控制方式			单位	设定范围	出厂默认	作用与意义
		位置	速度	转矩				
PC01	加速时间	×	●	●	ms	0～50000	0	从 0 加速到额定转速的时间
PC02	减速时间	×	●	●	ms	0～50000	0	从额定转速减速到 0 的时间
PC03	S 型加减速时间	×	●	●	ms	0～1000	0	设定 S 型加减速时间
PC04	转矩给定滤波时间	×	×	●	ms	0～20000	0	转矩给定的滤波时间常数
PC05～11	内部速度 1～7	×	●	●	r/min	0～最大值	100	多级变速控制的速度 1～7
PC12	VC 输入增益	×	●	×	r/min	1～50000	0	10V 模拟量对应的电机转速
PC13	TC 输入增益	×	●	×	0. 1%	1～10000	100. 0	8V 模拟量对应的输出转矩
PC14. 0	MO1 功能选择	●	●	●	—	0～D	0	模拟量输出 MO1 功能选择
PC15. 0	MO2 功能选择	●	●	●	—	0～D	1	模拟量输出 MO2 功能选择
PC16	制动器夹紧延时	●	●	●	ms	0～1000	100	夹紧到逆变管关闭的时间
PC17	零速允差	●	●	●	r/min	0～10000	50	信号 ZSP 的输出范围
PC18. 0	报警记录清除	●	●	●	—	0/1	0	0：无效；1：清除报警记录
PC19. 0	位置输出脉冲方向	●	●	●	—	0/1	0	0：A 超前 B；1：B 超前 A
PC19. 1	位置输出脉冲分频	●	●	●	—	0～2	0	见驱动器快速调试说明
PC20	从站地址	●	●	●	—	0～31	0	网络控制时的驱动器地址
PC21. 1	RS422 波特率	●	●	●	—	0～4	0	0：9600；1：19200；2：38400；3：57600；4：115200
PC21. 2	通信应答延时	●	●	●	—	0/1	0	0：无延时；1：延时有效
PC22. 0	瞬时断电处理	×	●	×	—	0/1	0	0：报警 AL. 10；1：重新启动
PC22. 1	编码器反馈连接	●	●	●	—	0/1	0	0：2 线制；1：4 线制
PC23. 0	停止方式选择	×	●	×	—	0/1	0	0：正常停止；1：伺服锁定
PC23. 2	VC 输入滤波时间	×	●	●	ms	0～4	0	0：0；1：0. 444；2：0. 888 3：1. 777；4：3. 555
PC23. 3	速度限制功能	×	×	●	—	0/1	0	0：有效；1：无效
PC24. 0	定位允差单位	●	×	×	—	0/1	0	0：指令脉冲；1：反馈脉冲
PC25	系统参数	×	×	×	—	—	0	三菱设定，不可改变
PC26. 0	行程限位报警	●	●	×	—	0/1	0	0：报警 AL. 99；1：不报警
PC27～29	系统参数	×	×	×	—	—	0	三菱设定，不可改变
PC30	第 2 加速时间	×	●	●	ms	0～50000	0	STAB2 信号 ON 时的减速时间
PC31	第 2 减速时间	×	●	●	ms	0～50000	0	STAB2 信号 ON 时的减速时间
PC32	电子齿轮比分子 2	●	×	×	—	1～65535	1	电子齿轮比切换时有效
PC33	电子齿轮比分子 3	●	×	×	—	1～65535	1	电子齿轮比切换时有效

（续）

参数号	参数名称	驱动器控制方式			单位	设定范围	出厂默认	作用与意义
		位置	速度	转矩				
PC34	电子齿轮比分子 4	●	×	×	—	1 ~ 65535	1	电子齿轮比切换时有效
PC35	内部转矩限制 2	●	●	●	0.1%	1 ~ 1000	100.0	第 2 转矩限制值设定
PC36.0	初始状态显示	●	●	●	—	0 ~ F	0	电源接通时的初始显示内容
PC36.2	初始显示状态	●	●	●	—	0/1	0	0：固定；1：参数 PC36.0 选择
PC37	VC 输入偏移	×	●	●	mV	-999 ~ 999	0	模拟量输入 VC 偏移设定
PC38	TC 输入偏移	×	●	●	mV	-999 ~ 999	0	模拟量输入 TC 偏移设定
PC39	MO1 输出偏移	●	●	●	mV	-999 ~ 999	0	模拟量输出 MO1 偏移设定
PC40	MO2 输出偏移	●	●	●	mV	-999 ~ 999	0	模拟量输出 MO2 偏移设定
PC41 ~ 50	系统参数	×	×	×	—	—	0	三菱设定，不可改变

5. DI/DO 参数

MR - J3 驱动器 DI/DO 参数的作用与意义见表 5.1-4。

表 5.1-4　MR - J3 系列驱动器 DI/DO 参数一览表

参数号	参数名称	驱动器控制方式			初始值	作用与意义
		位置	速度	转矩		
PD01	DI 信号撤销	●	●	●	0000	取消部分 DI 信号的外部控制
PD02	系统参数	×	×	×	0000	三菱设定，不可改变
PD03	CN1 - 15 端功能定义	●	●	●	0002 0202	DI 输入端 CN1 - 15 功能定义
PD04	CN1 - 16 端功能定义	●	●	●	0021 2100	DI 输入端 CN1 - 16 功能定义
PD05	CN1 - 17 端功能定义	●	●	●	0007 0704	DI 输入端 CN1 - 17 功能定义
PD06	CN1 - 18 端功能定义	●	●	●	0008 0805	DI 输入端 CN1 - 18 功能定义
PD07	CN1 - 19 端功能定义	●	●	●	0003 0303	DI 输入端 CN1 - 19 功能定义
PD08	CN1 - 41 端功能定义	●	●	●	0020 2006	DI 输入端 CN1 - 41 功能定义
PD09	系统参数	×	×	×	0000	三菱设定，不可改变
PD10	CN1 - 43 端功能定义	●	●	●	0000 0A0A	DI 输入端 CN1 - 43 功能定义
PD11	CN1 - 44 端功能定义	●	●	●	0000 0B0B	DI 输入端 CN1 - 44 功能定义
PD12	CN1 - 45 端功能定义	●	●	●	0023 2323	DI 输入端 CN1 - 45 功能定义
PD13	CN1 - 22 端功能定义	●	●	●	0004	DO 输出端 CN1 - 22 功能定义
PD14	CN1 - 23 端功能定义	●	●	●	000C	DO 输出端 CN1 - 23 功能定义
PD15	CN1 - 24 端功能定义	●	●	●	0004	DO 输出端 CN1 - 24 功能定义
PD16	CN1 - 25 端功能定义	●	●	●	0007	DO 输出端 CN1 - 25 功能定义
PD17	系统参数	×	×	×	0003	三菱设定，不可改变
PD18	CN1 - 49 端功能定义	●	●	●	0002	DO 输出端 CN1 - 49 功能定义
PD19.0	DI 信号输入滤波时间	●	●	●	2	0：无滤波；1：1.777ms；2：3.555ms；3：5.333ms

（续）

参数号	参数名称	驱动器控制方式			初始值	作用与意义
		位置	速度	转矩		
PD20.0	超程停止方式	●	●	●	0	0：急停；1：减速停止
PD20.1	RES 信号功能	●	●	●	0	0：伺服 OFF；1：伺服 ON
PD21	系统参数	×	×	×	0000	三菱设定，不可改变
PD22.0	CR 输入形式	●	●	●	0	0：上升沿有效；1：电平有效
PD23	系统参数	×	×	×	0000	三菱设定，不可改变
PD24.0	CN1－22/23/24 报警输出	●	●	●	0	0：无效，功能可定义；1：有效，报警时为报警代码输出
PD24.1	警示时＊ALM 状态	●	●	●	0	0：保持 ON；1：成为 OFF 状态

5.2 DI/DO 信号功能定义

伺服驱动器是一种可用于位置、速度、转矩控制的通用控制器，在不同的控制方式下，需要外部提供不同的 DI 控制信号，以及输出不同的 DO 状态信号。出于降低成本、简化电路等方面的考虑，驱动器可以连接的 DI/DO 信号一般较少，因此，为使驱动器能适应各种不同控制要求，其 DI/DO 信号功能需要根据实际控制需要，通过参数的设定进行定义，这样的 DI/DO 信号称为多功能 DI/DO。

DI/DO 信号的功能与控制系统电路设计、功能的实现密切相关，故应根据要求事先进行定义。MR－J3 驱动器 DI/DO 的功能与定义方法如下。

5.2.1 DI 功能定义

MR－J3 驱动器可使用 10 点 DI 信号，其输入连接端为 CN1－15～CN1－19、CN1－41～CN1－45（参见连接总图）。其中，连接端 CN1－42 固定为急停输入（＊EMG）；其余 9 点的功能可通过参数 PD01～PD12 进行定义。

DI 信号可以使用的功能已由驱动器生产厂家规定，使用者只能通过参数 PD01～PD12 选择、分配或变更输入连接端。

1. 参数说明

驱动器的 DI 连接端功能可通过参数 PD03～PD12 选择。PD03～PD12 字长为 2 字，以 8 位十六进制的形式设定，不同设定位的意义如下：

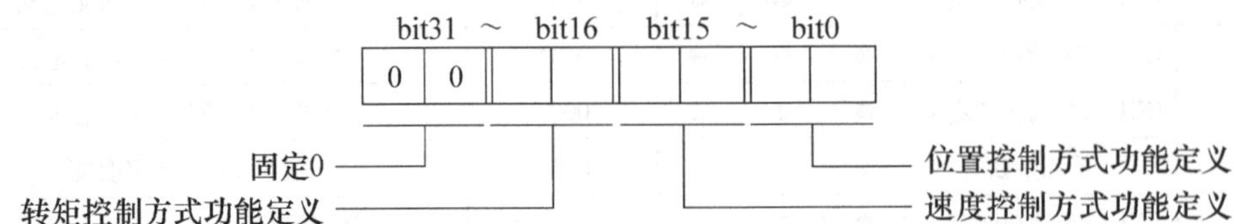

参数说明时以如下形式表示：

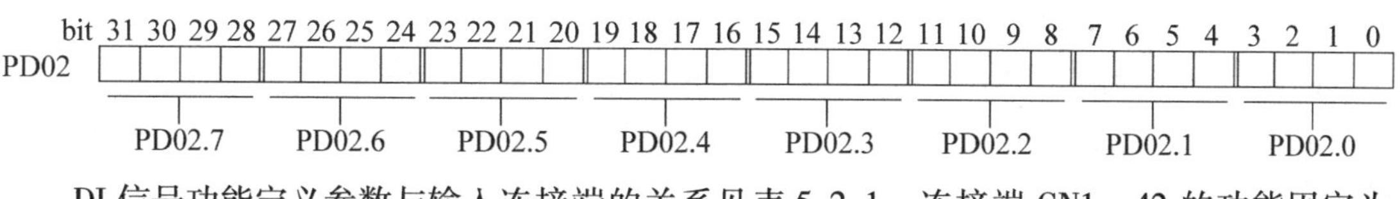

DI 信号功能定义参数与输入连接端的关系见表 5.2-1，连接端 CN1－42 的功能固定为急停＊EMG，不能通过参数改变。

表 5.2-1　MR－J3 驱动器 DI 功能定义参数一览表

参数号	连接端	默认设定	默认功能		
			位置控制	速度控制	转矩控制
PD01	—	0000	全部信号均由 DI 输入控制		
PD02	—	0000	内部参数，不允许用户改变		
PD03	CN1－15	0002 0202	伺服 ON	伺服 ON	伺服 ON
PD04	CN1－16	0021 2100	不使用	速度给定选择 SP2	速度限制选择 SP2
PD05	CN1－17	0007 0704	速度调节器 PI/P 切换	正转启动 ST1	转矩方向选择 RS2
PD06	CN1－18	0008 0805	外部转矩限制 TL	反转启动 ST2	转矩方向选择 RS1
PD07	CN1－19	0003 0303	驱动器复位 RES	驱动器复位 RES	驱动器复位 RES
PD08	CN1－41	0020 2006	误差清除信号 CR	速度给定选择 SP1	速度限制选择 SP1
PD09	—	0000	内部参数，不允许用户改变		
PD10	CN1－43	0000 0A0A	正转禁止＊LSP	不使用	不使用
PD11	CN1－44	0000 0B0B	反转禁止＊LSN	不使用	不使用
PD12	CN1－45	0023 2323	控制方式切换 LOP	控制方式切换 LOP	控制方式切换 LOP
PD19.0	—	2	DI 输入滤波时间，0：无滤波；1：1.777ms；2：3.555ms；3：5.333ms		
PD20.0	—	0	＊LSP/＊LSN 停止方式选择，0：急停；1：减速停止		
PD20.1	—	0	RES 信号 ON 的状态选择：0：伺服 OFF；1：伺服 ON		
PD21	—	0000	内部参数，不允许用户改变		
PD22.0	—	0	误差清除信号 CR 设定：0：上升沿有效；1：电平有效		
PD23	—	0000	内部参数，不允许用户改变		

2. 信号取消

参数 PD01 用来取消 DI 信号，使其状态固定为 ON。PD01 为功能型参数，需要以二进制位的形式进行设定，有效位的意义如下，其余不使用位应设定 0。

bit 2：SON ON 信号设定，“1”为始终有效；“0”为由 DI 信号控制；

bit 4：速度调节器 PI/P 切换控制信号 PC 设定，“1”固定为 P（比例）调节器；“0”

为由 DI 信号控制 PI/P 切换。

bit 5：转矩限制信号 TL 设定，“1” 为始终有效；“0” 为由 DI 信号控制。

bit 10：正转禁止信号 * LSP 设定，“1” 为始终 ON 状态，总是允许正转；“0” 为正转禁止由 DI 信号控制。

bit 11：反转禁止信号 * LSN 设定，“1” 为始终 ON 状态，总是允许反转；“0” 为正转禁止由 DI 信号控制。

例如，当系统不使用正反转禁止功能、并要求在驱动器自动成为伺服 ON 时，可将信号 SON、 * LSP/ * LSN 强制 ON，即设定 PD01 = 0000 1100 0000 0100 = 0C04。

3. 功能定义

驱动器需要使用的 DI 信号，可通过参数 PD03 ~ PD12 的设定选择连接端，PD03 ~ PD12 设定值与连接端功能的对应关系如表 5.2-2 所示。

表 5.2-2　DI 功能定义表

<table>
<tr><th rowspan="2">设定值</th><th colspan="3">信 号 功 能</th></tr>
<tr><th>位置控制方式</th><th>速度控制方式</th><th>转矩控制方式</th></tr>
<tr><td>00</td><td>不使用</td><td>不使用</td><td>不使用</td></tr>
<tr><td>01</td><td colspan="3">三菱特殊设定，用户不能使用</td></tr>
<tr><td>02</td><td colspan="3">伺服 ON 信号 SON</td></tr>
<tr><td>03</td><td colspan="3">驱动器复位 RES</td></tr>
<tr><td>04</td><td colspan="2">速度调节器 PI/P 切换控制 PC</td><td>不使用</td></tr>
<tr><td>05</td><td colspan="2">外部转矩限制 TL</td><td>不使用</td></tr>
<tr><td>06</td><td colspan="3">位置误差清除 CR</td></tr>
<tr><td>07</td><td>不使用</td><td>正转启动 ST1</td><td>转矩方向为负 RS2</td></tr>
<tr><td>08</td><td>不使用</td><td>反转启动 ST2</td><td>转矩方向为正 RS1</td></tr>
<tr><td>09</td><td colspan="2">第 2 转矩限制 TL1</td><td>不使用</td></tr>
<tr><td>0A</td><td colspan="2">正转禁止 * LSP</td><td>不使用</td></tr>
<tr><td>0B</td><td colspan="2">反转禁止 * LSN</td><td>不使用</td></tr>
<tr><td>0C</td><td colspan="3">三菱特殊设定，用户不能使用</td></tr>
<tr><td>0D</td><td colspan="2">增益切换控制 CDP</td><td>不使用</td></tr>
<tr><td>0E ~ 1F</td><td colspan="3">三菱特殊设定，用户不能使用</td></tr>
<tr><td>20</td><td>不使用</td><td>速度选择信号 SP1</td><td>速度限制信号 SP1</td></tr>
<tr><td>21</td><td>不使用</td><td>速度选择信号 SP2</td><td>速度限制信号 SP2</td></tr>
<tr><td>22</td><td>不使用</td><td>速度选择信号 SP3</td><td>速度限制信号 SP3</td></tr>
<tr><td>23</td><td colspan="3">控制方式切换 LOP</td></tr>
<tr><td>24</td><td>电子齿轮比选择 CM1</td><td>不使用</td><td>不使用</td></tr>
<tr><td>25</td><td>电子齿轮比选择 CM 2</td><td>不使用</td><td>不使用</td></tr>
<tr><td>26</td><td>不使用</td><td colspan="2">第 2 加速度选择 STAB2</td></tr>
</table>

DI 功能定义需要注意以下几点：

1）连接端 CN1－42 的功能固定为急停＊EMG，与控制方式无关。＊EMG 信号为常闭型输入，信号 OFF 驱动器将快速制动并停止，同时，驱动器显示报警 AL. E6。驱动器急停是一种动态强烈制动，频繁使用将导致元器件使用寿命的下降，故不能通过＊EMG 信号来控制驱动器的正常 ON、OFF。此外，由于驱动器在＊EMG 信号恢复后将被自动启动，因此，＊EMG 信号 OFF 的同时必须封锁位置指令脉冲输入。

2）通过参数 PD01 取消的 DI 信号，其状态固定为 ON，信号不再需要输入连接。

有关 DI 信号的作用可参见第 3 章 3.4 节，以及后述的功能说明。

5.2.2　DO 功能定义

1. 参数说明

MR－J3 驱动器可使用 6 点 DO 信号，输出连接端为 CN1－22～CN1－25、CN1－48、CN1－49（参见连接总图）。其中，输出端 CN1－48 固定为驱动器常闭型报警输出＊ALM，其余输出端的功能可通过参数 PA04. 0、PD13～PD18、PD24 等进行定义。MR－J3 驱动器的输出端可根据驱动器的控制方式自动转换功能，但不能通过参数单独定义位置、速度或转矩控制方式下的功能。PD13～PD18 的字长为 1 字，以 4 位十六进制的形式设定，其格式如下，低 2 位用于功能的定义，高 2 位固定 00。

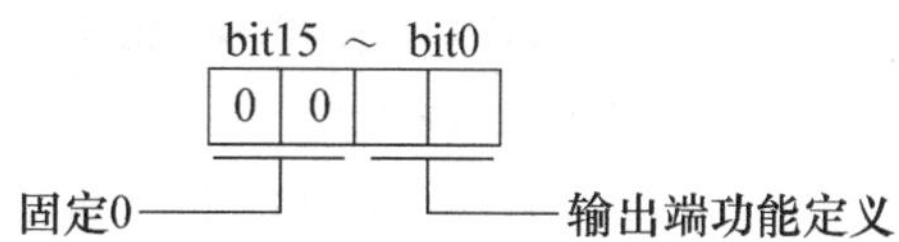

驱动器输出连接端功能与参数的关系见表 5.2-3。

表 5.2-3　MR－J3 驱动器 DO 功能定义参数一览表

参数号	输出端	默认设定	默认功能		
			位置控制	速度控制	转矩控制
PA04. 0	CN1－23	0	机械制动器控制无效，CN1－23 功能由参数 PD14 定义		
PD13	CN1－22	0004	定位完成信号 INP	速度一致信号 SA	固定 ON
PD14	CN1－23	000C	速度为零信号 ZSP	速度为零信号 ZSP	速度为零信号 ZSP
PD15	CN1－24	0004	定位完成信号 INP	速度一致信号 SA	固定 ON
PD16	CN1－25	0007	转矩限制生效 TLC	转矩限制生效 TLC	速度限制生效 VLC
PD17	—	0003	驱动器内部参数，不允许用户改变		
PD18	CN1－49	0002	驱动器准备好信号 RD		
PD24. 0	CN1－22/23/24	0	报警代码输出无效，功能可通过参数 PD13/PD14/PD15 定义		
PD24. 1	—	0	仅输出 WNG 信号，＊ALM 保持 ON 状态		

2. 功能定义

驱动器需要使用的 DO 信号，可通过参数 PD13～PD18 的设定选择连接端，PD13～PD18 设定值与连接端功能的对应关系见表 5.2-4。

表 5.2-4　DO 功能定义表

设定值	信号功能		
	位置控制方式	速度控制方式	转矩控制方式
00	不使用，固定 ON	不使用，固定 ON	不使用，固定 ON
01	三菱特殊设定，用户不能使用		
02	驱动器准备好信号 RD		
03	驱动器报警信号 * ALM		
04	定位完成信号 INP	速度一致信号 SA	不使用，固定 ON
05	机械制动器松开信号 MBR		
06	三菱特殊设定，用户不能使用		
07	转矩限制有效 TLC	转矩限制有效 TLC	速度限制有效 VLC
08	驱动器警示输出 WNG		
09	后备电池报警信号 BWNG	不使用，固定 ON	不使用，固定 ON
0A	不使用，固定 ON	速度一致信号 SA	速度一致信号 SA
0B	不使用，固定 ON	不使用，固定 ON	速度限制有效 VLC
0C	速度为零信号 ZSP		
0D、0E	三菱特殊设定，用户不能使用		
0F	增益切换信号 CHGS	不使用，固定 ON	不使用，固定 ON
10	三菱特殊设定，用户不能使用		
11	绝对编码器数据出错 ABSV	不使用，固定 ON	不使用，固定 ON
12 ~ 3F	三菱特殊设定，用户不能使用		

如果驱动器工作时不存在所定义的信号，例如，选择速度控制时，定义了定位完成信号等，所定义的连接端将成为无效，输出为 OFF。

3. 特殊定义

DO 连接端 CN1 – 23 可用于外部机械制动器控制，其功能可通过参数 PA04. 0 的设定选择。设定 PA04. 0 = 0 时，外部机械制动器无效，连接端功能可由 PD14 定义；设定PA04. 0 = 1 时，外部机械制动器有效，连接端 CN1 – 23 规定为制动器松开信号 MBR 输出。

DO 连接端 CN1 – 22/23/24 可以用于报警代码输出，其功能可通过参数 PD24. 0 的设定选择。设定 PD24. 0 = 0 时，报警代码输出无效，连接端功能可由参数 PD13/PD14/PD15 定义；设定 PD24. 0 = 1 时，报警代码输出有效，这时，如驱动器无报警，连接端仍然输出参数 PD13/PD14/PD15 定义的信号；如驱动器发生报警，连接端自动成为报警代码输出。报警代码输出不能与绝对编码数据 DI/DO 传送功能同时选择，否则，驱动器将发生参数设定错误报警 AL. 37，有关内容可参见绝对编码器的 DI/DO 数据传送说明。

参数 PD24. 1 可用来选择驱动器发生警示时的报警输出信号 * ALM 状态，设定 PD24. 1 = 0 时，驱动器警示仅输出 WNG 信号，* ALM 保持 ON 状态；设定 PD24. 1 = 1 时，驱动器警示不但输出 WNG 信号，同时 * ALM 成为 OFF 状态。

4. 报警代码输出

参数 PD24. 0 设定为 1 时，如驱动器发生报警，在输出连接端 CN1 – 22/23/24 上可输出报警代码，报警代码可以大致指示报警的性质，但不能具体指示报警号。报警代码与驱动器报警号的关系见表 5. 2-5。

表 5. 2-5　驱动器报警代码输出表

报警代码输出端			报警号	报 警 内 容
CN1 - 22	CN1 - 23	CN1 - 24		
0	0	0	88888	驱动器状态监视中
			AL. 12	存储器出错 1
			AL. 13	定时器报警
			AL. 15	存储器出错 2
			AL. 17	主板出错
			AL. 19	存储器出错 3
			AL. 37	参数出错
			AL. 8A	串行通信超时
			AL. 8E	串行通信出错
0	0	1	AL. 30	制动报警
			AL. 33	直流母线过电压
0	1	0	AL. 10	欠电压
0	1	1	AL. 45	主回路元件过热
			AL. 46	伺服电机过热
			AL. 47	冷却风机过热
			AL. 50	驱动器过载 1
			AL. 51	驱动器过载 2
1	0	0	AL. 24	主回路故障
			AL. 32	驱动器过电流
1	0	1	AL. 31	速度超过
			AL. 35	指令脉冲输入频率过高
			AL. 52	位置跟随误差过大
1	1	0	AL. 16	编码器故障
			AL. 1A	电机不匹配
			AL. 20	编码器故障 2
			AL. 25	绝对位置丢失

5. 3　控制方式选择与切换

5. 3. 1　驱动器结构

MR - J3 驱动器由位置、速度、转矩三个闭环控制回路所组成，其结构如图 5. 3-1 所示，三个闭环控制回路既可串联使用，也能通过各自的给定输入独立使用，因此，可根据实际需

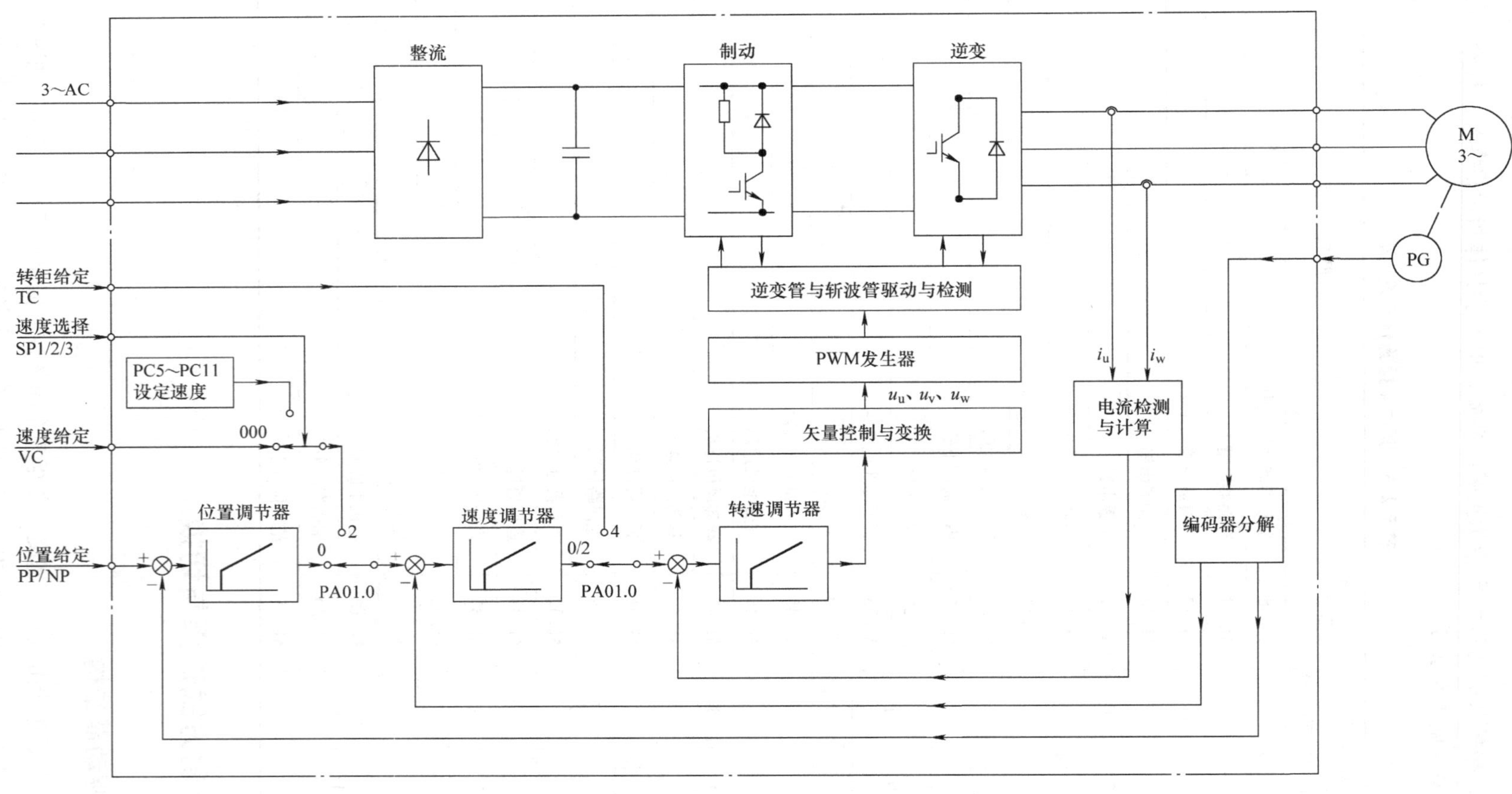

图 5.3-1　MR－J3 驱动器结构原理图

要，构成以伺服电机为执行元件的闭环位置或速度、转矩控制系统。

1. 位置控制

当驱动器参数PA01.0设定为0、选择位置控制方式时，来自上级控制器的位置指令脉冲输入给定有效，位置、速度、转矩环串联，构成一个完整的三环位置控制系统。

位置给定和来自电机内置编码器的位置反馈，经过位置比较环节的计算，产生位置跟随误差；跟随误差经位置调节器的放大（P调节），生成速度给定指令，用于速度控制。位置控制方式下的速度、转矩控制原理与下述的速度控制方式相同。

2. 速度控制

当驱动器参数PA01.0设定为0、选择位置控制方式时，速度环成为位置控制系统的内环，其给定输入来自位置调节器的输出。

当驱动器参数PA01.0设定为2、选择速度控制方式时，驱动器的位置指令脉冲输入无效，速度、转矩环串联后构成双环速度控制系统。系统的速度给定可选择如下两种方式。

1）如驱动器的多级变速选择DI信号SP1/SP2/SP3为000，驱动器的AI输入VC有效，VC端输入的模拟电压成为驱动器的速度给定输入。

2）如多级变速选择DI信号SP1/SP2/SP3的状态不为000，驱动器参数PC05～PC11设定的运行速度有效，参数设定值直接作为固定的速度给定。

驱动器的速度反馈信号可从编码器位置反馈信号经微分后得到，速度给定与速度反馈经过速度比较环节的计算，得到速度误差信号；误差信号经速度调节器的PI运算后生成转矩给定指令，用于转矩控制；转矩控制原理与下述的转矩控制方式相同。

3. 转矩控制

当驱动器参数PA01.0设定为0或2、选择位置或速度控制方式时，转矩环成为位置或速度控制系统的内环，其给定输入来自速度调节器的输出。

当驱动器参数PA01.0设定为4、选择转矩控制方式时，其位置指令脉冲输入和速度给定输入均无效，成为单环转矩控制系统，转矩给定直接来自驱动器的AI输入TC。

转矩反馈信号来自电流反馈的合成运算结果，转矩给定与转矩反馈在转矩经过比较环节的计算，得到转矩误差信号；误差信号经转矩调节器的运算后生成转矩控制信号，它经过矢量变换后生成三相SPWM调制脉冲，直接控制驱动器的逆变管输出。转矩控制需要进行电压/电流的频率、相位等复杂计算，转矩调节器通常为比例调节器（P调节器）。

4. 模型追踪控制

为提高系统的动态响应速度、抑制振动，当代伺服驱动器一般都采用了模型追踪控制功能。模型追踪是一种预测控制功能，图5.3-2为MR－J3驱动器的模型追踪控制原理图，可以这样认为，采用模型追踪控制的驱动器内部设计有实际和虚拟两套闭环调节系统。

1）实际调节系统。实际调节系统用于实际位置、速度与转矩控制，它就是前述的位置、速度和转矩闭环控制系统。

2）虚拟调节系统。虚拟调节系统是以电机模型和虚拟编码器构成的位置、速度控制模型，它可观测器预测电机的位置与速度，实现预测控制功能，从而提高系统的动态响应速度、减小误差、改善性能。

MR－J3驱动器可通过参数PB07，设定模型追踪控制时的位置调节器增益，从而控制系统的位置跟随误差。因此，当驱动器需要进行多轴插补控制运动轨迹时，参与插补的驱动器

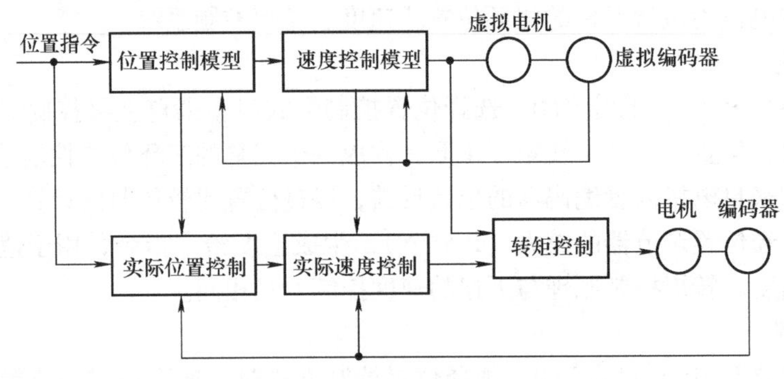

图 5.3-2　模型追踪控制原理

的位置调节器模型控制增益应一致。

模型追踪控制的理论与原理较复杂，在此不再对其进行深入介绍。

5.3.2　控制方式选择与切换

1. 控制方式选择

MR－J3 驱动器的控制方式分基本控制和切换控制两类，它可通过基本参数 PA01.0 的设定选择，设定值的意义如下。

PA01.0＝0：位置控制；

PA01.0＝1：位置/速度切换控制（使用绝对编码器时无效）；

PA01.0＝2：速度控制；

PA01.0＝3：速度/转矩切换控制；

PA01.0＝4：转矩控制；

PA01.0＝5：转矩/位置切换控制。

作为一般应用，驱动器通常选择基本的位置控制、或速度、转矩控制方式。对于要求进行控制方式切换的特殊控制，可通过参数 PA01.0 的设定，利用驱动器的 DI 信号 LOP 切换控制方式。

控制方式的切换原理如图 5.3-3 所示。LOP 信号 OFF，驱动器选择第 1 控制方式；信号

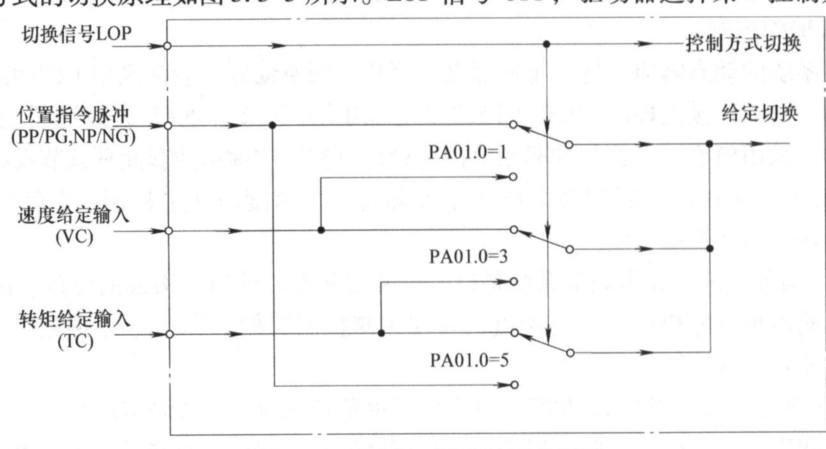

图 5.3-3　控制方式切换控制原理

ON，选择第2控制方式。出厂默认的LOP信号输入端为CN1－45；如需要，可通过DI/DO定义参数PD03～PD12选择其他DI输入端。

2. 多级变速运行

多级变速运行是通过外部DI信号改变速度的速度控制方式，它在驱动器选择速度控制方式时有效，其运行速度由驱动器参数进行设定，并可通过DI信号SP1/SP2/SP3进行选择和改变，DI信号的连接端可通过DI/DO定义参数PD03～PD12分配。

多级变速的速度选择信号SP1/SP2/SP3可选择7种不同的转速，当SP1/SP2/SP3输入状态为000时，自动选择AI输入VC作为速度给定输入。SP1/SP2/SP3信号和速度的对应关系如表5.3-1所示。

表5.3-1　多级变速速度选择表

DI信号状态			速度给定
SP3	SP2	SP1	
0	0	0	AI输入端VC
0	0	1	参数PC05设定的速度1
0	1	0	参数PC06设定的速度2
0	1	1	参数PC07设定的速度3
1	0	0	参数PC08设定的速度4
1	0	1	参数PC09设定的速度5
1	1	0	参数PC10设定的速度6
1	1	1	参数PC11设定的速度7

3. 位置/速度控制切换

当参数PA01.0设定为1时，可通过LOP信号进行位置/速度控制方式的切换，LOP输入OFF，驱动器选择位置控制方式；信号ON，选择速度控制方式。

位置/速度控制方式的切换原理如图5.3-4所示，切换必须在电机停止或转速下降到参数PC17设定的零速允差范围内时进行，如信号LOP在速度超过零速允差时发生改变，即使转速下降到PC17设定值以下，切换也不能进行。驱动器从位置控制切换到速度控制方式后，位置跟随误差自动清除。

4. 速度/转矩控制切换

当参数PA01.0设定为3时，可通过LOP信号进行速度/转矩控制方式的切换，信号LOP输入OFF，选择速度控制方式；信号ON，选择转矩控制方式。

速度/转矩切换可在任何时间进行，驱动器切换到转矩控制方式后，转矩方向将由DI信号ST1/ST2控制，ST1/ST2和AI输入端TC的极性、大小决定了电机转矩和方向；ST1/ST2均OFF，电机减速停止。

5. 转矩/位置控制切换

当参数PA01.0设定为5时，可通过LOP信号进行转矩/位置控制方式的切换，信号LOP输入OFF，选择转矩控制方式，信号ON，选择位置控制方式。

转矩/位置切换控制同样必须在电机停止或转速下降到参数PC17设定的零速允差范围内时进行，在速度超过零速允差范围时的切换不能进行，驱动器从位置控制切换到转矩控制

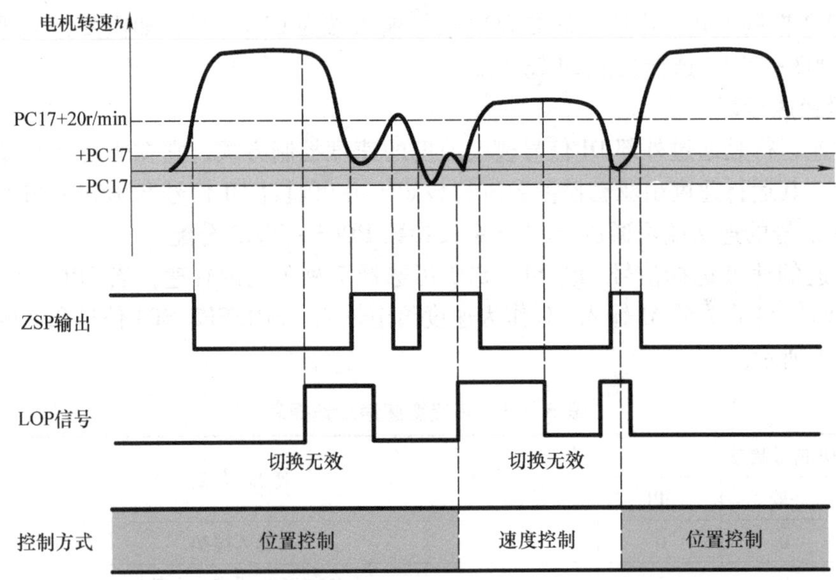

图 5.3-4　位置/速度控制切换

方式后，位置跟随误差被自动清除。

5.4　常用功能与参数

5.4.1　加减速与停止

1. 加减速控制

MR－J3 驱动器的加减速控制与驱动器的控制方式有关，不同控制方式下的加减速过程及相关参数如下。

1）位置控制。驱动器用于位置控制时，其加减速一般由产生位置指令脉冲的上级位置控制器控制，驱动器根据指令脉冲的频率来实现加减速。但是，MR－J3 驱动器具有位置控制加减速功能，故能保证指令脉冲急剧变化时，电机仍能实现速度的平稳变化，其加减速设定参数如图 5.4-1 所示。

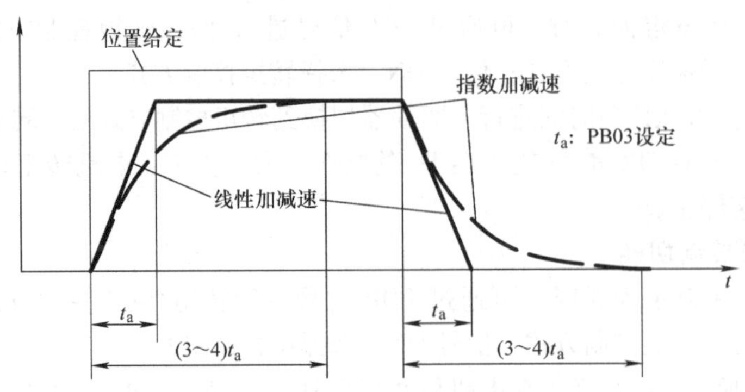

图 5.4-1　位置控制方式的加减速

PB25.1：加减速方式。PB25.1 =0 为指数加减速；PB25.1 =1 为线性加减速。

PB03：加减速时间。线性加减速时为加减速时间；指数加减速时为时间常数，实际加减速时间是设定值的 3 ~4 倍。

2）速度/转矩控制。速度、转矩控制方式的加减速可选择线性加减速和线性/S 形混合加减速两种方式，加/减速的时间可分别设定，相关参数如下。

PC01：线性加速时间 t_a，参数设定的是电机从 0 加速到额定转速的时间。

PC02：线性减速时间 t_d，参数设定的是电机从额定转速减速到 0 的时间。

PC03：混合加减速时的 S 形加速时间 t_c，参见图 5.4-2。

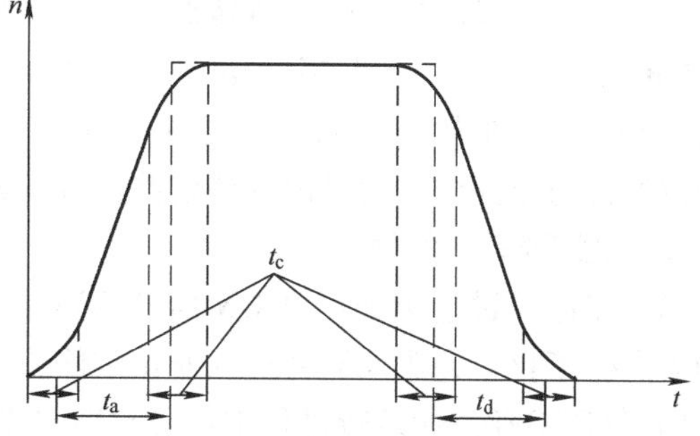

图 5.4-2 混合加减速时间与设定

PC30：第 2 线性加速时间 t_a，参数设定的是电机从 0 加速到额定转速的时间。

PC31：第 2 线性减速时间 t_d，参数设定的是电机从额定转速减速到 0 的时间。

当选择线性加减速时，驱动器器可以设定两组加减速时间，它可根据控制需要，利用 DI 信号 STAB2 进行切换。信号 STAB2 输入 OFF，参数 PC01/PC02 设定的加减速时间有效；STAB2 输入 ON，参数 PC30/PC31 设定的加减速时间有效。参数 PC01/PC02 与 PC30/PC31 是电机从 0 到额定转速的变化时间，因此，在不同的转速下，其实际加减速时间有所不同。

S 形加减速是一种加速度变化率保持恒定的加减速方式，它可以减小起/制动阶段的冲击，但会延长加减速时间。S 形加速时间 t_c受总加减速时间的限制，其最大设定值不能超过 $20000/t_a$和 $20000/t_d$。

2. 运行停止

驱动器正常工作时的电机停止称为驱动器的运行停止，它根据控制方式的不同而不同。

1）位置控制。位置控制时只需要中断外部指令脉冲输入，电机便可以停止并在目标位置上定位，定位完成后闭环位置调节功能仍有效。电机停止后，如由于外力作用使定位点产生了偏移，驱动器将出现位置跟随误差，误差经调节器放大后，可产生消除误差、克服外力的定位保持转矩，这种利用闭环位置调节保持定位点的功能称为伺服锁定功能。定位保持转矩的大小与驱动器的位置调节器增益和跟随误差有关，增益越大、在同样误差下所产生的恢复转矩越大；误差越大，在同样增益下所产生恢复转矩越大。

2）速度控制。在速度控制方式下，如转向输入信号 ST1/ST2 撤销或使得速度给定为 0，电机便可减速停止。一般而言，速度控制方式的电机在减速停止后便处于自由状态，这时，即使电机产生运动，驱动器也不能产生克服外力的转矩。但是，MR – J3 驱动器可通过参数 PC23.0 的设定，生效速度控制方式下的伺服锁定功能，以保持电机停止位置的不变（见下述）。

3）转矩控制。转矩控制方式的停止与速度控制类似，它只需要撤销外部转矩方向信号 RS1/RS2 或使得转矩给定为 0，电机便减速停止。电机在转矩控制方式下减速停止后总是处于自由状态，驱动器不会输出克服外力的转矩。

3. 伺服锁定

驱动器在位置控制方式下，伺服锁定功能始终有效，因此，所谓伺服锁定通常是指驱动器在速度控制方式下的定位保持功能。

驱动器在速度控制方式下，无法对位置（电机角位移）进行闭环控制，电机的停止位置是随机的，停止后也不能产生定位保持转矩。因此，如负载存在外力（如重力）作用，就可能导致电机停止后的位置偏离。伺服锁定功能可使速度控制的驱动器，在停止时建立临时的位置闭环，以产生定位保持转矩，这一功能亦称零速钳位或零钳位。

MR－J3 驱动器的伺服锁定功能可通过设定参数 PC23.0＝1 生效。功能生效后，只要转向信号 ST1/ST2 撤销，驱动器便可建立临时位置环，使电机停止并保持在编码器零位上，其定位保持力矩同样可通过位置环增益进行调整。

4. 伺服 OFF 与急停

驱动器运行过程中如伺服 ON 信号 SON 被强制撤销，或急停输入＊EMG 信号断开，或驱动器产生了报警，驱动器将进入非正常停止状态，其停止过程有所不同。

1）伺服 OFF。如运行过程中信号 SON 成为 OFF 状态，驱动器将立即封锁逆变功率管输出，电机将自由停车。因此，SON 信号一般只用于开机或停止后的电机控制，而不能用它来控制正常运行的电机停止。

2）急停与报警。如运行过程中驱动器的急停输入＊EMG 被强制断开，或发生了报警，驱动器将立即进入急停状态。

驱动器的急停是一种动态制动（Dynamic Braking，又称 DB 制动）过程，它可通过对逆变管的控制，使电机绕组直接短路、实现强力制动。DB 制动即使在主电源切断后仍能利用直流母线上储存的能量在短时间内制动。DB 制动将在逆变管、电机绕组上产生很大的短路电流，导致发热的剧增，因此，急停只能用于紧急情况下的电机快速制动，而不能直接用于驱动器的运行停止。

5. 行程限位

驱动器选择位置或速度控制方式时，可通过转向禁止信号＊LSP/＊LSN 生效行程保护功能，行程保护对转矩控制无效。

转向禁止信号＊LSP/＊LSN 使用常闭型输入，如运行过程中输入 OFF，驱动器将减速停止并禁止该方向的继续运动，但反方向的运行仍有效。

＊LSP/＊LSN 信号 OFF 时的停止动作可通过参数 PD20.0 选择。设定 PD20.0＝1，驱动器将通过封锁指令脉冲输入（位置控制）或转向信号（速度控制），产生运行停止同样的动作；如 PD20.0＝0，则驱动器进入急停状态。

通过参数 PC26.0 的设定，可选择＊LSP/＊LSN 信号 OFF 时，驱动器是否输出 AL.99 报警，设定 PC26.0＝1，报警输出有效。

6. 瞬时断电

当驱动器的输入电压出现短时下降或主电源发生瞬时断电时，将发生 AL.10（欠电压）报警。如瞬时断电或欠电压时间在 60ms 以内，对于速度控制，它只会产生少量的转速波动，故一般允许驱动器在电压恢复后继续运行。

MR－J3 驱动器可通过参数 PC22.0 的设定，选择瞬时断电或短时欠电压的处理方式。

设定 PC22.0 =0，驱动器立即发生 AL.10 报警并停止运行；设定 PC22.0 =1，当瞬时断电或短时欠压的时间不超过60ms 时，驱动器可自动恢复运行。

5.4.2　制动器控制

1. 功能简介

当机械运动部件存在外力作用时，为防止驱动器关闭后的位置移动，应使用带制动器的电机或安装机械制动器。制动器只能用于驱动器关闭（断电）情况下的位置保持，不能用来实现驱动器正常工作状态下的运行停止。

MR－J3 驱动器的制动器控制可通过参数 PA04.0 的设定生效，制动器生效后，驱动器将具有如下功能。

1）驱动器将根据 SON 信号、急停、报警等不同情况，通过制动器松开 MBR 信号，自动控制制动器的夹紧和松开动作。

2）连接端 CN1－23 将作为制动器松开信号 MBR 输出，该输出端不能再作其他用途。

3）制动器夹紧延时参数 PC16 有效。

2. 电路设计

为了能更协调驱动器和制动器的动作，制动器原则上应使用驱动器的 DO 信号 MBR 控制，MBR 信号的输出端规定为 CN1－23，制动器控制电路可按图 5.4-3 设计。

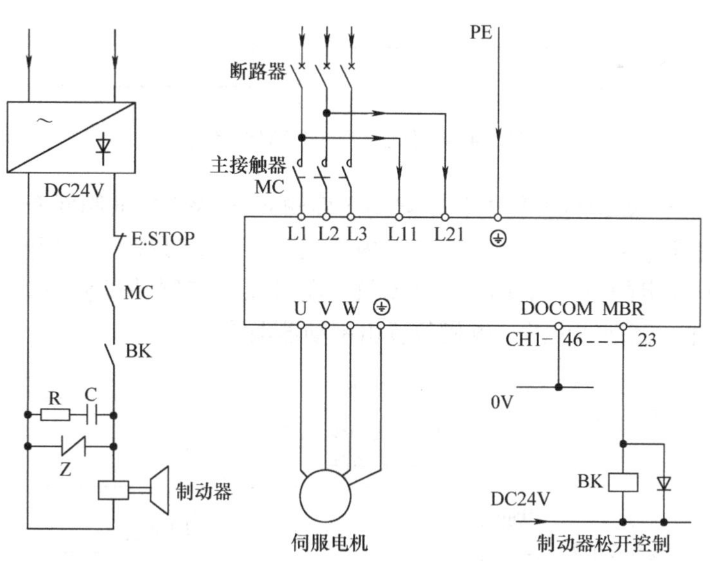

图 5.4-3　制动器控制电路

MR－J3 伺服电机的内置制动器一般常用 DC24V 制动器，制动器对输入电源的要求较低，且无极性要求，但制动电流较大。因此，在通常情况下可直接使用 AC27V 经单相全桥整流后的输出，直流侧无需安装平波器件。但是，由于制动器是感性负载，为抑制通/断时的浪涌电压，其输入侧一般应安装 47Ω/0.1μF 左右的 RC 抑制器和保护电压在 82V 左右的过电压抑制器件。

为了缩短动作时间，制动器的通断宜在直流侧进行，为了提高可靠性，急停（E.STOP）、主接触器（MC）等触点应直接串联至制动器的通断线路中。

3. 通断控制

制动器松开信号 MBR 的动作，根据驱动器的控制方式和停止方式，有如下不同。

1）伺服 ON/OFF。驱动器在伺服 ON/OFF 信号动作时的 MBR 信号动作时序如图 5.4-4 所示。在信号 SON 输入 ON 时，驱动器经过 95ms 左右的延时，MRB 信号输出 ON，同时开放逆变管输出；在信号 SON 输入 OFF 时，信号 MBR 立即 OFF，驱动器经参数 PC16 设定的延时 t_b后关闭逆变管输出。因此，参数 PC16 设定的逆变管关闭延时 t_b应大于制动器的动作延迟，否则，可能会因逆变管的提前关闭，使得电机短时间成为自由状态，导致垂直轴、升降负载的下落。

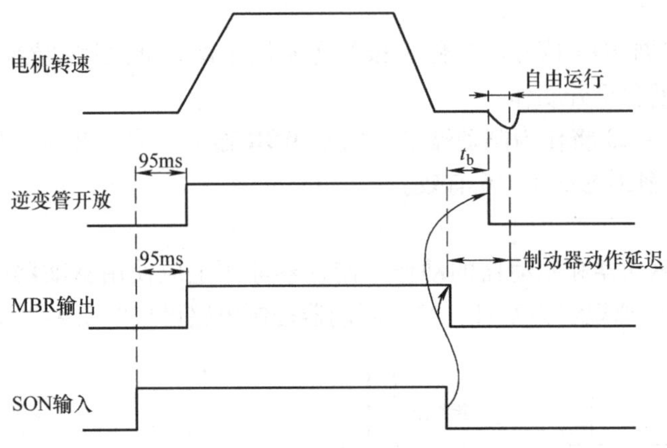

图 5.4-4　伺服 ON/OFF 时的制动

2）急停与报警。如运行过程中驱动器的急停输入 * EMG 被强制断开，或产生了报警，驱动器的 MBR 信号将立即 OFF，并在 10ms 内进入动态制动过程，其动作如图 5.4-5 所示。此时，参数 PC16 设定的逆变管关闭延时无效。电机在动态制动过程中，制动器将同时夹紧，电机迅速停止；制动结束后，电机位置由制动器保持。

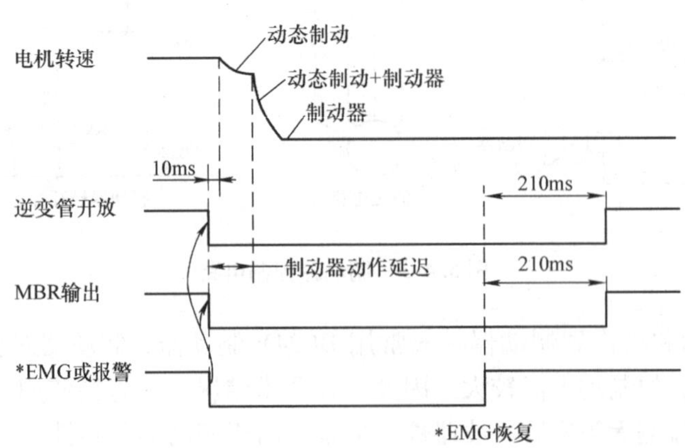

图 5.4-5　急停与报警时的制动

驱动器在急停制动时，如果 * EMG 信号恢复 ON，驱动器在经过 210ms 左右的延时后，信号MBR将自动ON，并重新开放逆变管，因此，电路设计时必须考虑信号＊EMG恢复后，能否自动松开制动器。

3）瞬时断电。如在运行过程中驱动器的主电源或控制电源被断开，驱动器将在15～60ms内将MBR信号置OFF，并在10ms内进入动态制动过程，动作如图5.4-6所示，其制动过程与急停相同，参数PC16设定的延时同样无效。

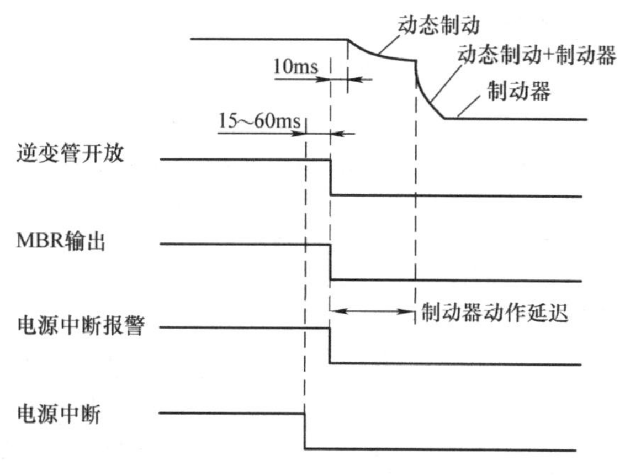

图5.4-6　电源中断时的制动

5.5　动态性能调整

5.5.1　位置调节参数

闭环位置控制是通过位置给定与反馈间的误差进行控制的自动调节系统，MR－J3驱动器的位置控制由图5.5-1所示的指令分频、反馈分频、加减速控制、前馈控制、位置调节等部分组成。

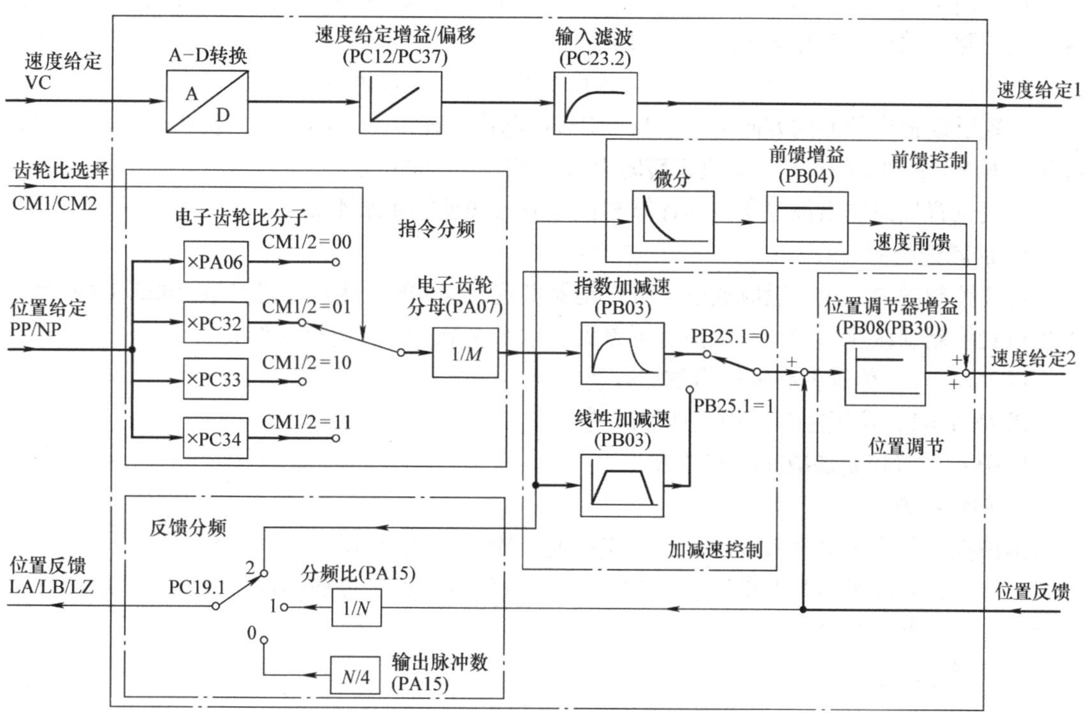

图5.5-1　位置调节器结构

1. 指令分频

指令分频用于输入脉冲的电子齿轮比设定，参数 PA05 =0 时，电子齿轮比可通过 DI 信号 CM1/CM2 切换，CM1/CM2 信号可改变电子齿轮比的分子 *N*，但电子齿轮比分母统一由参数 PA07 设定。CM1/CM2 与电子齿轮比的对应关系见表 5. 5-1。

表 5. 5-1 电子齿轮比切换

输入信号状态		电子齿轮比分子 N	实际电子齿轮比
CM2	CM1		
0	0	参数 PA06 设定	PA06/PA07
0	1	参数 PC32 设定	PC32/PA07
1	0	参数 PC33 设定	PC33/PA07
1	1	参数 PC34 设定	PC34/PA07

但如果参数 PA05 不为 0，以上电子齿轮比均无效，参数 PA05 直接设定了电机每转所对应的指令脉冲数。有关电子齿轮比的计算与设定方法可参见第 4 章 4. 2 节。

2. 反馈分频

反馈分频设定的是驱动器输出端 LA/LAR、LB/LBR 上输出的电机每转脉冲数，它可通过参数 PC19. 1、PA15 的设定选择如下。

PC19. 1 =0：参数 PA15 直接设定电机每转所输出的脉冲数，输出脉冲与编码器分辨率无关，PA15 的设定应为实际输出脉冲数的 4 倍。

PC19. 1 =1：参数 PA15 设定的是编码器反馈脉冲与输出脉冲之比，同样，通过 PA15 计算得到的脉冲数应为实际输出脉冲数的 4 倍。

PC19. 1 =2：参数 PA15 设定无效，输出脉冲数与指令脉冲数相等。

位置反馈输出脉冲的方向可由参数 PC19. 0 选择，设定 PC19. 0 =0，电机正转时 A 相超前于 B 相 90°；PC19. 0 =1，电机正转时 B 相超前于 A 相 90°。

有关位置反馈输出设定参数的计算与设定方法详见第 4 章 4. 2 节。

3. 加减速控制

位置控制的加减速一般应通过上级控制器实现，但 MR – J3 可通过参数 PB25. 1 的设定，增加位置控制加减速功能，有关内容可参见本章 5. 4 节，加减速控制参数如下。

PB25. 1 =0：位置控制采用指数加减速；

PB25. 1 =1，位置控制采用线性加减速

PB03：位置控制加减速时间常数。

4. 前馈控制

前馈控制是为了提高系统的动态响应速度，MR – J3 驱动器的前馈补偿信号是位置给定的微分结果，它经过参数 PB04 的前馈补偿增益调整后，直接叠加到位置调节器的输出（速度给定）上，故又称速度前馈。

5. 位置调节

MR – J3 驱动器的位置调节器为比例（P）调节器，比例增益可通过参数 PB08（第 1 增益）或 PB30（第 2 增益）设定，第 2 增益用于增益切换控制。位置调节器的输出是位置控制方式下的速度给定输入（速度给定 2）；如驱动器选择速度控制方式，则图中上部来自 AI

输入端VC的模拟电压（速度给定1）有效，VC输入需要A-D转换、偏移/增益调整、滤波等处理。

5.5.2 速度调节参数

MR-J3驱动器的速度控制由图5.5-2所示的给定选择、加减速控制和速度调节等部分组成。

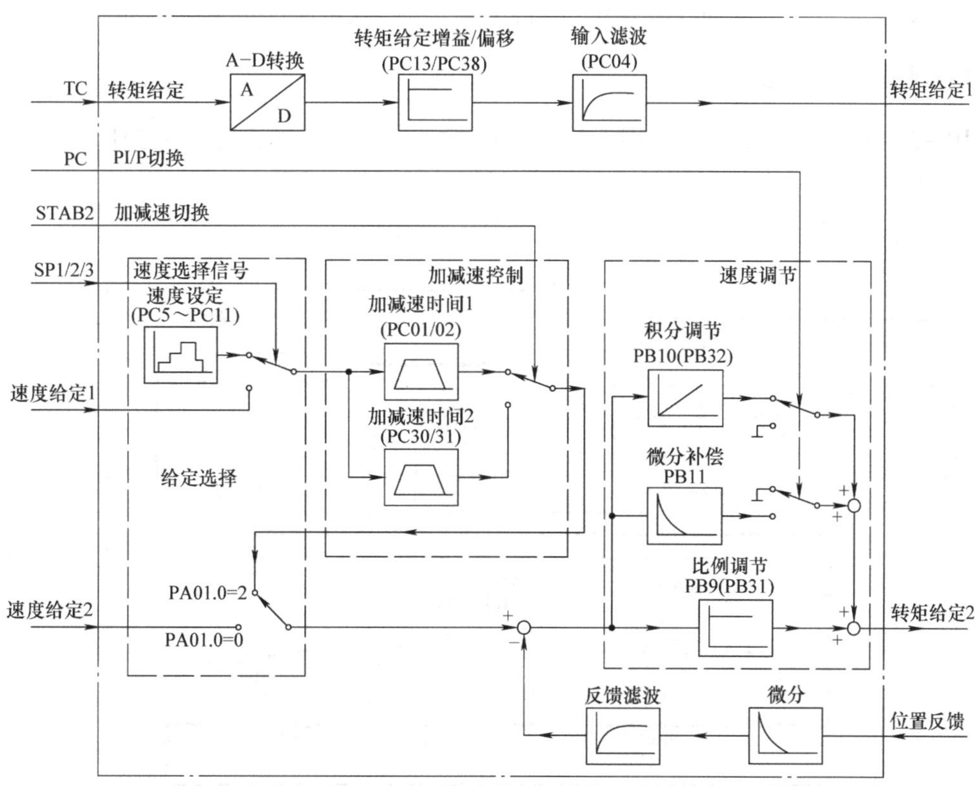

图5.5-2 速度调节器结构

1. 给定选择

给定选择环节可根据驱动器所选择控制方式（参数PA01.0的设定），选择所需的速度给定输入，例如，在位置控制（PA01.0=0）时，速度给定来自位置调节器的输出（速度给定2）；在速度控制（PA01.0=2）时，速度给定来自AI输入VC（速度给定1）或通过DI信号SP1/SP2/SP3选择参数设定的速度等。来自AI输入端VC的模拟电压（速度给定1）需要经过A-D转换、偏移/增益调整、滤波等处理。

2. 加减速控制

来自AI输入VC或DI信号所选择的速度给定可进行加减速控制，加减速时间可参数PC01/PC02或PC30/PC31设定，并可通过DI信号STAB2切换。STAB2信号OFF时，参数PC01/PC02有效；STAB2信号ON时，参数PC30/PC31有效。

3. 速度调节

MR-J3驱动器的速度调节器为比例积分（PI）调节器，因此，其稳态速度误差为0。

调节器的比例增益可通过参数 PB9 或 PB31 设定；积分时间可通过参数 PB10 或 PB32 设定；PB31/PB32 在增益切换时有效。

驱动器的速度反馈为位置反馈的微分结果，反馈滤波时间不可通过参数设定改变。

PI 调节器的积分调节可消除稳态速度误差，但同时也延长了速度调节时间，且可能带来超调和引起系统的不稳定。为此，可根据需要，通过 DI 信号 PC 取消积分功能，使之成为 P 调节器，这一功能称为 P/PI 切换控制，有关内容详见下述。当速度调节器切换到 P 调节器后，MR－J3 还可自动加入微分补偿功能，微分补偿量可通过参数 PB11 进行设定。

5.5.3　转矩调节参数

MR－J3 驱动器的转矩控制由图 5.5-3 所示的给定选择、转矩限制、共振抑制和转矩调节三部分所组成。

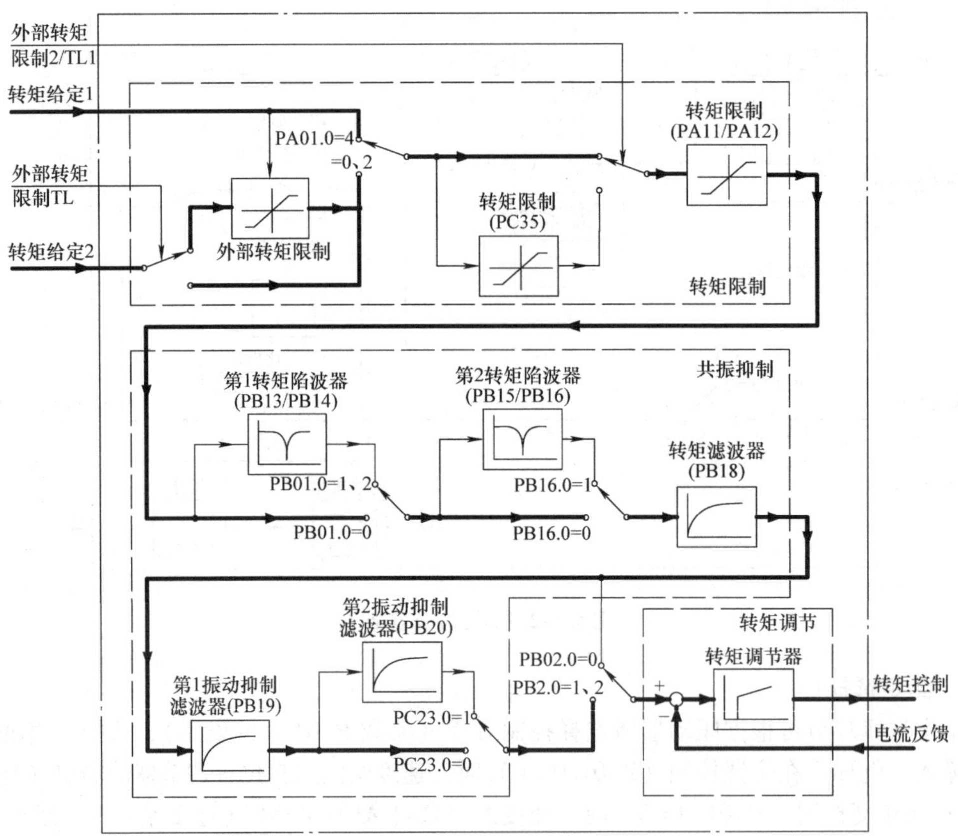

图 5.5-3　转矩调节器结构

1. 给定选择与限制

转矩给定决定于驱动器选择的控制方式（参数 PA01.0 设定），在位置或速度控制方式下（参数 PA01.0＝0 或 2），转矩给定来自速度调节器的输出（转矩给定 2）；在转矩控制方式下（参数 PA01.0＝4），转矩给定来自 AI 输入端 TC（转矩给定 1）。

来自 AI 输入端 TC 的转矩给定需要经过 A－D 转换、偏移/增益调整、滤波等处理。

转矩限制环节可限制驱动器的输出电流（转矩）。转矩限制值可由参数 PA11/PA12 或 PC35 设定，或通过 AI 输入限制（仅位置或速度控制），它可通过 DI 信号 TL、TL1 选择，有关内容见下述。

驱动器选择转矩控制方式时，其输出转矩将直接由转矩给定控制，而电机转速将随负载的变化而改变。为避免在轻载时的电机转速无限制升高，需要进行最高转速限制。速度限制生效后，如电机转速超过限制值，转矩给定将被切换到速度调节器输出，驱动器切换至速度控制，以保证电机转速的不变。

2. 共振抑制

MR－J3 驱动器的共振抑制主要通转矩过滤波器和陷波器实现。

1）转矩滤波器。转矩滤波器分 2 段，第 1 段为低通滤波器，其滤波时间可通过参数 PB19 设定；第 2 段滤波器用于伺服锁定功能，它在 PC23.0＝1 时有效，滤波器时间可通过参数 PB20 设定。滤波器参数的设定方式可由参数 PB02.0 选择，PB02.0＝0，自动选择出厂默认的滤波器参数，参数 PB19/PB20 无效；PB02.0＝1，参数 PB19/PB20 利用自适应调整功能设定；PB02.0＝2，参数 PB19/PB20 可手动设定。

2）转矩陷波器。利用转矩陷波器可对共振频率附近的幅值进行大幅度衰减。陷波器的频率、深度与宽度等参数可通过驱动器参数 PB13/PB14（陷波器 1）或 PB15/PB16（陷波器 2）设定。陷波器 1、2 的参数设定方式可由参数 PB01.0 选择，PB01.0＝0，自动选择出厂默认的陷波器参数，参数 PB13/PB14、PB15/PB16 无效；PB01.0＝1，参数 PB13/PB14、PB15/PB16 通过自适应调整功能设定；PB01.0＝2，参数 PB13/PB14、PB15/PB16 可手动设定。

陷波器 2 可通过参数 PB16.0 的设定生效或撤销，PB16.0＝1，陷波器 2 生效；PB16.0＝0，陷波器 2 无效。有关内容可参见第 4 章 4.4 节。

3. 转矩调节

伺服驱动器的转矩调节需要经过复杂的矢量处理和坐标变换等运算，用户原则上不能设定与改变转矩调节器的参数。

5.5.4　转矩和速度限制

1. 转矩限制

为减小电机加减速冲击，避免机械设备损伤，MR－J3 驱动器的输出转矩可通过参数或 AI 输入进行限制，前者可用于所有控制方式；后者用于位置与速度控制。转矩限制值可通过 DI 信号 TL 和 TL1 选择。

驱动器的转矩限制包括以下功能。

1）最大输出转矩。这是由驱动器最大输出电流决定的极限输出转矩，它决定于驱动器规格，不能通过参数改变。

2）第 1 转矩限制。它可以根据所配套的电机规格进行设定，利用参数 PA11（正转）、PA12（反转）可分别设定驱动器的正转和反转输出转矩的第 1 限制值，该参数 PA11/PA12 对任何控制方式均有效。

3）第 2 转矩限制。驱动器可通过参数 PC35 设定第 2 转矩限制值，它在 DI 信号 TL1 输入 ON 时有效，且只能用于位置或速度控制方式。参数 PC35 的设定值对正/反转同时有效，但设定值不能大于第 1 转矩限制值，否则，PA11/PA12 将自动生效。

4）AI 输入限制。驱动器选择位置或速度控制时，转矩限制值还能以 AI 输入的方式给定，AI 输入可通过 DI 信号 TL 选择。TL 信号 ON 时，来自 AI 输入 TC 的模拟量成为转矩限制输入（TLA 输入），输入 10V 对应于驱动器的最大输出转矩。使用 AI 输入限制转矩时，转矩限制值可任意调节，AI 输入增益和偏移调整参数 PC13/PC38 对转矩限制输入同样有效。

信号 TL/TL1 和转矩限制值的关系见表 5. 5-2，转矩限制总是自动选择其中的最小值生效。转矩限制生效时，如果输出转矩达到限制值，驱动器的 DO 信号 TLC 输出 ON。

表 5. 5-2　信号 TL/TL1 与转矩限制值之间的关系表

输入信号状态		转矩限制设定	有效的转矩限制值	
TL1	TL		正转或反转制动	反转或正转制动
0	0	无关	参数 PA12 设定	参数 PA11 设定
0	1	TLA 输入 > PA11/PA12	参数 PA12 设定	参数 PA11 设定
		TLA 输入≤PA11/PA12	AI 输入	AI 输入
1	0	PC35 > PA11/PA12	参数 PA12 设定	参数 PA11 设定
		PC35≤PA11/PA12	参数 PC35 设定	参数 PC35 设定
1	1	TLA 输入 > PA11/PA12、PC35	PA12、PC35 中的小者	PA11、PC35 中的小者
		TLA 输入≤PA11/PA12、PC35	AI 输入	AI 输入

2. 速度限制

速度限制用于转矩控制方式。驱动器选择转矩控制方式时，其输出转矩将直接由转矩给定控制，因此，电机转速将随负载的降低而升高，为避免轻载时的电机转速无限制升高，需要使用速度限制功能限制转速。

速度限制功能可通过参数 PC23. 3 撤销，设定 PC23. 3 = 1 时，速度限制无效。此外，转矩陷波器和滤波器也只有在速度限制功能无效时才能生效，因此，对于此类情况，应通过上级控制器来限制电机速度。

MR - J3 驱动器的速度限制值可通过以下方式设定。速度限制生效时，如果电机转速到达限制值，驱动器的 DO 信号 VLC 将输出 ON。

1）AI 输入限制。可通过 AI 输入端 VC（VLA 输入）限制速度，输入 10V 对应电机额定转速，VC 为双极性输入，正/负电压可分别限制正/反转速度，它与电机的工作状态无关。AI 输入 VC 的增益和偏移调整参数 PC12/PC37 对速度限制输入同样有效。

2）参数限制。驱动器选择转矩控制方式时，速度选择信号 SP1/SP2/SP3 及速度设定参数 PC05 ~ PC11，将自动成为速度限制信号及速度限制值。信号 SP1/SP2/SP3 与参数 PC05 ~ PC11 的对应关系和速度控制方式的速度选择相同，可参见 5. 3 节说明。利用参数限制速度时，速度方向决定于转矩控制信号 RS1/RS2，RS1 信号 ON 时，为正转速度限制；RS2 信号 ON 时，为反转速度限制。

5.5.5 增益切换控制

1. 功能说明

在部分伺服系统上，当机械由运动转到停止或在不同条件下运行时，其负载的惯量、摩擦阻尼等参数可能发生较大变化，这就要求驱动器能根据系统的实际情况改变调节参数，当这一改变由 DI 信号控制时，称为增益切换功能。MR-J3 驱动器的增益切换控制只能用于位置或速度控制方式，转矩控制方式固定为第 1 增益。

MR-J3 驱动器的增益切换可通过参数 PB26.0 的设定选择如下方式。

PB26.0=0：功能无效，调节器参数不能改变。

PB26.0=1：增益切换通过 DI 信号 CDP 控制。

PB26.0=2：自动增益切换，切换条件为指令脉冲频率。

PB26.0=3：自动增益切换，切换条件为位置跟随误差。

PB26.0=4：自动增益切换，切换条件为电机实际转速。

增益切换条件可通过参数 PB26.1 的设定选择如下。

PB26.1=0：CDP 信号 ON 或自动切换条件所指定的参数超过比较值时，切换为第 2 组增益参数。

PB26.1=1：在 CDP 信号 OFF 或自动切换条件所指定的参数小于比较值时，切换为第 2 组增益参数。

增益自动切换的比较值统一由参数 PB27 设定，该参数的设定范围和单位与自动切换条件有关，设定值可以是单位为 kHz 的指令脉冲频率（PB26.0=2），或单位为 P 的位置跟随误差（PB26.0=3），或单位为 r/min 的电机转速（PB26.0=4）。

2. 相关参数

增益切换可实现表 5.5-3 中参数切换。

表 5.5-3　增益切换参数一览表

参数号		参数意义
第 1 增益	第 2 增益	
PB06	PB29	负载惯量比
PB08	PB30	位置调节器增益
PB09	PB31	速度环调节器增益
PB10	PB32	速度调节器积分时间
PB19	PB33	第 1 振动抑制频率
PB20	PB34	第 2 振动抑制频率

3. 切换动作

为保证增益切换时的平稳过渡，MR-J3 驱动器可通过参数 PB28 的设定，对增益变化进行指数升降控制（滤波）。增益切换时的参数变化过程如图 5.5-4 所示。

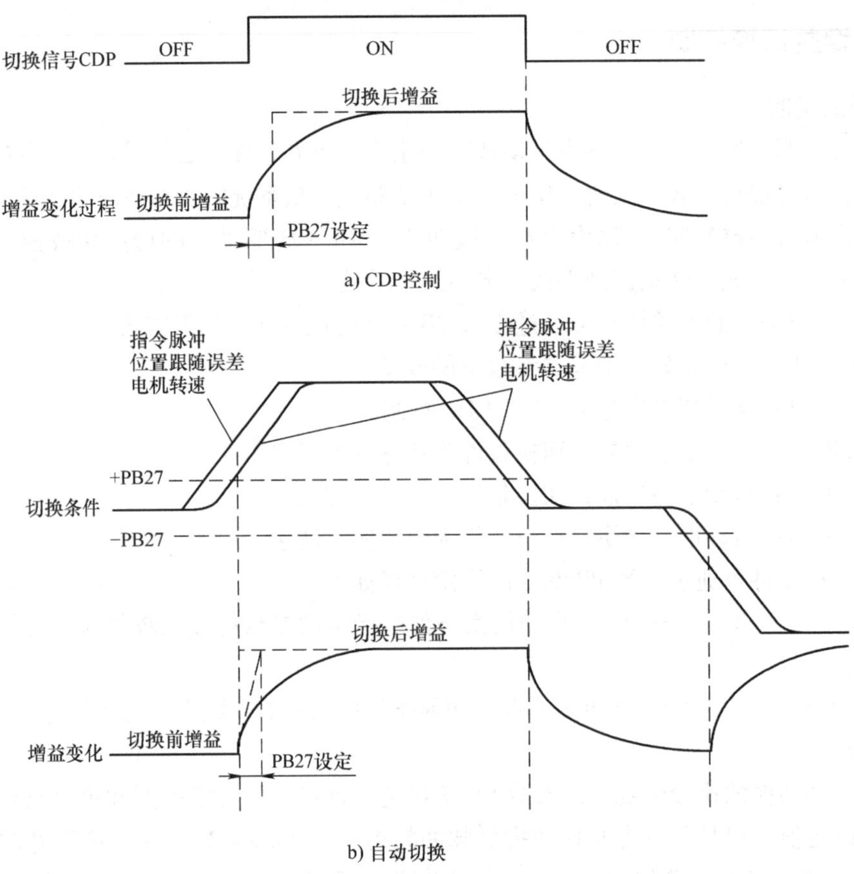

图 5.5-4　增益切换的变化过程

5.6　通信与网络控制

5.6.1　接口与协议

1. 基本概念

驱动器通信是利用串行接口向外设发送数据或接收外设数据的功能。通信是网络控制的前提，驱动器的远程调试、监控、运行控制都要通过通信实现。远程调试和监控需要有三菱公司 MRZJW3 – SETUP 调试软件，限于篇幅，本书不再对此进行介绍。

驱动器的网络控制是指利用 PLC、CNC、外部计算机等上级控制器，对驱动器运行所实施的控制。在 MR – J3 – □□A 通用接口型驱动器上，网络控制只能实现简单的功能；当网络控制有更高要求时，应选用 MR – J3 – □□B 网络控制型驱动器。

在网络系统中，具有数据通信控制权的设备称为主站，只能接受与执行网络控制命令的设备称为从站。在工业自动化系统中，PLC、CNC 是常用的主站，伺服驱动器、变频器、主轴驱动器等是常用的从站，MR – J3 驱动器只能以从站的形式链接到网络系统中。

网络控制需要通过通信命令进行，连接网络设备的通信介质称为现场总线，通信连接方式称网络链接。如 1 个主站只对 1 个从站进行控制，称为 1:1 链接；当 1 个主站如图 5.6-1

所示，同时对多个从站进行控制，称为 1∶n 的链接。

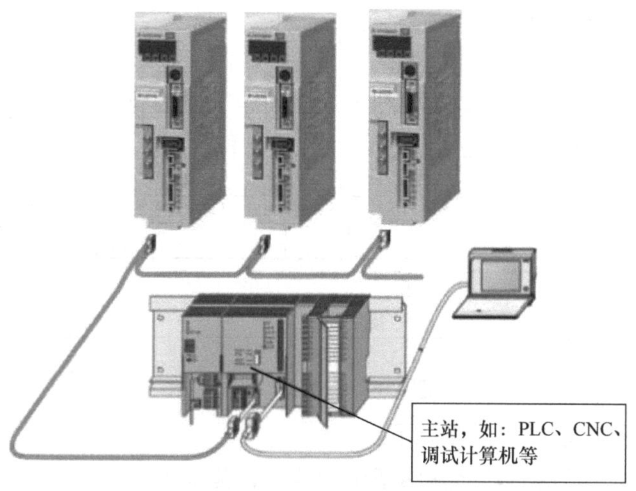

图 5.6-1　1∶n 链接网络

2. 接口连接

MR－J3 驱动器的通信接口为 CN3，接口符合 RS422 标准，连接要求如图 5.6-2 所示，如驱动器需要与带 RS232C 接口的主站进行通信，应选配三菱 FA0－T－RS40VS 等 RS232C/RS422 接口适配器。

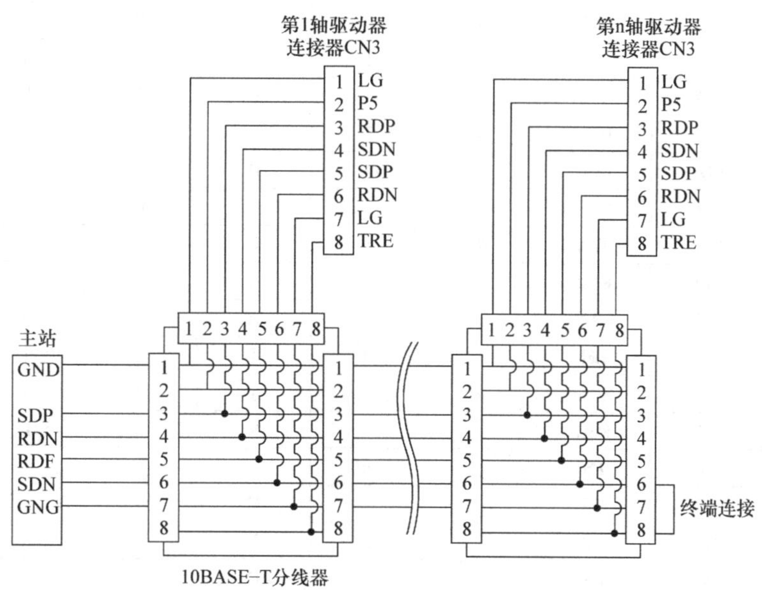

图 5.6-2　MR－J3 驱动器的接口连接

3. 通信协议

MR－J3 驱动器的通信接口主要技术参数如下。

接口规范：RS422，异步/半双工通信。

最大通信距离：30m。

最大链接数量：32。

通信速率：9600 ~ 115200bit/s。

通信协议：ASCII 字符传输协议。

数据通信时，数据帧的格式要求如图 5. 6-3 所示，其长度为 11 位，其中，起始位为 1 位、数据位为 8 位、奇偶校验位为 1 位、停止位为 1 位。

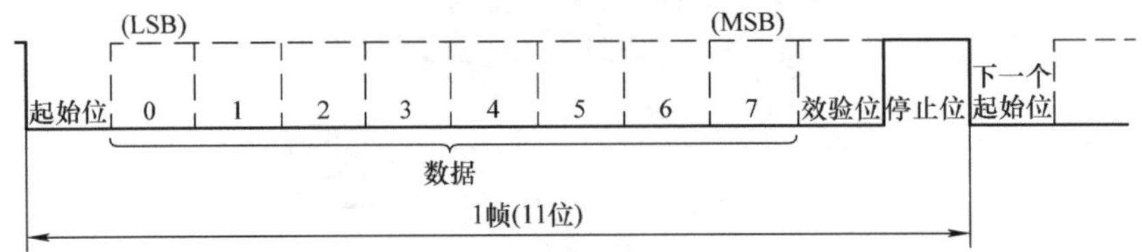

图 5. 6-3　数据帧格式

MR - J3 驱动器的通信接口参数如下。

PC20：从站地址，设定驱动器在网络中的地址，范围为 0 ~ 31。

PC21. 1：通信速率，设定值 0 ~ 4 分别代表 9600/19200/38400/57600/115200bit/s；

PC21. 3：通信延时，设定 1，延时有效，延时时间为 800μs。

驱动器通信用的 ASCII 代码见表 5. 6-1。

表 5. 6-1　ASCII 代码表

十六进制代码	0	1	2	3	4	5	6	7
0		DLE	SP	0	@	P		P
1	SOH	DC1	!	1	A	Q	a	q
2	STX	DC2	”	2	B	R	b	r
3	ETX	DC3	#	3	C	S	c	s
4	EOT	DC4	S	4	D	T	d	t
5	ENQ	NAK	%	5	E	U	e	u
6	ACK	SYN	&	6	F	V	f	v
7	BEL	ETB	’	7	G	W	g	w
8	BS	CAN	(	8	H	X	h	x
9	HT	EM	)	9	I	Y	i	y
A	LF	SUB	*	:	J	Z	j	z
B	VT	ESC	+	;	K	[	k	{
C	FF	FS	,	<	L	\	l	l
D	CR	GS	.	=	M	]	m	}
E	SO	RS	,	>	N	^	n	–
F	SI	US	/	?	O	_	o	DEL

注：表中水平方向为高位，垂直方向为低位，如字符“one”对应的 ASCII 代码为“6F 6E 65”等。

5. 6. 2　通信命令格式

1. 通信过程

在进行数据通信时，驱动器只能以从站的形式接受主站的控制命令，并进行相关操作。

通信操作可在驱动器正常启动、初始化完成后进行，其通信过程如图 5.6-4 所示，它分以下三步进行。

1）主站执行通信程序，向驱动器发送通信命令。

2）驱动器根据通信命令，进行数据读出或写入操作（通信处理）；完成后向主站返回执行结果数据，如所读出的参数值或错误信息等。

3）主站根据驱动器返回的执行结果，进行相关处理（数据处理）。

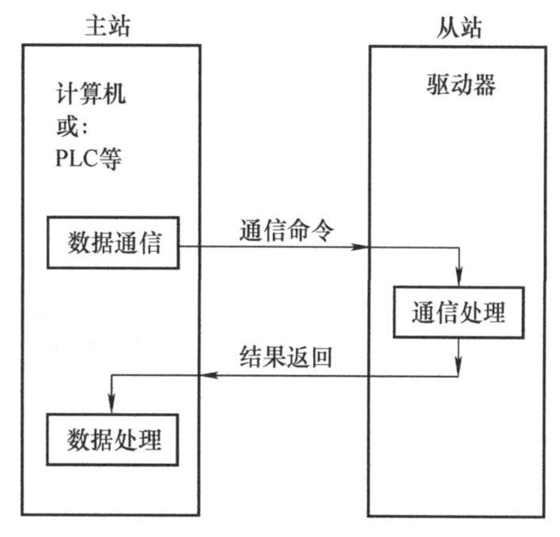

图 5.6-4　通信过程

以上通信命令发出后，如主站在 300ms 内未接收到来自驱动器的结果返回数据，或收到通信出错信息，可再进行数次（3 ~ 5 次）通信重启操作，经多次重启后，如通信仍不能正常进行，应视为通信出错或超时。

2. 通信命令

主站向驱动器发送的通信命令长度决定于通信命令类型，一般为 10 ~ 26 帧。通信命令如图 5.6-5 所示，它由如下部分组成，命令均应使用十六进制格式的 ASCII 代码，例如，控制代码 SOH 的十六进制格式为 01H 等。

控制代码：这时通信启动命令，其长度为 1 帧，规定为字符 SOH。

从站地址：1 帧，数字 0 ~ 9 依次代表地址 0 ~ 9，字母 A ~ V 依次代表地址 10 ~ 31。

指令代码：2 帧，见后述。

数据开始标记：1 帧，规定为字符 STX。

数据号：2 帧，用来指定参数号、运行参数等。

指令数据：0 ~ 16 帧，用于参数写入或运行控制等。

数据结束标记：1 帧，规定为字符 ETX。

和校验数据：2 帧。

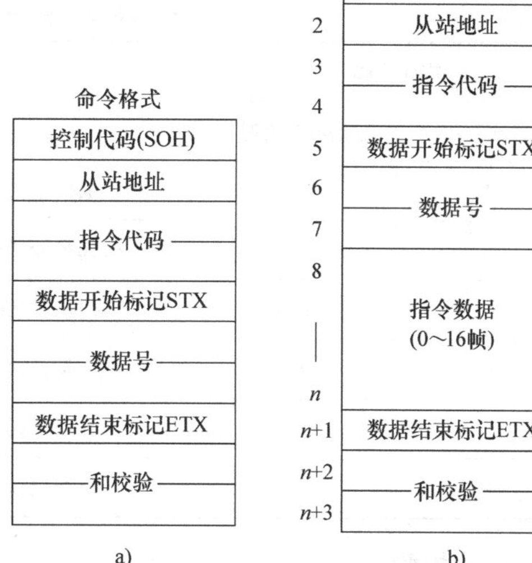

图 5.6-5　通信命令
a）数据读出　b）数据写入或控制

3. 结果返回

驱动器在接受通信命令后，经过参数 PC21 设定的等待时间，向主站传送执行结果数据。执行结果数据由图 5.6-6 所示的控制代码 STX、从站地址、通信出错代码、读出数据、数据结束标记 ETX、和校验等组成，其格式与通信命令有关。

当执行数据读出命令时，执行结果返回数据中包含有 4 ~ 16 帧的读出数据，返回数据的总长为 10 ~ 22 帧。

当执行数据写入或运行控制命令时，结果数据只有控制代码 STX、从站地址、通信出错

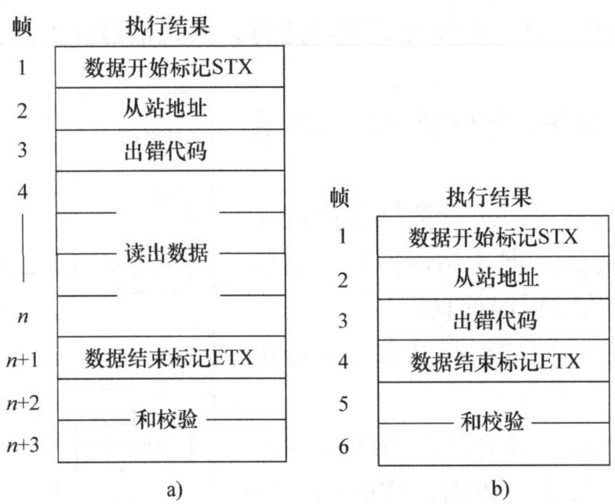

图 5.6-6　执行结果数据
a）数据读出　b）数据写入或控制

代码、数据结束标记 ETX、和校验数据，返回数据总长固定为 6 帧。

4. 出错代码

通信出错代码包含在执行结果返回数据中，主站通过检查这一代码，可了解通信是否正常或通信出错的原因。驱动器通信出错代码代表的意义见表 5.6-2。

表 5.6-2　驱动器的通信出错代码表

错误代码		名　称	出 错 原 因
驱动器正常时	驱动器报警时		
A	a1	通信正常	无
B	b	奇偶校验错误	通信数据奇偶校验错误
C	c	和校验错误	通信数据和校验错误
D	d	字符错误	通信数据中包含了不能使用的字符
E	e	命令错误	发送了不能执行的通信命令
F	f	数据错误	通信数据超出了驱动器允许的范围

5. 和校验

通信数据的正确性通过“和校验”判别，和校验数据随同通信命令或执行结果返回数据同时发送，长度固定为 2 帧。MR－J3 驱动器的和校验是将控制代码之后 SOH 或 STX 以后、到结束标记 ETX 为止的全部 ASCII 字符十六进制数相加，和的最后两位为和检验数据，具体可参见通信实例。

6. 通信重启

主站在发出通信命令后，如 300ms 内未接收到驱动器的执行结果返回数据，或接收到来自驱动器的通信出错代码 B～F 或 b～f 时，将在 300ms 后重新发送通信重启指令 EOT，等待驱动器重新发送执行结果；如经过多次通信重启，仍然未接收到来返回数据，则作为通信出错处理。

5.6.3　数据读出

1. 通信命令

通过主站的数据读出命令，可读取驱动器的工作状态数据或参数。数据读出命令的指令代码和数据号均为 2 位 ASCII 字符，命令长度为 10 帧，其中，控制代码、从站地址、数据开始标记、数据结束标记各 1 帧；指令代码、数据号、和校验数据各 2 帧。驱动器返回的执行结果数据长度不定，它决定于通信命令。

数据读出命令的指令代码含义和执行结果返回数据的长度及格式见表 5.6-3，表中的数据次序均按从高到低的次序排列，例如，0001 的第 1 帧为 0，第 4 帧为 1 等。

表 5.6-3　数据读出命令指令代码表

<table>
<tr><th>指令代码</th><th>功　能</th><th>数据号</th><th>作　　用</th><th>读出数据的长度与格式</th></tr>
<tr><td>00</td><td>读出当前运行状态</td><td>12</td><td>读出驱动器当前运行状态</td><td>第 1 ~ 3 帧固定 000
第 4 帧意义如下
0：正常运行方式
1：点动试运行
2：定位试运行
3：无电机试运行
4：DO 输出强制</td></tr>
<tr><td rowspan="2">01</td><td>读出状态显示数据的符号及单位</td><td>00 ~ 0E</td><td>读出状态显示数据的符号与单位，次序与第 6 章的状态显示相同，如 00 为反馈脉冲数 C、01 为电机转速 r、0E 为直流母线电压 Pn 等</td><td>第 1、2 帧固定 00
第 3 ~ 7 帧：单位
第 8 ~ 16 帧：符号</td></tr>
<tr><td>读出状态显示数据值</td><td>80 ~ 8E</td><td>读出状态显示数据的值，次序与第 6 章的状态显示相同，如 80 为反馈脉冲数 C、81 为电机转速 r、8E 为直流母线电压 Pn 等</td><td>第 1、2 帧固定 00
第 3 帧：小数位数，0 为整数；1 ~ 6 为 0 ~ 5 位小数
第 4 帧：数据格式，0 为十进制数；1 为十六进制数
第 5 ~ 12 帧：4 字节数值</td></tr>
<tr><td rowspan="4">02</td><td rowspan="4">读出其他状态数据</td><td>00</td><td>驱动器现行报警号</td><td>第 1、2 帧固定 00；第 3、4 帧为 1 字节十进制报警号，FF 为无报警</td></tr>
<tr><td>70</td><td>驱动器软件版本</td><td>第 1 帧固定为空格
第 2 ~ 8 帧：15 位软件版本号</td></tr>
<tr><td>90</td><td>绝对位置值</td><td>8 帧，4 字节十六进制绝对位置值，单位为反馈脉冲</td></tr>
<tr><td>91</td><td>绝对位置值</td><td>同上，但单位为指令脉冲</td></tr>
<tr><td>04</td><td>读出现行参数组</td><td>01</td><td>读出利用写入命令 85 选定的参数组</td><td>4 帧，0000 ~ 0003 分别表示参数组 PA/PB/PC/PD</td></tr>
</table>

（续）

<table>
<tr><th>指令代码</th><th>功　能</th><th>数据号</th><th>作　　用</th><th>读出数据的长度与格式</th></tr>
<tr><td>05</td><td>读出参数值</td><td>00 ~ FF</td><td>读出参数值，参数组利用写入命令 85 选定，参数号用十六进制 00 ~ FF 表示</td><td>第 1 帧：参数类型，含义如下
0：写入即生效的十六进制参数
1：写入即生效的十进制参数
2：电源 ON/OFF 生效的十六进制参数
3：电源 ON/OFF 生效的十进制参数
第 2 帧：小数位数，0 为整数；1 ~ 6 为 0 ~ 5 位小数
第 3 ~ 8 帧：6 字节十六进制参数值</td></tr>
<tr><td>06</td><td>读出参数设定上限</td><td>00 ~ FF</td><td>读出参数设定的上限值，参数选择方法同上</td><td rowspan="2">第 1、2 帧：固定 00
第 3 ~ 8 帧：6 字节数值，负数以补码形式输出</td></tr>
<tr><td>07</td><td>读出参数设定下限</td><td>00 ~ FF</td><td>读出参数设定的下限值，参数选择方法同上</td></tr>
<tr><td>08</td><td>读出参数名称</td><td>00 ~ FF</td><td>读出参数的名称的简写，参数选择方法同上</td><td>第 1 ~ 3 帧：固定 000
第 4 ~ 12 帧：9 字节 ASCII 字符</td></tr>
<tr><td>09</td><td>读出参数保护状态</td><td>00 ~ FF</td><td>读出参数写入保护状态，参数选择方法同上</td><td>4 帧，0000 为允许写入；0001 为参数被写入保护</td></tr>
<tr><td rowspan="5">12</td><td rowspan="5">读出 DI/DO 信号状态</td><td>00</td><td>一次性读出内部 DI 信号状态</td><td>8 帧，二进制 DI 信号状态</td></tr>
<tr><td>40</td><td>一次性读出 DI 信号输入状态</td><td>8 帧，二进制 DI 信号状态</td></tr>
<tr><td>60</td><td>一次性读出通信设定 DI 信号状态</td><td>8 帧，二进制 DI 信号状态</td></tr>
<tr><td>80</td><td>一次性读出内部 DO 信号状态</td><td>8 帧，二进制 DI 信号状态</td></tr>
<tr><td>C0</td><td>一次性读出 DO 信号的输出状态</td><td>8 帧，二进制 DI 信号状态</td></tr>
<tr><td rowspan="2">33</td><td rowspan="2">读出报警历史</td><td>10 ~ 16</td><td>读出报警号，数据号 10 ~ 16 依次为上溯的 6 次报警号</td><td>第 1、2 帧：固定 00
第 3、4 帧：十进制报警号，FF 为无报警</td></tr>
<tr><td>20 ~ 26</td><td>读出报警时间，数据号 10 ~ 16 依次为上溯的 6 次报警的发生时间</td><td>8 帧，十六进制格式的驱动器累计运行时间，单位为 min</td></tr>
<tr><td rowspan="2">35</td><td>报警时的状态显示数据符号与单位</td><td>00 ~ 0E</td><td>报警时的状态显示数据读出，含义同指令代码 01。</td><td>16 帧，同指令代码 01</td></tr>
<tr><td>报警的状态显示数据值</td><td>80 ~ 8E</td><td>报警时的状态显示数据读出，含义同指令代码 01</td><td>12 帧，同指令代码 01</td></tr>
</table>

驱动器执行数据读出命令，将向主站返回执行结果数据，返回数据的长度与格式可以参见通信命令表和后述的通信实例，部分返回数据具有特殊格式，主站也需要进行相应的处理，说明如下。

2. 状态显示数据

通过通信命令“指令代码 01 + 数据号 80 ~ 8E”读出的驱动器状态显示数据的执行结果为 12 帧，数据格式如下：

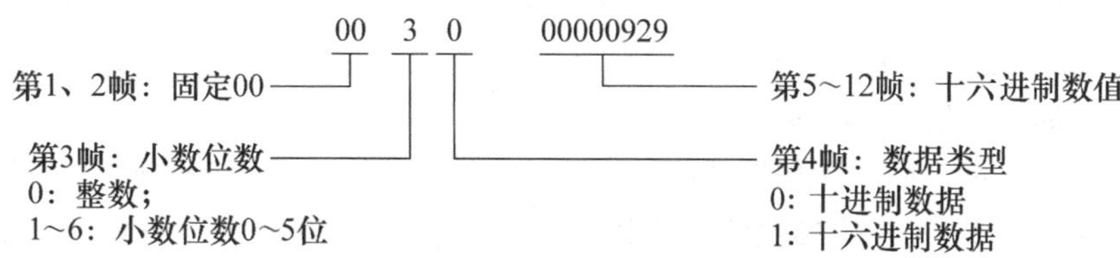

如返回数据的第 1 ~ 4 帧为 0001，表明所读出的状态显示数据为十六进制整数，主站可直接使用第 5 ~ 12 帧数据；如第 1 ~ 4 帧为 00 * 0，表明所读出的数据是带小数的十进制数据，主站需要对返回数据的第 5 ~ 12 帧进行十六/十进制变换。

【例 1】 如执行通信命令“指令代码 01 + 数据号 80 ~ 8E”的返回数据为“003000000929”，其含义与主站应进行的处理如下。

数据类型：十进制数，第 4 帧为 0。

小数位：2 位，第 3 帧 3 表示小数点的位置在右起的第 3 位上，故小数位为 2 位。

数值：十六进制数 929。

因此，主站需要进行如下处理：

1）将十六进制数 929 转换成十进制数，处理结果为 $9 \times 256 + 2 \times 16 + 9 = 2345$；

2）加小数点，处理结果为 23.45。

即：驱动器的状态显示数据值为 23.45。

3. 参数

利用通信命令“指令代码 05 + 数据号 00 ~ FF”可读出驱动器参数，其步骤如下。

1）利用数据写入命令“指令代码 85 + 数据号 00 + 指令数据 0000 ~ 0003”选定参数组，PA 组参数的指令数据为 0000，PB 组为 0001，PC 组为 0002，PD 组为 0003。

2）利用通信命令“指令代码 05 + 数据号 00 ~ FF”选定参数号，参数号需要转换成十六进制值，如参数 PA19 的参数号转换成十六进制数是 13 等。

3）主站进行返回数据处理，使之成为可显示与阅读的参数。

参数读出命令的返回数据为 8 帧，数据格式如下：

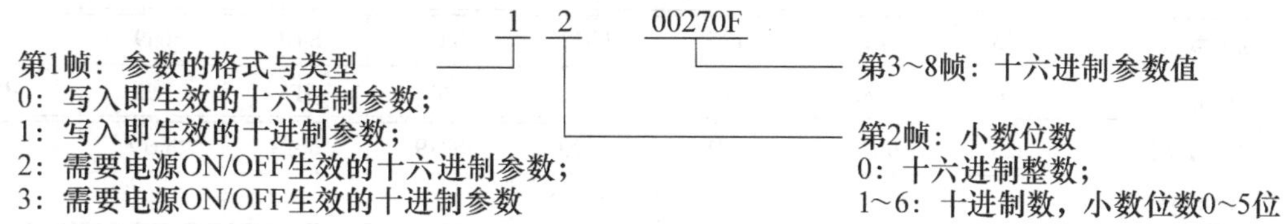

如返回数据的第 2 帧为 0，表明所读出的参数为十六进制整数，主站可直接使用第 3 ~ 8 帧数值；否则，参数值为带小数的十进制数据，主站需要对第 3 ~ 8 帧数值进行处理。

【例 2】 如执行通信命令“指令代码 05 + 数据号 00 ~ FF”的返回数据为“120027F”，其含义及主站应进行的处理如下。

参数类型：写入即生效的十进制数，第 1 帧为“1”。

小数位：1 位，第 2 帧“2”表示小数点位置在右起的第 2 位上，故小数位为 1 位。

参数值：十六进制 00270F。

因此，主站需要进行如下处理：

1）将数值 00270F 转换成十进制数，处理结果为 2 ×4096 +7 ×256 +15 =9999。

2）加小数点，处理结果为 999.9。

即：驱动器的参数值为 999.9。

参数读出需要注意，如返回数据的第 1 帧为 0 或 2，但第 2 帧不为 0 时，表明该参数为特殊参数，此时，第 3 ~ 8 帧的参数值中将以 F 代表不能进行设定的“空位”，例如，返回数据“01 FF0053”的第 3 ~ 8 帧为 FF0053，代表，参数的设定范围为 0 ~ FFFF，高 2 位不能进行设定。如果参数 PA19 设定为读出禁止，返回数据中的第 3 ~ 8 帧总是为 000000。

4. 参数上/下限

利用通信命令“指令代码 06（或 07） + 数据号 00 ~ FF”可读出参数的设定范围（上/下限），其读出步骤与参数读出指令 05 相同，但返回参数的格式不同。上/下限读出的返回数据为 8 帧，第 1、2 帧固定为 00，第 3 ~ 5 帧为十六进制数值，负数以补码的形式返回。

【例 3】 如执行通信命令“指令代码 07 + 数据号 00 ~ FF”的返回数据为“00FFFFEC”，参数的下限值可确定如下。

符号：返回数据为“FFFFEC”，其二进制的最高位为 1，故参数值为负。

参数值：将返回数据“FFFFEC”进行“求补”运算后为“000014”。

十六/十进制转换：十六进制 14 转换成十进制为 20。

因此，该参数的设定下限为 -20。

5. DI 信号状态

（1）内部 DI 信号状态

内部 DI 信号状态为驱动器最终有效的 DI 状态，通信命令“指令代码 12 + 数据号 00”可一次性读出全部内部 DI 信号状态；而“指令代码 12 + 数据号 60”则可读出来自通信命令的 DI 信号状态。两种通信命令的返回数据格式均为 8 帧、32 位二进制状态（0 为 OFF，1 为 ON），返回数据位与 DI 信号的对应关系见表 5.6-4。

表 5.6-4 DI 信号与返回数据位的对应关系表

返回数据位	bit7	bit6	bit5	bit4	bit3	bit2	bit1	bit0
DI 信号	CR	RES	PC	TL1	TL	* LSN	* LSP	SON
返回数据位	bit15	bit14	bit13	bit12	bit11	bit10	bit9	bit8
DI 信号	LOP	CM2	CM1	ST2	ST1	SP3	SP2	SP1
返回数据位	bit23	bit22	bit21	bit20	bit19	bit18	bit17	bit16
DI 信号	—	—	—	STAB2	—	—	—	—
返回数据位	bit31	bit30	bit29	bit28	bit27	bit26	bit25	bit24
DI 信号	—	—	—	—	CDP	—	—	—

（2）DI 信号输入状态

通信命令“指令代码 12 + 数据号 40”可一次性读出驱动器 CN1 所连接的 DI 信号输入状态，它与 DI 信号的功能无关。返回数据为 8 帧、32 位二进制状态（0 为 OFF，1 为 ON），

DI 输入连接端与返回数据位的对应关系见表 5. 6-5。

表 5. 6-5　DI 信号输入与返回数据的对应关系表

返回数据位	bit7	bit6	bit5	bit4	bit3	bit2	bit1	bit0
输入连接端	CN1 －17	CN1 －16	CN1 －41	CN1 －19	CN1 －15	CN1 －42	CN1 －44	CN1 －43
返回数据位	bit31—bit10						bit9	bit8
输入连接端	—						CN1 －45	CN1 －18

6. DO 信号状态

（1）内部 DO 信号状态

执行通信命令“指令代码 12 ＋ 数据号 80”可一次性读出全部内部 DO 信号的状态。返回数据为 8 帧、32 位二进制状态（0 为 OFF，1 为 ON），DO 信号与返回数据位的对应关系见表 5. 6-6。

表 5. 6-6　内部 DO 信号与返回数据的对应关系表

返回数据位	bit7	bit6	bit5	bit4	bit3	bit2	bit1	bit0
DO 信号	WNG	—	INP	VLC	TLC	ZSP	SA	RD
返回数据位	bit15	bit14	bit13	bit12	bit11	bit10	bit9	bit8
DI 信号	BWNG	ACD2	ACD1	ACD0	—	MBR	OP	ALM
返回数据位	bit31—bit28		bit27	bit26	bit25	bit24—bit16		
DI 信号	—		ABSV	—	CHGS	—		

（2）DO 信号的输出状态

执行通信命令“指令代码 12 ＋ 数据号 C0”可以一次性读出通过 CN1 连接端输出的 DO 信号状态，它与 DO 信号的功能无关。返回数据为 8 帧、32 位二进制状态，信号输出连接端与返回数据位的对应关系见表 5. 6-7。

表 5. 6-7　DO 信号的输出状态与返回数据的对应关系表

返回数据位	bit7	bit6	bit5	bit4	bit3	bit2	bit1	bit0
输出连接端	—	CN1 －33	CN1 －48	CN1 －22	CN1 －25	CN1 －23	CN1 －24	CN1 －49
返回数据位	bit31—bit8							
输出连接端	—							

5. 6. 4　数据写入和运行控制

1. 通信命令

通过通信命令可以向驱动器写入数据，或控制驱动器进行点动和定位试运行。

数据写入、试运行控制命令的指令代码、数据号均为 2 位 ASCII 字符，通信命令的长度不定；但执行结果返回数据长度固定为 6 帧。指令代码的含义与指令数据的格式、长度要求见表 5. 6-8。

表 5.6-8　数据写入、运行控制命令指令代码表

指令代码	功　能	数据号	作　　用	指令数据的长度与格式
81	清除状态显示数据	00	将读出指令 01 选定的状态显示数据清零	4 帧，固定为 1EA5
82	驱动器复位	00	作用与 DI 信号 ESR 同	4 帧，固定为 1EA5
	清除报警历史	20	清除驱动器中的报警记录	4 帧，固定为 1EA5
84	参数写入	00 ~ FF	写入驱动器参数，参数组用指令 85 选定；参数号以十六进制 00 ~ FF 选择	第 1 帧：存储器选择，1 为写入 EEPROM；3 为写入 RAM 第 2 帧：小数位数，0 为整数；1 ~ 6 为 0 ~ 5 位小数 第 3 ~ 8 帧：十六进制参数值
85	参数组选择	00	指定指令 05 读出或指令 84 写入的参数组	4 帧，0000 ~ 0003 分别指定参数组 PA/PB/PC/PD
8B	运行方式选择	00	选择驱动器的运行模式	第 1 ~ 3 帧：固定 000 第 4 帧：选择运行模式，含义如下 0：恢复正常运行 1：点动试运行 2：定位试运行 3：无电机试运行 4：DO 信号强制
90	外部输入禁止	00	禁止 DI/AI 信号输入，见下述	4 帧，固定为 1EA5
	外部输入允许	10	允许 DI/AI 信号输入，见下述	4 帧，固定为 1EA5
	输出禁止	03	禁止 DO 信号输出	4 帧，固定为 1EA5
	输出允许	13	允许 DO 信号输出	4 帧，固定为 1EA5
92	DI 信号强制	00	设定试运行时的 DI 信号状态	8 帧，二进制 DI 信号状态
	DI 信号设定	60	设定内部全部 DI 信号的状态	8 帧，二进制 DI 信号状态
	DO 信号强制	A0	设定内部全部 DO 信号的状态	8 帧，二进制 DO 信号状态
A0	试运行转速	10	写入点动、定位试运行的转速	4 帧，十六进制转速，单位 r/min
	加减速时间	11	写入点动、定位试运行加减速时间	8 帧，十六进制加减速时间，单位 ms
	定位距离写入	20	写入定位试运行的移动距离	8 帧，十六进制脉冲数
	定位方向与脉冲单位	21	定位试运行的脉冲单位与转向	第 1、3 帧：固定 0 第 2 帧：脉冲单位，0 为指令脉冲；1 为反馈脉冲单位 第 4 帧：转向，0 为正转；1 为反转
	定位启动命令	40	启动定位试运行	4 帧，固定 1EA5
	定位暂停命令	41	暂停定位试运行	4 帧，STOP 为暂停；GO□□为继续运行；CLR□为清除剩余距离（□代表空格）

2. 参数写入

通信命令“指令代码84+数据号00~FF+指令数据”用于驱动器参数的写入，指令数据为8帧、十六进制格式的参数值，数据格式如下：

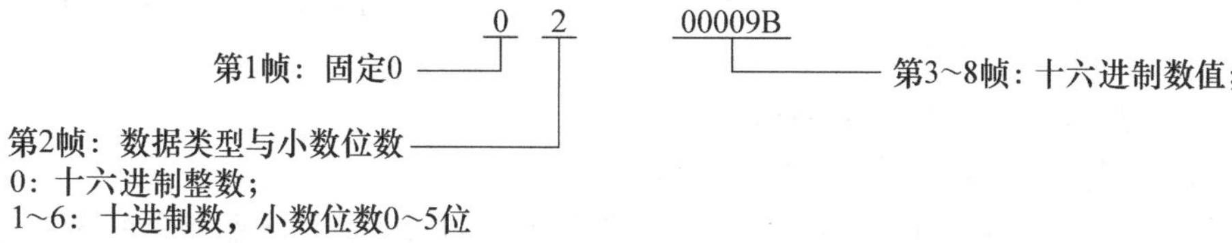

如需要写入的参数为十六进制整数，只需要将指令数据的第1、2帧设定为00，然后在第3~8帧上直接指定参数值即可，如“0000003E”可写入参数值“3E”。但如需要写入的参数为十进制数，则主站必须进行指令数据的十/十六进制转换和小数位的处理。

【例4】 利用通信命令写入参数PB32=15.5的步骤及指令数据确定方法如下。

1）选定参数组：主站发送通信命令“指令代码85+数据号00+指令数据0001”选定参数组PB。

2）确定数据号。参数号32转换成十六进制为“20”，故参数写入命令的数据号为20。

3）确定指令数据。指令数据按照如下方法确定。

第1、2帧：02，带1位小数的十进制数，小数点的位置在右起的第2位上。

第3~8帧：00009B，十进制155转换成十六进制为9B。

即写入参数PB32=15.5的通信命令为“84200200009B”。

3. 输入禁止与DI信号强制

在试运行模式下，可通过通信命令禁止驱动器的外部输入/输出信号或强制设定DI/DO信号状态。

（1）外部输入的禁止

输入禁止对驱动器的开关量、模拟量、脉冲输入均有效，其通信命令为“指令代码90 + 数据号00 + 指令数据1EA5”，它可以实现如下功能。

1）封锁除 * LSP/ * LSN/ * EMG 信号外的全部DI输入，内部DI信号的状态被强制设定为OFF。信号 * LSP/ * LSN/ * EMG 与驱动器的运行安全有关，故不能通过通信命令禁止。

2）封锁AI输入VC/TC，内部状态被强制设定为0V。

3）封锁外部PP/NP的脉冲输入，内部状态被强制设定为0。

输入禁止可通过通信命令“指令代码90 + 数据号10 + 指令数据1EA5”解除，解除后将恢复正常的外部输入状态。

（2）DI信号强制

DI信号强制不能封锁AI输入和指令脉冲输入。DI强制包括驱动器试运行模式的DI强制和正常运行时的DI设定两种情况，试运行模式下的DI信号强制命令为“指令代码92 + 数据号00 + 指令数据”；正常运行时的DI信号设定命令为“指令代码92 + 数据号60 + 指令数据”。DI信号强制命令可同时设定DI信号的状态，指令数据为8帧、32位二进制状态，DI信号与指令数据位的对应关系可参见表5.6-4。

4. DO 信号的状态强制

DO 信号强制作只能用于试运行模式，DO 信号的强制包括两条通信命令。通信命令“指令代码 92 ＋ 数据号 A0 ＋ 指令数据”，强制设定 DO 信号状态，指令数据为 8 帧、32 位二进制 DO 信号状态，指令数据位与 DO 信号输出连接端的对应关系可参见表 5.6-7。通信命令“指令代码 90 ＋ 数据号 03 ＋ 指令数据 1EA5”，禁止驱动器的 DO 信号输出，将 DO 信号设定为试运行模式的 DO 强制状态。

DO 信号的输出强制一般按照以下步骤进行。

1）执行“指令代码 90 ＋ 数据号 00 ＋ 指令数据 1EA5”，禁止驱动器的全部 DI 信号、AI 信号、指令脉冲信号的外部输入。

2）执行“指令代码 80 ＋ 数据号 00 ＋ 指令数据 0004”，选择试运行模式下的 DO 强制操作。

3）执行“指令代码 92 ＋ 数据号 A0 ＋ 指令数据”，设定输出到 CN1 连接端的 DO 信号强制状态（1 为 ON；0 为 OFF），指令数据位与 DO 信号输出连接端的对应关系可参见表 5.6-7。

4）执行“指令代码 90 ＋ 数据号 03 ＋ 指令数据 1EA5”，禁止正常的 DO 信号输出，并转换到 DO 信号强制状态。

5）DO 强制操作完成后，利用“指令代码 90 ＋ 数据号 13 ＋ 指令数据 1EA5”解除 DO 信号。

6）利用“指令代码 8B ＋ 数据号 00 ＋ 指令数据 0000”，解除试运行操作。

5.6.5 数据通信实例

1. 数据读出

【例 5】 试确定在主站上读出从站地址为 0 的驱动器的最近一次报警号的通信命令与返回数据格式（假设驱动器通信正常，最近一次报警的报警号为 AL. 32）。

根据通信要求，并参照指令代码表与 ASCII 代码表，可依次确定以下内容。

（1）主站通信命令

控制代码：SOH；ASCII 字符所对应的十六进制数为“01”。

从站地址：0；ASCII 对应的十六进制数为“30”。

指令代码（读出报警记录）：33；ASCII 对应的十六进制数为“33”、“33”。

数据开始标记：STX；ASCII 代码对应的十六进制数为“02”。

数据号（读出最近一次报警记录）：10；ASCII 对应的十六进制数为“31”、“30”。

数据结束标记：ETX；ASCII 代码对应的十六进制数为“03”。

因此，主站通信控制命令的格式如下。

ASCII 代码格式：SOH + 0 + 33 + STX + 10 + ETX + 和校验。

转换成十六进制格式：01 + 30 + 33 + 33 + 02 + 31 + 30 + 03 + 和校验。

将通信命令中从控制代码 SOH（不包括 SOH）到数据结束标记 ETX 止（包括 ETX）的十六进制数求和结果为：30 + 33 + 33 + 02 + 31 + 30 + 03 = FC。

和检验数据：FC；ASCII 对应的十六进制数：“46”、“43”。

主站通信命令的最终格式为 SOH 0 33 STX 10 ETX FC；转换成十六进制格式（共 10 帧）

为 01 30 33 33 02 31 30 03 46 43。

（2）从站返回数据

数据开始标记：STX；ASCII 代码对应的十六进制数为“02”。

从站地址：0；ASCII 对应的十六进制数为“30”。

通信出错代码（通信正常）：A；ASCII 对应的十六进制数为“41”。

读出数据：4 帧，第 1、2 帧固定 00；第 3、4 帧为报警号，本例中为 AL. 32 的报警代码为“32”（报警号直接使用十进制格式）；故读出数据为“0032”；ASCII 对应的十六进制数为“30”、“30”、“33”、“32”。

数据结束标记：ETX；ASCII 代码对应的十六进制数为“03”。

因此，主站所得到的返回数据的 ASCII 代码格式为 STX +0 + A +0032 + ETX + 和校验；转换成十六进制格式为 02 +30 +41 +30 +30 +33 +32 +03 + 和校验。

将从站返回数据从控制代码 STX（不包括 STX）到数据结束标记 ETX 止（包括 ETX）的十六进制数求和结果为 30 +41 +30 +30 +33 +32 +03 =139；取后 2 位“39”。

和检验数据：39；ASCII 对应的十六进制数：“33”、“39”。

从站返回数据的最终格式为 STX 0 A 0032 ETX 39；转换成十六进制格式（共 10 帧）为 02 30 41 30 30 33 32 03 33 39。

【例 6】 如驱动器的参数组已通过指令 85 选定（参数组 PC），试确定在主站上读出驱动器参数 PC02（从站地址为 0）的通信命令与返回数据格式（假设驱动器通信正常，PC02 的减速时间设定值为 512ms）。

根据通信要求，并参照指令代码表与 ASCII 代码表，可依次确定以下内容。

（1）主站通信命令

控制代码：SOH，ASCII 字符所对应的十六进制数为“01”。

从站地址：0；ASCII 对应的十六进制数为“30”。

指令代码（驱动器参数值读出）：05；ASCII 对应的十六进制数为“30”、“35”。

数据开始标记：STX；ASCII 代码对应的十六进制数为“02”。

数据号（驱动器参数号 PC02）：02；ASCII 对应的十六进制数为“30”、“32”。

数据结束标记：ETX；ASCII 代码对应的十六进制数为“03”。

因此，主站通信控制命令的 ASCII 代码格式为 SOH +0 +05 + STX +02 + ETX + 和校验；转换成十六进制格式为 01 +30 +30 +35 +02 + 30 +32 +03 + 和校验。

将通信命令中从控制代码 SOH（不包括 SOH）到数据结束标记 ETX 止（包括 ETX）的十六进制数求和结果为 30 +30 +35 +02 + 30 +32 +03 = FC。

和检验数据：FC；ASCII 对应的十六进制数：“46”、“43”。

主站通信命令的最终格式为 SOH 0 05 STX 02 ETX FC；转换成十六进制格式（共 10 帧）为 01 30 30 35 02 30 32 03 46 43。

（2）从站返回数据

数据开始标记：STX；ASCII 代码对应的十六进制数为“02”。

从站地址：0；ASCII 对应的十六进制数为“30”。

通信出错代码（通信正常）：A；ASCII 对应的十六进制数为“41”。

读出数据：8 帧，数据依次如下。

第1帧：参数类型“1”（写入后即生效的十进制格式参数）；

第2帧：小数位数“0”（整数）；

第3～8帧：参数值，本例为000512，转换成十六进制后为“000200”。

故8帧读出数据为“10000200”，ASCII对应的十六进制数为“31”、“30”、“30”、“30”、“30”、“32”、“30”、“30”。

数据结束标记：ETX；ASCII代码对应的十六进制数为“03”。

因此，主站所得到的返回数据的ASCII代码格式：STX+0+A+10000200+ ETX+和校验；转换成十六进制格式为02+30 +41+31+30+30+30+30+32+30+30+03+和校验。

将从站返回数据从控制代码STX（不包括STX）到数据结束标记ETX止（包括ETX）的十六进制数求和结果为30 +41+31+30+30+30+30+32+30+30+03=1F7；后2位为F7。

和检验数据：F7；ASCII对应的十六进制数：“46”、“37”。

从站返回数据的最终ASCII代码格式为STX 0 A 10000200 ETX F7；转换成十六进制格式（共14帧）为02 30 41 31 30 30 30 30 32 30 30 03 46 37。

2. 数据写入

【例7】 如驱动器的参数组已利用指令85选定PB，试确定在主站上向从站地址为0的驱动器写入参数PB32=15.5（速度调节器积分时间）的通信命令格式与返回数据格式（假设驱动器通信正常）。

根据通信要求，并参照指令代码表与ASCII代码表，可依次确定以下内容。

（1）主站通信命令

控制代码：SOH；ASCII字符所对应的十六进制数为“01”.

从站地址：0；ASCII对应的十六进制数为“30”.

指令代码（驱动器参数写入）：84；ASCII对应的十六进制数为“38”、“34”.

数据开始标记：STX；ASCII代码对应的十六进制数为“02”.

数据号（驱动器参数号PB32）：20；ASCII对应的十六进制数为“32”、“30”.

指令数据：根据例9-4，得到的8帧指令数据为“0200009B”，ASCII对应的十六进制数为“30+32+30+30+30+30+39+42”.

数据结束标记：ETX；ASCII代码对应的十六进制数为“03”。

因此，主站通信控制命令的ASCII代码格式为SOH+0+84+STX+20+0200009B+ETX+和校验；转换成十六进制格式为01+30 +38 +34 +02+ 32+30 +30+32+30+30+30+30+39+42+03+和校验。

将十六进制格式的通信命令中从控制代码SOH（不包括SOH）到数据结束标记ETX止（包括ETX）的十六进制数求和结果为30 +38 +34 +02+ 32+30 +30+32+30+30+30+30+39+42+03=2A0，后2位为A0。

和检验数据：A0；ASCII对应的十六进制数：“41”、“30”；

主站通信命令的最终ASCII代码格式为SOH 0 84 STX 20 0200009B ETX A0；转换成十六进制格式（共18帧）：01 30 38 34 02 32 30 30 32 30 30 30 30 39 42 03 41 30。

（2）从站返回数据

数据开始标记：STX；ASCII代码对应的十六进制数为“02”。

从站地址：0；ASCII 对应的十六进制数为“30”。

通信出错代码（通信正常）：A；ASCII 对应的十六进制数为“41”。

数据结束标记：ETX；ASCII 代码对应的十六进制数为“03”。

因此，主站所得到的返回数据的 ASCII 代码格式为 STX +0 + A + ETX + 和校验；转换成十六进制格式为 02 +30 +41 +03 + 和校验。

将十六进制格式的从站返回数据从控制代码 STX（不包括 STX）到数据结束标记 ETX 止（包括 ETX）的十六进制数求和结果为 30 +41 +03 =74。

和检验数据：74；ASCII 对应的十六进制数：“37”、“34”。

从站返回数据的最终 ASCII 代码格式为 STX 0 A ETX 74；转换成十六进制格式（共 6 帧）为 02 30 41 03 37 34。

3. 运行控制

【例 8】 试确定利用主站通信命令控制驱动器（从站地址 0）点动正转/反转试运行的通信命令，运行要求如下。

运行方式：点动试运行；

运行转速：500r/min；

加减速时间常数：2000ms。

按照要求，控制驱动器应选择点动试运行模式，并依次发送如下通信命令（命令中的和校验数据省略）与进行必要的处理。

1）输入禁止：SOH +0 +90 + STX +00 +1EA5 + ETX + 和校验，禁止驱动器的外部输入（除 * EMG/ * LSP/ * LSN 外的 DI 信号、AI 输入与脉冲信号输入）。

2）试运行方式选择：SOH +0 +8B + STX +00 +0001 + ETX + 和校验，选择驱动器的点动试运行模式。

3）点动速度选择：SOH +0 + A0 + STX +10 +01F4 + ETX + 和校验，指定运行速度为 500 r/min（500 转换成十六进制后的值为“01F4”）。

4）加减速时间选择：SOH +0 + A0 + STX +11 +0000 07D0 + ETX + 和校验，指定加减速时间为 2000ms（2000 转换成十六进制后的值为“0000 07D0”）。

5）试运行方式确认：SOH +0 +00 + STX +12 + ETX + 和校验，主站读出驱动器当前的运行模式，并通过返回数据判定点动试运行模式是否已经被选定；如模式正确则继续下面操作，否则结束试运行，检查出错原因。

6）DI 检查与运行启动：检查与确认驱动器的急停输入 * EMG 为 ON 状态（ * EMG 不能强制），然后通过以下命令强制启动驱动器（根据转向的要求发送）。

SOH +0 +92 + STX +00 +0000 0807 + ETX + 和校验（正转），按照表 5.6-4，需要正转运行时强制设定驱动器的 SON（bit0）、* LSP（bit1）、* LSN（bit2）与 ST1（bit11）为 ON 状态，启动驱动器正转。

SOH +0 +92 + STX +00 +0000 1007 + ETX + 和校验（反转），按照表 5.6-4，需要反转时强制设定驱动器的 SON（bit0）、* LSP（bit1）、* LSN（bit2）与 ST2（bit12）为 ON 状态，启动驱动器反转。

7）点动运行停止：SOH +0 +92 + STX +00 +0000 0007 + ETX + 和校验（正转），按照表 5.6-4，如果需要中途停止点动运行，应保持 SON（bit0）、* LSP（bit1）、* LSN（bit2）

为 ON 状态，同时将转向信号 ST1（bit11）或 ST2（bit12）设定为 OFF 状态。

8）结束点动试运行：如点动试运行完成，主站发送以下命令结束点动试运行操作。

SOH + 0 + 8B + STX + 00 + 0000 + ETX + 和校验，解除点动试运行模式。

SOH + 0 + 90 + STX + 10 + 1EA5 + ETX + 和校验，解除输入禁止，恢复驱动器的全部外部输入（包括 DI 信号、外部模拟量输入与脉冲信号输入）。

【例 9】 试确定利用通信命令控制驱动器（从站地址 0）进行正转/反转定位试运行的主站通信命令，运行要求如下。

运行方式：定位试运行；

定位速度：10r/min；

加减速时间常数：2000ms；

移动距离：电机转动 2 转（524288P）。

按照要求，控制驱动器应选择定位试运行模式，并依次发送如下通信命令（命令中的和校验数据省略）与进行必要的处理：

1）输入禁止：SOH + 0 + 90 + STX + 00 + 1EA5 + ETX + 和校验，禁止驱动器的外部输入（除 * EMG/ * LSP/ * LSN 外的 DI 信号、外部模拟量输入与脉冲信号输入）。

2）试运行方式选择：SOH + 0 + 8B + STX + 00 + 0002 + ETX + 和校验，选择驱动器的定位试运行模式。

3）定位速度选择：SOH + 0 + A0 + STX + 10 + 000A + ETX + 和校验，指定定位速度为 10r/min（十进制转换成十六进制后的值为“000A”）。

4）加减速时间选择：SOH + 0 + A0 + STX + 11 + 0000 07D0 + ETX + 和校验，指定加减速时间 2000ms（2000 转换成十六进制后的值为“0000 07D0”）。

5）定位距离选择：SOH + 0 + A0 + STX + 20 + 0008 0000 + ETX + 和校验，指定定位距离为 524288P（524288 转换成十六进制后的值为“0008 0000”）。定位试运行的距离总是增量值，因此，使用绝对编码器的驱动器也必须通过设定 PA03.0 = 0，选择增量编码器后才能进行定位试运行。

6）根据定位方向要求，发送以下定位方向与单位选择命令。

SOH + 0 + A0 + STX + 21 + 0100 + ETX + 和校验（正转定位），选择定位距离的单位为反馈脉冲，定位方向为正转。

SOH + 0 + A0 + STX + 21 + 0101 + ETX + 和校验（反转定位），选择定位距离的单位为反馈脉冲，定位方向为反转。

7）试运行方式确认：SOH + 0 + 00 + STX + 12 + ETX + 和校验，主站读出驱动器当前的试运行模式，并通过返回数据判定定位试运行模式是否已经被选定；如模式正确则继续下面操作，否则，结束试运行，检查出错原因。

8）DI 检查与强制：检查与确认驱动器的急停输入 * EMG 为 ON 状态（ * EMG 不能强制），然后通过以下命令强制启动驱动器：

SOH + 0 + 92 + STX + 00 + 0000 0007 + ETX + 和校验，按照表 5.6-4，强制设定驱动器的 SON（bit0）、 * LSP（bit1）、 * LSN（bit2）为 ON 状态，启动驱动器。

9）定位启动与控制：SOH + 0 + A0 + STX + 40 + 1EA5 + ETX + 和校验，启动驱动器进行定位运行。在定位运行过程中，可根据需要发送以下命令，对定位过程实施控制。

SOH +0 + A0 + STX +41 + STOP + ETX + 和校验，暂停定位运行，电机减速停止，目标位置（剩余距离）保持。

SOH +0 + A0 + STX +41 + GO□□ + ETX + 和校验，继续定位，电机重新加速到指定速度，继续向目标位置运动。

10）结束定位试运行：如定位试运行完成，主站发送以下命令结束定位试运行。

SOH +0 + A0 + STX +41 + CLR□ + ETX + 和校验，清除剩余移动距离。

SOH +0 + 8B + STX +00 +0000 + ETX + 和校验，解除定位试运行模式。

SOH +0 +90 + STX +10 +1EA5 + ETX + 和校验，解除输入禁止，恢复驱动器的全部外部输入（包括 DI 信号、AI 输入与脉冲信号输入）。

5.7 绝对位置传送与零点设定

5.7.1 绝对位置及传送

1. 使用条件

为了使系统能够在断电时记忆实际机械的位置，MR－J3 驱动器可使用后备电池保存位置数据的绝对编码器功能，使用该功能需要满足如下条件。

1）驱动器需要安装后备电池。

2）驱动器参数 PA03.0 应设定 1 或 2，生效绝对编码器及选择数据传送方式。

3）驱动器必须选择基本位置控制方式（PA01.0 =0），不能用于位置/速度、转矩/位置切换控制。

在以下情况下，不能选择绝对编码器功能。

1）电机需要无限旋转的轴，如 360°旋转轴、无限行程的往复式输送装置等。

2）需要进行电子齿轮比切换的驱动系统。

3）如果系统需要输出报警代码，驱动器不能选择绝对位置的 DI/DO 传送功能，即不能设定 PA03.0 =1。

4）需要进行定位试运行的系统。

用于绝对编码数据保存的三菱 MR－J3BAT 后备电池的电压为 3.6V、容量为 200mAh、数据保持时间为 10000h。MR－J3 驱动器能够记忆的最大位置为 $\pm 32768 \times 2^{32}$ 脉冲，停电时允许的最大转速为 3000r/min。

绝对位置数据（简称 ABS 数据）通常存储在编码器上，后备电池则安装在驱动器上，因此，使用绝对编码器功能时需要连接编码器的电池线。电池的安装和电池线的连接要求可参见第 3 章 3.3 节，电池必须在驱动器电源接通的情况下更换。

2. 绝对位置数据

当前，伺服驱动器所用绝对编码器，本质上只是一种利用后备电池保存位置数据的增量编码器，而不是传统意义上带有物理编码的绝对编码器，因此，在多数情况下两者可以通用，即无后备电池时，编码器为增量编码器；安装后备电池后，即具有绝对编码器功能。

存储在编码器上的 ABS 数据由零脉冲转过的转数 n 和电机相对于零脉冲的转角 p_m（脉冲数）两部分组成，对于每转脉冲数为 P 的编码器，其绝对位置 $P_{abs} = n \times P + p_m$。

转数 n 和脉冲数 p_m 可在驱动器电源接通后，自动读入到驱动器上，成为当前的位置反馈值，并可通过状态显示参数 LS 和 cy1 显示。

3. 绝对位置传送

驱动器开机时可自动读入绝对编码器的 ABS 数据，但如果外部控制装置需要从驱动器上读出 ABS 数据，则需要通过以下两种方式进行。

（1）DI/DO 传送

当参数 PA03.0 设定为 1 时，ABS 数据传送利用驱动器的 DI/DO 信号进行，数据传送需要连接表 5.7-1 中的 DI/DO 信号，并按要求提供相应的传送指令。

表 5.7-1　ABS 数据传送信号的连接

连接端	类别	信号名称	功　能
CN1－17	DI	ABSM	ABS 传送启动信号。ON 开始 ABS 传送，CN1－22/23/25 成为 ABS 传送信号；OFF 传送结束，连接端 CN1－22/23/25 为正常的 DO 信号
CN1－18	DI	ABSR	ABS 传送请求信号。ON 驱动器发送 ABS 数据；OFF 停止发送
CN1－41	DI	CR	绝对位置清除（零点设定）信号。ON 清除驱动器的 ABS 数据，现行位置保存到驱动器的备份存储器中
CN1－22	DO	ABSB0	ABS 数据输出，传送数据位 bit0
CN1－23	DO	ABSB1	ABS 数据输出，传送数据位 bit1
CN1－25	DO	ABST	ABS 数据发送准备好，ON 可开始数据发送；OFF 数据发送

利用 DI/DO 传送 ABS 数据时，DI 连接端 CN1－17/CN1－18 的功能规定作为为 ABSM、ABSR，它们不能作为其他用途；而 DI 连接端 CN1－41 和 DO 连接端 CN1－22/23/25 的功能在 ABS 数据传送结束后，可自动恢复成参数组 PD 定义的功能。此外，当 DO 连接端 CN1－22/23/24 用于报警代码输出时（PD24.0＝1），不能再选择 ABS 数据的 DI/DO 传送功能，否则，将发生 AL.37 报警。

（2）通信传送

如果参数 PA03.0 设定为 2，ABS 数据传送通过驱动器的 RS422 接口进行，这时只需要定义零点设定的 DI 信号。通过 ABS 数据的读取命令“指令代码 02 ＋ 数据号 90”或“指令代码 02 ＋ 数据号 91”，可以读出以反馈脉冲或指令脉冲为单位的 ABS 数据 P_{abs}。有关内容可以本章 5.6 节。

5.7.2　DI/DO 传送

1. 传送控制

为了保证上级控制器能得到正确的 ABS 数据，驱动器应在电源接通后立即进行 ABS 数据传送。传送应按图 5.7-1 所示的要求进行，传送过程如下。

1）上级控制器应在驱动器的 SON 信号 ON 的同时，发送 ABS 传送启动信号 ABSM，启动数据传送；这样可使得驱动器在 ABS 数据传送开始前，逆变管始终处于关闭状态。

2）驱动器在收到 SON 信号、ABSM 信号后，经 80～95ms 的延时，启动 ABS 数据传送。这时，如驱动器未使用机械制动器功能（PA04.0＝0），则同时开放逆变管；如使用机械制动器功能（PA04.0＝1），则继续封锁逆变管。

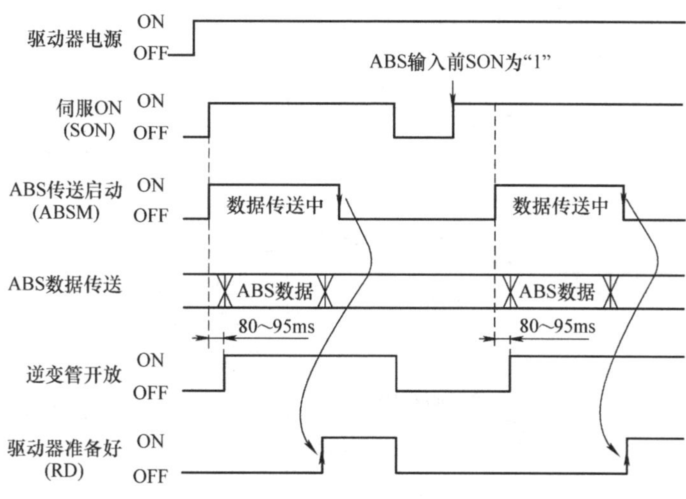

图5.7-1　ABS数据传送控制

3）上级控制器收到ABS数据后，将ABSM信号置OFF，结束ABS数据传送。这时，如驱动器未选择机械制动器功能（PA04.0=0），将在5ms内输出驱动器准备好信号RD，并转入正常的控制；如选择了机械制动器功能（PA04.0=1），则需要延时80～95ms开放逆变管、输出RD信号，然后转入正常控制。

4）如启动时驱动器存在报警，ABSM信号无效，不能进行ABS数据传送。它需要在报警清除后，利用ABSM信号重启ABS数据传送。如启动时驱动器存在警示信息，ABSM信号输入有效，ABS数据传送正常进行。

5）如ABS数据传送过程中急停信号*EMG输入OFF，驱动器将立即进入急停状态，ABS数据传送继续进行。*EMG信号恢复ON后，驱动器延时80～95ms后开放逆变管；这时，如ABS数据传送已完成，则经5ms延时后输出RD信号并转入正常控制；如传送尚未完成，同样开放逆变管，但传送继续，传送完成后延时5ms，输出RD信号并转入正常控制。

需要注意的是：如ABS传送过程中发生了急停动作，由于所发送的ABS数据仍为急停前的位置值，这时，如电机的实际位置被改变，将出现ABS数据与实际位置不符的情况，从而产生位置跟随误差。这一跟随误差在急停恢复、逆变管重新开放后，将通过闭环调节功能自动消除，因此，可能出现电机高速旋转并的现象。为避免出现此类情况，建议在驱动器急停时取消SON信号，中断ABS数据传送；在急停恢复后再重启ABS传送。

2. 传送过程

ABS数据传送过程如图5.7-2所示，它分为传送启动、位置数据读取、和校验数据读取、传送结束四个阶段。

（1）传送启动

ABS数据通信的传送启动过程如下。

1）接通驱动器电源，如驱动器无报警，外设同时发送SON信号和ABSM信号，启动ABS数据传送。ABSM信号也可提前于SON信号发送，但如果ABSM信号ON后1s，SON信号仍为OFF状态，驱动器将产生SON信号超时警示AL.EA，这一警示不影响ABS数据的传送，它在 SON 信号 ON 后便可自动消除。

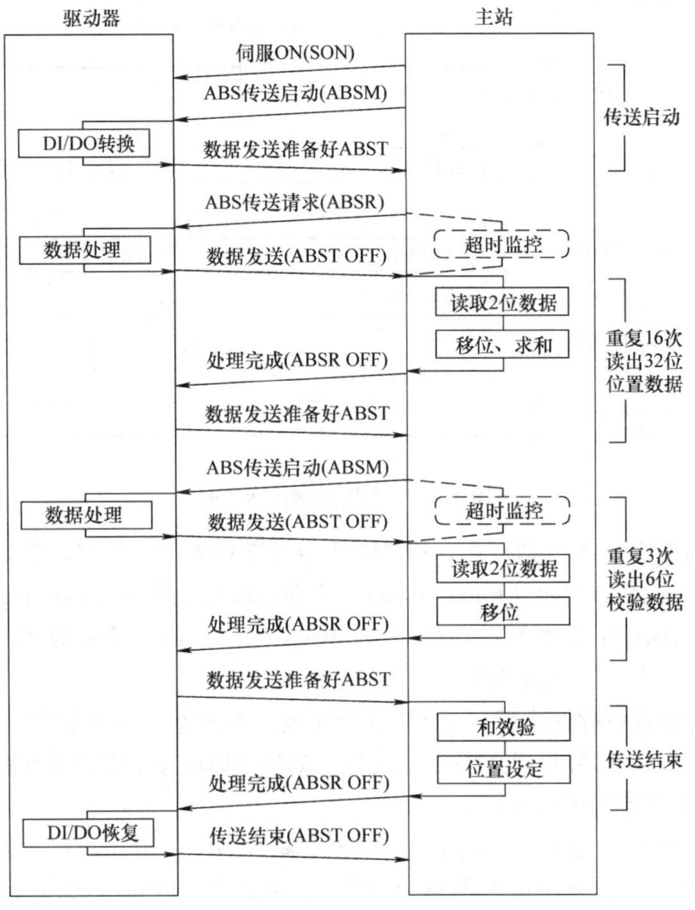

图 5.7-2　数据传送过程

2）驱动器收到 ABSM 信号后，将 DI/DO 连接端的功能转换成表 5.7-1 中的 ABS 数据传送接口；转换完成后数据发送准备好信号 ABST 成为 ON 状态，驱动器等待来自主站的数据发送命令。

（2）ABS 数据读取

ABS 数据的读取过程如下。

1）外设在驱动器的 ABST 信号 ON 后，将发送数据传送请求信号 ABSR 置 ON，数据传送开始，外设应同时启动通信超时监控功能。

2）驱动器在收到 ABSR 信号后，首先在 DO 输出端 ABSB0/ABSB1 上发送 ABS 数据的低 2 位（bit0/bit1）；发送的同时，驱动器需要对每一位输出数据进行求和运算，以生成和校验数据。数据发送结束，驱动器将数据发送准备好信号 ABST 置 OFF，表明首次数据已发送。

3）外设在驱动器的 ABST 信号 OFF 后，便可读取来自驱动器 DO 输出端 ABSB0/ABSB1 的最低 2 位（bit0/bit1）数据。读入的数据需要通过“右移”写入到 32 位寄存器的最低 2 位（bit0/bit1）上；同时，还需要对所收到的每一位数据进行求和，以便进行和校验。

4）外设完成最低 2 位（bit0/bit1）的读取、移位、求和处理后，将信号 ABSR 置 OFF，驱动器在收到该信号后将 ABST 信号重新置为 ON 状态。

5）外设收到 ABST 的 ON 后，再次将 ABSR 置 ON，驱动器在 DO 输出端 ABSB0/ABSB1 上继续发送 ABS 数据的次低 2 位（bit2/bit3），并进行累加求和，发送结束后再次将 ABST 信号置为 OFF，表明第 2 次的数据已发送。

6）重复以上 3）~5）动作，依次发送 bit4 ~ bit31，直至 32 位 ABS 位置数据传送结束（累计进行 16 次）。

（3）和校验数据读取

外设通过 16 次传送读入 32 位 ABS 数据后，将继续从驱动器上读入和校验数据。32 位二进制的求和结果最大为 6 位二进制（32），故可通过 3 次传送完成。和校验数据的读取过程如下。

1）32 位 ABS 数据读入完成，外设收到驱动器的 ABST 信号 ON 状态后，继续将 ABSR 信号置 ON，开始读取和校验数据，并再次启动通信超时监控功能。

2）驱动器收到外设的数据传送请求后，开始发送驱动器上的输出数据求和结果。和校验数据同样在 DO 输出端 ABSB0/ABSB1 上发送，并先发送数据的最低 2 位（bit0/bit1）。发送和校验数据时，驱动器不再进行求和运算，发送结束后即将 ABST 信号置 OFF，表明数据已发送。

3）外设收到 ABST 信号 OFF 后，便可读取驱动器 DO 端 ABSB0/ABSB1 的数据状态；数据同样应通过右移，写入到 6 位计数器的最低 2 位上，而且也不再需要对接收到的数据进行“求和”运算。

4）重复与位置数据读取同样的动作累计 3 次，直至 6 位和校验数据传送完成。

（4）传送结束

外设完成 32 位 ABS 数据与 6 位和校验数据的读取后，如继续收到驱动器的 ABST 信号，表明数据传送已经全部结束，应对所收到的数据进行如下处理。

1）将接收到的 6 位和校验数据与外设本身的求和结果比较，两者一致，证明所接收的数据正确，可进行 ABS 数据的处理；否则，应将 SON 与 ABSM 信号同时置 OFF，然后经过 20ms 以上的延时，再次将 SON 与 ABSM 信号置 ON，重启数据通信过程。

2）如和校验正常，外设可将接收到的 32 位 ABS 数据进行必要的转换，如十六/十进制转换，单位转换等，并重设绝对位置值。

3）数据处理结束，将信号 ABSR 置 OFF，向驱动器发送数据处理完成信号。

4）驱动器接收到处理完成信号后，结束整个 ABS 传送过程，恢复 DI/DO 接口；接口转换完成后，将 ABST 信号置 OFF，并转入正常控制。

以上数据通信的时序参见图 5.7-3 所示。

3. 通信错误与处理

ABS 数据通信错误包括 SON 信号超时、通信超时与“和校验”出错三类。

SON 信号超时由驱动器检查；通信超时由驱动器与外设同时检查；和校验在外设上进行。如 SON 信号超时，驱动器将显示警示信息 AL. EA；如通信超时，驱动器将显示警示信息 AL. E5；和校验出错时驱动器无法显示相应报警信息。

三类错误产生的原因与处理方法如下。

（1）SON 信号超时 AL. EA

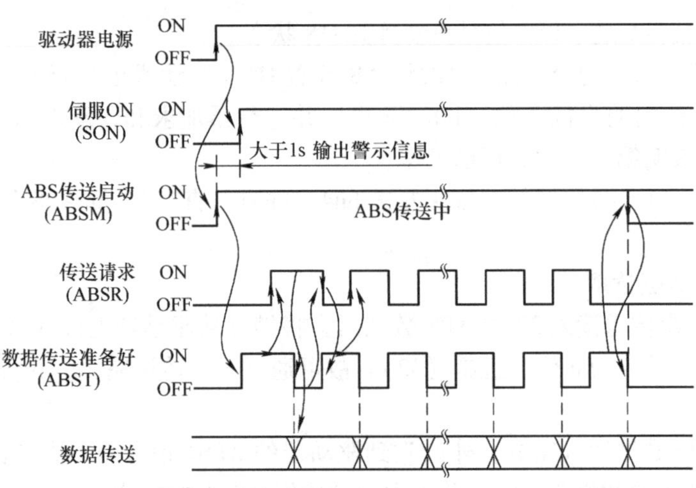

图 5.7-3　外设与驱动器的数据通信时序图

一般而言，ABS 数据传送时外设应先发送伺服 ON 信号，然后再发送“ABS 传送启动”信号 ABSM，或两者同时发送。如外设的 ABSM 信号先于 SON 信号发送，且驱动器在检测到 ABSM 信号 ON 后的 1s 内，信号 SON 仍然未成为 ON 状态，驱动器将发生 AL. EA 警示（SON 信号超时）。AL. EA 警示并不影响 ABS 数据的传送，只要外设将 SON 信号置 ON 状态，驱动器警示便可自动消除。

（2）通信超时 AL. E5

如果 ABS 数据通信时出现以下情况，驱动器将发出通信超时报警 AL. E5。

1）驱动器 ABST 信号 ON 后，5s 内未收到外设的 ABSR 信号 ON 状态。

2）驱动器 ABST 信号 OFF 后，5s 内未收到外设的 ABSR 信号 OFF 状态。

3）数据发送完成，驱动器输出最后一次将 ABST 信号置 ON 后，5s 内未收到外设的 ABSR 信号 OFF 状态。

驱动器的超时报警 AL. E5 同样为驱动器的警示信息，出现报警时只需要将 ABS 传送启动信号 ABSM 置 OFF，即可自动复位报警。外设的通信超时报警方法与报警的处理应通过通信程序设定，其报警与驱动器无关；但可通过 ABSR 信号的延期发送，使驱动器显示警示信息 AL. E5。

（3）和校验出错

和校验在驱动器全部数据发送完成后，通过外设进行检查。和校验出错时，可将 SON 和 ABSM 信号置 OFF，然后经 20ms 以上的延时，再次将 SON 和 ABSM 信号置 ON，重启数据通信过程。

数据通信的重启可以进行多次，如果多次重启后和校验结果仍不正确，则应中断通信，并发出和校验出错报警。

5.7.3　绝对零点设定

使用绝对编码器的系统必须在驱动器运行前，通过零点设定操作，使驱动器的绝对位置与机械装置的位置统一。在以下场合必须进行零点设定操作。

1）系统首次调试时。

2）更换了驱动器、电机、编码器后。

3）驱动器发生 AL. 25 报警（绝对编码器断线）后。

4）驱动器长时间不通电或电池使用时间过长，电池已经失效时。

5）在断电的情况下，取下了电池或是断开了编码器与驱动器之间的连接电缆时。

MR－J3 驱动器的绝对零点设定（简称回零）的方法如下。

1. 减速开关回零

可以通过机械装置安装减速开关的方式设定绝对零点，这一方式称减速开关回零，其使用较普遍。减速开关回零可在任何情况下进行绝对零点的设定，而且可用于增量编码器，但其零点位置相对固定，且必须安装减速开关。

减速开关回零的控制需要通过上级控制器实现，控制器与驱动器之间应按以下要求连接回零控制信号并设定相关参数。

1）将减速开关信号连接到 CNC、PLC 轴控模块等上级控制器上。

2）在驱动器上定义定位完成信号 INP 的输出端，并将其连接到上级控制器上；

3）上级控制器应向驱动器提供零点设定（绝对位置清除）信号 CR，并将其连接到驱动器的 CN1－41 连接端上。

4）在上级控制器上设置回零快速和零点搜索两种速度，前者可加快回零速度；后者可以提高绝对零点的精度。

减速开关回零控制需要注意：上级控制器的 CR 信号只能在驱动器的定位完成信号 INP 输出后才能发送，否则驱动器将发生 AL. 96 报警；CR 信号的保持时间应大于 20ms。此外，上级控制器设定的零点搜索速度必须足够低，以减小机械冲击、摩擦阻尼变化对零点精度的影响；此外，零点搜索速度不应受进给速度与倍率调整等操作的影响，以保证回零时速度的不变。

以 PLC 控制为例，减速开关回零的动作过程与要求如图 5.7-4 所示。

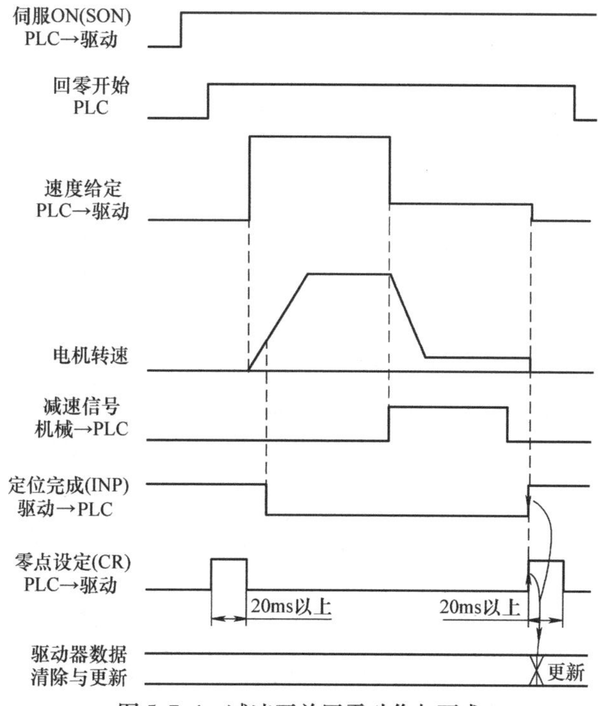

图 5.7-4　减速开关回零动作与要求

2. 机械回零

机械回零是利用机械限位挡块、参考位置测量等手段确定零点位置后，直接用 CR 指令进行设定零点的一种方法，以 PLC 控制为例，其动作如图 5.7-5 所示。

机械回零的控制简单，改变零点方便，但所需要的测量、调整时间较长，且不易保证基准点的精度。

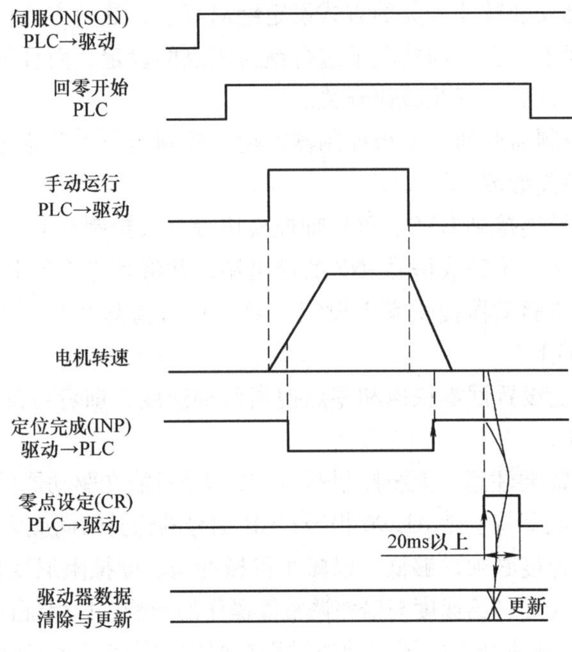

图 5.7-5　机械回零动作与要求

第 6 章　驱动器监控与维修

6.1　状态监控与诊断

6.1.1　状态显示

MR－J3 驱动器的运行状态、内部参数、DI/DO 信号等均可用配套的操作单元显示或模拟量输出的方式进行监控。驱动器操作单元可显示的驱动器状态如下。

1. 状态显示

MR－J3 驱动器可选择状态显示、诊断显示、报警显示与参数显示 4 种基本显示模式，电源接通时驱动器将自动进入状态显示模式。在状态显示模式下，可显示驱动器的基本工作状态数据，如电机转速、输出转矩、位置/速度/转矩输入信号等。

状态显示的内容可利用操作单元上的【UP】/【DOWN】键转换，状态显示符的意义及显示切换次序如图 6.1-1 所示，当显示项选定后，按【SET】键即可显示相应的数据。

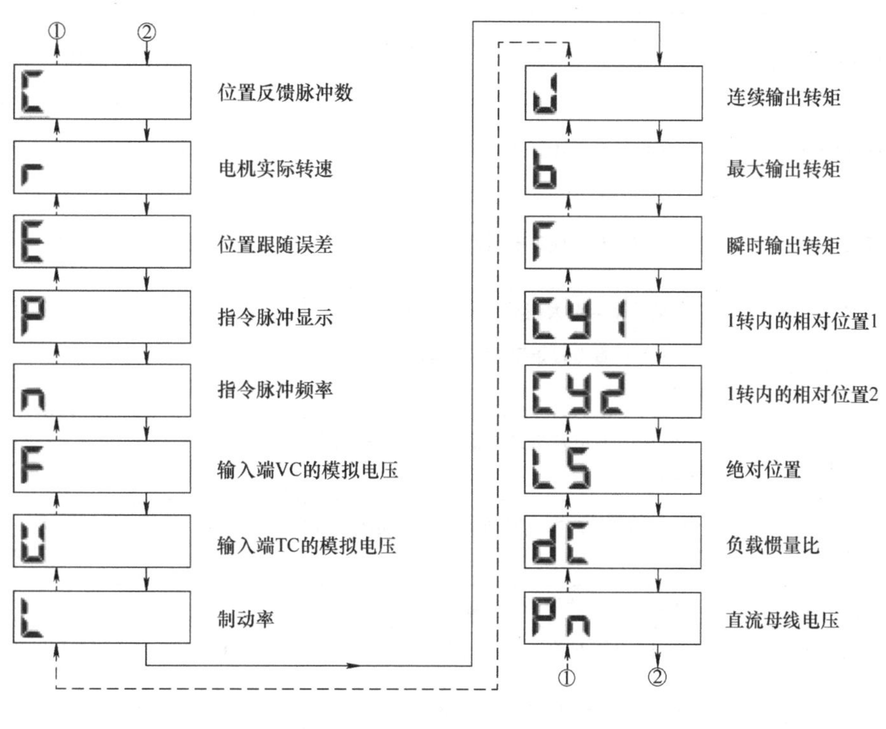

图 6.1-1　状态显示及转换

2. 内容与设定

驱动器开机时的初始状态显示可通过参数 PC36 的设定改变，出厂默认 PC36. 2 = 0，其显示内容与驱动器的控制方式有关，位置控制为反馈脉冲数“C”；速度控制为电机转速“r”；转矩控制为转矩给定输入端 TC 的电压“U”。如设定 PC36. 2 = 1，驱动器可通过参数 PC36. 1 的设定改变开机显示的内容。开机显示的选择（PC36. 1 设定）及状态显示的内容见表 6. 1-1。

表 6. 1-1　状态显示的内容与选择

显示符号	名称	显　示　内　容	开机显示 PC36. 1 设定	单位	显示范围
C	位置反馈脉冲	编码器反馈脉冲数，只能显示低 5 位，小数点代表负，按【SET】键可清零	0	P（脉冲数）	-99999 ~ 99999
r	电机转速	显示伺服电机当前的实际转速	1	0. 1r/min	-72000 ~72000
E	位置跟随误差	位置跟随误差脉冲数，只能显示低 5 位，小数点代表负	2	P	-99999 ~99999
P	指令脉冲数	位置输入指令脉冲数（未经电子齿轮比处理），只能显示低 5 位，小数点代表负，按【SET】键可清零	3	P	-99999 ~99999
n	指令脉冲频率	位置指令脉冲频率（未经电子齿轮比处理）	4	kHz	-1500 ~1500
F	VC 输入电压	AI 输入 VC 的模拟电压值	5	0. 01V	-1000 ~1000
U	TC 输入电压	AI 输入 TC 的模拟电压值	6	0. 01V	-1000 ~1000
L	制动率	制动功率与最大制动功率之比	7	%	0 ~100
J	平均输出转矩	15s 内的输出转矩平均值（额定转矩的百分率）	8	%	0 ~300
b	最大输出转矩	15s 内的输出转矩最大值（额定转矩的百分率）	9	%	0 ~400
T	瞬时输出转矩	当前输出转矩的瞬时值（额定转矩的百分率）	A	%	0 ~400
Cy1	电机位置 1	相对于零位的低 5 位位置值	B	P	0 ~99999
Cy2	电机位置 2	相对于零位的高 4 位位置值	C	100P	0 ~2621
LS	绝对位置显示	编码器转过的转数（零脉冲计数）	D	r	-32768 ~32768
dC	负载惯量比	负载惯量与电机转子惯量之比	E	—	0. 0 ~300. 0
Pn	直流母线电压	驱动器直流母线电压值	F	V	0 ~450

6.1.2　诊断显示

利用诊断显示，可以监视驱动器当前的工作状态，检查驱动器和电机、编码器型号，或通过 DO 信号强制、点动试运行等操作检查驱动器的工作情况。诊断显示模式可利用操作单元上的【MODE】键选择，显示内容可通过【UP】/【DOWN】键切换。

1. 显示内容

MR－J3 驱动器的诊断显示内容见表 6.1-2。有关 DO 强制、点动试运行、VC 输入偏移调整的内容可参见第 4 章。

表 6.1-2　MR－J3 驱动器的诊断显示

显　示	含　义	显示说明
rd-oF	驱动器工作状态	驱动器未准备好，初始化中或发生报警
rd-on	驱动器工作状态	驱动器处于准备运行状态
HHHHH	DI/DO 信号显示	显示 DI/DO 信号的实际状态
do-on	DO 信号强制	DO 信号的强制 ON 或 OFF
TEST1	点动试运行	进行驱动器点动试运行
TEST2	定位试运行	利用 MRZJW3－SETUP 软件进行定位试运行
TEST3	无电机试运行	在不连接电机的情况下，进行驱动器的模拟运行
TEST4	自动测试运行	利用 MRZJW3－SETUP 软件进行系统共振频率测试
TEST5	驱动器诊断	利用 MRZJW3－SETUP 软件测试驱动器
-A0	软件版本显示	驱动器软件版本低位
-000	软件版本显示	驱动器软件版本高位
H1　0	自动偏移调整	自动调整 AI 输入 VC 偏移
H2　0	电机系列显示	电机的系列 ID 号
H3　0	电机类型显示	电机类型 ID 号

（续）

显　示	含　义	显示说明
H4　0	编码器显示	编码器 ID 号
H5　0	三菱调整用	驱动器生产厂家检查用
H6　0	三菱调整用	驱动器生产厂家检查用

2. DI/DO 诊断

驱动器 DI/DO 信号状态可以通过诊断显示检查，其显示如图 6.1-2 所示。

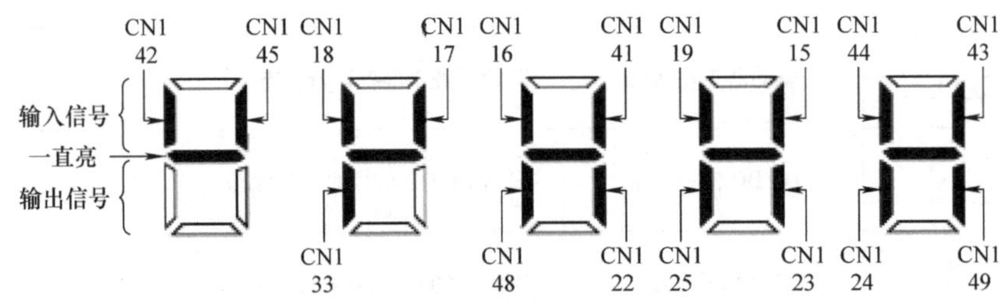

图 6.1-2　DI/DO 信号诊断显示

显示 DI/DO 信号状态时，5 只数码管的中间段一直亮，代表当前的显示为 DI/DO 状态；数码管的上半区显示 10 点 DI 信号的状态；下半区显示 6 点 DO 信号的状态。DI/DO 信号状态显示的是驱动器 DI/DO 连接器的输入/输出状态，它与所连接的信号功能无关，连接端与数码管显示端的对应关系如图 6.1-2 所示，显示段亮代表信号 ON。

6.1.3　模拟量输出监视

1. AO 规格

MR－J3 驱动器除可通过操作单元监视驱动器的状态外，还可使用 MO1（CN6－3/1）、MO2（CN6－2/1）两通道模拟量输出（AO 输出），AO 信号可直接连接外部显示仪表，如转速表、负载表等，利用仪表监视驱动器的部分内部状态数据。

MR－J3 驱动器的 AO 输出规格如下。

输出类型：DC－10V～10V 模拟电压，2 通道相同。

驱动能力：±1mA。

D－A 转换精度：16 位 D－A 转换。

输出分辨率：±20mV。

2. AO 输出

MR－J3 驱动器的 AO 输出监视内容可通过参数 PC14.0（通道 1）和 PC15.0（通道 2）的设定选择，不能以模拟量表示的状态参数，如 DI/DO 状态等，不能通过使用模拟量输出功能。参数 PC14.0、PC15.0 设定值与输出的关系见表 6.1-3。

表 6.1-3　AO 输出内容的选择

PC14.0/PC15.0 参数设定	输出内容	输出电压	电压极性
0	电机转速（双极性输出）	±8V/最高转速	正转为正，反转为负
1	输出转矩（双极性输出）	±8V/最大转矩	正转为正，反转为负
2	电机转速（单极性输出）	8V/最高转速	正/反转均为正
3	输出转矩（单极性输出）	8V/最大转矩	正/反转均为正
4	转矩给定	±8V/最大给定	正向为正，反向为负
5	位置指令脉冲输入频率	±10V/500kHz	正转为正，反转为负
6	位置跟随误差 1	±10V/100P	正转为正，反转为负
7	位置跟随误差 2	±10V/1000P	正转为正，反转为负
8	位置跟随误差 3	±10V/10000P	正转为正，反转为负
9	位置跟随误差 4	±10V/100000P	正转为正，反转为负
A	位置反馈脉冲 1	±10V/1MP	正转为正，反转为负
B	位置反馈脉冲 2	±10V/10MP	正转为正，反转为负
C	位置反馈脉冲 3	±10V/100MP	正转为正，反转为负
D	直流母线电压	8V/DC400V	正极性

AO 输出的增益和偏移可以利用参数 PC39（MO1）、PC40（MO2），偏移调整的范围为 -999mV ~ 999mV。增益和偏移参数的意义及调整方法与 AI 输入相同，调整偏移可使监视参数为 0 时的 AO 输出为 0；调整增益可改变最大输出 10V 对应的监视参数值，有关内容可参见第 4 章 4.3 节。

6.2　驱动器报警及处理

6.2.1　驱动器报警

MR-J3 驱动器报警分报警和警示两类，报警属于驱动器本身的故障，警示是对操作错误或运行不正常状态的提示。

报警一旦发生，驱动器将自动进入伺服 OFF 状态，同时 CN1-48 的报警输出 *ALM 触点 OFF。驱动器报警原因排除后，可通过以下 3 种方法之一清除报警，恢复驱动器运行。

1）RES 信号清除。利用 DI 信号 RES 的输入上升沿，可清除驱动器的报警，使用 RES 信号清除时，需要在参数组 PD 上定义 RES 的输入连接端，出厂默认的连接端为 CN1-19。

2）操作单元清除。操作单元上的【SET】键可用于驱动器报警清除，按键的作用与 RES 信号相同。

3）电源 ON/OFF 清除。重新启动驱动器的电源可清除报警。

驱动器发生报警时，可以在操作单元显示报警号，参数 PD24.0 设定为 1 时，报警号也可以通过 DO 连接端 CN1-22/23/24 输出报警代码，3 位报警代码可大致指示报警范围，但无法确认报警号。

驱动器出现报警时，可按照表 6.2-1 分析故障原因及进行相应的处理。

表 6.2-1　MR – J3 驱动器故障报警原因与处理

报警号	报 警 名 称	报　警　原　因	故　障　处　理
AL. 10	输入欠电压	输入欠电压或瞬时断电超过 60ms	检查主电源电压
		逆变电路续流二极管不良	更换续流二极管
		驱动器控制板不良	更换驱动器或控制板
		直流母线电压低于规定值	检查整流桥、检查输入电源电压
AL. 12	RAM 不良	1. 驱动器控制板不良 2. 外部干扰过大	1. 更换驱动器或控制板 2. 进行正确的接地、屏蔽和布线
AL. 13	定时监控出错		
AL. 15	EEPROM 不良		
AL. 16	编码器出错	编码器不良	更换编码器
		编码器类型不正确	检查参数 PC22. 1 的设定
		编码器连接错误	检查 CN2 连接
		外部干扰	检查屏蔽与接地
		驱动器控制板不良	更换驱动器或控制板
AL. 17	控制板不良	驱动器控制板不良	更换驱动器或控制板
AL. 19	FlaschROM 出错	驱动器控制板不良	更换驱动器或控制板
AL. 1A	电机连接错误	驱动器与电机间的连接错误	检查连接
AL. 20	编码器通信出错	编码器连接错误	检查 CN2 连接
		编码器不良	更换编码器
		外部干扰	检查屏蔽与接地
AL. 24	主回路故障	输出连接短路	检查输出连接
		驱动器主回路元件损坏	更换驱动器或 IGBT
		电机绕组短路	检查电机绝缘
		逆变回路 IGBT 不良	更换驱动器或 IGBT
		制动电阻连接错误	检查制动电阻连接
		制动电阻阻值选择不正确	更换制动电阻
		主电源连接错误	检查与确认电机与主回路连接端
AL. 25	绝对编码器出错	绝对零点未设定	重启驱动器清除报警，进行零点设定
		绝对编码器电池电压过低	更换电池
		绝对编码器电池安装与连接不良	检查电池连接
		绝对编码器不良	更换编码器
		驱动器控制板不良	更换驱动器或控制板
AL. 30	制动故障	参数 PA02. 0 设定错误	正确设定参数
		制动 IGBT 不良	更换驱动器或 IGBT
		制动电路连接不良	检查制动单元与制动电阻连接
		制动电阻不良	更换制动电阻
		电源输入电压过高	检查电源连接
		负载过重	减轻负载

（续）

报警号	报 警 名 称	报　警　原　因	故　障　处　理
AL. 30	制动故障	机械传动或重力平衡系统不良	检查传动系统与重力平衡系统
		驱动器制动电路不良	更换驱动器或控制板
AL. 31	超速报警	电机相序连接错误	检查相序
		反馈连接错误	检查编码器连接
		编码器不良	更换编码器
		速度给定过大	检查速度给定输入
		加减速时间设定过小	增加加减速时间
		电子齿轮比参数设定错误	检查电子齿轮比参数 PA06/PA07
		调节器参数设定错误	进行驱动器在线自动调整
		驱动器控制板不良	更换驱动器或控制板
AL. 32	驱动器过电流	输出连接短路	检查输出连接
		电机绕组短路	检查电机绝缘
		逆变回路 IGBT 不良	更换驱动器或 IGBT
		参数 PA02. 0 设定错误	正确设定参数
		制动电阻连接错误	检查制动电阻连接
		制动电阻阻值选择不正确	更换制动电阻
		电机停止或低速时的负载冲击	改善工作条件
		外部干扰过大	检查屏蔽与接地连接
		动态制动过于频繁	改善工作条件
		负载过重	减轻负载
		机械传动系统不良	检查传动系统
		驱动器控制板不良	更换驱动器或控制板
		驱动器主回路元件损坏	更换驱动器或 IGBT
AL. 33	直流母线过电压	输入电压过高	检查主电源电压
		制动过于频繁	改善工作条件
		负载惯量过大	加大驱动器与电机容量
		制动电阻连接错误	检查制动电阻连接
		输出连接短路	检查输出连接
		制动电阻选择错误	更换制动电阻
		制动 IGBT 不良	更换驱动器或 IGBT
		参数 PA02. 0 设定错误	正确设定参数
		逆变电路续流二极管不良	更换续流二极管
		驱动器控制板不良	更换驱动器或控制板
AL. 35	指令频率过高	脉冲输入频率过大	改变指令脉冲频率
		指令脉冲干扰过大	使用双绞屏蔽电缆、进行正确的接地与屏蔽连接和布线
		上级位置控制器不良	检查上级控制器

（续）

报警号	报警名称	报警原因	故障处理
AL. 37	参数错误	参数 PA03. 1 设定错误	检查与确认参数设定
		参数写入次数过多	更换 EEPROM
		EPROM 不良	
		驱动器控制板不良	更换驱动器或控制板
AL. 45	主回路过热	环境温度过高	检查环境温度
		驱动器散热不良	改善散热条件，清理驱动器
		输出局部短路	检查输出连接
		电机绕组局部短路	检查电机绝缘
		风机不良	更换风机
		负载过重	减轻负载
		机械传动系统不良	检查传动系统
		驱动器控制板不良	更换驱动器或控制板
AL. 46	电机过热	环境温度过高	检查环境温度
		负载过重	减轻负载
		机械传动系统不良	检查传动系统
		驱动器控制板不良	更换驱动器或控制板
		绝对编码器不良	更换编码器
AL. 47	风机故障	驱动器风机停转	检查风机安装与连接
		风机污染	清理风机
		风机寿命到达	更换风机
AL. 50	驱动器过载（瞬时输出电流超过最大值）	输出连接短路	检查输出连接
		电机绕组短路	检查电机绝缘
		逆变回路 IGBT 不良	更换驱动器或 IGBT
		电机相序错误	检查连接
		电机停止或低速时的负载冲击	改善工作条件
		动态制动过于频繁	改善工作条件
		驱动器调整不当	进行在线自动调整
		负载过重	减轻负载
		机械传动系统不良	检查传动系统
		驱动器控制板不良	更换驱动器或控制板
		驱动器主回路元件损坏	更换驱动器或 IGBT
AL. 51	驱动器过载（平均输出电流超过允许值）	机械传动系统不良	检查传动系统
		电机相序错误	检查连接
		驱动器控制板不良	更换驱动器或控制板
		电机绕组局部短路	检查电机绝缘
		电机停止或低速时的负载冲击	改善工作条件
		驱动器调整不当	进行在线自动调整

（续）

报警号	报警名称	报警原因	故障处理
AL. 52	位置跟随超差	加减速时间过短	延长加减速时间
		参数设定不合理	检查电子齿轮比、位置环增益、转矩限制、模型控制增益设定；重新进行自动调整
		指令脉冲频率过高	降低输入脉冲频率或采用差分输入方式
		输入电压过低	检查电源电压
		机械负载过重	减轻负载
		电机相序错误	检查连接
		编码器不良	检查编码器的连接，更换编码器
		机械传动系统不良	检查电机与负载的机械连接
AL. 8A	RS422 通信超时	通信连接错误	检查连接
		通信接口故障	检查通信接口
		通信周期过长	改变通信设定
		通信协议错误	检查通信协议
AL. 8E	串行通信异常	通信连接错误	检查连接
		通信接口故障	检查通信接口
		通信协议错误	检查通信协议
88888	定时器监控出错	CPU 不良	更换驱动器
		外部干扰过大	检查接地与屏蔽连接

6.2.2 驱动器警示

警示是驱动器的出错提示信息，一般而言，驱动器发出警示时，还可继续运行，报警输出触点 * ALM 不动作。驱动器警示时，可根据操作单元所显示的报警号，按照表 6.2-2 分析故障原因及进行相应的处理。

表 6.2-2　MR－J3 驱动器的警示与处理

报警号	报警名称	报警原因	故障处理
AL. 92	绝对编码器电池不良	电池电压低于 2.8V	更换电池
		电池连接错误	检查连接
		绝对编码器不良	更换编码器
AL. 96	绝对零点设定错误	设定零点时的位置误差过大	检查原因，消除位置误差
		回零搜索速度过高	减小搜索速度
		设定零点时输入了指令脉冲	停止指令脉冲输入
AL. 99	行程限位动作	* LSP/ * LSN 信号 OFF	检查或撤销 * LSP/ * LSN 信号
AL. 9F	后备电池电压过低	电池电压低于 3.2V	充电或更换电池
AL. E0	制动过载预警	制动电阻选择错误	更换制动电阻
		机械传动系统不良	检查传动系统
		重力平衡系统不良	检查重力平衡系统
		制动过于频繁	改善工作条件
		负载惯量过大	加大驱动器与电机容量

（续）

报警号	报警名称	报警原因	故障处理
AL. E1	过载预警	输出电流已达最大值的85%	参见AL. 50/AL. 51报警
AL. E3	绝对位置出错	编码器不良	更换编码器
		驱动器连接错误	检查连接
		外部干扰	检查屏蔽与接地
		转数设定超过极限	检查编码器转数设定
AL. E5	ABS通信超时	ABS数据通信超时报警	参见第9章9.5节
AL. E6	驱动器急停	急停输入*EMG信号OFF	恢复或撤销*EMG信号
AL. E8	冷却风机预警	驱动器风机停转	检查风机安装与连接
		风机污染	清理风机
		风机寿命到达	更换风机
AL. E9	主电源未接通	SON信号为ON时主电源未接通	接通主电源
AL. EA	SON信号超时	ABS传送时SON信号超时	参见第5章
AL. EC	过载预警	输出存在局部短路	检查输出连接
		电机绕组局部短路	检查电机
AL. ED	功率预警	输出功率超过了150%	检查机械传动系统、重力平衡系统；减小负载、降低转速

6.3 运行故障及处理

如果驱动器在开机或运行过程中出现不能正常工作的故障，可以根据不同的情况，按照以下方法进行检查和维修处理。

1. 开机故障

驱动器在电源接通与驱动器启动阶段的常见故障与可能的原因见表6.3-1。

表6.3-1 MR-J3驱动器开机故障与处理

序号	发生时刻	故障现象	故障检查	原因分析与处理
1	电源启动	显示器不亮或闪烁	取下连接器CN1/CN2/CN3后显示正常，见第3项	电源故障或外部连接线路短路
2			检查外部电源输入与驱动器	电源输入电压不正确、电源连接错误；或驱控制电路板安装、连接不良，控制电路板不良
3			逐一连接CN1、CN2、CN3，观察故障现象	连接CN1后显示不亮，DI/DO连接线路存在短路；连接CN2后显示不亮，编码器连接线路存在短路；连接CN3后显示不亮，RS422通信连接线路存在短路
4		报警	检查报警显示	根据报警号排除故障
5	伺服ON	报警	检查报警号显示	根据报警号排除故障
		电机无励磁	显示为rd-oF	驱动器尚未准备好
			SON信号未输入或DI连接错误	检查SON信号连接

2. 位置控制故障

驱动器位置控制的常见故障及可能的原因见表 6. 3-2。

表 6. 3-2　MR - J3 驱动器位置控制故障与处理

序号	发生时刻	故障现象	故 障 检 查	原因分析与处理
1	加入给定	电机不转	DI 信号不正确	确认 * LSP/ * LSN 输入 ON，或撤销 * LSP/ * LSN 信号
			指令脉冲或输入连接不良	检查输入连接；确认脉冲信号
		转向错误	输入极性不正确	改变参数 PA14 设定
2	低速旋转时	转速不稳	调节器参数设定不合理	进行驱动器的在线自动调整
3	运行或停止	振动	参数设定或调整不当	生效振动抑制功能，重新进行驱动器的在线自动调整
4	定位时	误差过大	参数设定不合理	检查电子齿轮比、位置环增益、转矩限制、模型控制增益参数设定；重新进行驱动器的在线自动调整
			指令脉冲频率过高	降低输入脉冲频率或采用差分输入方式
			机械负载过重	减轻负载
			外部干扰	按规定使用双绞屏蔽线，进行正确的接地、屏蔽和合理的布线
			编码器或位置反馈信号不良	检查编码器的连接、按要求使用反馈电缆和连接编码器电源；更换编码器
			机械传动系统不良	检查电机与负载的机械连接

3. 速度控制故障

驱动器速度控制的常见故障与可能的原因见表 6. 3-3。

表 6. 3-3　MR - J3 驱动器速度控制故障与处理

序号	发生时刻	故障现象	故 障 检 查	原因分析与处理
1	加入给定	电机不转	DI 信号不正确	确认信号 ST1/ST2、SP1/SP2/SP3、 * LSP/ * LSN 输入，或撤销 * LSP/ * LSN 信号
			给定输入不良	检查速度给定的连接与输入电压
			参数设定错误	检查参数 PC05 ~ PC11、PA11/PA12、PC35
2	旋转时	转速不稳	调节器参数设定不合理	进行驱动器的在线自动调整
			外部干扰	按规定使用双绞屏蔽线，进行正确的接地、屏蔽和合理的布线
			编码器或速度反馈信号不良	检查编码器的连接、按要求使用反馈电缆和连接编码器电源；更换编码器
		转速不正确	AI 输入不正确	检查 AI 输入 VC 的电压
			参数设定不正确	检查 VC 端的增益、偏移参数 PC12、PC37
			机械负载过重	减轻负载
			机械传动系统不良	检查电机与负载的机械连接
3	运行或停止	出现振动	参数设定或调整不当	生效振动抑制功能；重新进行驱动器的在线自动调整

4. 转矩控制故障与处理

驱动器转矩控制的常见故障与可能的原因见表 6. 3-4。

表 6. 3-4　MR－J3 驱动器转矩控制故障与处理

序号	发生时刻	故障现象	故 障 检 查	原因分析与处理
1	加入给定	电机不转	DI 信号不正确	确认信号 RS1/RS2 的输入
			给定输入不良	检查转矩给定的连接与输入电压
			参数设定错误	检查参数 PC05～PC11、PA11/PA12、PC35 的设定
2	旋转时	转速不稳	外部干扰	按规定使用双绞屏蔽线，进行正确的接地、屏蔽和合理的布线
			调节器参数设定不合理	进行驱动器的在线自动调整
			机械负载过重	减轻负载
			机械传动系统不良	检查电机与负载的机械连接

第 7 章　变频器电路设计

7.1　性能与规格

7.1.1　三菱变频器简介

1. 变频器分类

变频器一般分为普通型、紧凑型、节能型及高性能变频器四大类，四类产品的区别如下。

（1）普通型

普通型变频器（Standard inverters）属于小功率、低价位变频器，它主要用于民用设备、木工、纺织等简单机械的小范围无级调速控制。三菱 FR－700 中的 D700 为 FR－S500 的替代产品，它可用于单相 AC200V 或 3 相 AC400V 输入，可控制的电机功率分别为 0.2～2.2kW（单相）和 0.4～7.5kW（3 相），变频器可采用 V/f 控制与简单矢量控制，其有效调速范围为 1:60，最大输出频率为 400Hz。

（2）紧凑型

紧凑型变频器（Compact inverters）属于中小功率、高性价比产品，它在机床、纺织等行业的应用较为广泛。三菱 FR－700 中的 E700 为 FR－E500 的替代产品，它可用于单相 AC200V 或 3 相 AC400V 输入，可控制的电机功率分别为 0.1～2.2kW（单相）和 0.4～15kW（3 相），变频器可采用开环 V/f 控制或矢量控制，其有效调速范围可达 1:120 左右，最大输出频率为 400Hz。

（3）节能型

节能型变频器（Power saving inverters）适用于轻载起动、无过载要求的风机、水泵类负载控制。FR－700 中的 F700 为 FR－F500 的替代产品，变频器统一采用 3 相 AC400V 输入，可控制的电机功率为 0.75～630kW；变频器可采用开环 V/f 控制或矢量控制，有效调速范围为 1:20 左右，最大输出频率为 400 Hz，速度响应为 30rad/s。

（4）高性能

高性能变频器（High－end inverters）具有较好的调速性能，它代表了生产厂家变频器的最高水平。FR－700 中的 A700 是 FR－A540/V540 的替代产品，变频器统一采用 3 相 AC400V 输入，可控制的电机功率为 0.75～630kW；变频器可采用高性能、改进型矢量控制，控制开环普通感应电机时的有效调速范围可达 1:200，最大输出频率为 400Hz，速度响应为 120rad/s（20Hz），过载能力为 200%。

FR－A700 系列变频器在采用闭环矢量控制（增加速度反馈选件 FR－A7AP）、配套三菱专用电机后，其有效调速范围可达 1:1500，速度响应可达 300rad/s（48Hz），性能已接近交流伺服驱动。变频器在闭环控制时可像交流主轴、伺服一样，实现伺服锁定功能，并具有优异的恒转矩和恒功率调速性能，产品代表了当今世界通用变频器的最高水平，本书对此进行全面介绍。

2. 产品概况

三菱公司是日本研发、生产变频器最早的企业和进入中国市场最早的变频器产品之一，其产品规格齐全、使用简单、调试容易、可靠性好。三菱变频器中使用最广的是图 7.1-1 所示的 FR－500 与 FR－700 两大系列，FR－500 系列为 20 世纪末期推出的产品，有较大的市场占有率；FR－700 系列为最近推出、用于替代 FR－500 的新产品，由于 FR－500 与 FR－700 两系列产品的功能、参数、连接、调试的方法类似，本书将对 FR－700 系列产品进行介绍。

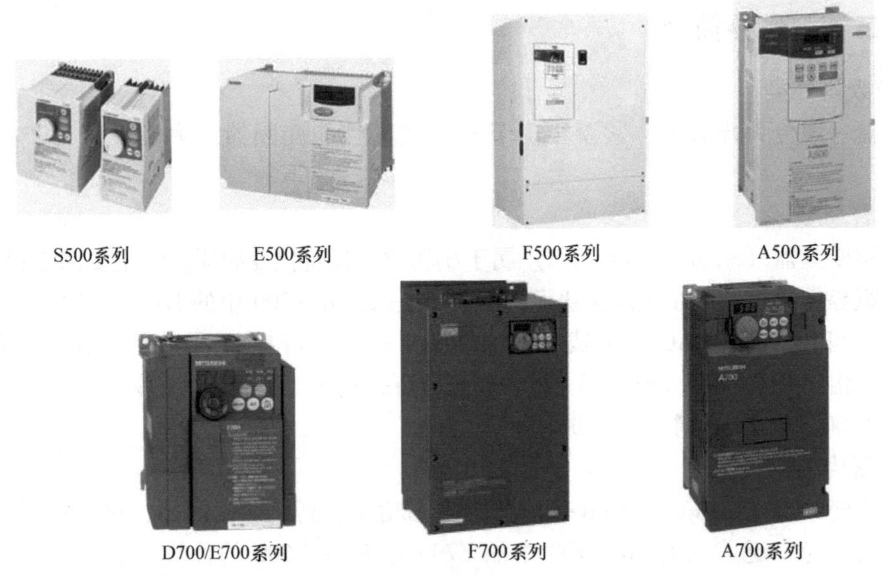

图 7.1-1　FR－700 系列变频器外形

FR－700 系列与 FR－500 相比，扩大了调速范围、提高了普通型和节能型变频器的最大输出频率和过载能力、加快了动态响应速度、缩小了变频器体积、增强了网络功能等，在采用闭环矢量控制、配套专用电机后，FR－A740 的整体性能已经接近于交流伺服驱动。FR－500/700 系列变频器各类产品的基本性能综合比较如图 7.1-2 所示。

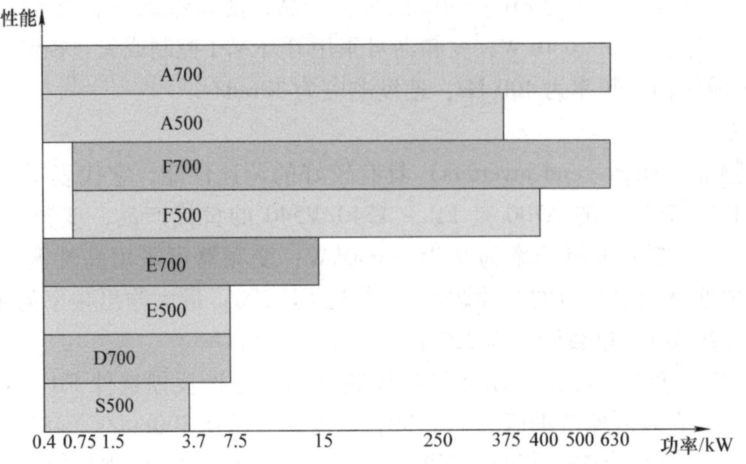

图 7.1-2　FR－500/700 系列变频器性能比较图

3. 技术参数

FR－700 系列变频器常用产品的主要技术参数见表 7.1-1。由于变频器的发展迅速，其产品的性能在不断改进与完善中，有关内容应随时关注三菱公司最新说明。

表 7.1-1　FR－700 系列变频器基本性能比较表

项　　目		D700	E700	F700	A700
输入电源	单相 AC200V 输入	●	●	×	×
	3 相 AC400V 输入	●	●	●	●
可控制的电机功率/kW		0.1～7.5	0.1～15	0.75～630	0.4～630
输入	模拟电压输入/V	0～10	0～10	－10～10	－10～10
	4～20mA 模拟电流输入	●	●	●	●
	模拟输入分辨率/Hz	0.06	0.06	0.015	0.015
	模拟输入精度	±1%	±0.5%	±0.2%	±0.2%
	数字输入分辨率/Hz	0.01	0.01	0.01	0.01
	数字输入精度	±0.01%			
	最大输出频率/Hz	400	400	400	400
	最小输出频率/Hz	0.2	0.2	0.5	0.2
	启动频率/Hz	1	0.5	3	0.3
	启动转矩（M_m/M_e）	150%	200%	120%	200%
DI 信号	输入点数	5	7	12	12
	源/汇点输入切换	●	●	●	●
	热电阻输入	×	×	●	●
DO 信号	集电极开路输出点	1	2	5	5
	继电器输出点	1	1	2	2
	模拟量输出点	1	1	2	2
	脉冲输出点	×	×	1	1

注："●"可使用；"×"不能使用。

7.1.2　产品规格

1. 产品型号

三菱 FR－500/FR－700 系列变频器常用产品的型号组成及代表的意义如下：

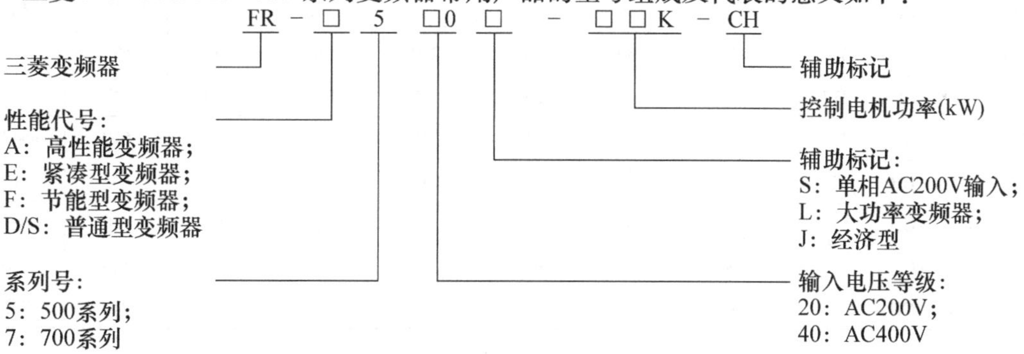

FR－□　5　□0　□　－　□□K－CH

三菱变频器

性能代号：
A：高性能变频器；
E：紧凑型变频器；
F：节能型变频器；
D/S：普通型变频器

系列号：
5：500系列；
7：700系列

辅助标记

控制电机功率(kW)

辅助标记：
S：单相AC200V输入；
L：大功率变频器；
J：经济型

输入电压等级：
20：AC200V；
40：AC400V

2. 产品规格

表 7.1-2 为 FR－A740 系列变频器规格表。表中的 SLD 为 110% 过载不大于 60s 的轻微过载；LD 为 120% 过载不大于 60s 的轻载；ND 为 150% 过载不大于 60s 正常负载；HD 为 200% 过载不大于 60s 的重载；AC400V 输入的电压允许范围为 AC325～528V；输入容量为参考数据。

表 7.1-2　FR－A740 系列变频器产品规格表

变频器型号	输入容量/kV·A	适用电机功率/kW				额定输出电流/A			
		SLD	LD	ND	HD	SLD	LD	ND	HD
A740－0.4K－CH	1.5	0.75	0.75	0.4	0.2	2.3	2.1	1.5	0.8
A740－0.75K－CH	2.5	1.5	1.5	0.75	0.4	3.8	3.5	2.5	1.5
A740－1.5K－CH	4.5	2.2	2.2	1.5	0.75	5.2	4.8	4	2.5
A740－2.2K－CH	5.5	3.7	3.7	2.2	1.5	8.3	7.6	6	4
A740－3.7K－CH	9	5.5	5.5	3.7	2.2	12.6	11.5	9	6
A740－5.5K－CH	12	7.5	7.5	5.5	3.7	17	16	12	9
A740－7.5K－CH	17	11	11	7.5	5.5	25	23	17	12
A740－11K－CH	20	15	15	11	7.5	31	29	23	17
A740－15K－CH	28	18.5	18.5	15	11	38	35	31	23
A740－18.5K－CH	34	22	22	18.5	15	47	43	38	31
A740－22K－CH	41	30	30	22	18.5	62	57	44	38
A740－30K－CH	52	37	37	30	22	77	70	57	44
A740－37K－CH	66	45	45	37	30	93	85	71	57
A740－45K－CH	80	55	55	45	37	116	106	86	71
A740－55K－CH	100	—	—	55	45	—	—	110	86
A740－75K－CH	110	110	90	75	55	216	180	144	110
A740－90K－CH	137	132	110	90	75	260	216	180	144
A740－110K－CH	165	160	132	110	90	325	260	216	180
A740－132K－CH	198	185	160	132	110	361	325	260	216
A740－160K－CH	248	220	185	160	132	432	361	325	260
A740－185K－CH	275	250	220	185	160	481	432	361	325
A740－220K－CH	329	250	250	220	185	547	481	432	361
A740－250K－CH	367	315	250	250	220	610	547	481	432
A740－280K－CH	417	355	315	250	250	683	610	547	481
A740－315K－CH	465	400	355	315	250	770	683	610	547
A740－355K－CH	521	450	400	355	315	866	770	683	610
A740－400K－CH	587	500	450	400	355	962	866	770	683
A740－450K－CH	660	560	500	450	400	1094	962	866	770
A740－500K－CH	733	630	560	500	450	1212	1094	962	866

7.2　硬件与连接

7.2.1　硬件组成

变频器是一种可用于感应电机变速控制的通用装置，其应用比交流伺服驱动器更广。变频器设计时已考虑了通用性，最低要求只要连接电机和电源，就可正常工作，但为了提高性能，可根据需要选配部分部件和模块。

三菱 FR－A740 系列变频器的基本硬件组成如图 7.2-1 所示，图中带“＊”的器件是从变频器安全使用的角度需要配置的硬件；带“＊”的器件是常用的配件；带“＊＊”的器件一般只在系统有特殊要求时配置。

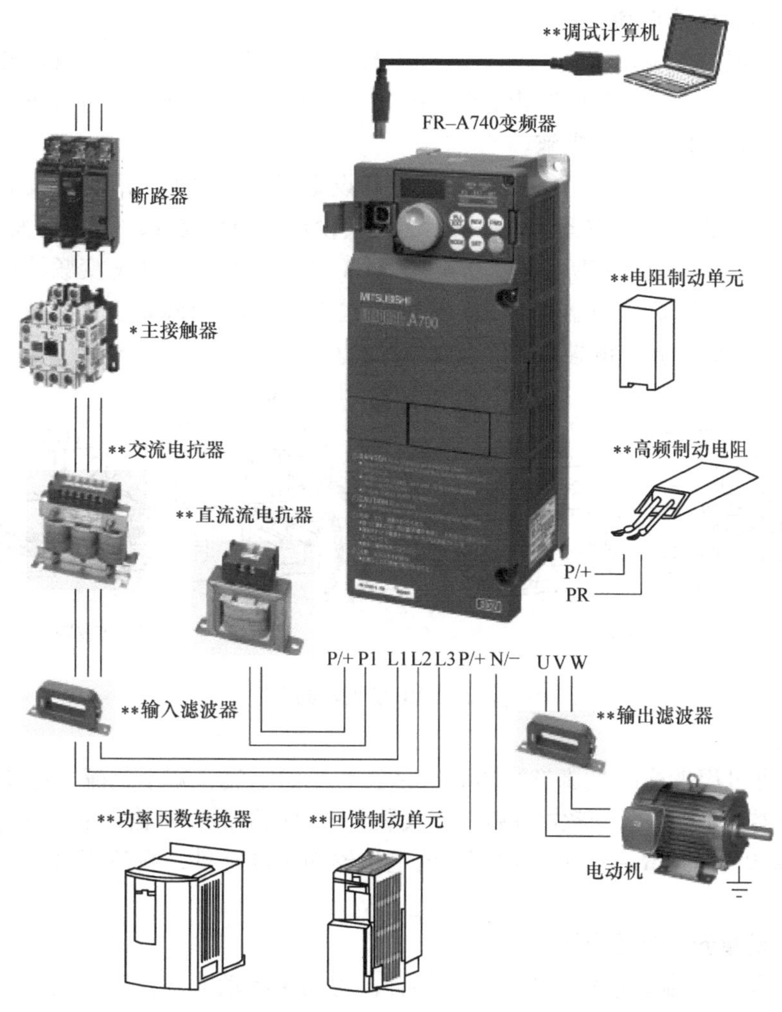

图 7.2-1　FR－A740 变频器的硬件组成

1. 断路器

断路器用于变频器主回路短路保护，由于变频器内部一般不安装主回路短路保护断路器，为防止变频器整流、逆变主回路的功率器件短路，对于长期使用的设备，必须在主电源输入回路安装断路器或熔断器。

2. 主接触器

变频器原则上不允许通过主接触器的通断来控制电机起停，因此，从正常使用的角度，主回路可不加主接触器。但在安装外置式制动电阻或系统需要对变频器主电源通断进行控制时，可通过主接触器通断主电源。

3. 交流电抗器

交流电抗器用来抑制变频器产生的高次谐波、提高功率因数，减小谐波对电网的影响，同时，也能防止电网冲击对变频器的影响。当变频器在对用电设备的谐波要求很高的用电环境下使用时，或变频器选择了回馈制动单元时，或供电线路上安装有功率因数补偿电容等可能存在较大浪涌电流的场合，应选配交流电抗器。

4. 进线与电机侧滤波器

在输入（进线）与输出（电机侧）零相电抗器可以抑制线路电磁干扰。此外，保持动力线与控制线之间的距离、采用屏蔽电缆、按照规定要求接地、降低变频器的 PWM 载波频率等也是消除电磁干扰的有效措施。

FR－A740 系列变频器内置有 EMC 滤波器和设定端，变频器出厂时滤波器设定为 OFF（不使用），用户可根据需要按图 7.2-2 所示，将其设定到 ON 位置，EMC 滤波器功能生效。滤波器的设定端的安装位置有所不同，0.4～3.7kW 和 18.5kW、22kW 变频器位于变频器的左下方；5.5kW、7.5kW 变频器位于变频器的右下方；11kW、15kW 变频器位于变频器的中下方；而对于 30kW 以上变频器，则位于变频器的左上方。

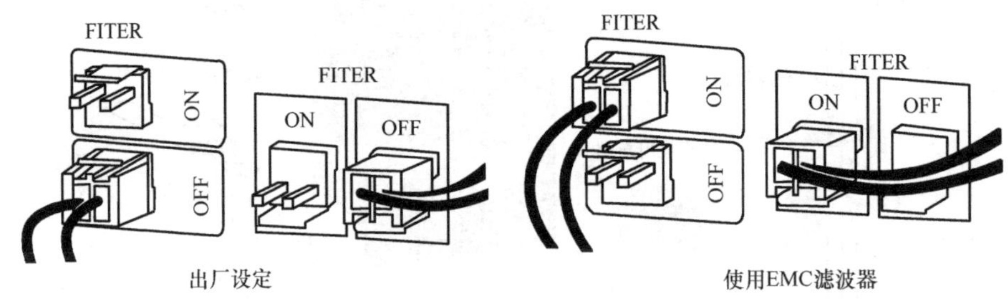

图 7.2-2　EMC 滤波器的设定

5. 直流电抗器

直流电抗器可用来抑制直流母线的高次谐波与浪涌电流，减小整流、逆变功率管的冲击，提高变频器功率因数。变频器在按规定安装直流电抗器后，对输入电源容量的要求可相应减少。55kW 以上的 FR－A740 变频器直流电抗器为标准配件，在使用时必须予以选择和安装。

6. 外接制动单元与外接电阻

对于需要频繁启/制动或负载惯性大的场合，为加快制动速度，降低变频器发热，应选配外置制动电阻单元。变频器选配外置式制动电阻时，电阻单元必须安装有温度检测器件，并在主回路上安装主接触器，一旦制动电阻过热就必须立即断开主接触器、切断主电源。22kW 及以下的 FR－A740 变频器可直接选配高频制动电阻，超过 22kW 的变频器应选择标准制动电阻单元。

7. 功率因数转换器

功率因数转换器连接主电源进线上，它可有效抑制变频器谐波，提高功率因数、改善电网质量，功率因数转换器有相位检测、DI/DO 信号连接等要求，应使用三菱公司提供的产品。

8. 回馈制动单元

回馈制动单元连接主电源进线上，它可大幅度改善变频器的制动性能，提高变频器制动能力，回馈制动单元应使用三菱公司提供的产品。

7.2.2 选件规格

变频器生产厂家所提供的变频调速系统部件包括标准变频器、外置选件、内置选件三部分。外置选件为变频器控制、保护或用于提高某方面性能的器件，原则上可由用户自行配置，但也可由三菱公司提供；内置选件安装在变频器内部，需要选择三菱公司配套的产品。FR－700 系列变频器常用的外置及内置选件包括以下几类。

1. 外置选件

三菱变频器的外置选件基本型号见表 7.2-1。早期的普通型、紧凑型变频器的操作单元为选件，为了进行变频器的参数设定与调试，需要选配操作单元选件。FR－A740 系列变频器的标准配置中含有简易操作单元，无须另行选配；但为了方便操作，可以选配多语言手持操作单元。

表 7.2-1 三菱变频器常用外置选件一览表

名 称	型 号	用 途	说 明
多语言手持操作显示单元	FR－PU07	变频器操作与调试	所有型号
高频制动电阻	FR－ABR－□□	改善制动性能	22kW 以下变频器用
制动单元	FR－BR、FR－BU	改善制动性能	22 以上变频器用
交流电抗器	FR－HAL－H□□	降低谐波	根据需要选择
直流电抗器	FR－HEL－H□□	降低谐波	55kW 以上变频器必须选配
功率因数转换器	FR－HC	提高功率因数	55kW 及以下变频器用
功率因数转换器	MT－HC	提高功率因数	75kW 及以上变频器用
输入（进线）滤波器	FR－BLF	消除线路干扰	55kW 及以下变频器不需要
输出（电机侧）滤波器	FR－BSF01	消除线路干扰	3.7kW 以下，根据需要选择
	FR－BLF	消除线路干扰	3.7kW 以上，根据需要选择

2. 内置选件

FR－740 变频器的内置选件包括 I/O 扩展模块与通信扩展模块两大类，前者用于变频器输入/输出信号扩展；后者用于通信与网络控制。

FR－740 变频器常用的 I/O 扩展模块如下。

（1）闭环控制模块

用于闭环控制的变频器，模块用于速度或位置检测编码器连接，实现闭环速度控制或简单位置控制功能。

（2）数字输入扩展模块

模块可连接16位二进制或BCD输入信号，作为数字频率数字给定、定位位置输入，或增益、偏移的数字调整输入。

（3）输出扩展模块

模块用于开关量/模拟量输出（DO/AO）扩展，它可在变频器原有的DO基础上增加6点DO信号和2通道AO输出。DO点为集电极开路输出，功能可通过参数定义；AO为16位D－A转换，输出为0~20mA模拟电流或DC0~10V模拟电压。

（4）继电器输出扩展

模块用于DO扩展，它可增加3点继电器输出DO信号，输出功能可通过参数定义。

FR－740变频器常用的通信扩展模块包括PROFIBUS－DP接口、CC－Link接口、Device Net接口等，利用这些接口，可将变频器以从站的形式连接到各种总线上，构成工业自动化网络系统。

以上选件的型号见表7.2-2。每一变频器最多可安装3个内置选件模块，但同类选件只能安装一块。

表7.2-2　FR－700常用的变频器内置选件一览表

名　称	型　号	用　途
闭环控制模块	FR－A7AP	闭环控制用速度/位置反馈编码器接口
输入扩展模块	FR－A7AX	16位二进制输入
输出扩展模块	FR－A7AY	6点集电极开路输出DO、2通道16位D－A转换AO输出
继电器输出扩展模块	FR－A7AR	3点继电器输出接口
PROFIBUS－DP总线接口	FR－A7NP	连接PROFIBUS－DP网络总线
Device Net总线接口	FR－A7ND	连接Device Net网络总线
CC－Link总线接口	FR－A7NC	连接CC－Link网络总线
LONWORKS总线接口	FR－A7NL	连接LONWORKS网络总线
CANopen总线接口	FR－A7NCA	连接CANopen网络总线
Ethenet总线接口	FR－A7N－ETH	连接Ethenet网络总线

7.2.3　系统连接

1. 连接总图

FR－A740变频器的系统连接包括主回路、DI/DO回路、AI/AO回路等部分，其连接总图如图7.2-3所示。

（1）主回路

主回路包括主电源输入、电机输出及直流母线上的制动电阻、制动单元、直流电抗器等高电压、大电流器件的连接。

（2）DI/DO回路

变频器的DI信号是用来控制电机的正/反转、起/停等；DO信号用于变频器的内部工作状态输出，如速度到达、报警等。变频器的DI/DO信号功能可通过参数进行定义，总点数与变频器功能有关，功能越强，可使用的DI/DO点就越多。

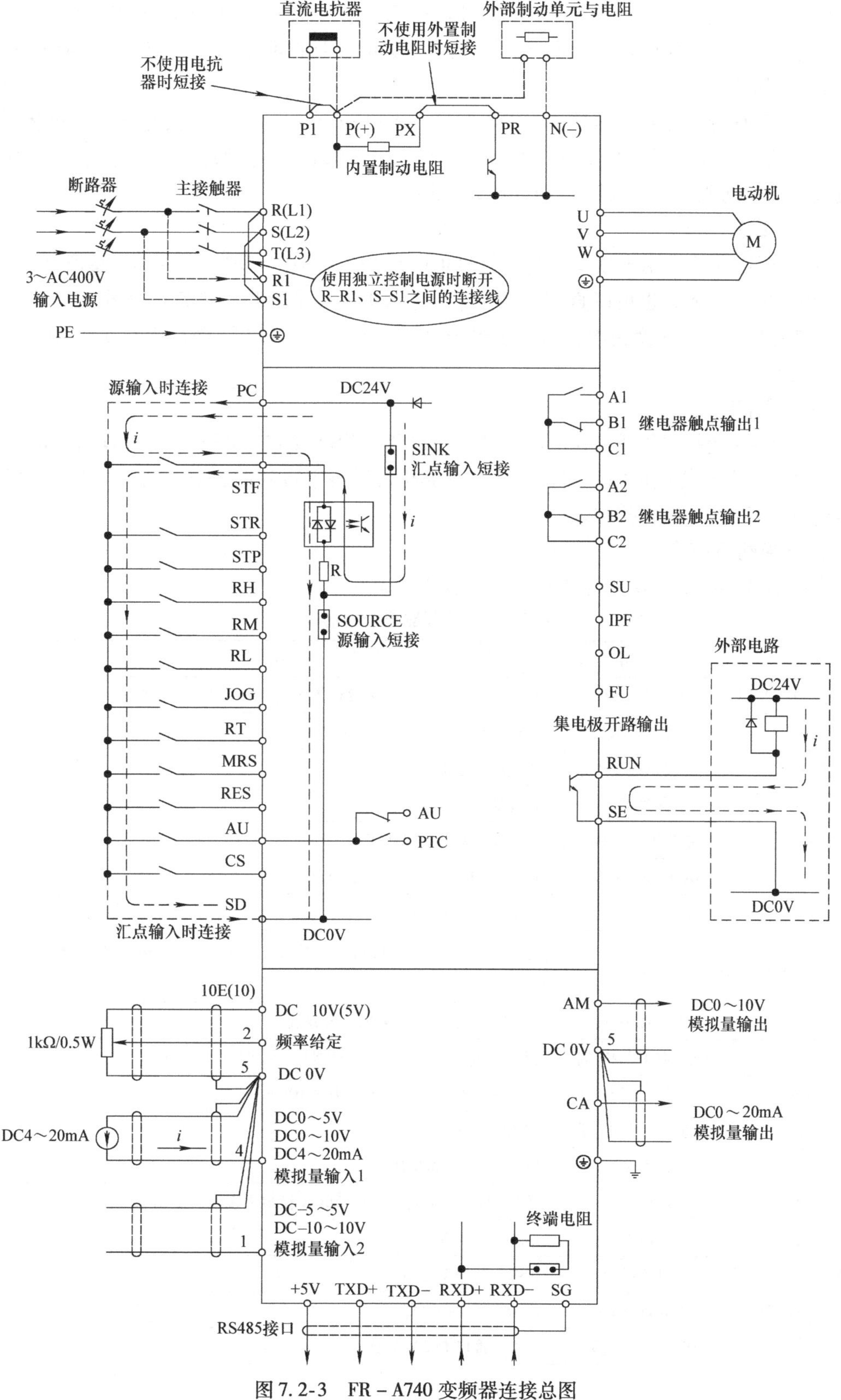

图 7.2-3 FR－A740 变频器连接总图

FR－A740 变频器可以连接 12 点 DI 信号。DI 信号的输入接口电路采用的是双向光耦，输入信号可以是 DC24V 电平或接点信号，通过变频器上的短接端的设定，可选择源输入或汇点输入连接形式。

FR－A740 变频器可以连接 7 点 DO 信号。DO 信号有晶体管集电极开路输出和继电器触点输出两类，前者可驱动 DC30V/100mA 以下的直流负载；后者既能驱动直流、也能驱动直流负载，其驱动能力为 AC200V/DC30V，0.3A。

（3）AI/AO 回路

变频器的 AI 信号用于频率给定，信号可以是 DC0～10V、DC－10～10V 模拟电压或 4～20mA 模拟电流输入，也可以直接连接电位器。AO 信号是变频器内部的频率、电流、电压等状态数据的 D－A 转换输出，可用于仪表显示，AO 信号可以是 DC－10～10V 电压或 4～20mA 电流。

（4）通信连接

FR－A740 变频器集成有 RS485、ModBusRTU、USB 接口。RS485 接口有两组信号连接端，内部还安装有终端电阻，可以直接与计算机等进行串行数据通信，利用计算机、PLC 等设定变频器参数、控制变频器运行。

2. 连接端与功能

变频器各连接端的功能与作用说明见表 7.2-3。

表 7.2-3　变频器连接端功能表

端子号	作　用	功　能　说　明
R/S/T（L1/L2/L3）	3 相主电源	3～AC400V，允许范围 325～528V；50/60Hz（1±5%）
R1/S1	控制电源	使用主接触器时连接控制电源
U/V/W	电机连接	连接电机电枢
PE	接地端	接地端
P+/N－	制动电阻连接	外置高频制动电阻连接
P+/P1	DC 电抗器连接	连接 DC 电抗器，不使用时短接
P+/ PR	制动单元连接	外置制动单元连接
STF～CS	12 点 DI 输入	连接 DI 信号，功能可通过参数设定；其中，AU 可以连接 PTC 热敏电阻输入
SD	DI 公共 0V 端	汇点输入时的 DI 信号输入公共端
PC	DI 公共 DC24V 端	源输入时的 DI 信号输入公共端，最大输出 100mA
10E	频率给定电压输出	DC10V 电位器给定电源，最大 10mA
5	AI 输入公共 0V 端	AI 输入公共端
2	AI 输入 1	DC0～10V 模拟电压
4	AI 输入 2	DC0～10V 模拟电压或 4～20mA 模拟电流输入
1	AI 输入 3	DC－10～10V 模拟电压输入
TXD+/ TXD－	RS485 接口	RS485 数据发送端
RXD+/RXD－	RS485 接口	RS485 数据接收端
5V	RS485 接口电源	RS485 接口 DC5V 电源

（续）

端子号	作　用	功　能　说　明
SG	RS485 接口屏蔽端	连接 RS485 接口屏蔽线
A1/B1/C1	DO 输出 1	继电器触点输出 1，功能可通过参数设定
A2/B2/C2	DO 输出 2	继电器触点输出 2，功能可通过参数设定
SU ~ RU	5 点 DO 输出	晶体管集电极开路输出，功能可通过参数设定
AM	模拟量输出 1	变频器内部数据的 D－A 转换 DC0 ~ 10V 电压输出
CA	模拟量输出 2	变频器内部数据的 D－A 转换 0 ~ 20mA 电流输出

7.3　主回路设计

7.3.1　基本要求

1. 电源连接

FR－700 系列的变频器中，FR－D700/E700 可以使用单相 AC 200V 或 3 相 AC400V 输入，FR－F740/A740 只能是 3 相 AC400V 输入，变频器对输入电源的要求见表 7.3-1。

表 7.3-1　FR－700 变频器的电源要求

输入电源类型	连接端	电源要求	
		输入电压范围	输入频率
单相 AC200V 输入	R、S（L1、N）	单相 AC170 ~ 264V	50/60Hz（1 ±5%）
3 相 AC400V 输入	R、S、T（L1、L2、L3）	3 相 AC325 ~ 528V	50/60Hz（1 ±5%）

变频器的电源连接需要注意如下问题：

1）变频器出厂时控制电源输入端 R/S 与主电源输入端 R/S 上通常安装有图 7.3-1 所示的短接片，主回路需要安装主接触器时，应断开短接片，在 R1/S1 上单独连接控制电源。电源输入回路必须安装断路器或熔断器，以防止整流或逆变主回路的短路。

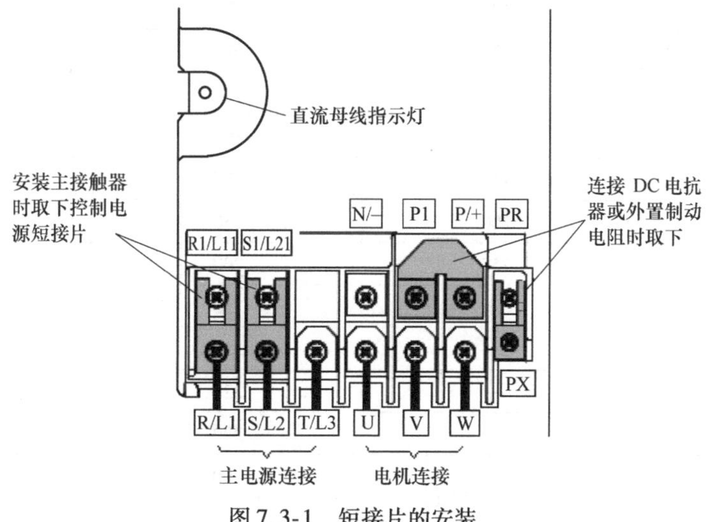

图 7.3-1　短接片的安装

2）主电源必须连接到图 7. 3-1 所示的端子 R/L1、S/L2、T/L3 上，切不可将其错误地连接到电机输出 U、V、W 上。变频器对电源和电机的相序无要求，电机转向允许通过改变相序进行调整。

3）当变频器选配交流电抗器时，电抗器应连接在主接触器和变频器之间；当直流母线安装直流电抗器时，需要断开变频器 P1、P/ + 上的短接端，将电抗器串联到直流母线中(参见连接总图)。

2. 断路器与连接线

变频器存在高频漏电流，进线侧如需要安装漏电保护断路器，一般应选择感度电流在 30mA 以上的变频器专用漏电保护断路器或感度电流在 200mA 以上的普通工业用漏电保护断路器。

变频器的进线断路器容量，主电源连接线、电机连接线的线径等均应按照规定的要求选择，表 7. 3-2 为三菱 FR – A740 变频器的进线断路器容量和主电源、电机连接线的线径参考表。变频器与电机的接地线同样有线径的要求，一般而言，对于 100kW 及以下的变频器，接地线线径应大于或等于电源进线；超过 100kW 的变频器，其接地线可按电源线线径的 1/2 选择，但原则上导线截面积不应小于 60mm^2。

表 7. 3-2　断路器容量与线径选择参考表

变频器规格/kW	断路器容量/A		电源、电机线截面积/mm^2
	无电抗器	有电抗器	
0. 4	10	6	1. 5
0. 75	10	6	1. 5
1. 5	16	10	2. 5
2. 2	16	10	2. 5
3. 7	20	16	4
5. 5	32	20	4
7. 5	40	32	6
11	63	40	6
15	100	63	10
18. 5	100	63	10
22	125	100	16
30	125	100	16
37	150	125	25
45	200	150	35
55	250	200	50
75	—	250	50
90	—	250	50
110	—	320	70
132	—	320	100
160	—	400	120

（续）

变频器规格/kW	断路器容量/A		电源、电机线截面积/mm^2
	无电抗器	有电抗器	
185	—	400	150
220	—	500	2×100
250	—	600	2×100
280	—	600	2×150
315	—	700	2×150
355	—	800	4×100
400	—	900	4×100
450	—	1000	4×120
500	—	1200	4×120

7.3.2 电路设计

1. 主回路通断控制

为了控制变频器的电源通断，防止变频器在断电后的自行启动和出现紧急情况的断电，需要在主回路安装主接触器。主接触器控制电路设计时应注意以下几点：

1）主电源的频繁通/断将产生浪涌冲击，影响变频器的使用寿命，因此，主接触器不能用于电机的正常起动/停止控制，其通断频率原则上不能超过 30min 一次。变频器与电机间如安装了接触器，接触器的 ON/OFF 不能在变频器运行时进行。

2）当变频器安装有外置式制动单元或制动电阻时，为防止电阻发热所引发的事故，必须设计有制动电阻的热保护电路，以直接断开主接触器（见后述）。

3）变频器的主接触器控制电路中应串联图 7.3-2 所示的变频器故障触点，当多台变频器共用输入断路器时，应在每台变频器的主回路分别安装主接触器，并串联各自的变频器故障触点。

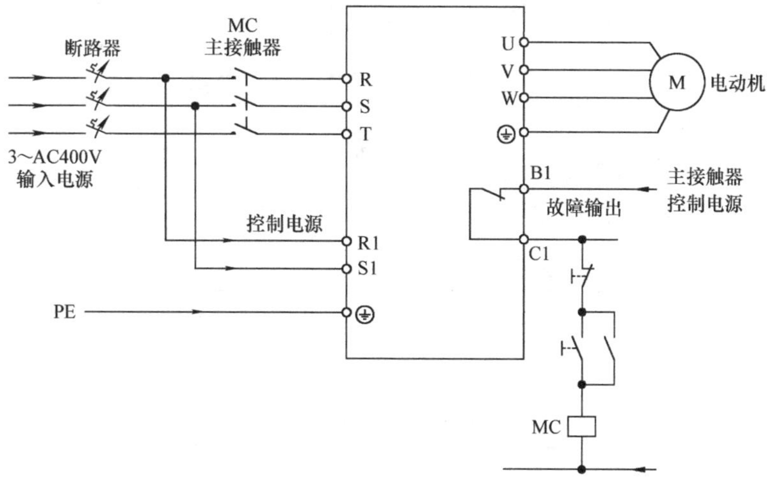

图 7.3-2 主接触器的控制

2. 外置制动电路

22kW 以下的中小功率 FR－A740 变频器，可以直接选择外置 FR－ABR 高频制动电阻选件，制动电阻可直接连接到变频器的 P/＋、PR 端，这时，应将图 7.3-1 所示的变频器 PX－PR 间的内置制动电阻短接片拆除，断开内置制动电阻。制动电阻必须安装热保护器件，热保护触点应直接串联到主接触器的控制电路中，如果制动电阻的热保护触点为常开触点，则必须通过中间继电器将其转换为常闭触点。推荐的制动电阻连接电路设计如图 7.3-3a 所示。

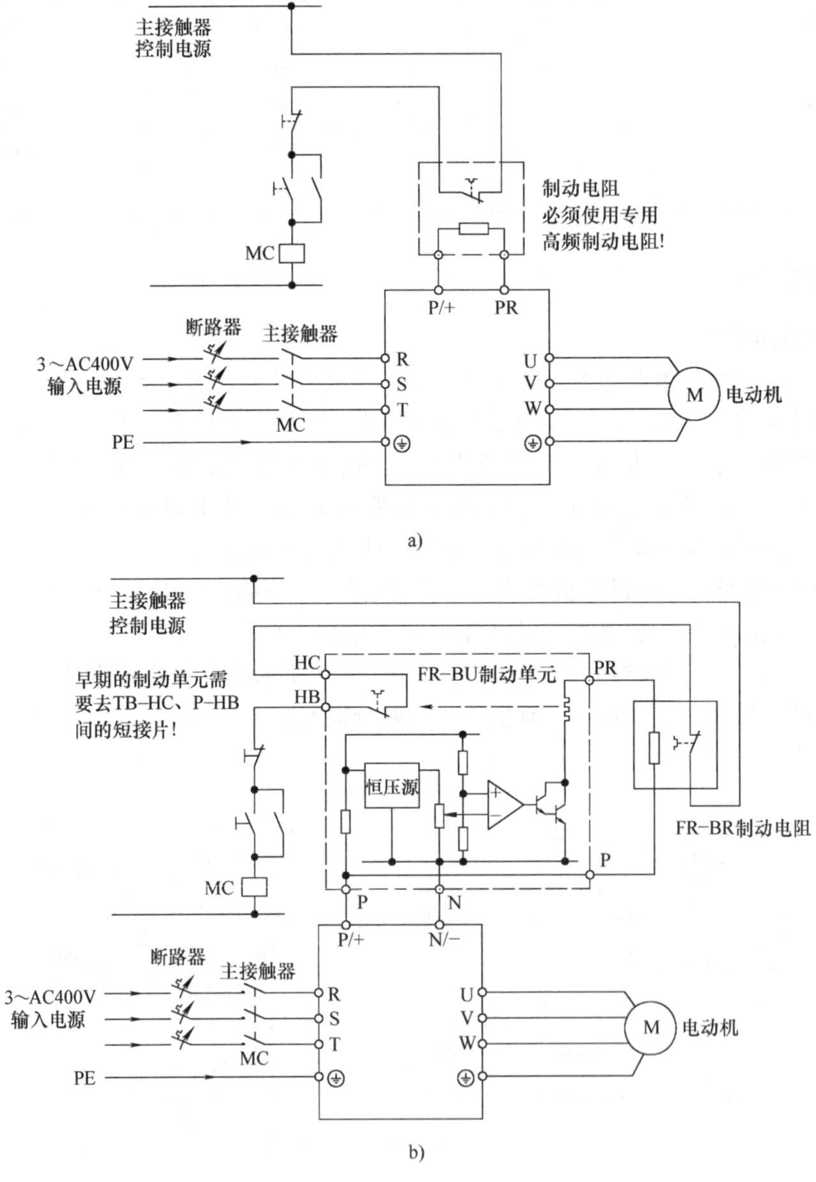

图 7.3-3　外置制动电路

a）使用外置制动电阻　b）使用 FR－BU 制动单元

对于采用 FR－BU 制动单元（含 FR－BR 制动电阻）的 FR－A740 变频器，制动单元上安装有直流母线电压检测电路，此时，应将 FR－BU 单元的 P、N 连接到变频器的 P/＋、N/－端，同时将 FR－BR 制动电阻连接到制动单元的 P、PR 上。FR－BU 制动单元内部带有过电流检测触点；FR－BR 制动电阻上有过热触点，两者应串联连接到主接触器的控制回路中。如果使用早期的 FR－BU 系列制动单元时，还需要将制动单元上 TB－HC、P－HB 端子之间的短接线断开。推荐的制动单元连接电路设计如图 7.3-3b 所示。

3. 其他

变频器同样可以连接交流电抗器、直流电抗器、零相电抗器、滤波器等抗干扰器件，其使用方法与要求均和伺服驱动器一致，使用时可以参照本书第 3 章以及变频器连接总图，按照要求予以连接。变频器还可以根据需要选配三菱公司提供的功率因数转换器、回馈制动单元等部件，其连接都有特殊的要求，具体可参见三菱公司的变频器使用手册。

7.4 DI/DO 回路设计

7.4.1 DI 回路设计

1. 连接要求

不同型号的变频器可使用的 DI 信号数量有所不同，功能越强可连接的 DI 信号也越多，但对于同一系列的产品，其外部连接和对输入信号的要求通常一致，表 7.4-1 为 FR－A740 变频器可使用的 DI 信号及出厂默认设定功能表。

表 7.4-1　FR－A740 变频器的 DI 信号和默认功能

连接端代号	默认功能	作 用 与 意 义
STF	正转起动	ON：起动正转；OFF：无效
STR	反转起动	ON：起动反转；OFF：无效
STOP	变频器停止	ON：允许变频器运行；OFF：停止
RH	速度选择 1	选择参数设定的多级变速运行速度
RM	速度选择 2	选择参数设定的多级变速运行速度
RL	速度选择 3	选择参数设定的多级变速运行速度
MRS	输出关闭	ON：关闭逆变管输出；OFF：无效
RES	复位	ON：复位、清除变频器故障；OFF：无效
JOG	点动	ON：选择外部点动运行；OFF：无效
RT	第 2 电机选择	ON：第 2 电机设定参数有效；OFF：第 1 电机设定参数有效
AU	频率给定输入选择	ON：AI 输入端 4 有效；OFF：AI 输入端 2 或 1 有效
CS	断电重启功能选择	ON：断电重启；OFF：无效
SD	汇点输入公共端	DI 信号 0V 公共端
PC	源输入公共端	DI 信号 24V 公共端，驱动能力 DC24V/100mA

FR－700 系列变频器对 DI 信号的要求见表 7.4-2。

表 7.4-2　FR－700 系列变频器 DI 输入规格表

项　目	规　格
输入电压	DC24V，－15% ~ +10%
输入电流	5mA/24V
输入 ON/OFF 电流	ON：≥3.5mA；OFF：≤0.1mA
输入隔离和响应时间	双向光耦合，响应时间≈10ms
输入信号连接形式	直流源输入或汇点输入

FR－700 系列变频器的 DI 接口电路采用了双向光耦，故可采用汇点输入和源输入两种连接方式，连接方式需要通过变频器设定端进行选择，其设定方法如图 7.4-1 所示，当选择汇点输入连接时，在 SINK 设定端上安装短接片；选择源输入连接时，在 SOURCE 设定端上安装短接片。

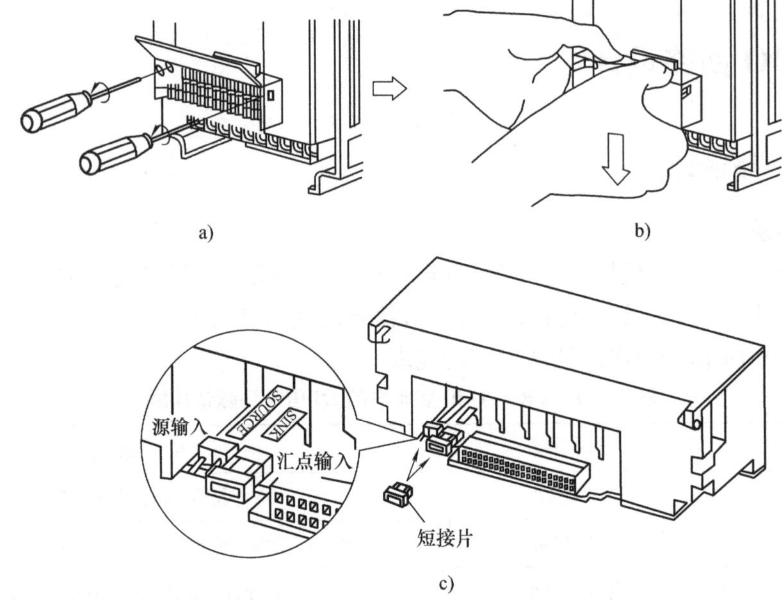

图 7.4-1　输入方式选择

a）松开接线端　b）取下接线端　c）按照要求安装短接片

由连接总图 7.2-3 可见，SINK 设定端短接时，变频器内部的 DI 输入公共端与变频器内部 DC24V 连接；SOURCE 设定端短接时，变频器内部的 DI 输入公共端与变频器内部 DC0V 连接。但是，如果短接端 SINK 和 SOURCE 同时安装短接片，将引起变频器内部 DC24V 的短路，从而损坏变频器，这点在使用时务必引起注意。

2. 汇点输入连接

汇点输入是由变频器提供输入驱动电源、全部 DI 信号的一端汇总到 0V 公共端的连接形式，其输入驱动电流从变频器向外部“泄漏”，故又称漏型输入。

采用汇点输入连接时，变频器的接口电路可简化为图 7.4-2 所示。当输入触点 K 闭合时，变频器内部的 DC24V 与 0V 间通过光耦、限流电阻、输入

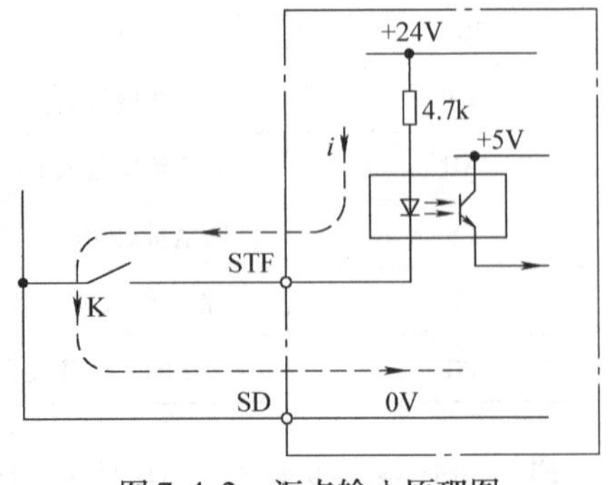

图 7.4-2　汇点输入原理图

触点，经公共端SD形成回路。触点闭合，变频器内部为“1”信号。

汇点输入可按图7.4-3a直接与NPN型晶体管集电极开路输出的接近开关连接；但对于PNP型晶体管集电极开路输出接近开关，由于其输出端和0V间安装有隔离器件，无法提供光耦驱动电流，故需要增加图7.4-3b所示的“下拉电阻”。增加下拉电阻后，变频器的输入状态将和接近开关的发信状态相反，即：接近开关发信时，开关输出端为24V，光耦无驱动电流，变频器的输入状态为“0”；开关未发信时，变频器的DC24V可通过光耦、限流电阻、下拉电阻，经公共端SD形成回路，输入状态为“1”。

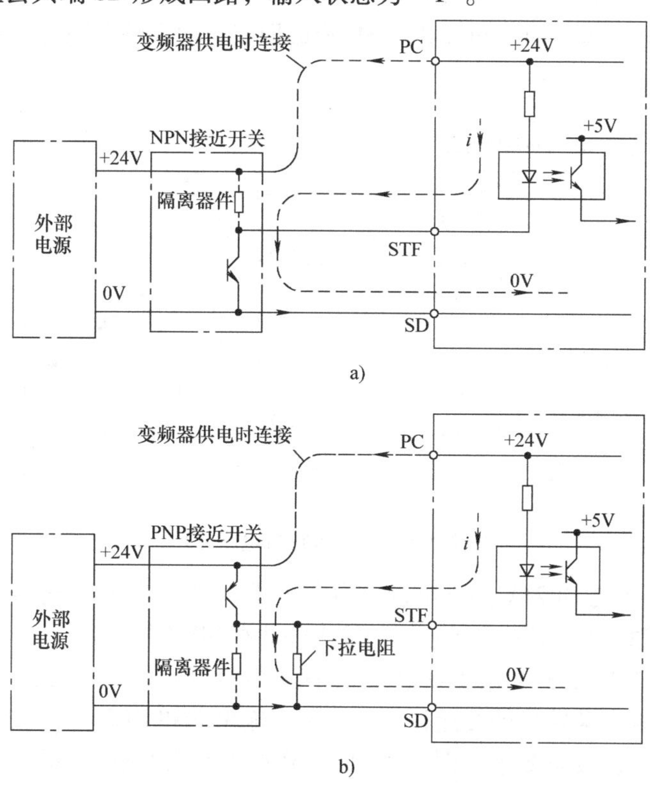

图7.4-3　汇点输入与接近开关的连接

a）NPN型接近开关连接　b）PNP型接近开关连接

下拉电阻的阻值与光耦驱动电流、输入限流电阻有关，其计算方法如下（取发光二极管的导通电压为0.7V）：

$$R=\frac{V_e-0.7}{I_i}-R_i$$

式中　R——下拉电阻（kΩ）；

V_e——输入电压（V）；

I_i——输入ON电流（mA）；

R_i——输入限流电阻（kΩ）。

对于FR－700系列变频器，式中的$V_e=24V$、$I_i=3.5mA$，$R_i=4.7k\Omega$，计算得到的下拉电阻$R=1.96\ k\Omega$，故可取2 kΩ。

需要注意的是：增加下拉电阻后，接近开关发信时，下拉电阻将成为开关的负载，它对开关的驱动能力要求高于变频器输入，如上例的接近开关驱动能力必须大于 12mA 等。

接近开关所需的 DC24V 驱动电源可由变频器的 DC24V 输出端 PC 提供，也可使用外部电源。PC 端的最大驱动能力为 100mA；采用外部电源时，电源的 0V 端应与变频器的输入公共端 SD 连接。

3. 源输入连接

源输入是由输入信号提供输入驱动电源的连接形式，其 DI 信号为"有源"信号。采用源输入的变频器接口电路可简化为图 7.4-4 所示。当输入触点 K 闭合时，DI 信号的 DC24V 通过光耦、限流电阻、输入触点和公共端 SD 形成回路，输入触点闭合，变频器内部状态为"1"。

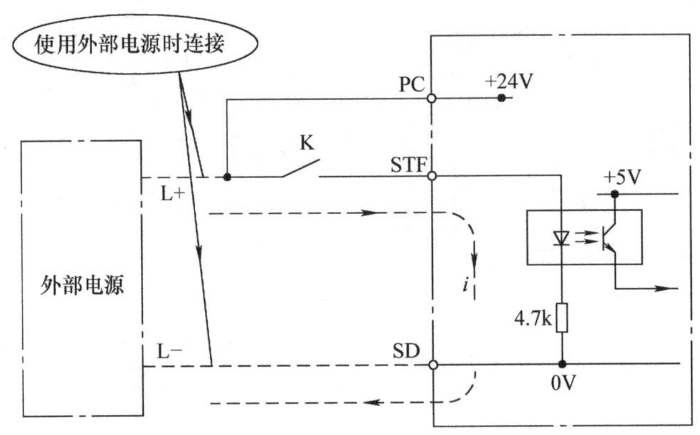

图 7.4-4　源输入接口电路原理

源输入 DI 信号上的 DC24V 驱动电源可由变频器的 PC 端提供，也可使用外部电源；采用外部电源时，电源的 0V 端应与变频器的输入公共端 SD 连接。

源输入可按图 7.4-5a 直接与 PNP 型晶体管集电极开路输出的接近开关连接，但对于 NPN 型晶体管集电极开路输出的接近开关，由于其输出端和 DC24V 间安装有隔离器件，无法提供光耦驱动电流，故需要增加图 7.4-5b 所示的"上拉电阻"。增加上拉电阻后，变频器的输入状态同样和接近开关的发信状态相反，即：接近开关发信时，开关输出端为 0V，光耦无驱动电流，变频器的输入状态为"0"；开关未发信时，DC24V 可通过上拉电阻、光耦合器、限流电阻，经公共端 SD 形成回路，输入状态为"1"。

上拉电阻的计算方法和汇点输入的下拉电阻类似，其阻值与光耦驱动电流、限流电阻有关，三菱变频器通常可取 2 kΩ。接近开关的 DC24V 电源同样可由变频器的 PC 端提供，或由外部电源提供，采用外部电源时，电源的 0V 端子应与变频器的输入公共端 SD 连接。

4. 转向和起停控制

转向和起停控制是变频器最基本的控制信号，FR－700 变频器的电机转向和起停控制可通过参数 Pr250 的设定，选择如下几种方式。

1）不使用 STOP 信号。如变频器未定义 DI 信号 STOP，FR－740 可通过参数 Pr250 的设定，选择如下两种转向和起停控制方式。

Pr250＝9999：使用保持型正/反转控制信号 STF/STR。STF 信号 OFF，电机正转；STR 信号 ON，电机反转；两者同时 OFF，电机停止。信号连接要求和作用如图 7.4-6a 所示。

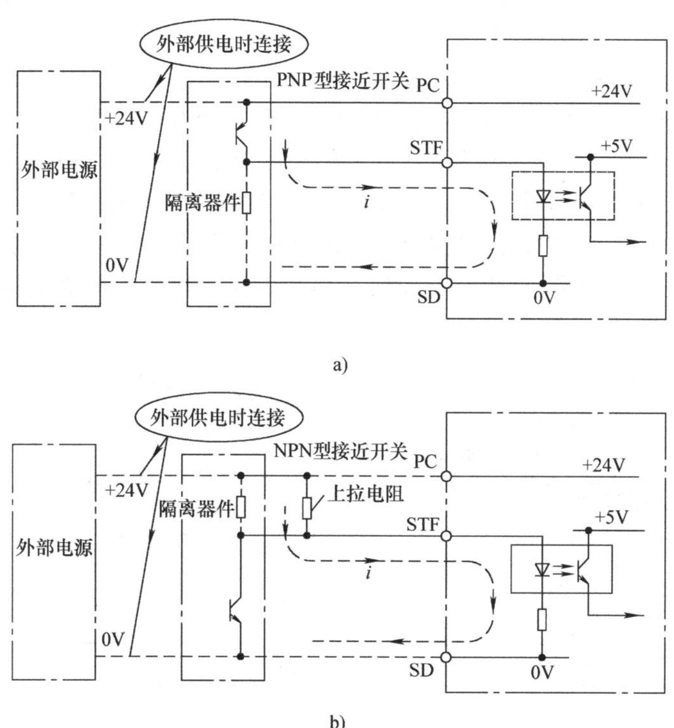

图 7.4-5　源输入与接近开关的连接

a）PNP 型接近开关连接　b）NPN 型接近开关连接

Pr250 = 8888：使用保持型起停/转向控制信号 STF/STR。信号 STR 用于转向选择，STR 信号 OFF 为正转、ON 为反转；信号 STF 用于起停控制，STF 信号 ON 电机起动，STF 信号 OFF 电机停止。信号连接要求和作用如图 7.4-6b 所示。

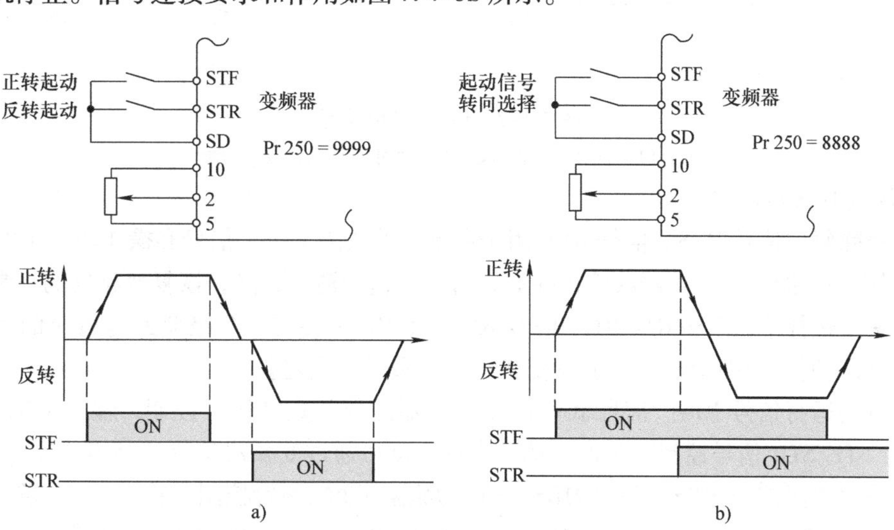

图 7.4-6　不使用 STOP 信号

a）使用正/反转控制信号　b）使用起停/转向控制信号

2）使用STOP信号。如果变频器定义了DI信号STOP，FR－740可通过参数Pr250的设定，选择如下两种转向和起停控制方式。

Pr250＝9999：使用脉冲型正反转控制信号STF/STR。当信号STOP输入ON时，如STF信号出现上升沿，电机起动并正转；如信号STR出现上升沿，电机起动并反转。如果STOP信号OFF，电机停止。信号连接要求和作用如图7.4-7a所示。

Pr250＝8888：使用脉冲型起动信号STF和保持型转向信号STR。当信号STOP输入ON时，如STR信号OFF，STF信号的上升沿起动电机正转；如STR信号ON，STF信号的上升沿起动电机反转。如果STOP信号OFF，电机停止。信号连接要求和作用如图7.4-7b所示。

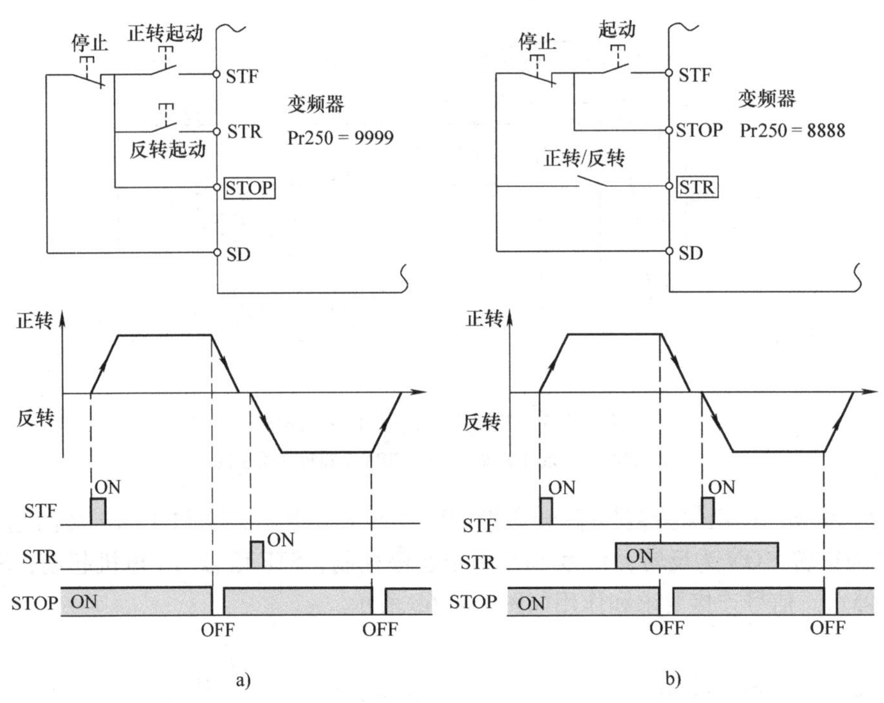

图7.4-7　使用STOP信号

a）使用正/反转控制信号　b）使用起停/转向控制信号

5. 其他DI信号

1）故障复位信号RES。信号RES用于变频器的故障复位，信号和操作单元上的RESET键具有同样的功能。当变频器故障排除后，可通过信号清除故障，恢复变频器的正常运行。

2）速度选择信号RH/RM/RL。信号RH/RM/RL主要用于多级变速运行时的运行速度选择，运行速度（频率给定）可通过变频器的参数进行设定。

3）点动运行信号JOG。信号JOG用于变频器的外部点动运行控制，输入ON，变频器可以通过STF/STR信号控制变频器点动，点动速度可通过变频器参数Pr15设定。

4）输出关闭信号MRS。信号MRS用于变频器逆变功率管控制，输入ON，逆变功率管关断，电机将进入自由停车状态。MRS停止和STOP停止的区别如图7.4-8所示，STOP信号OFF时，电机将在变频器的控制下减速停止，在整个停止过程中，电机始终受控；而MRS信号ON时，将直接关闭逆变功率管，电机变成自由停车状态。

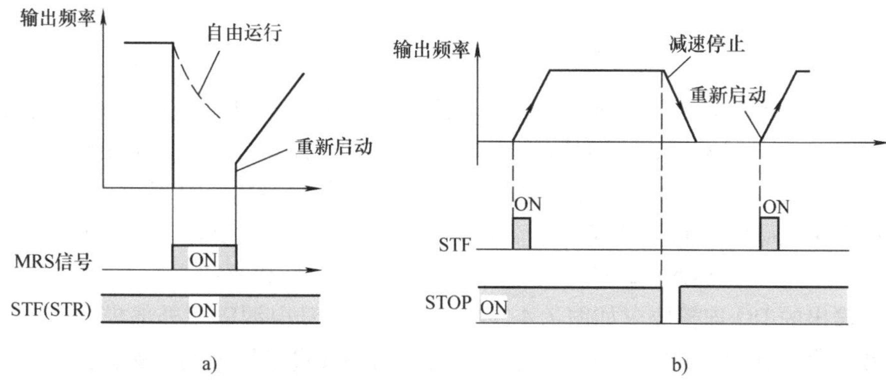

图 7.4-8　输出关闭与停止

a）输出关闭　b）停止

5）切换控制信号 RT。信号 RT 可用于变频器的加、减速时间切换、1∶n 多电机切换控制、变频器控制方式切换等。

7.4.2　DO 回路设计

1. 连接要求

变频器的 DO 信号用于工作状态输出，不同型号的变频器可使用的 DO 信号数量有所不同，功能越强、可连接的 DO 信号也越多，但对于同一系列的产品，其外部连接和输出驱动能力通常一致，表 7.4-3 为 FR－A740 变频器可使用的 DO 信号及出厂默认设定功能表。

表 7.4-3　FR－A740 变频器的 DO 信号和默认功能

连接端代号	默认功能	作用与意义
RUN	变频器运行	ON：变频器运行中；OFF：变频器停止
FU	指定频率到达	ON：输出频率大于参数设定；OFF：输出频率小于参数设定
SU	给定频率到达	ON：输出频率到达给定频率允差范围；OFF：加减速中
OL	过电流报警	ON：输出电流等于失速电流；OFF：输出电流在正常范围
IPF	瞬时停电	ON：出现瞬时停电；OFF：供电正常
A1－B1－C1	变频器报警	变频器报警时 A1－C1 触点接通、B1－C1 触点断开
A2－B2－C2	功能未定义	—

变频器的 DO 信号有继电器触点输出、晶体管集电极开路输出两种输出方式，其驱动能力见表 7.4-4。

表 7.4-4　FR－A740 变频器的输出规格表

项　　目	继电器输出	集电极开路输出
最大输出电压	AC 200V；DC 30V	DC30V
最大输出电流	0.3A	100mA
输出最小负载	2mA/DC5V	—
输出响应时间	≈10ms	≤0.2ms
输出隔离电路	触点机械式隔离	—

2. 输出连接

（1）继电器触点输出

FR－A740 变频器的继电器输出是一组带有公共端的常开、常闭触点，它既可用于DC30V 以下的直流负载驱动，也可驱动 AC200V 以下的交流负载；允许的负载电流为 0.3A。继电器输出在驱动开关频率高、负荷重或承受冲击电流的负载时，其触点寿命将显著降低，故不宜直接用于电磁阀、制动器等大电流负载驱动。此外，继电器输出受接触性能、响应时间等限制，也不宜用于 DC5V/2mA 以下的小电流、低电压负载驱动。

继电器输出的 DO 连接要求如图 7.4-9 所示，负载驱动电源需要外部提供。为了延长触点使用寿命，驱动感性负载时，直流负载应在负载两端加过电压抑制二极管；交流负载应在负载两端加 RC 抑制器。

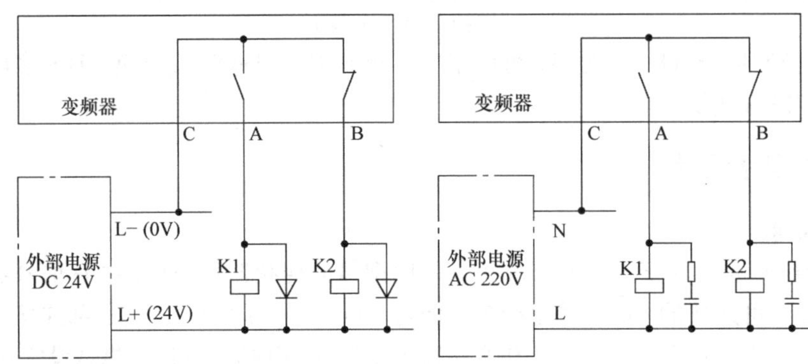

图 7.4-9　继电器输出连接要求

（2）晶体管集电极开路输出

三菱 FR－700 变频器的晶体管输出为图 7.4-10 所示的 NPN 型集电极开路型输出，SE（0V）为输出公共端。晶体管输出，允许的负载电压为 DC5～30V，允许的最大电流为 0.1A。晶体管输出驱动感性负载时，应在负载两端加过电压抑制二极管；并应特别注意二极管的极性，防止输出短路。

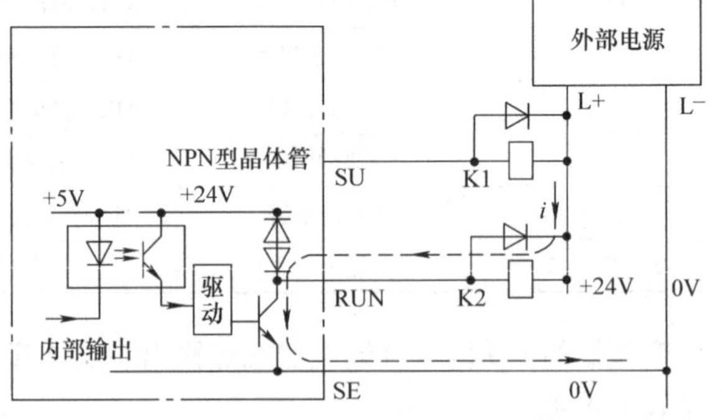

图 7.4-10　晶体管输出的连接要求

3. 常用信号说明

（1）准备好和运行信号（RY、RY2、RUN、RUN2、RUN3）

准备好和运行信号功能与变频器所采用的控制方式有关，信号 RY2、RUN2 用于闭环矢量控制，在 V/f 控制或开环矢量控制时不能使用，其他型号的输出如图 7.4-11 所示。准备好信号 RY 在变频器电源接通、初始化复位结束后输出 ON；信号 RUN3 在转向信号 STF/STR 加入到减速制动期间均保持 ON；而信号 RUN（RUN2）则在变频器输出频率大于 Pr13 设定的最小频率时才能输出 ON。

（2）报警信号 ALM

FR－740 变频器中，可使用三种不同形式的报警输出信号 ALM、ALM2 和 Y91。Y91 则

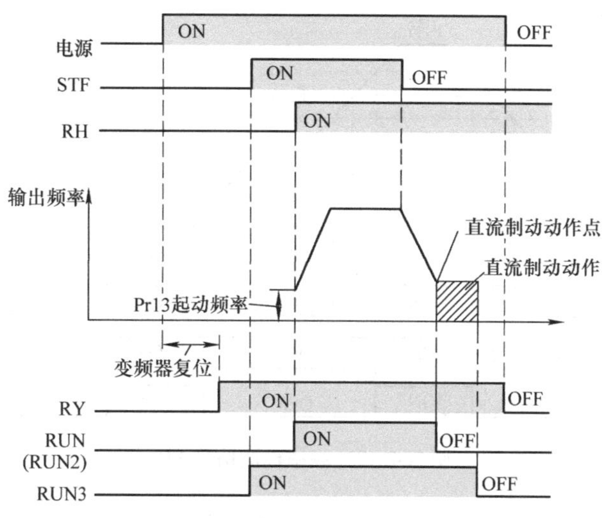

图 7.4-11　准备好和运行信号输出

只有在变频器发生需要直接断开主电源的严重报警时才输出 ON。ALM、ALM2 在变频器报警时均 ON，ALM2 信号在复位时（信号 RES 上升沿出现）OFF；ALM 信号在报警清除、变频器恢复正常运行后才能重新 OFF，其动作如图 7.4-12 所示。

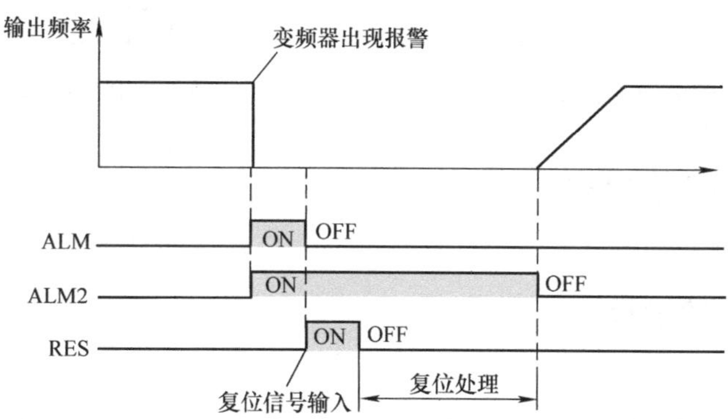

图 7.4-12　ALM/ALM2 信号输出

（3）指定频率到达信号 FU

FU 信号用于输出频率检测，它在实际输出频率高于参数设定值时输出 ON。FR－A740 可通过参数 Pr42/Pr43、Pr50、Pr116，对第 1、第 2、第 3 电机分别设定不同的检测值，故可使用图 7.4-13 所示的 FU、FU2、FU3 三组不同的 DO 信号。其中，第 1 电机的正/反转检测频率可通过参数 Pr42/Pr43 单独设定；第 2、第 3 电机的正反转检测值相同。

（4）给定频率到达信号 SU

信号 SU 在变频器输出频率到达给定频率的允差范围时输出 ON，允差范围可通过变频器参数 Pr41 进行设定。信号输出如图 7.4-14 所示。

（5）频率检测信号 LS

信号 LS 在变频器运行、输出频率低于参数 Pr865 设定值时，输出 ON。信号输出如图 7.4-15 所示。

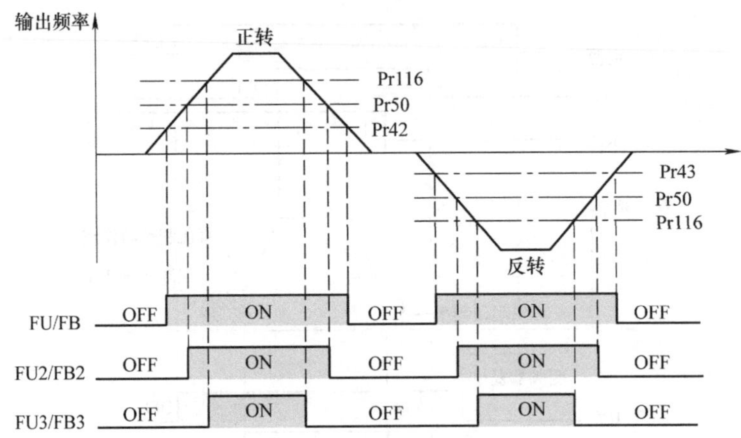

图 7.4-13　频率检测信号 FU

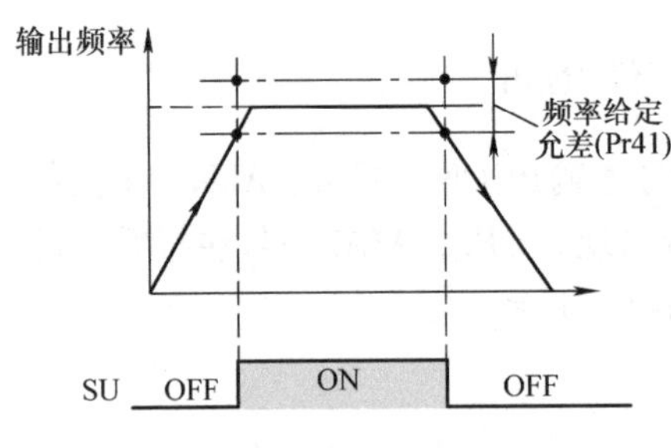

图 7.4-14　频率到达信号 SU

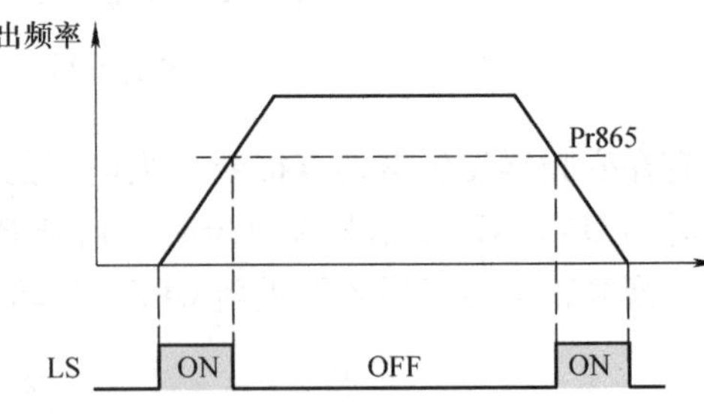

图 7.4-15　频率检测信号 LS

7.5　其他控制回路设计

7.5.1　AI/AO 回路设计

1. 信号与规格

FR－A700 系列变频器的 AI/AO（模拟量输入/输出）可以为模拟电压或模拟电流信号。AI 信号主要用于频率的给定与调整；AO 信号用于变频器数据的外部仪表显示等。不同型号的变频器可连接的 AI/AO 点数和信号规格有所不同，但外部连接要求不变。

FR－A740 变频器可使用的 AI/AO 信号及规格见表 7.5-1。

表 7.5-1　FR－A740 变频器的 AI/AO 信号

连接端		信号规格
AI 输入	2	DC0～5V 模拟电压、DC0～10V 模拟电压、DC4～20mA 模拟电流
	4	DC0～5V 模拟电压、DC0～10V 模拟电压、DC4～20mA 模拟电流
	1	DC－5～5V 模拟电压、DC－10～10V 模拟电压
AO 输出	AM	DC0～5V 模拟电压、DC0～10V 模拟电压
	CA	DC0～20mA 模拟电流

FR－A740 变频器对 AI 信号的输入要求如下：

1）模拟电压。电压范围为DC0～10V或DC－10～10V；最高不能超过DC20V；输入阻抗为10kΩ。

2）模拟电流。电流范围为DC4～20mA，最大不能超过DC30mA；输入阻抗为250Ω。

FR－A740变频器的AO信号输出规格如下：

1）模拟电压（AM）。电压范围为DC0～10V；最大输出电流1mA；负载阻抗大于10kΩ。

2）模拟电流（CA）。电流范围为DC0～20mA，负载阻抗200～450Ω。

2. AI功能

FR－740变频器的AI输入可以用作不同的用途。其中，AI输入2用于速度（频率）给定输入或速度给定倍率的调节；AI输入4与1的功能和变频器的控制方式有关，输入可用作速度给定、转矩给定、速度补偿、失速防止电流给定、转矩限制、速度限制等。

参数Pr858用来定义AI输入4的功能；Pr868用来定义AI输入1的功能；Pr858、Pr868的设定值意义见表7.5-2，表中功能的生效还需要其他的参数设定条件，例如，对于AI输入4，设定Pr858＝0时，需要DI信号ON的条件；设定Pr858＝4时，需要参数Pr810＝1的条件等。

表7.5-2　AI输入4、1功能设定表

AI输入端	设定参数	设定	速度控制			转矩控制	位置控制
			V/f控制	开环矢量	闭环矢量		
4	Pr858	0	频率给定	频率给定	频率给定	速度限制	×
		1	×	×	转矩给定	转矩给定	转矩给定
		4	失速防止输入	失速防止输入	转矩限制	×	转矩限制
		9999	×	×	×	×	×
1	Pr868	0	速度补偿	速度补偿	速度补偿	速度限制	×
		1	×	×	转矩给定	转矩给定	转矩给定
		2	×	×	制动转矩限制	×	制动转矩限制
		3	×	×	×	转矩给定	×
		4	失速防止	失速防止	转矩限制	转矩给定	转矩限制
		5	×	×	×	速度限制	×
		6	×	×	转矩偏置	×	×
		9999	×	×	×	×	×

注：“×”输入无效。

3. AI输入类型选择

AI输入信号可以是4～20mA模拟电流或0～5V、－5～5V、0～10V、－10～10V的模拟电压，不同的AI输入的输入形式选择方法如下：

1）AI输入2。AI输入2的信号类型，可通过图7.5-1所示的输入类型选择开关2设定，当开关置ON时，输入为4～20mA模拟电流；开关置OFF时，输入类型可通过参数Pr73的设定选择为DC0～5V或DC0～10V模拟电压。

2）AI输入4。AI输入4的信号类型，可通过图7.5-1所示的输入类型选择开关1和参数 Pr267 设定。类型选择开关置 ON 时，只能为 4～20mA 电流输入；开关置 OFF 时，其输入类型、范围可通过参数 Pr267 的设定选择，Pr267 = 0 为 4～20mA 模拟电流输入；Pr267 = 1 为 DC0～5V 模拟电压输入；Pr267 = 2 为 DC0～10V 模拟电压输入。

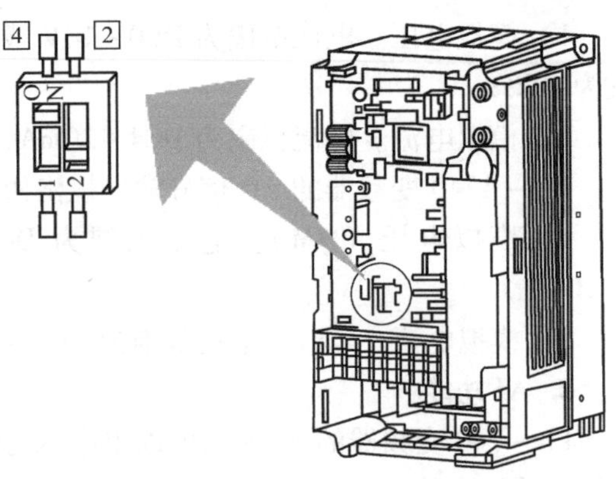

图 7.5-1　AI 输入类型选择

3）AI 输入 1。AI 输入 1 的信号类型只能是模拟电压，输入范围可通过参数 Pr73 选择 -5～5V 或 -10～10V。

4. 频率给定选择

速度给定可利用多个 AI 输入同时控制，此时，可通过 DI 信号 AU 和参数 Pr73 的设定，选择其中的一个 AI 输入作为主要的速度给定输入，这一输入称为主速输入；其他的 AI 输入则被用于 AI 输入倍率调节或补偿输入，这样的输入称为辅助输入。速度倍率调节可按比例改变主速输入；补偿输入可直接叠加到主速上。当 DI 信号 AU 输入 ON 时，主速输入固定为 AI 输入 4；AU 输入 OFF 时，主速输入可通过参数 Pr73 的设定，选择为 AI 输入 2 或 AI 输入 1。

AI 输入 2、4、1 用于频率给定时，其功能和输入范围可通过参数 Pr73 进行定义，参数的意义见表 7.5-3。

表 7.5-3　速度给定输入功能和范围定义表

Pr73 设定	DI 信号 AU	主速输入	倍率输入	补偿输入	AI 输入范围		
					AI 输入 2	AI 输入 1	AI 输入 4
0	OFF	AI 输入 2	×	AI 输入 1	0～10V	-10～10V	×
1	OFF	AI 输入 2	×	AI 输入 1	0～5V	-10～10V	×
2	OFF	AI 输入 2	×	AI 输入 1	0～10V	-5～5V	×
3	OFF	AI 输入 2	×	AI 输入 1	0～5V	-5～5V	×
4	OFF	AI 输入 1	AI 输入 2	×	0～10V	-10～10V	×
5	OFF	AI 输入 1	AI 输入 2	×	0～5V	-5～5V	×
6	OFF	AI 输入 2	×	AI 输入 1	4～20mA	-10～10V	×
7	OFF	AI 输入 2	×	AI 输入 1	4～20mA	-5～5V	×
10	OFF	AI 输入 2	×	AI 输入 1	0～10V	-10～10V	×
11	OFF	AI 输入 2	×	AI 输入 1	0～5V	-10～10V	×
12	OFF	AI 输入 2	×	AI 输入 1	0～10V	-5～5V	×
13	OFF	AI 输入 2	×	AI 输入 1	0～5V	-5～5V	×
14	OFF	AI 输入 1	AI 输入 2	×	0～10V	-10～10V	×
15	OFF	AI 输入 1	AI 输入 2	×	0～5V	-5～5V	×
16	OFF	AI 输入 2	×	AI 输入 1	4～20mA	-10～10V	×
17	OFF	AI 输入 2	×	AI 输入 1	4～20mA	-5～5V	×

（续）

Pr73 设定	DI 信号 AU	主速输入	倍率输入	补偿输入	AI 输入范围		
					AI 输入 2	AI 输入 1	AI 输入 4
0	ON	AI 输入 4	×	AI 输入 1	×	-10～10V	决定于参数 Pr267
1	ON	AI 输入 4	×	AI 输入 1	×	-10～10V	
2	ON	AI 输入 4	×	AI 输入 1	×	-5～5V	
3	ON	AI 输入 4	×	AI 输入 1	×	-5～5V	
4	ON	AI 输入 4	AI 输入 2	×	0～10V	×	
5	ON	AI 输入 4	AI 输入 2	×	0～5V	×	
6	ON	AI 输入 4	×	AI 输入 1	×	-10～10V	
7	ON	AI 输入 4	×	AI 输入 1	×	-5～5V	
10	ON	AI 输入 4	×	AI 输入 1	×	-10～10V	
11	ON	AI 输入 4	×	AI 输入 1	×	-10～10V	
12	ON	AI 输入 4	×	AI 输入 1	×	-5～5V	
13	ON	AI 输入 4	×	AI 输入 1	×	-5～5V	
14	ON	AI 输入 4	AI 输入 2	×	0～10V	×	
15	ON	AI 输入 4	AI 输入 2	×	0～5V	×	
16	ON	AI 输入 4	×	AI 输入 1	×	-10～10V	
17	ON	AI 输入 4	×	AI 输入 1	×	-5～5V	

注："×"输入无效。

7.5.2 脉冲输入回路设计

1. 信号规格

FR-A740 变频器的频率可以脉冲的形式给定，脉冲频率给定功能有效时，变频器的输出频率与给定输入脉冲频率一一对应。但是，在实际使用时，脉冲输入多用于闭环矢量控制变频器，作为位置控制的给定脉冲输入，它在 DI 信号 LX（功能代号 23）输入 ON，参数 Pr419=2 时生效，有关内容详见第 8 章。

变频器对输入脉冲信号的要求如下。

信号形式：DC24V 集电极开路输出或互补输出脉冲。

脉冲幅值（"1"信号电平）：DC20～24V。

最高频率：100kHz；脉冲宽度大于 2.5μs。

脉冲驱动能力：≥10mA。

2. 信号连接

脉冲给定信号只能从 DI 连接端 JOG 输入，其输入连接线路如图 7.5-2 所示。

由于 DI 连接端 JOG 的接口电路与其他 DI 输入接口有所不同，如果脉冲源为集电极开路输出，需要在连接端 JOG 和 DC24V 连接端 PC 间连接输入电阻。输入电阻的阻值与连接线长度有关，长度在 50m 以内时一般为 1kΩ；长度在 50～100m 范围时取 470Ω。脉冲源为互补输出时，则无须连接输入电阻。

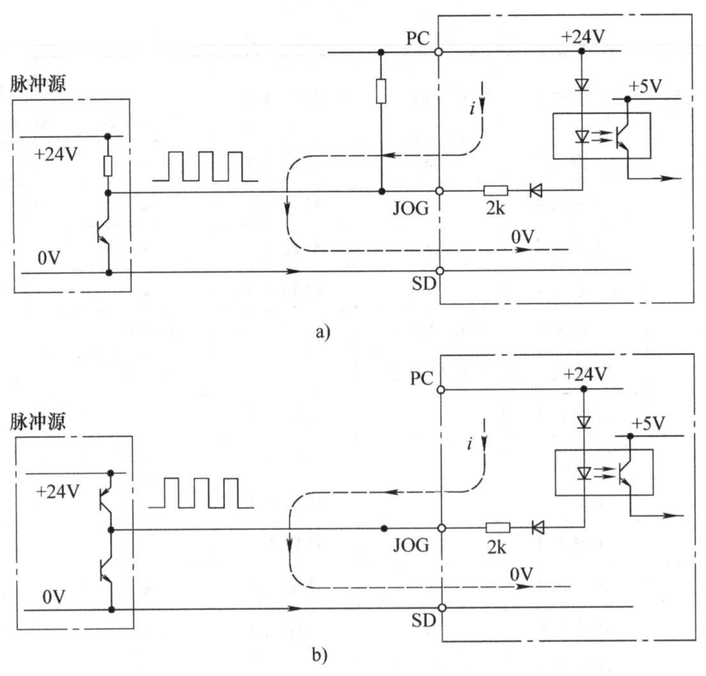

图 7.5-2　脉冲输入的连接

a）集电极开路输出　b）互补输出

7.5.3　闭环系统连接

1. 闭环反馈模块

FR－A740 可通过图 7.5-3 所示的闭环模块 FR－A7AP 连接速度或位置检测编码器，构成闭环控制系统。该模块上安装有设定开关 SW1、SW2 和 SW3，SW1 用于编码器类型选择；SW2 用于终端电阻连接；SW3 为生产厂家用，不能改变其设置。

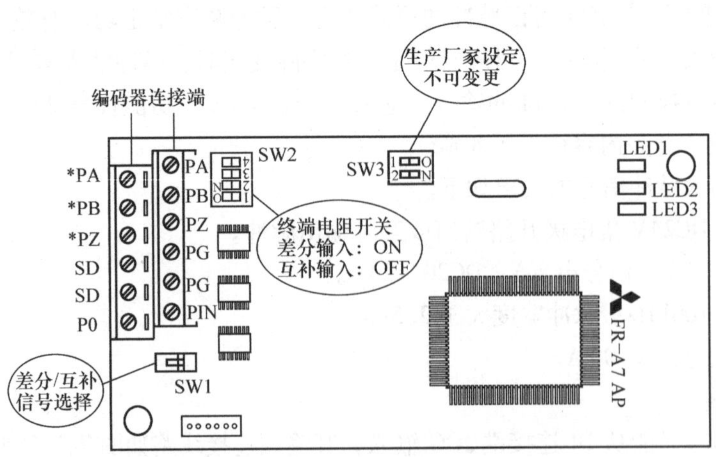

图 7.5-3　FR－A7AP 模块的外形

2. 编码器连接

当编码器为线驱动差分输出时，模块的设定和编码器连接如图 7.5-4 所示。这时，应将选择开关 SW1 置“差分（Diff)”、SW2 置 ON，编码器的 PA/＊PA、PB/＊PB、PZ/＊PZ 信号分别连接到模块的 PA1/PA2、PB1/PB2、PZ1/PZ2 端。编码器的 DC5V 电源需要外部提供，电源应连接到 PG/SD 端。

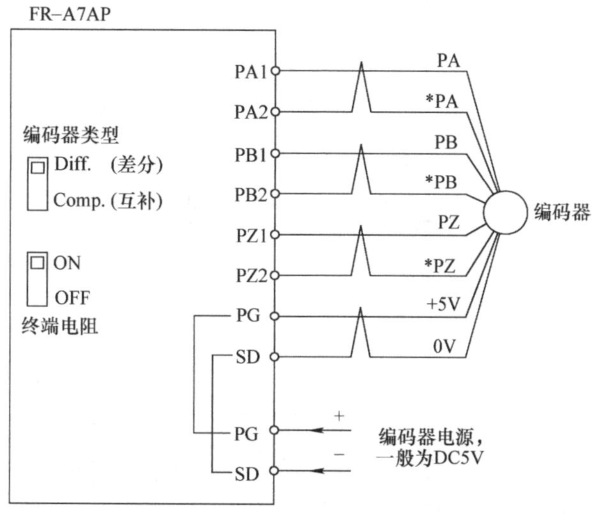

图 7.5-4　差分输出编码器的连接

当编码器为集电极开路输出时，模块设定和编码器连接可按图 7.5-5 进行。这时，应将选择开关 SW1 置“互补（Comp）”，SW2 置“OFF”，编码器的 PA、PB、PZ 信号分别连接到模块的 PA1、PB1、PZ1 上；模块的 PA2、PB2、PZ2 不连接。编码器电源同样需要外部提供，并连接到 PG/SD 上。

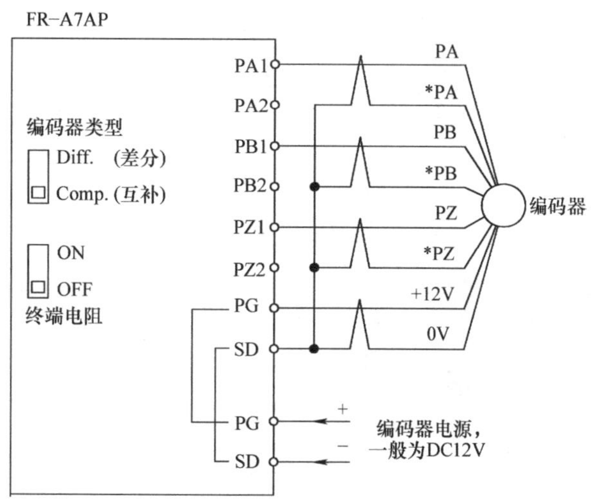

图 7.5-5　集电极开路输出编码器连接

7.6　工程设计范例

图 7.6-1 ~ 图 7.6-3 所示为按 DIN40900 标准设计的某数控车床的主轴变频调速系统及相关部分的电气原理图，说明如下。

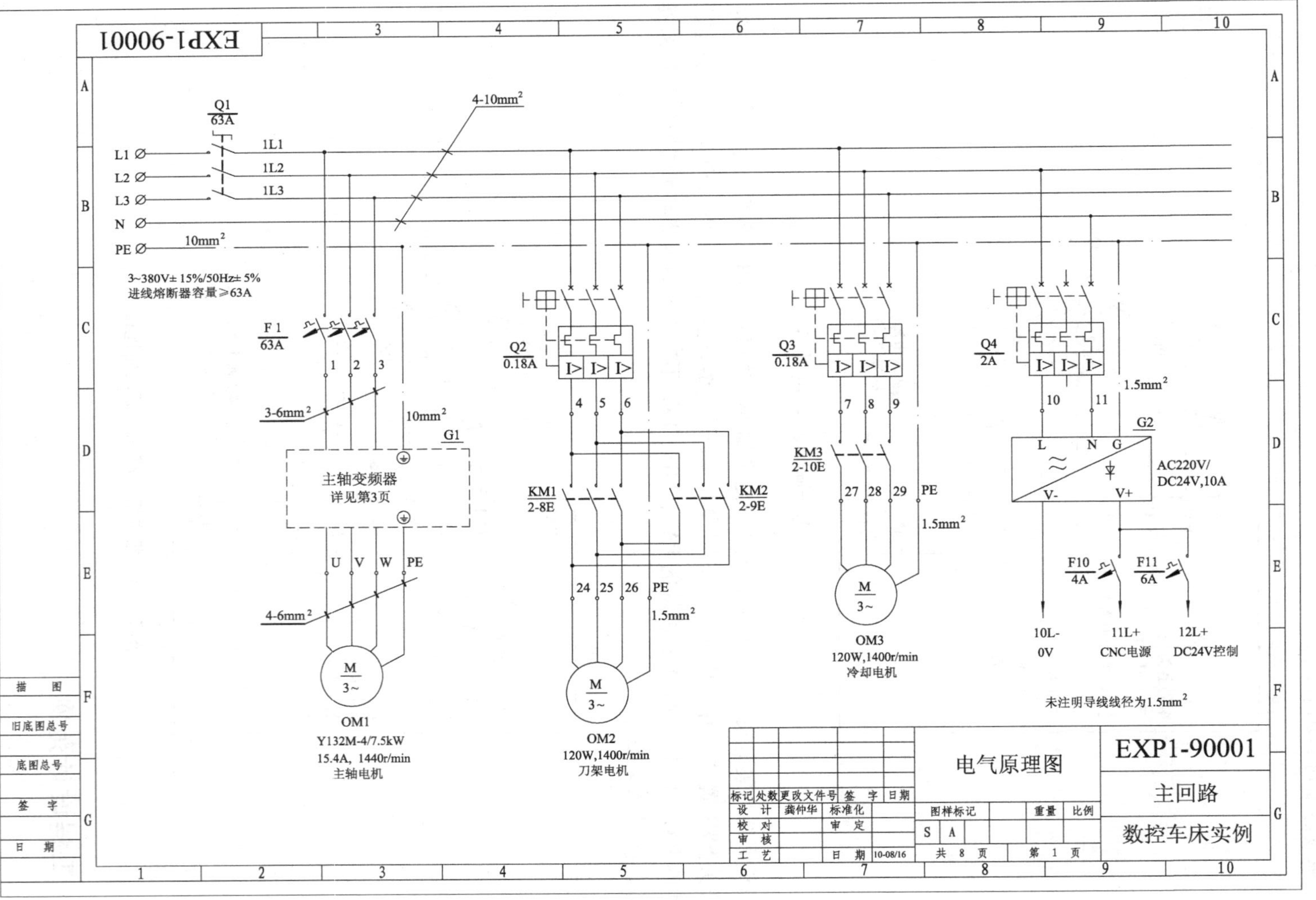

图 7.6-1　数控车床电气原理图 1

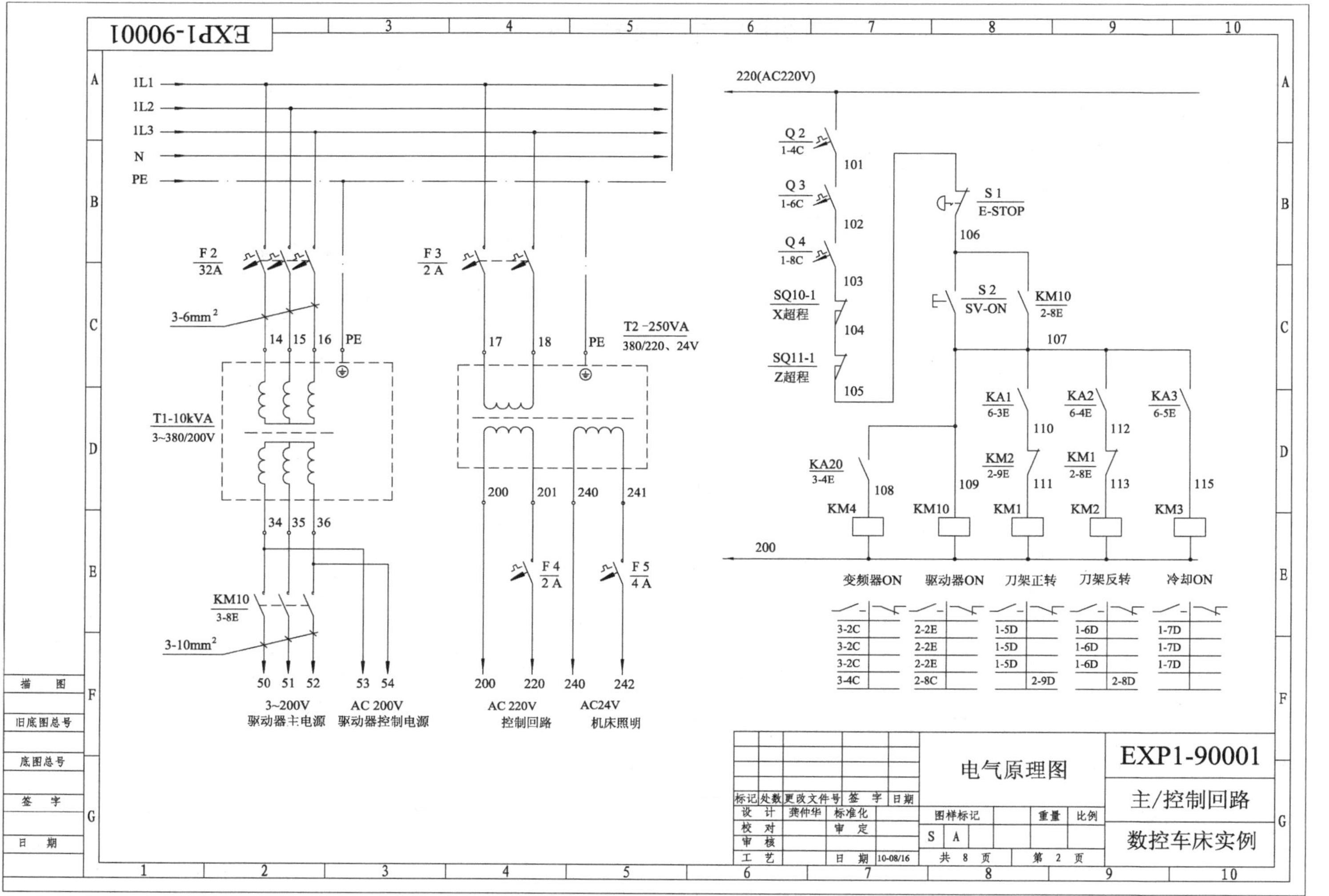

图 7.6-2　数控车床电气原理图 2

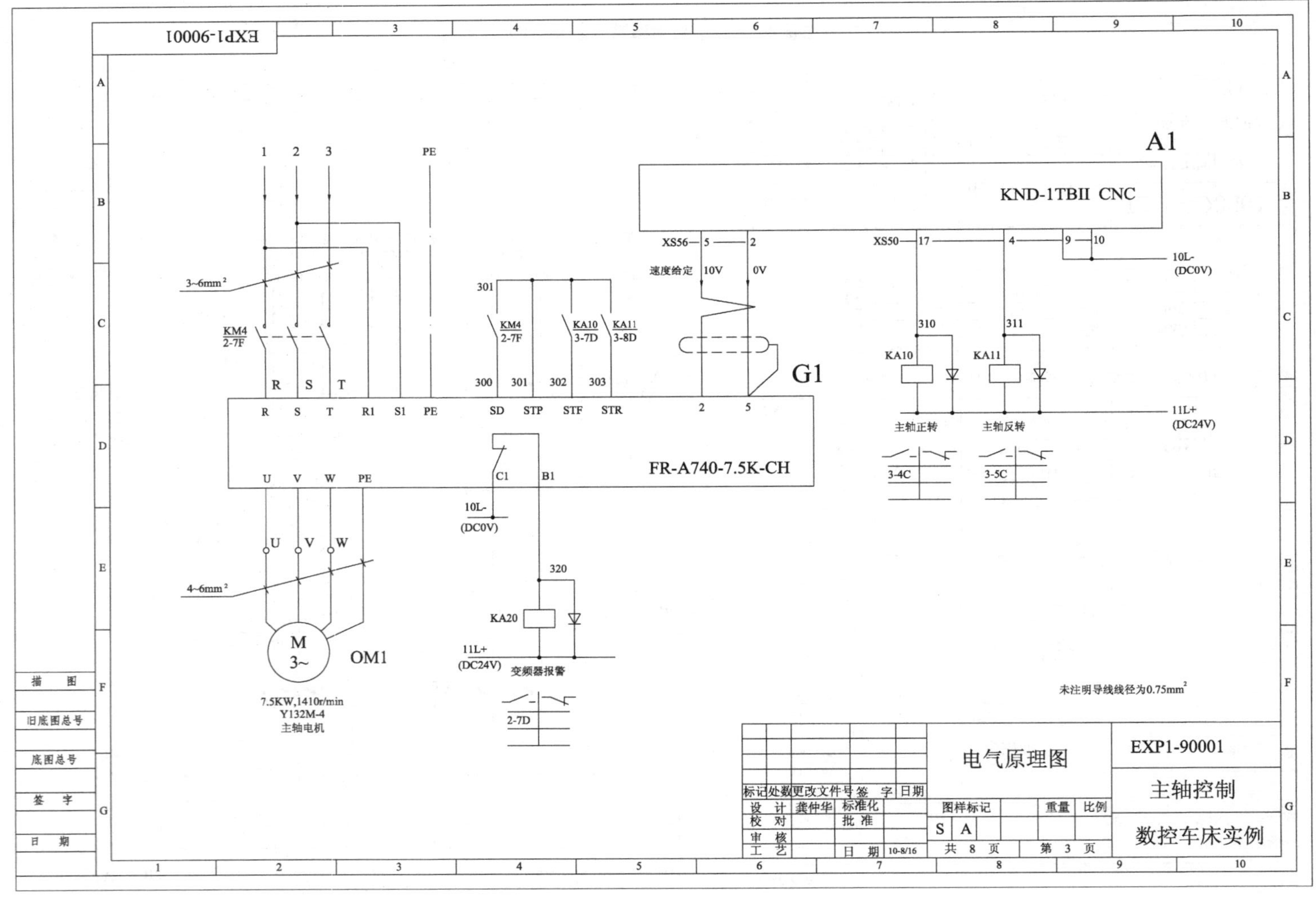

图 7.6-3　数控车床电气原理图 3

1. 基本格式与要求

1）工程电气图一般有多页，为了便于阅读，每页都需要有图区，水平边框用1、2、3……，垂直边框用A、B、C……进行表示。标题栏上的“图样标记”上需要注明图样的性质，如S、A代表试制等。

2）原理图中需要注明连接导线的线径（或截面积），线径相同的导线可一次性注明。如图7.6-1中电机OM2/OM3的导线截面积均为1.5mm^{2}等；导线的颜色应按照国家标准的要求使用。

3）图中的图形与文字符号可采用国标，也可采用DIN40900等国际通用的先进标准。DIN40900是IEC、ANSI、BS及国标制订的范本，国标与之相比尚存在差距，因此，部分图形与文字在国标上没有规定或略有不同，但是这样的图样才能满足国际化的要求。

2. 主回路设计

图7.6-2所示的机床主回路包括了电机主回路、DC24V电源主回路两部分。

1）主回路的进线处要标明设备对输入总电源的电源电压、频率与容量要求以及输入电源为供电方式。DIN40900规定接地线以点划线表示，采用国标时可使用实线，接地连接线应采用黄绿双色线。

2）图中的F1、Q1、KM1等均是DIN40900标准的断路器、接触器的符号，其图形与国标有所不同；F1、Q1下面的63A、0.18A等代表断路器的额定电流和断路器的整定电流；KM1下的2－8E代表该触点所对应的线圈所在的图区。

3）图中的G2是DIN40900标准的稳压电源符号，与国标有所不同；稳压电源的技术参数应表示在符号旁；稳压电源为单相进线，但同样可用三相断路器Q4进行短路和过载保护，此时，其中的一相可不连接或将其中的两相串联后使用，这是国外常用的方法。

3. 控制回路设计

图7.6-2实际上分两部分，左侧为伺服驱动器、控制变压器主回路；右侧为强电控制电路；5A区1L1/1L2/1L3/N后面的垂直线段代表主回路的结束。在简单设备上，为了压缩图面篇幅，可采用这样的布置。

1）根据图7.6-2，变频器的主接触器启动条件包括断路器Q2/Q3闭合、X/Z轴超程保护开关Q10－1/Q11－1未动作、急停按钮S1已复位、变频器无报警（KA20接通）等。

2）KM1与KM2是刀架电机的正、反转接触器，必须相互串联常闭触点；这是安全标准的要求，即使CNC或PLC的输出KA1、KA2已有互锁，也必须串联接触器互锁触点。

3）为了便于检查，接触器、中间继电器的线圈下面应标出常开/常闭触点所在的图区。

4. 主轴控制回路设计

图7.6-3所示为机床主轴电机变频调速控制回路，为了便于阅读，可将与变频器相关的电路集中于一页。

1）变频器本身带有电子过电流保护功能，因此，电机不再需要安装过载保护的断路器。

2）图7.6-3中的变频器正/反转信号来自CNC输出，停止信号来自主接触器的辅助触点，输入采用的是汇点输入方式。

3）机床的主轴电机转速调节信号来自CNC的主轴模拟量输出，它可以直接作为变频器的速度给定信号。速度给定连接线上的交叉、虚线框分别代表应使用双绞、屏蔽电缆连接。

5. 电气元件的明细表

作为技术文件，工程设计时需要编制电气元件明细表，其格式见表 7.6-1，表中应将电气原理图上的全部电气元件进行汇总，并注明图上代号、名称、规格、数量等基本技术参数，主要部件还需注明生产厂。

表 7.6-1　电气元件明细表样式

序号	图上代号	名　称	规　　格	数量	备　　注
1	A1	数控装置	KND－1TBII	1	2 轴控制，车床用
2	G1	变频器	FR－A740－7.5K－CH	1	三菱公司生产
3	G2	直流稳压电源	AC220/DC24V，250W	1	
4	OM1	三相感应电机	Y132M－4	1	7.5kW，1440r/min
5	Q1	总电源开关	HZ12－63	1	3～380V/63A
6	Q2	自动断路器	DZ108－201C/1	1	0.16～0.25A
	……	……	……		

第 8 章　变频器基本操作与控制

8.1　FR－A740 基本操作

8.1.1　操作单元说明

1. 操作单元布置

FR－A740 变频器的操作单元（简称 PU）如图 8.1-1 所示，它可分为数据显示、状态指示、操作按键四个区域。

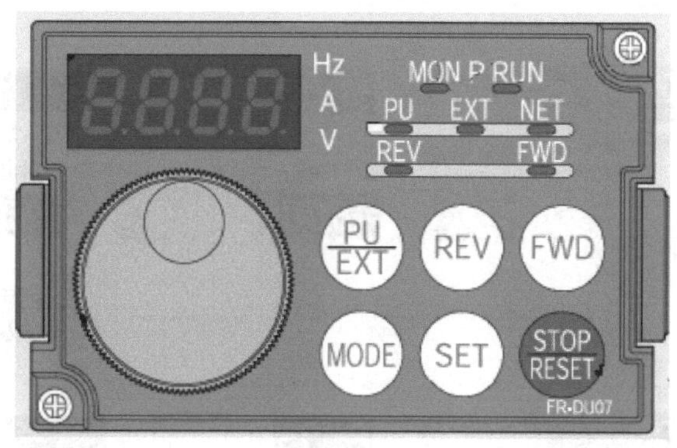

图 8.1-1　FR－A740 变频器操作单元

1）数据显示区。FR－A740 操作单元的数据显示器为 5 只 8 段数码管，数码管可以显示参数、工作状态数据、DI/DO 信号状态、报警号等内容。显示器旁的 Hz、A、V 用于显示内容的单位指示。

2）状态指示区。状态指示区安装有 7 个指示灯，用于变频器工作状态指示，指示灯的作用如下。

MON：状态监控，指示灯亮表示变频器选择了状态监控操作。

RUN：运行指示，指示灯亮表示变频器运行中。

PU：操作单元操作（PU 模式）指示，灯亮表示 PU 操作有效。

EXT：外部操作（EXT 模式）指示，灯亮表示 EXT 操作有效。

NET：网络操作（NET 模式）指示，灯亮表示网络操作有效。

REV：反转指示，电机反转时指示灯亮。

FWD：正转指示，电机正转时指示灯亮。

3）操作按键区。操作单元布置有 6 个按键和一个手轮式旋钮（称 M 旋钮），M 旋钮用于数据增减操作，其他操作键的含义如下。

【PU/EXT】：操作转换键，用来进行变频器 PU/EXT 操作切换。

【REV】、【FWD】：方向键，PU 操作时，利用该两键可改变电机的转向。

【MODE】：操作/设定切换键，该键用于操作单元的显示、操作切换。

【SET】：设置键，用于变频器参数的设定等。

【STOP/RESET】：停止/复位键，用来停止变频器运行或复位变频器。

2. 操作切换

在 FR－A740 变频器开机时一般自动选择外部运行（PU 运行）模式，状态指示灯 MON、EXT 亮；按【PU/EXT】键可将其切换到 PU 运行模式，MON、PU 指示灯亮。切换完成后，可通过【MODE】键进行图 8.1-2 所示的“监控和频率设定”→“参数设定”→“报警历史显示”间切换。

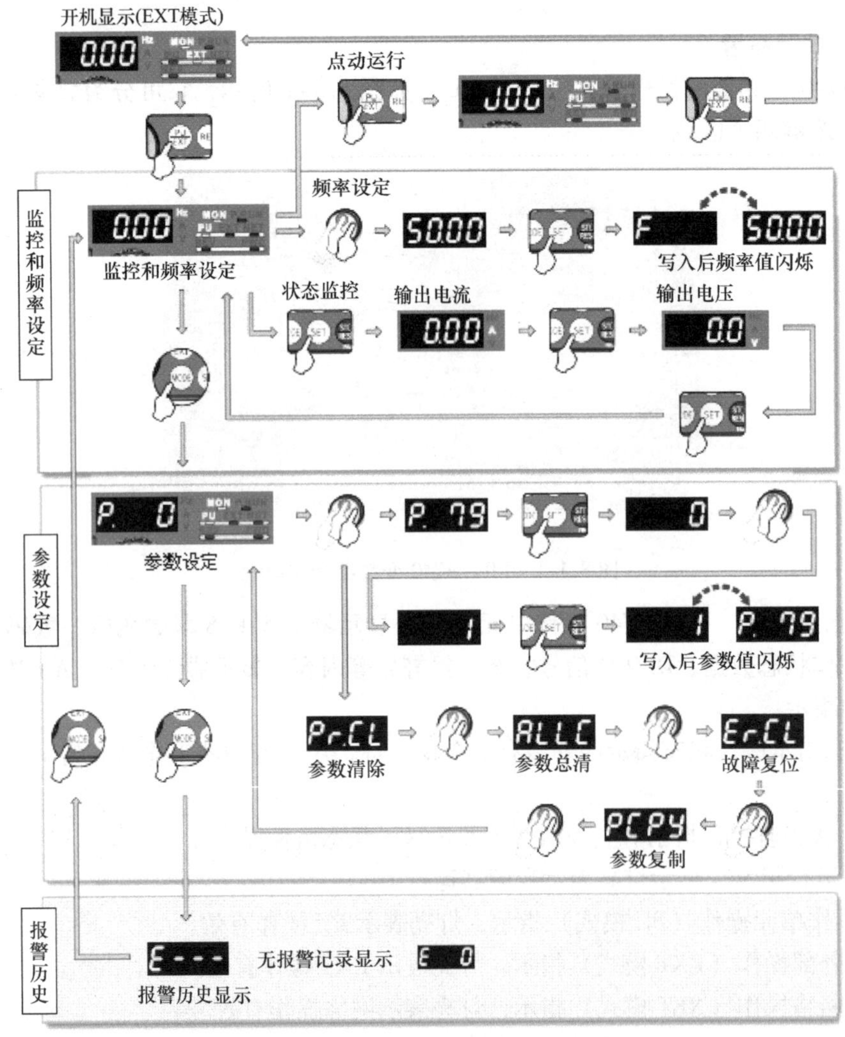

图 8.1-2　FR－A740 操作模式切换

8.1.2　参数设定

1. 参数的设定与保护

操作单元选择 PU 操作后，通过【MODE】键转换到参数设定操作。

一般而言，设定参数时需要先将参数 Pr79 设定为“1”，选定 PU 操作模式，然后进行其他参数的修改，修改完成后，再将 Pr79 设定为“0”，恢复外部操作模式。参数 P79 的修改操作如图 8.1-2 所示，其他参数的修改方法相同，可以参照进行。

为了防止参数被意外修改或影响正常运行，FR－A740 可通过参数 Pr77 等的设定，对参数修改进行相应的保护，有关内容详见第 10 章 10.2 节，Pr77 的基本设定如下：

Pr77 =0：变频器运行时禁止写入参数，停止时可写入全部参数。

Pr77 =1：禁止写入参数，但与变频器操作、保护功能相关的参数如 Pr77、Pr79 等仍然可以修改。

Pr77 =2：参数写入允许，即使运行时也可以写入参数，但对于直接影响当前运行状态的变频器参数，如电机参数、变频控制参数等，不可在运行时写入。

参数设定模式还可进行参数清除、初始化、复制、比较等操作。

2. 参数清除

参数清除操作可清除变频器上除 DI/DO 功能设定、AI 输入调整等与硬件相关的参数外的其他参数，并将其恢复到出厂设置；参数清除可以在参数设定操作下，选择 Pr. CL 后进行，其操作步骤如图 8.1-3 所示。

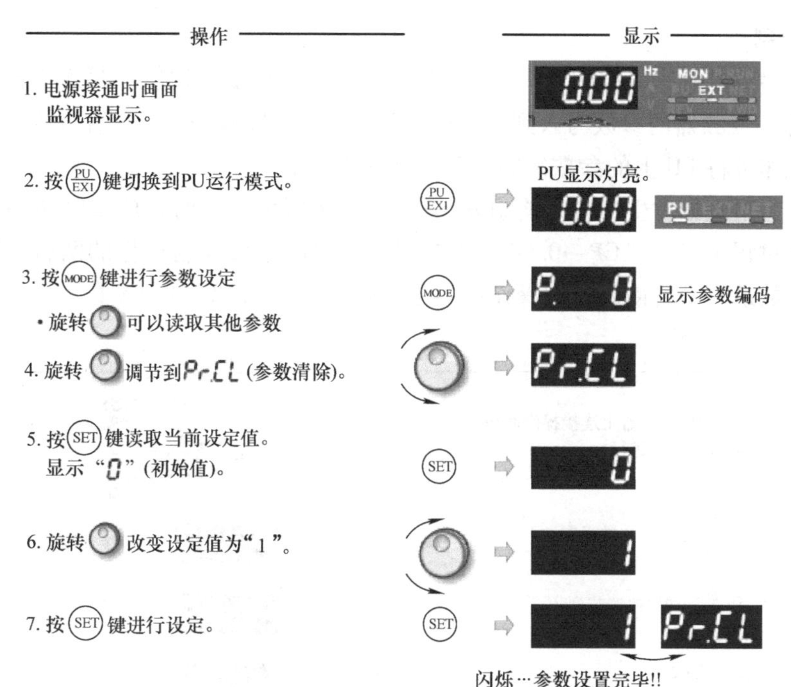

图 8.1-3　参数清除操作

如 Pr. CL 设定 1 后，变频器显示报警 Er 4，表明参数处于写入保护状态或未选择 PU 运行模式，前者可通过设定 Pr77 =0 或 2 解除；后者可通过设定 P79 =1 选择。

3. 参数初始化

参数清除操作可清除变频器的所有参数，并将其恢复到出厂设置；初始化操作可在参数设定操作下，选择 ALLC 后进行，其操作步骤如图 8.1-4 所示。

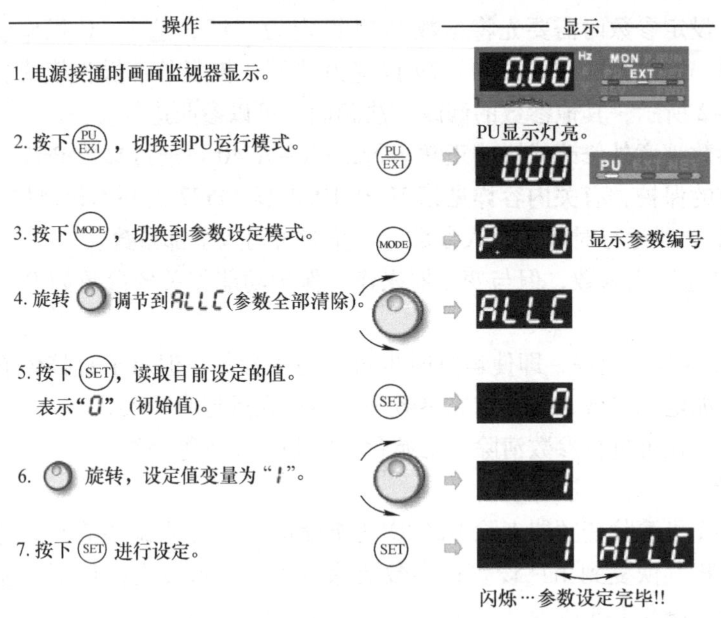

图 8.1-4　参数初始化操作

4. 参数复制

变频器的参数复制一般按图 8.1-5 ~ 图 8.1-7 所示的读取、比较、写入三部进行。读取操作可将“源”变频器的参数写入到 PU 上；比较操作可以检查 PU 上的参数是否和变频器一致；写入操作可将 PU 上的参数复制到目标变频器上。

参数读取、写入如发生错误，将显示 rE. 1、rE. 2 报警，这时，应重新进行读取、写入操作。如复制过程中出现“CP→0. 00”闪烁提示，表明参数复制操作的两台变频器规格不同，这样的参数最好不要使用复制操作；而当变频器参数和 PU 单元参数不一致时，执行比较操作将显示 rE. 3 报警。

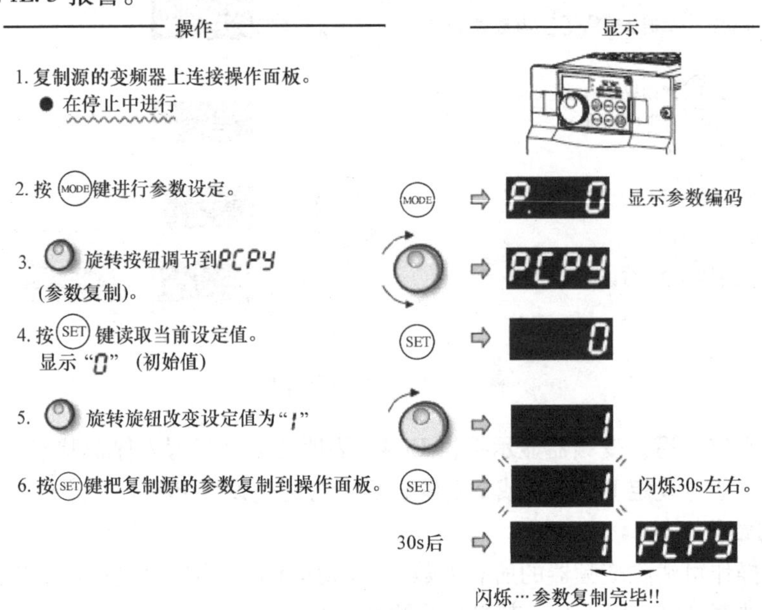

图 8.1-5　参数读取

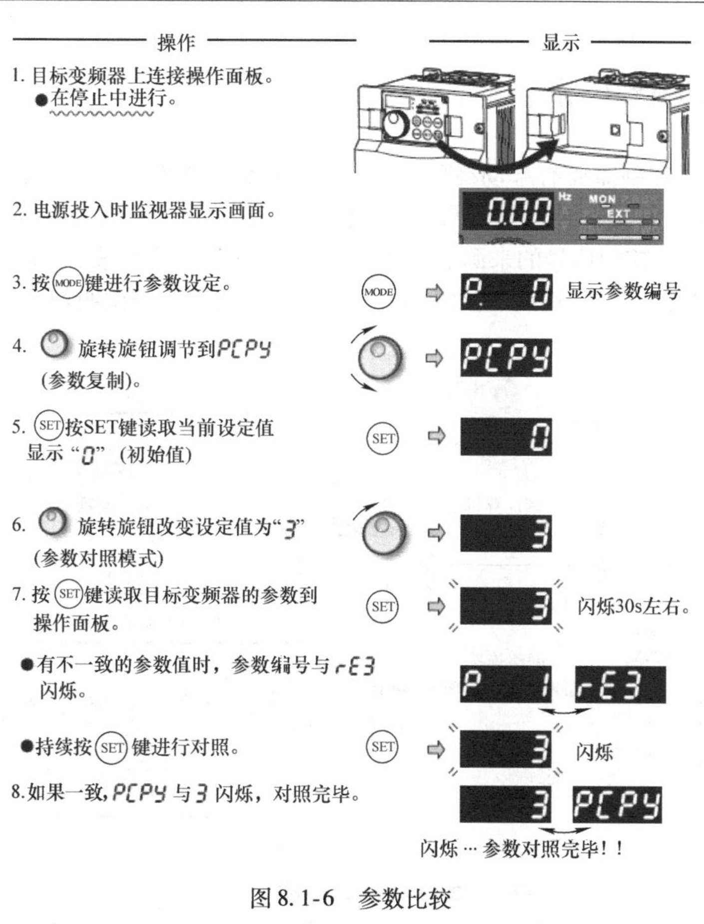

图 8.1-6　参数比较

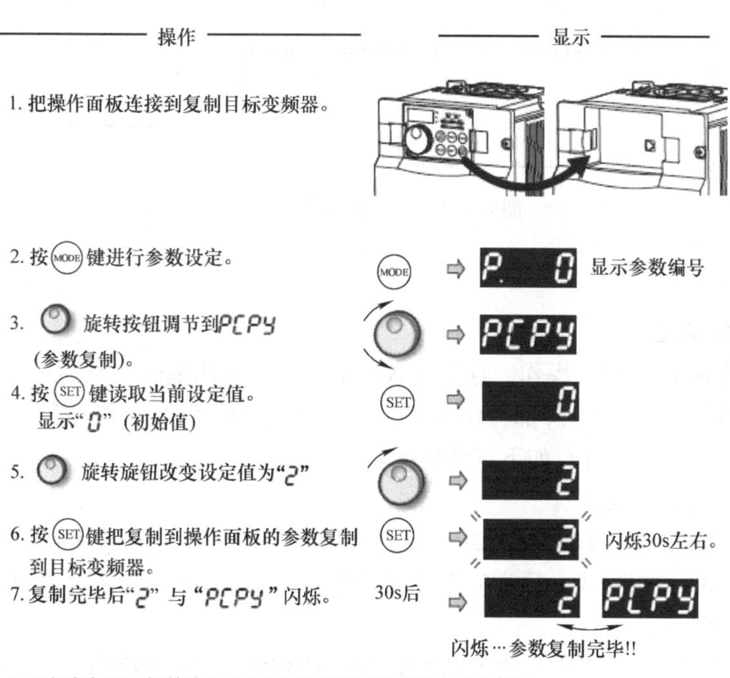

图 8.1-7　参数写入

8.2　变频器运行控制

变频器的运行控制需要有起动/停止、转向等控制信号和频率给定信号。三菱公司习惯上把起动/停止、转向的控制方式称为变频器的操作模式；把频率的给定方式称为变频器的运行方式。从从控制信号的来源上，FR－A740 变频器的操作模式和运行方式可分为图 8.2-1 所示的外部输入、PU 单元、网络输入三种，其作用与要求说明如下。

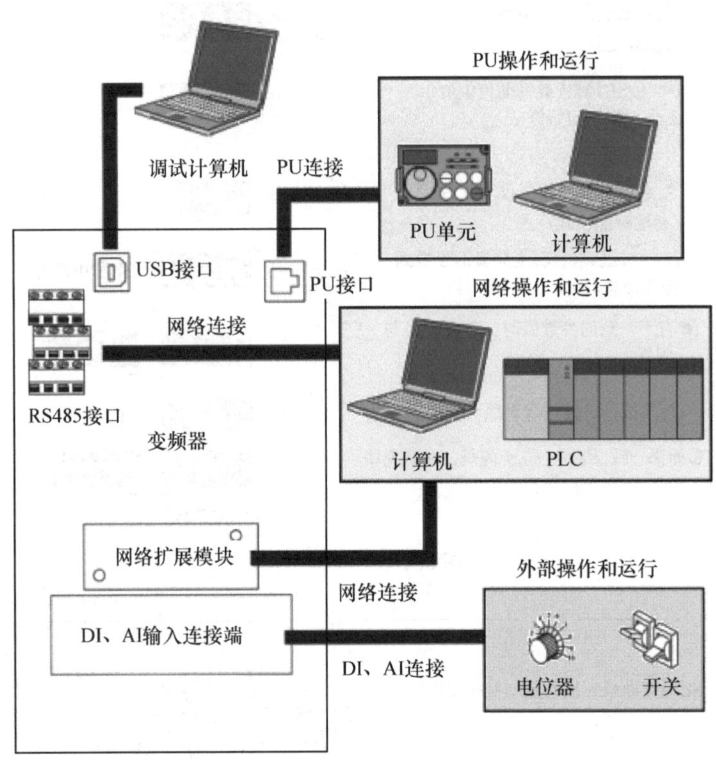

图 8.2-1　操作模式和运行方式

8.2.1　操作模式

1. 外部操作模式

外部操作模式简称 EXT 操作，这是变频器最常用的操作模式，它通过变频器的 DI 信号控制电机起动/停止、转向。外部操作模式下，变频器的频率给定可以来自外部输入、PU 单元或网络输入，因此，它有有如下三种情况。

（1）完全外部操作模式

如果变频器以图 8.2-2 所示的 DI 信号 STF/STR/STOP 控制转向和起/停，以外部 AI 或 DI 信号指定频率的控制方式，称为完全外部操作模式或直接称外部操作模式。

（2）外部/PU 组合运行

如果变频器以图 8.2-3 所示的 DI 信号 STF/STR/STOP 控制转向和起/停，以操作单元（PU）上的 M 旋钮或按键输入频率时，这样的控制方式称为外部/PU 组合运行方式。

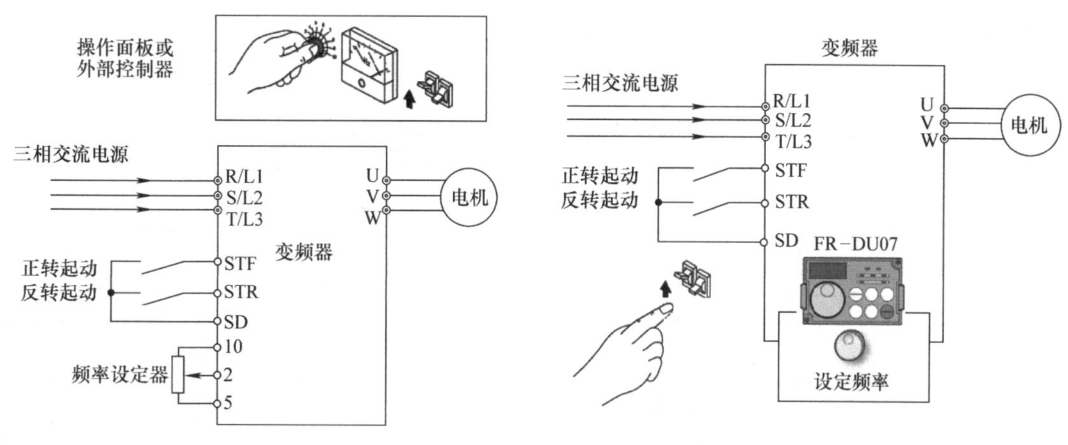

图 8.2-2　外部操作模式　　　图 8.2-3　外部/PU 组合运行模式

(3) 外部/网络组合运行

如果变频器以 DI 信号 STF/STR/STOP 控制转向和起/停，而频率给定来自通信数据输入时，这样的控制方式称为外部/网络组合运行方式。

2. PU 操作模式

利用变频器操作单元（PU）上的按键控制转向和起/停的操作模式称 PU 操作模式，这是调试常用的操作模式。

同样，如果如图 8.2-4 所示、变频器的频率给定也直接由 PU 上的 M 旋钮或按键输入时，这一操作模式称为完全 PU 操作模式；如频率给定如图 8.2-5 所示，通过外部 AI 或 DI 信号指定，这样的控制方式称为 PU/外部组合运行方式。

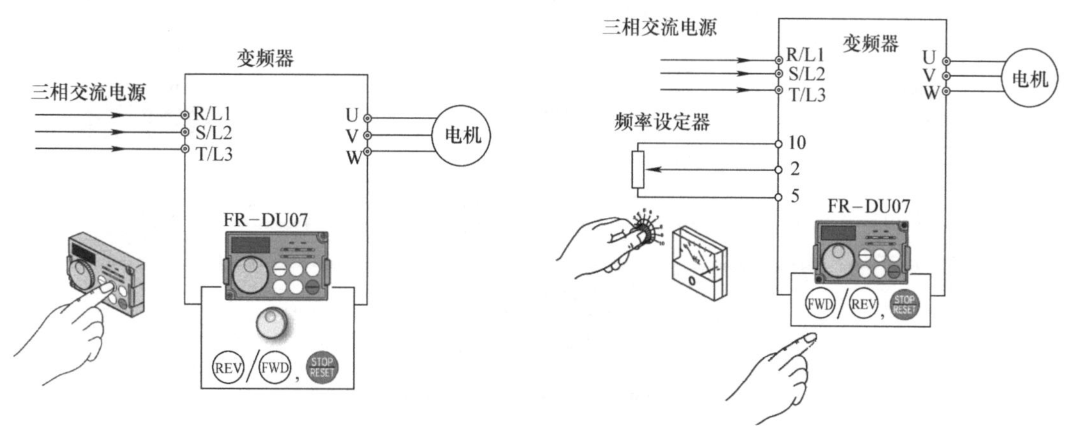

图 8.2-4　PU 操作模式　　　图 8.2-5　PU/外部组合运行模式

但是，在 PU 操作模式下，频率给定不可以来自网络的通信输入，即不能使用 PU/网络组合运行方式。

3. 网络操作模式

网络操作模式亦称 NET 操作，它是通过图 8.2-6 所示的、变频器 RS485 接口或 PU 接口，利用通信数据输入控制变频器起/停和转向的操作模式。网络操作一般用于 PLC、CNC、计算机等网络控制系统。网络操作模式也可以如图 8.2-7 所示、通过外部 AI 或 DI 信号指定频率，这样的运行方式称为网络/外部组合运行模式。

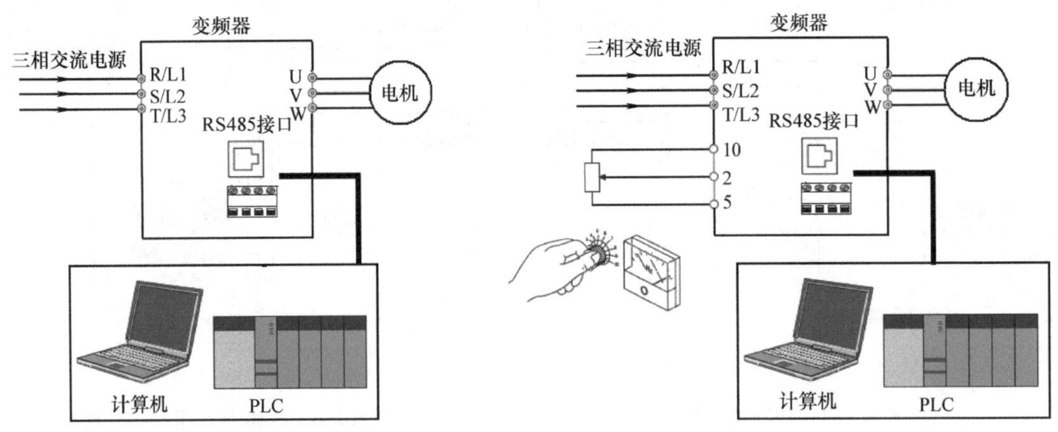

图 8.2-6　网络操作模式　　　　图 8.2-7　网络/外部组合运行模式

4. 操作模式的切换

变频器的各种操作模式可以进行相互切换，切换可通过图 8.2-8 所示的 DI 信号、PU 上的操作键 PU/EXT 或通信命令进行。切换控制需要通过参数 Pr79、Pr340 的设定予以选择，有关内容见后述。

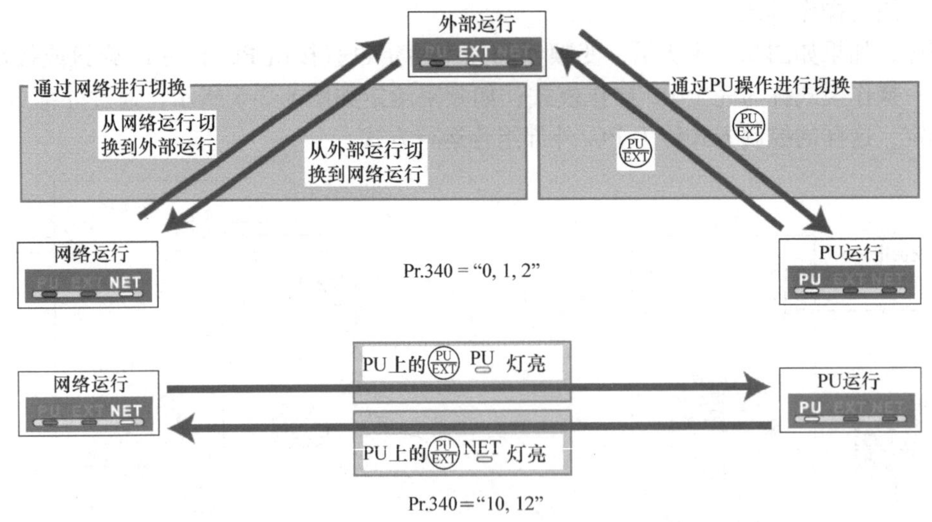

图 8.2-8　操作模式的切换

8.2.2　运行方式

变频器的运行方式总体分外部、PU 和网络三种，其中 PU 运行时，频率给定通过 PU 上的 M 旋钮或按键输入；网络运行时，频率给定来自通信输入，其含义明确、方式单一。但是，当频率由外部给定时，则可以选择如下的 AI 输入控制、DI 信号点动（JOG）、DI 信号变速、DI 信号远程控制等多种。

1. AI 输入控制

AI 输入控制的无级变速运行是最常用的控制方式，变频器的输出频率（电机转速）可以通过外部模拟量输入（AI 输入）自由调节。

当变频器需要进行无级变速运行时，频率给定一般使用来自外部模拟量输入（模拟电压输入或模拟电流输入）；如果需要，也可以使用来自操作单元（PU）的电位器或数字量输入，或来自 RS485 接口的通信数据输入。

2. DI 控制多级变速

DI 控制多级变速用于各级速度不变的多速调速系统。此时，变频器的频率给定可通过外部 DI 信号 RH/RM/RL 选择，信号的不同组合可以选择不同的速度，各级频率可利用参数事先设定。

3. DI 控制点动运行

点动运行（JOG 运行）是直接由转向信号 STF/STR 控制变频器启/停和转向的最简单的运行方式，它可以通过 DI 信号 JOG 选择。点动运行时，只要 STF 或 STR 信号 ON，电机就正转或反转；STF 或 STR 信号 OFF，电机就停止，点动频率和加减速时间可由参数 Pr15 和 Pr16 进行独立设定。

点动运行也可通过 PU 单元实现，其操作方法可参见图 8.1-2，这时，FWD/REV 键可以代替 STF/STR 信号功能。

4. DI 信号远程控制

远程控制方式一般用于变频器、控制面板离所控制的电机较远，需要在电机或负载侧对速度进行现场调节的场合。在远程控制方式下，变频器的频率可以通过 DI 信号控制连续升降，调节得到的频率可记忆，并作为下次运行的频率给定值。

8.2.3　控制要求和参数

1. 控制要求

FR－A740 变频器在各种操作模式、运行方式下所需要的控制信号和连接要求见表 8.2-1。

表 8.2-1　变频器的运行控制要求

<table>
<tr><th>操作模式</th><th>转向和起停控制</th><th>运行方式</th><th>频率给定</th><th>信号连接要求</th></tr>
<tr><td rowspan="6">外部操作</td><td rowspan="6">DI 信号 STF/STR</td><td rowspan="4">外部</td><td>AI 输入调节</td><td>STF/STR；AI 输入</td></tr>
<tr><td>JOG 运行，参数设定</td><td>STF/STR；JOG</td></tr>
<tr><td>DI 多级变速，参数设定</td><td>STF/STR；RH/RM/RL</td></tr>
<tr><td>DI 远程控制，自动升降</td><td>STF/STR；RH/RM/RL</td></tr>
<tr><td>PU</td><td>M 旋钮调节或按键输入</td><td>STF/STR</td></tr>
<tr><td>网络</td><td>通信输入</td><td>STF/STR；RS485 接口</td></tr>
<tr><td rowspan="5">PU 操作</td><td rowspan="5">FWD/REV 键</td><td rowspan="4">外部</td><td>AI 输入</td><td>AI 输入</td></tr>
<tr><td>JOG 运行，参数设定</td><td>—</td></tr>
<tr><td>DI 多级变速，参数设定</td><td>RH/RM/RL</td></tr>
<tr><td>DI 远程控制，自动升降</td><td>STF/STR、RH/RM/RL</td></tr>
<tr><td>PU</td><td>M 旋钮调节或按键输入</td><td>—</td></tr>
</table>

（续）

操作模式	转向和起停控制	运行方式	频率给定	信号连接要求
网络操作	通信命令	外部	AI 输入调节	RS485 接口、AI 输入
			JOG 运行，参数设定	RS485 接口、JOG
			DI 多级变速，参数设定	RS485 接口、RH/RM/RL
			DI 远程控制，自动升降	RS485 接口、RH/RM/RL
		网络	通信输入	RS485 接口

2. 相关参数

FR－A740 变频器的操作模式、运行方式可通过参数的设定选择，相关参数见表 8.2-2。

表 8.2-2　操作模式与运行方式选择参数表

参数号	名　称	设定范围	简要说明
Pr59	远程控制选择	0～2	0：无效；1/2：远程控制有效
Pr79	操作模式/运行方式选择	0～8	见表 8.2-3
Pr338	网络/外部操作模式选择	0/1	0：网络操作模式；1：外部操作模式
Pr339	网络/外部运行方式选择	0～2	0：网络运行方式；1/2：外部运行方式
Pr340	网络操作选择	0/1/2、10/12	见表 8.2-3
Pr550	网络接口选择	0/1、9999	0：扩展模块；1：RS485；9999：自动识别
Pr551	PU 操作通信接口选择	1～3	1：RS485；2：PU 接口；3：USB 接口

参数 Pr79、Pr340 的设定值含义见表 8.2-3。

表 8.2-3　参数 Pr79、Pr340 的设定

Pr340	Pr79	开机自动选择	备　注
0	0	外部操作	可通过 PU 按键切换 PU/外部运行方式
	1	PU 操作	PU 单元控制变频器运行
	2	外部操作	AI、DI 信号控制变频器运行
	3	外部/PU 组合运行	操作模式：外部；运行方式：PU
	4	PU/外部组合运行	操作模式：PU；运行方式：外部
	6	外部操作	运行过程中可进行 PU/外部切换
	7	外部操作	可通过 X12 信号 OFF，禁止操作模式切换
1/2	0	网络操作	可通过 DI 信号 X16 切换网络/PU、X65 切换网络/外部
	1	PU 操作	网络操作不允许
	2	网络操作	不允许进行网络/PU 切换
	3	外部/PU 组合运行	操作模式：外部；运行方式：PU；网络操作无效
	4	PU/外部组合运行	操作模式：PU；运行方式：外部；网络操作无效
	6	网络操作	运行过程中也可进行网络/外部切换
	7	网络或外部操作	X12 信号 ON：网络操作；X12 信号 OFF：外部操作

（续）

Pr340	Pr79	开机自动选择	备　注
10/12	0	网络操作	可通过 PU/EXT 按键切换网络/PU 运行方式
	1	PU 操作	PU 单元控制变频器运行
	2	网络操作	网络操作模式
	3	外部/PU 组合运行	操作模式：外部；运行方式：PU
	4	PU/外部组合运行	操作模式：PU；运行方式：外部
	6	网络操作	运行过程中可进行网络/PU 切换
	7	外部操作	可通过 DI 信号 OFF，禁止或网络/PU 切换

注：当 Pr340 设定为 2、12 时，发生瞬时断电时可以维持断电前的运行状态

8.3　频率给定与调整

8.3.1　输出范围选择

1. 相关参数

变频器的频率可通过 PU 单元、通信、外部 AI 输入、DI 信号控制等多种方式指定，频率的输出范围可通过表 8.3-1 所示的参数限制，参数设定对所有频率给定方式均有效。

表 8.3-1　频率输出范围设定参数表

参数号	名　称	设定范围	作用与意义
Pr1/Pr2	上限/下限频率	0 ~ 120Hz	最大/最小给定对应的输出频率
Pr18/Pr13	最大/最小输出频率	120 ~ 400Hz	变频器允许输出的最大频率
Pr31/Pr32	跳变频率区 1	0 ~ 400Hz	频率跳变区 1 的频率范围
Pr33/Pr34	跳变频率区 2	0 ~ 400Hz	频率跳变区 2 的输出频率
Pr35/Pr36	跳变频率区 3	0 ~ 400Hz	频率跳变区 3 的输出频率
Pr78	转向禁止	0 ~ 2	0：允许正/反转；1：禁止反转；2：禁止正转

2. 输出范围限制

变频器的输出频率限制包括 Pr1/Pr2、Pr18/Pr13 的上下限设定和 Pr78 的转向限制两方面。当控制系统的只允许电机单向旋转时，可通过转向禁止参数 Pr78 限制电机转向。上下限设定参数 Pr18/Pr13 设定的是变频器实际能输出的最大/最小频率值；Pr1/Pr2 定义的是给定输入能够调节的输出频率范围，参数 Pr1/Pr2、Pr18/Pr13 的设定方法如下。

（1）最大频率的设定

参数 Pr18 的设定应大于 Pr1。当变频器最大输出频率在 120Hz 以下时，应将 Pr18 设定为最小值 120；然后通过 Pr1 设定最大给定输入对应的输出频率，如 60Hz 等；当变频器最大输出频率大于 120Hz 时，应在参数 Pr18 中设定最大输出频率值，如 400Hz 等，然后，再在 Pr1 上设定最大给定对应的输出频率，如 360Hz 等。

（2）最小频率设定

参数 Pr2 设定的是最小给定所对应的输出频率，Pr13 设定的是变频器实际可输出的最低频率，分如下两种情况：

1）Pr2≤Pr13：小于 Pr13 设定的给定输入无效，变频器的实际输出频率为 0。例如，设定 Pr2 = 0Hz、Pr1 = 50Hz、Pr13 = 1Hz 时，对于 0 ~ 10V 模拟电压给定输入，Pr13 设定的 1Hz 频率，折算到输入给定的模拟电压为 0.2V，因此，当给定小于 0.2V 时，变频器的实际输出频率总是为 0，如图 8.3-1 所示。

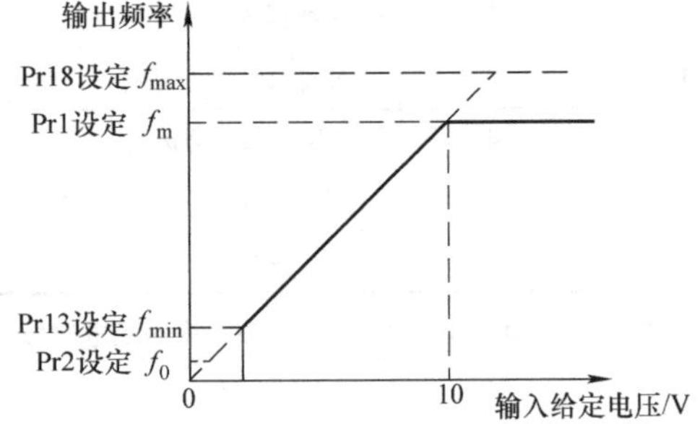

图 8.3-1　频率输出范围设定

2）Pr2 > Pr13：变频器的最小输出频率决定于 Pr13，即使给定输入小于 Pr2 的设定，但只要正/反转信号输入 ON，电机仍可输出 Pr13 设定的最小频率。例如，设定 Pr2 = 1Hz、Pr1 = 50Hz、Pr13 = 0.5Hz 时，对于 0 ~ 10V 模拟电压给定输入，Pr13 设定的 0.5Hz 所对应的模拟电压为 0.1V、Pr2 设定的 1Hz 所对应的模拟电压为 0.2V，因此，当输入电压为 0.1 ~ 0.2V 时，只要转向信号输入，变频器便可输出 0.5Hz 频率。

3. 频率跳变设定

速度连续调节的系统可能存在噪声、振动的急剧增加的机械共振区，变频器的频率跳变功能可用来回避共振区。FR - A740 变频器可通过参数 Pr31/32、Pr33/34、Pr35/36 设定图 8.3-2 所示的 3 个频率跳变区，当给定频率处于跳变区时，变频器的输出频率可自动跳变。

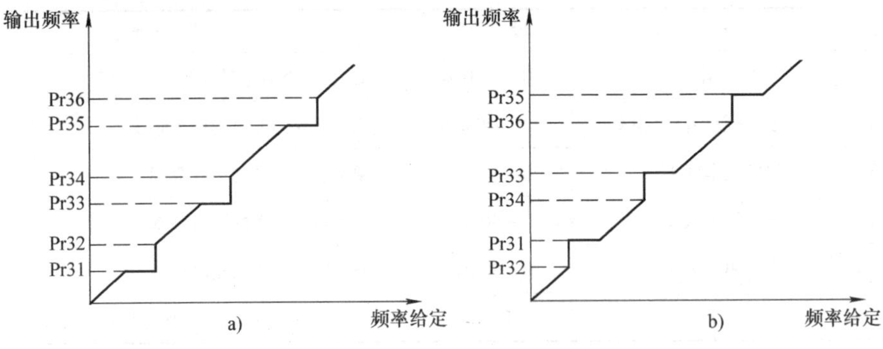

图 8.3-2　频率跳变功能
a）降低频率运行　b）提高频率运行

共振区的实际输出频率由 Pr31、Pr33、Pr35 设定，当 Pr31（Pr33、Pr35）< Pr32（Pr34、Pr36）时，共振区将按图 8.3-2a 降低频率输出频率运行；当 Pr31（Pr33、Pr35）> Pr32（Pr34、Pr36）时，共振区将按 8.3-2b 提高输出频率运行。

8.3.2　AI 增益和偏移调整

1. 相关参数

利用 AI 输入给定频率是变频器最常用的运行方式，FR - A740 变频器有 3 个 AI 输入连接端 5、4、1，其作用和功能可通过第 7 章 7.5 节所介绍的参数 Pr73、Pr858、Pr868 设定选择。AI 输入可利用表 8.3-2 所示的参数进行增益和偏移的调整。

表 8.3-2　频率给定设定参数表

参数号	名　称	设定范围	作用与意义
Pr73	频率给定选择	0～15	见第 7 章 7.5 节
Pr125	AI 输入 2 增益设定	0～400Hz	AI 输入 2 最大输入对应的输出频率
Pr126	AI 输入 4 增益设定	0～400Hz	AI 输入 4 最大输入对应的输出频率
Pr267	AI 输入 4 类型选择	0～2	见第 7 章 7.5 节
Pr849	AI 输入 2 电压偏移	0～200%	进行 AI 输入 2 电压偏移的调整
Pr858	AI 输入 4 功能选择	0～4	见第 7 章 7.5 节
Pr868	AI 输入 1 功能选择	0～6	见第 7 章 7.5 节
Pr902 – C2/C3	AI 输入 2 偏移调整	—	校正参数，需要通过调整操作设定
Pr903 – C4	AI 输入 2 增益调整	—	校正参数，需要通过调整操作设定
Pr904 – C5/C6	AI 输入 4 偏移调整	—	校正参数，需要通过调整操作设定
Pr905 – C7	AI 输入 4 增益调整	—	校正参数，需要通过调整操作设定
Pr917 – C12/C13	AI 输入 1 速度偏移调整	—	校正参数，需要通过调整操作设定
Pr918 – C14/C15	AI 输入 1 速度增益调整	—	校正参数，需要通过调整操作设定
Pr919 – C16/C17	AI 输入 1 转矩偏移调整	—	校正参数，需要通过调整操作设定
Pr920 – C18/C19	AI 输入 1 转矩增益调整	—	校正参数，需要通过调整操作设定
Pr932 – C38/C39	AI 输入 4 转矩偏移调整	—	校正参数，需要通过调整操作设定
Pr933 – C40/C41	AI 输入 4 转矩增益调整	—	校正参数，需要通过调整操作设定

2. AI 增益设定与调整

变频器的输出频率与 AI 输入给定成线性关系，任意时刻输出频率与 AI 输入电压（或电流）之比称为 AI 输入增益。

FR – A740 变频器 AI 输入 2、4 的增益分别可通过参数 Pr125（AI 输入 2）、Pr126（AI 输入 4）设定，参数设定值是最大给定输入所对应的输出频率（见图 8.3-3）；在此基础上，还可通过校正参数 Pr903 – C4（AI 输入 2）、Pr905 – C7（AI 输入 4）调整增益。

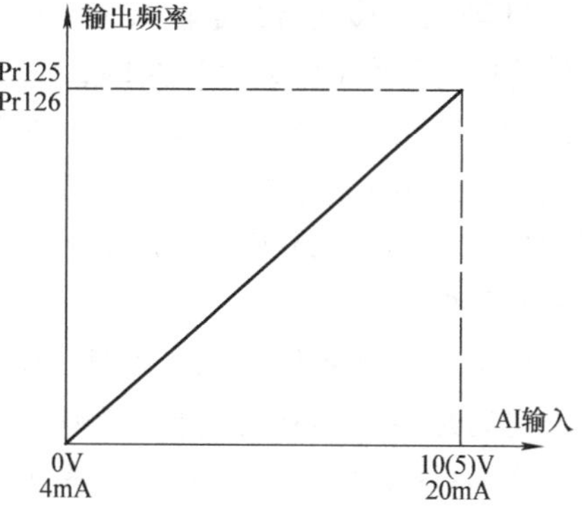

图 8.3-3　AI 增益设定

AI 输入 2、4 的增益调整按图 8.3-4 步骤进行，校正参数 C4、C7 改变的是参数 Pr125、Pr126 输出频率所对应的最大 AI 输入，它以最大理论值的百分率形式设定。以 AI 输入 2 调整为例，假如需要在输入 8V（最大输入 10V 的 80%）时输出参数 Pr125 设定的最大频率，参数 C4 的调整操作如图 8.3-4 所示。

AI 输入 2、4 的速度给定增益调整也可直接通过改变参数 Pr125、Pr126 进行。

AI 输入 4 和 AI 输入 1 除了用于速度给定外，还可以用于转矩给定，AI 输入 4 的转矩给定增益调整以及 AI 输入 1 的速度、转矩给定增益设定和调整，都需要通过校正参数进行。以 AI 输入 1 的速度给定为例，参数 Pr918 – C14 设定的是最大输入所对应的输出频率，其

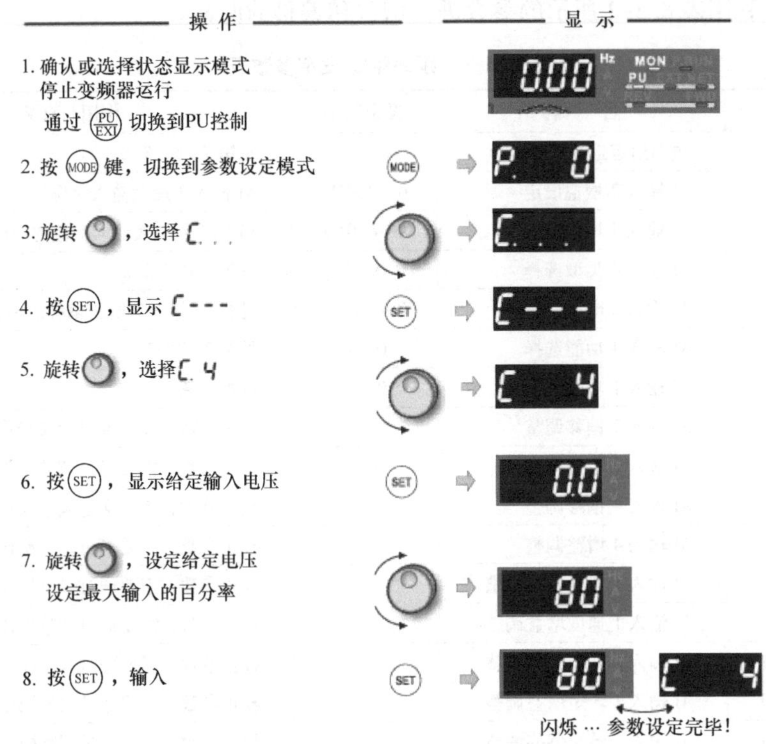

图 8.3-4　AI 增益调整操作

性质与参数 Pr125、Pr126 相同；参数 Pr918 – C15 设定的是 918 – C14 频率所对应的最大 AI 输入，它以最大理论值的百分率形式设定，其性质和 Pr903 – C4 相同。参数的调整操作和参数 C4 的调整相同。

3. AI 偏移设定与调整

AI 输入偏移是指给定输入为 0 时，变频器实际存在的输出频率。偏移来自于温度、元器件特性变化和 0V 干扰等原因，AI 偏移调整可补偿由于以上原因所产生的零速输出的频率偏移，它可通过图 8.3-5 所示的校正参数 Pr902 – C2/C3（AI 输入 2）、Pr904 – C5/C6（AI 输入 4）、Pr917 – C12/C13 进行调整。

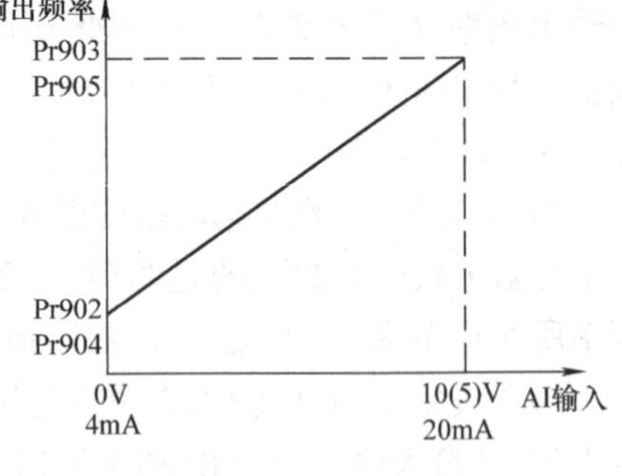

图 8.3-5　AI 偏移调整

校正参数 Pr902 – C2、Pr904 – C5、Pr917 – C12 等设定的是给定为 0 时的输出频率；参数 Pr902 – C3、Pr904 – C6、Pr917 – C13 调整的是 AI 输入值。校正参数的调整操作和参数 C4 的调整相同。调整偏移可使得变频器在给定为 0 时的输出频率接近于 0，并使得正反转时的转速基本一致，偏移只能通过调整减小，但不可能消除。

8.3.3　其他频率给定方式

变频器除了可通过 AI 输入给定频率外，还可利用多级运行速度选择、JOG 运行、远程控制等 DI 信号选择给定频率。FR－A740 的多级运行速度选择、JOG 运行、远程控制相关参数见表 8.3-3。

表 8.3-3　其他频率给定参数表设定表

参数号		名　称	设定范围	作用与意义
多级变速	Pr4～6	多级变速速度选择 1	0～400Hz	速度 1～3 选择
	Pr24～27	多级变速速度选择 2	0～400Hz	速度 4～7 选择
	Pr232～239	多级变速速度选择 3	0～400Hz	速度 8～15 选择
点动	Pr15	点动运行频率	0～400Hz	点动运行频率
远程控制	Pr59	远程控制功能选择	0～2	0：远程控制无效；1/2：有效

1. 多级变速

在多级变速控制时，变频器可以输出固定的频率，频率值可通过变频器参数进行设定，并通过 DI 信号选定，各变速级的频率值可在运行过程中进行调整与改变。DI 信号与变速级、输出频率的关系见表 8.3-4。

表 8.3-4　多级变速 DI 信号与频率设定

DI 信号				速度级	频率设定参数	设定范围	出厂设定
RH	RM	RL	REX				
0	0	0	0	无效	—	—	—
1	0	0	0	1	Pr4	0～400Hz	60
0	1	0	0	2	Pr5	0～400Hz	30
0	0	1	0	3	Pr6	0～400Hz	10
0	1	1	0	4	Pr24	0～400Hz	9999
1	0	1	0	5	Pr25	0～400Hz	9999
1	1	0	0	6	Pr26	0～400Hz	9999
1	1	1	0	7	Pr27	0～400Hz	9999
0	0	0	1	8	Pr232	0～400Hz	9999
0	0	1	1	9	Pr233	0～400Hz	9999
0	1	0	1	10	Pr234	0～400Hz	9999
0	1	1	1	11	Pr235	0～400Hz	9999
1	0	0	1	12	Pr236	0～400Hz	9999
1	0	1	1	13	Pr237	0～400Hz	9999
1	1	0	1	14	Pr238	0～400Hz	9999
1	1	1	1	15	Pr239	0～400Hz	9999

多级变速运行方式选择后，AI 输入频率给定无效；但如果参数 Pr28 设定为 1，倍率调整功能生效时，作为速度倍率调整的 AI 输入仍然有效。

2. 点动运行

点动（JOG）运行与多级变速类似，但它可用转向信号直接控制变频器起/停。外部控制的点动运行在 DI 信号 JOG 输入 ON 时有效；利用操作单元也可选择 JOG 运行，这时，可用操作单元上的【RUN】启动 JOG 操作，然后用【FWD】/【REV】键控制正反转。

点动运行具有最高优先级，当 JOG 信号输入 ON 时，AI 输入给定、多级变速等全部无效。变频器的点动运行频率由参数 Pr15 设定，且可通过参数 Pr16 单独设定加减速时间。

3. 远程控制

在远程控制运行时，变频器的给定频率可通过 DI 信号 RH、RM、RL 进行图 8.3-6 所示的调节与选择。

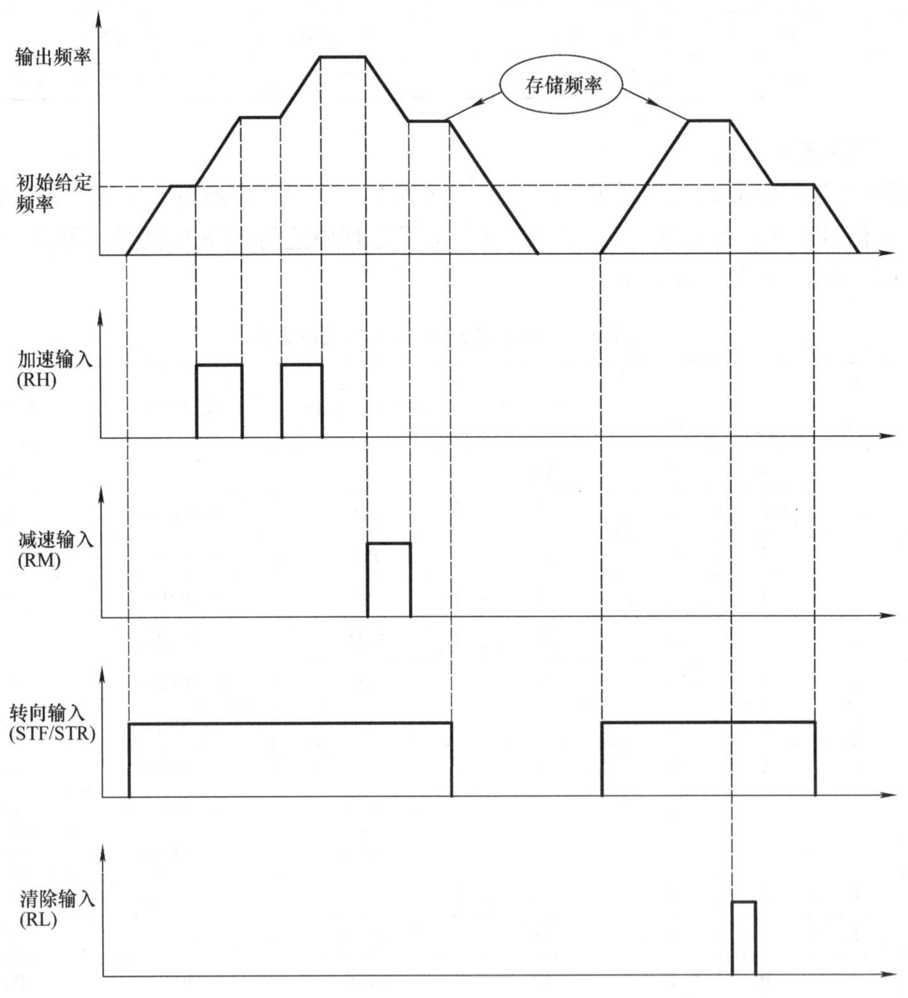

图 8.3-6　远程控制运行

远程控制在参数 Pr59 = 1 或 2 时有效，当 Pr59 = 1 时，通过调节得到的频率还具有存储功能，它可以作为下次变频器启动的初始频率给定值。

在远程控制方式下，DI 信号 RH 为频率增加信号、RM 为频率减少信号；RL 用于清除频率存储值或停止远程运行。频率给定的增/减将按 Pr7/Pr8、Pr44/Pr45 所设定的加减速进行；在调节过程中如信号 RH、RM 断开的时间超过 1min 或转向信号断开，变频器将存储现行频率给定值。远程控制时的 RH/RM/RL、STF/STR 信号作用见图 8.3-6。

4. 脉冲频率给定

变频器的频率也可用脉冲输入的形式给定，脉冲给定的输入端规定为 DI 输入连接端 JOG，其连接要求可参见第 7 章的 7.5 节。FR – A740 变频器与脉冲频率给定有关的参数见表 8.3-5。

表 8.3-5　FR – A740 的脉冲频率给定参数表

参数号	名　　称	设定值范围	作用及意义
Pr291	脉冲频率给定功能选择	0/1	0：功能无效，JOG 端为点动信号；1：功能生效
Pr384	最高输入脉冲频率	0 ~ 250	最高输入脉冲频率为设定值乘以 400
Pr385	脉冲频率给定偏移	0 ~ 400Hz	设定输入脉冲频率为 0 时的变频器输出频率值
Pr386	脉冲频率给定增益	0 ~ 400Hz	设定输入脉冲频率为最大值时的输出频率值
Pr419	脉冲输入端功能选择	0/2	0：速度（频率）给定脉冲；2：位置给定脉冲

5. 三角波运行

三角波运行功能亦称“摆频”功能，它可用于电机需要在某一频率附近作周期性摆动的运行控制。三角波运行可通过 DI 信号 X37 选择，其运行特性如图 8.3-7 所示，相关的参数见表 8.3-6。

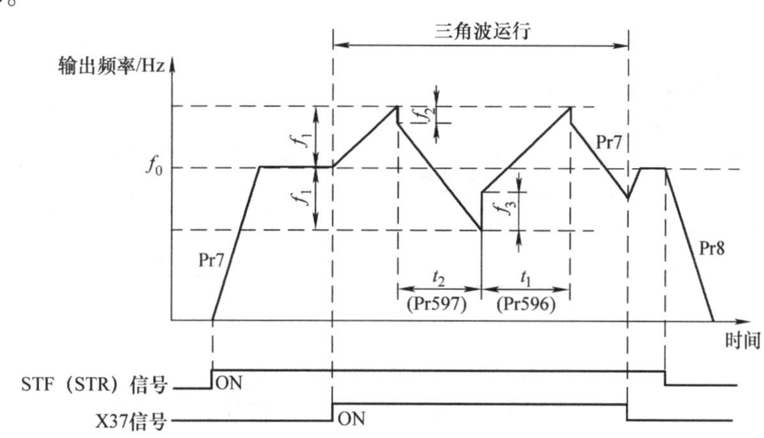

图 8.3-7　三角波运行与参数意义

表 8.3-6　变频器三角波功能设定参数一览表

参数号	名　称	设定范围	作用及意义
Pr592	三角波功能设定	0 ~ 2	0：功能无效；1：仅外部操作模式有效；2：始终有效
Pr593	振幅频率 f_1	0 ~ 25%	以稳态频率 f_0 百分比设定的三角波频率变化量
Pr594	衰减频率 f_2	0 ~ 50%	以振幅频率 f_1 百分比设定的减速时的瞬间衰减频率
Pr595	提升频率 f_3	0 ~ 50%	以振幅频率 f_1 百分比设定的加速时的瞬间提升频率
Pr596	加速时间 t_1	0.1 ~ 3600s	三角波运行的加速时间
Pr597	减速时间 t_2	0.1 ~ 3600s	三角波运行的减速时间

三角波运行功能在 DI 信号 X37 输入 ON 时生效，信号 X37 可在正常运行时直接加入，变频器即可转入三角波运行；如三角波运行期间 X37 输入 OFF，变频器将以参数 Pr7/Pr8 定

义的正常加速度，回到正常运行的基准频率 f_0；如三角波运行期间转向信号 STF/STR 被撤销，变频器将按参数 Pr8 定义的加速度减速到 0。

在三角波运行期间，可以改变基准频率 f_0 或其他三角波参数，但其动作需要在完成当前步的动作后才能生效，见图 8-3.8a。如三角波的幅值超过了参数 Pr1/Pr2 设定的极限，则输出频率被限制在上限或下限值上，见图 8-3.8b。变频器的 S 形加减速仅对基准频率有效，三角波上升与下降总是为线性加减速，见图 8-3.8c。三角波运行期间如失速保护功能动作，三角波输出立即停止，变频器执行失速保护动作，在失速保护解除后，重新转入三角波运行，见图 8-3.8d。

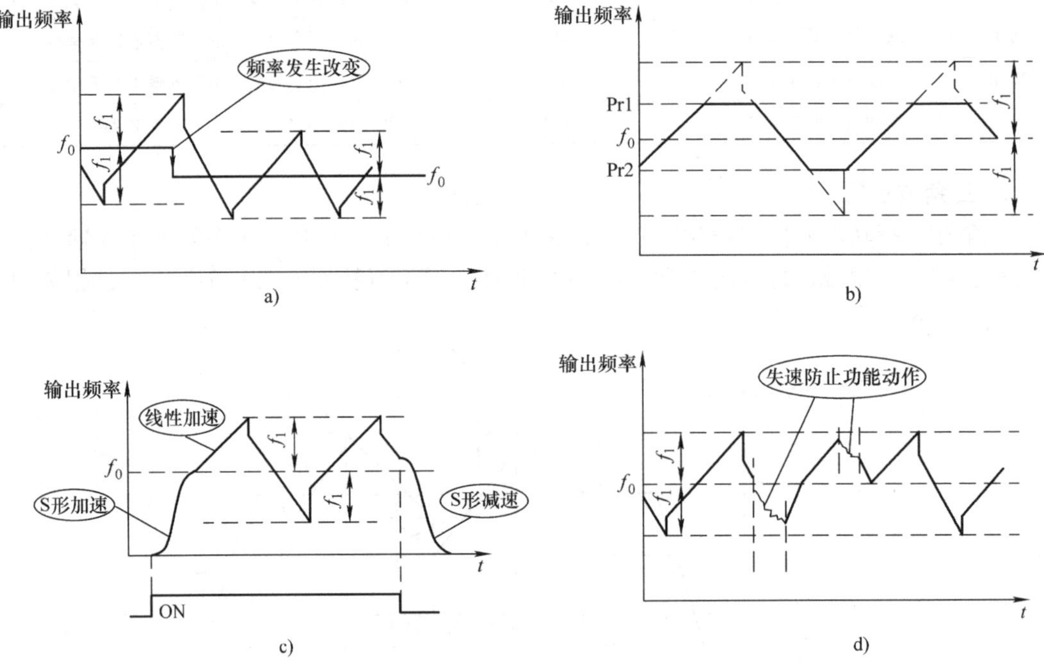

图 8.3-8　三角波运行的各种情况

a）参数发生变化　b）输出到达限幅　c）S 形加减速　d）失速保护

8.3.4　频率给定的调整

1. 相关参数

为了使得变频器的频率控制更加灵活、转速更加准确，FR－A740 变频器的频率给定可进行倍率和补偿调整。变频器与频率给定调整相关的参数见表 8.3-7，通过参数 Pr73 的设定，倍率、偏移补偿输入可来自 AI 输入，AI 输入的定义方法可参见第 7 章 7.5 节。

表 8.3-7　频率给定设定参数表

参数号	名　　称	设定范围	作用与意义
Pr28	多级变速 AI 倍率调节功能	0/1	1：有效；0：无效
Pr73	频率给定选择	0～15	见第 7 章 7.5 节
Pr74	给定滤波时间	0～8 ms	设定频率给定输入滤波器时间
Pr242	AI 输入 1 的补偿系数 1	0～100%	AI 输入 1 用于 AI 输入 2 补偿时的补偿系数

（续）

参数号	名　　称	设定范围	作用与意义
Pr243	AI 输入 1 的补偿系数 2	0 ~ 100%	AI 输入 1 用于 AI 输入 4 补偿时的补偿系数
Pr245	额定转差	0 ~ 50.0%	电机额定转差，设定 0 或 9999 时，补偿无效
Pr246	转差补偿响应时间	0 ~ 10.0s	转差补偿响应时间
Pr247	恒功率区转差补偿选择	0/9999	0：大于额定频率时补偿无效；1：始终有效
Pr252	倍率调节下限	0 ~ 200%	AI 输入用于倍率调节时的最小倍率
Pr253	倍率调节上限	0 ~ 200%	AI 输入用于倍率调节时的最大倍率
Pr286	频率偏差设定	0 ~ 100%	矢量控制频率偏差设定
Pr288	固定频率偏差控制功能选择	0 ~ 2、10/11	0：加减速时无效；1：输出频率大于 0；2：输出频率可小于 0；10/11：同 0/1，但 Pr286 无转速
Pr849	电压偏移调整	0 ~ 200%	AI 输入 2 电压偏移设定

变频器的给定滤波时间常数 Pr74 用来生效变频器的给定输入滤波器功能，滤波器可消除给定输入中的瞬间干扰，使得运行转速更加稳定。

2. 倍率调整

FR – A740 变频器可连接 3 通道 AI 输入 2、4 和 1，AI 输入可同时使用。如参数 Pr73 设定为 4/5、14/15，AI 输入 2 将成为频率给定的倍率调整输入；此时，频率给定输入（主速）与倍率调节输入的乘积将成为频率给定的最后输入。

倍率调整特性可通过图 8.3-9 所示的参数 Pr252、Pr253 设定，设定范围为 0 ~ 200%。参数 Pr252 设定的是倍率调节 AI 输入为 0V 时的倍率值；参数 Pr253 设定的是倍率调节 AI 输入为最大值时的倍率值。

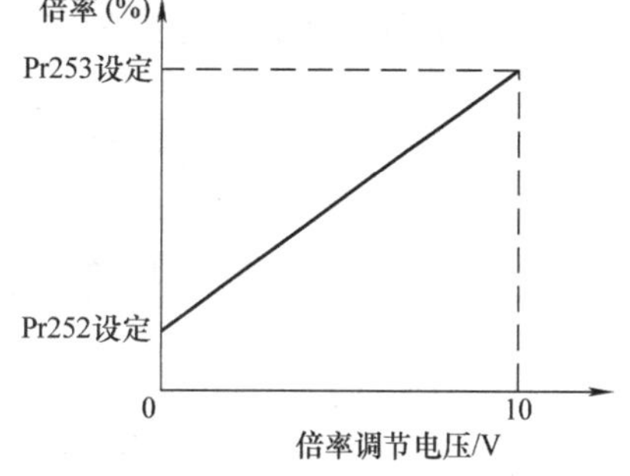

图 8.3-9　AI 倍率调节

当参数 Pr28 设定为 1 时，倍率调节可用于多级变速运行，这时，如参数 Pr73 设定为 4/5 或 14/15，AI 输入 2 成为速度倍率调整输入；如参数 Pr73 ≠ 4/5 或 14/15，则 AI 输入 1 将成为速度倍率调整输入，这点与 AI 给定输入的情况不同，倍率的调整范围同样由参数 Pr252、Pr253 设定。

【例 1】 某变频器的输出频率范围为 0 ~ 100Hz，主速 AI 给定 AI 输入 1 为 0 ~ 10V，要求能通过 AI 输入 2 对速度进行 50% ~ 150% 的倍率调节，变频器的参数可以设定如下：

Pr73 = 4：选择频率给定、倍率输入为 0 ~ 10V 模拟电压，主速给定输入为 1、倍率调节输入为 2。

Pr1 = 100Hz、Pr2 = 0Hz：AI 输入的频率范围为 0 ~ 100Hz。

Pr13 = 0Hz、Pr18 = 150Hz：变频器的频率输出范围为 0 ~ 150Hz。

Pr252 = 50%、Pr253 = 150%：变频器的 AI 输入倍率调节范围为 50% ~ 150%。

P917 – C12 = 0、P917 – C13 = 0：主速给定 AI 输入的偏移为 0Hz/0V。

P918 – C14 = 0、P917 – C15 = 0：主速给定 AI 输入的增益为 100Hz/10V。

此时，如果主速给定 AI 输入 1 为 8V，倍率调节 AI 输入 2 为 6V，最终的给定频率可以计算如下。

主速给定为 8V 时，如倍率输入为 100%，其主速给定频率为 $f = 100 \times 8/10\text{Hz} = 80\text{Hz}$。

倍率调节输入 6V 时的倍率为 $K = 50\% + (150\% - 50\%) \times 6/10 = 110\%$。

因此，最终的给定频率为 $f = 80\text{Hz} \times 110\% = 88\text{Hz}$。

3. 偏移补偿

当 FR－A740 变频器选择 AI 输入 2 或 4 作为主速频率给定时，可通过 AI 输入 1 对主速给定进行偏移补偿。偏移补偿的作用与参数 Pr902、Pr904 的偏移调整相同，但其偏移调整量可利用 AI 输入实时改变。

AI 输入 1 的偏移补偿量对 AI 输入 2、4 同时有效，但补偿系数可以分别设定。偏移补偿系数可通过参数 Pr242（AI 输入 2 补偿）或 Pr243（AI 输入 4/补偿），以百分率的形式设定，补偿后的频率给定值将成为：

给定频率 =（主速给定）+（AI 输入 1 给定）×（参数 Pr242 或 Pr243）/100

4. 电压偏移

FR－A740 变频器的 AI 输入 2 用于频率给定时，还可通过参数 Pr849 调整 AI 输入电压偏移。电压偏移和参数 Pr902 偏移调整的区别如图 8.3-10 所示，参数 Pr902 改变的是 AI 输入为 0 时的输出频率，其作用是将 AI 输入特性的起点沿纵坐标平移，但最高输出频率始终对应最大 AI 输入，故可用于单极性 AI 输入的调整；而参数 Pr849 设定的电压偏移则直接叠加到 AI 输入上，其作用是将 AI 输入特性沿横坐标平移，它不仅可改变 AI 输入为 0 时的输出频率，而且改变了最高输出频率所对应的 AI 输入，故可用于双极性 AI 输入的调整。

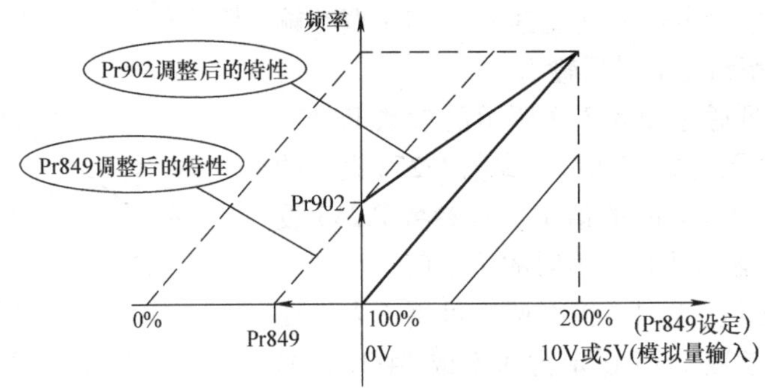

图 8.3-10　AI 输入的电压偏移

通过参数 Pr849 的设定，可对 AI 输入的叠加以下的偏移电压：

偏移电压 = 最大输入电压（5V 或 10V）×（参数 Pr849 设定 －100）/100

5. 转差补偿

转差补偿用于 V/f 控制的变频器，它可以根据参数 Pr245 的额定转差和变频器实际输出电流（转矩），自动计算出不同输出频率下电机的转差值，并通过补偿使之与理论转速相符。转差补偿可通过参数 Pr246 响应时间的设定，避免瞬间负载扰动的影响；此外，还可通过参数 Pr247 选择额定频率以上的恒功率调速区是否需要进行转差补偿。

变频器采用矢量控制时，可以通过固定频率偏差控制功能补偿转差，这一功能还可使变频器输出特性产生图 8.3-11 所示的人为下垂。输出特性在额定负载下的频率下降量可通过参数 Pr286 设定，如设定 Pr288 为 10、11，参数 Pr286 可以设定的变频器输出额定转矩时的电机转速修正量；当输出转矩为其他值时，其修正频率为

$$\Delta f=\frac{\text{转矩电流分量（滤波后）}}{\text{额定电流}}\cdot\frac{\text{（Pr286 设定）}}{100}\cdot\text{额定频率}$$

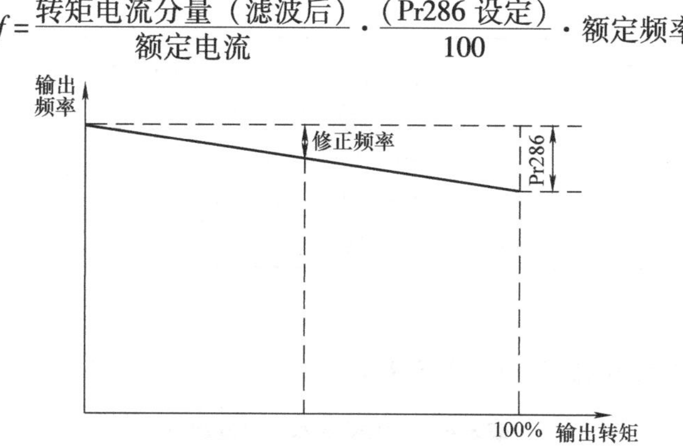

图 8.3-11　固定频率偏差控制

8.4　基本控制参数

8.4.1　电机参数与自动调整

1. 电机类型

变频调速系统的性能与控制对象——电机的特性密切相关，虽然，变频器多用于通用感应电机的控制，但为了提高性能的需要，有时也需配套专用电机。

FR－A740 变频器参数 Pr71（第 1 电机）、Pr450（第 2 电机）用于电机类型选择，两者的设定方法和设定值意义相同，其设定要求见表 8.4-1。

表 8.4-1　电机类型的设定

Pr71（Pr450）	电机类型	作用与意义
0	通用感应电机	通用感应电机，V/f 控制
2		通用感应电机，使用多点可调 V/f 特性
3		通用感应电机，矢量控制，电机参数可使用离线调整功能自动设定
4		通用感应电机，矢量控制，电机参数可使用自动调整功能设定、并允许修改
5		Y联结通用感应电机，矢量控制，电机参数可以直接输入
6		△联结通用感应电机，矢量控制，电机参数可以直接输入
7		Y联结通用感应电机，矢量控制，电机参数可输入或使用自动调整设定
8		△联结通用感应电机，矢量控制，电机参数可输入或使用自动调整设定
13	通用恒转矩电机	恒转矩电机，矢量控制，电机参数可使用离线调整功能自动设定
14		恒转矩电机，矢量控制，电机参数可使用自动调整功能设定、并允许修改
15		Y联结恒转矩电机，矢量控制，电机参数可直接输入
16		△联结恒转矩电机，矢量控制，电机参数可直接输入
17		Y联结恒转矩电机，矢量控制，电机参数可输入或使用自动调整设定
18		△联结恒转矩电机，矢量控制，电机参数可输入或使用自动调整设定

（续）

Pr71（Pr450）	电机类型	作用与意义
1/50/53/54	SF－JRCA	三菱 SF－JRCA 恒转矩电机设定
20/23/24	SF－JR4P	三菱 SF－JR4P 感应电机设定
30/33/34	SF－V5RU	三菱 SF－V5RU、SF－THY 专用电机
40/43/44	SF－HR	三菱 SF－HR 高效感应电机

2. 电机参数

FR－A740 变频器的电机参数见表 8.4-2。

表 8.4-2　电机基本参数设定表

参数号	名　称	设定范围	V/f 控制	矢量控制
Pr3/Pr47/Pr113	第 1/2/3 电机额定频率	0～400.0Hz	●	×
Pr9/Pr51	第 1/2 电机额定电流（过电流保护设定）	0～500.0A	●	●
Pr19	额定电压（V/f 控制，第 1/2/3 电机通用）	0～1000.0V	●	×
Pr71/Pr450	第 1/2 电机类型	0～54	●	●
Pr80/Pr453	第 1/2 电机功率	0.4～55kW	9999	●
Pr81/Pr454	第 1/2 电机极数	2～10、12～20	9999	●
Pr82/Pr455	第 1/2 电机励磁电流	不同	9999	●
Pr83/Pr456	第 1/2 电机额定电压	0～1000.0V	9999	●
Pr84/Pr457	第 1/2 电机额定频率	0～400.0Hz	9999	●
Pr89/Pr569	第 1/2 电机速度环增益	0～200.0%	9999	●
Pr90/Pr458	第 1/2 电机定子电阻 R1	不同	9999	●
Pr91/Pr459	第 1/2 电机转子电阻 R2	不同	9999	●
Pr92/Pr460	第 1/2 电机定子电感 L1	不同	9999	●
Pr93/Pr461	第 1/2 电机转子电感 L2	不同	9999	●
Pr94/Pr462	第 1/2 电机励磁阻抗 X	不同	9999	●
Pr95/Pr463	第 1/2 电机在线自动调整	0/1	0	●
Pr96/Pr574	第 1/2 电机离线自动调整	0/1	0	●
Pr859/Pr860	第 1/2 电机转矩电流分量	不同	9999	●
Pr684	自动调整时的单位选择	0/1	0	●
Pr854	励磁电流比调整	0～100%	0	●

注：“●”需要设定；“×”不需要设定

电机参数设定需要注意以下问题：

1）FR－A740 变频器具有多电机控制功能，它可通过 DI 信号 RT 或 X19 切换电机 2 或电机 3，故需要设定 3 组电机参数；但是，第 3 电机不能采用矢量控制，故不需要设定第 3 电机的矢量控制参数。

2）电机参数的设定与变频控制方式有关，采用 V/f 控制时，只需要设定电机类型（Pr71/Pr450）、额定频率（Pr3/Pr47/Pr113）、额定电压（Pr19）、额定电流（Pr9/Pr51）参数；采用矢量控制时，需要手动设定电机类型（Pr71/Pr450）、额定电流（Pr9/Pr51）、电机功率（Pr80/Pr453）、电机极数（Pr81/Pr454）参数，其他诸如定子/转子的电阻/电感，励磁阻抗等参数，可以通过离线自动调整功能自动设定。

3）电机容量和极数参数 Pr80/Pr81 具有选择变频器的控制方式的功能，如变频器采用 V/f 控制，必须设定 Pr80/Pr81 = 9999，否则，变频器将自动选择矢量控制方式。

4）电机极数设定。当变频器不使用 DI 信号 X18、固定采用矢量控制时，2 ~ 10 极电机的参数 Pr81 应设定为 2 ~ 10，12 极电机应设定为 112。当变频器使用 DI 信号 X18、需要进行矢量控制和 V/f 控制切换时，2 ~ 10 极电机的参数 Pr81 应设定为 12 ~ 20；12 极电机应设定为 122；信号 X18 输入 ON 时，变频器可从矢量控制切换到 V/f 控制方式。

3. 离线自动调整

采用矢量控制时，变频器需要设定励磁电流、定子/转子电阻、电感等详细的电机参数，而感应电机一般不提供这些数据，为此，需要通过变频器的离线自动调整功能，由变频器自动测量和设定 Pr82、Pr90 ~ Pr94、Pr859 等参数。

变频器的离线自动调整需要注意如下问题：

1）变频器可控制的电机功率应与电机额定功率一致，或大于电机额定功率一个规格。

2）在自动调整时，变频器的上限频率参数 Pr1 应设定为 120Hz，调整完成后可根据需要设定其他值。

3）自动调整功能可能引起电机的旋转，在电机带有制动器的场合，应事先松开电机制动器，且在负载和电机分离时进行。

4）对于特殊的高转差电机、高速电机、电主轴等，一般不可以使用自动调整功能。

5）第 1 和第 2 电机的参数设定，应在 DI 信号 RT 选定电机后，实施自动调整操作。

变频器的离线自动调整可以通过变频器操作单元 PU 进行，操作步骤如下：

1）正确设定电机类型参数 Pr71（第 1 电机）、Pr450（第 2 电机）。

2）设定电机基本参数 Pr9、Pr80、Pr81、Pr83、Pr84（第 1 电机），Pr51、Pr453、Pr454、Pr456、Pr457（第 2 电机）。

3）设定参数 Pr96（第 1 电机）、Pr463（第 2 电机），选择如下自动调整方式。

Pr96/Pr463 = 0：不执行自动调整操作。

Pr96/Pr463 = 1：调整过程不旋转电机，但是电机需要在定子绕组中加入励磁电流，调整时间一般为 25s 左右。

Pr96/Pr463 = 101：调整过程需要旋转电机，变频器的输出频率为 60Hz 左右，调整时间一般为 40s 左右。

4）操作 PU 单元上的 FWD/REV 键，启动自动调整操作；在调整过程中，PU 将按照图 8.4-1 显示，显示的 1、101 为参数 Pr96、Pr463 设定的值。

自动调整结束时，PU 的状态显示为 3 或 103；如调整出错，PU 将显示报警号 9 或 91 ~ 93，表明自动调整不能正常完成，报警号代表的意义如下。

ERR 9：变频器报警。

ERR 91：失速保护功能报警，可通过 Pr156 设定“1”，取消加减速时的失速保护功能，重新调整。

ERR 92：过电压报警，自动调整时的变频器输出电压已经超过额定电压的 75%。

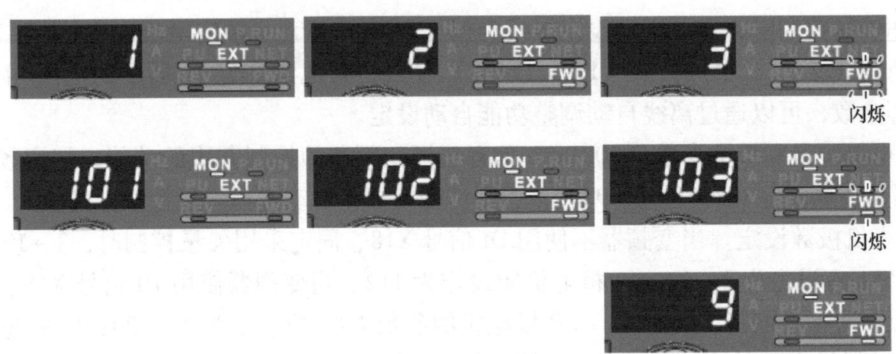

图 8.4-1　变频器的自动调整显示

ERR 93：电机参数计算发生错误。

自动调整可通过 PU 单元的【STOP/RESET】键强制中断，此时 PU 单元的状态显示为 8。自动调整完成后，电机参数即被自动存储到 Pr82、Pr90 ~ Pr94、Pr859（第 1 电机）/ Pr455、Pr458 ~ Pr462、Pr860（第 2 电机）中。

4. 在线自动调整

变频器完成离线自动调整后，还可通过在线调整获得矢量控制所需的更多、更准确的参数，提高变频器输出性能。在线调整在变频器连接负载后进行，其操作步骤如下。

1）确认 Pr96/Pr463 显示为 3 或 103，变频器已经完成离线自动调整操作。

2）设定 Pr95/Pr574 = 1，选择在线自动调整功能。

3）选择 PU 操作模式，按 PU 单元的【FWD】/【REV】键，启动变频器，实施在线自动调整操作。自动调整的启动也在外部操作模式下、直接通过 DI 信号 STF/STR 启动。

在外部操作模式下，在线自动调整还可通过专门的 DI 信号启动，其方法如下：

1）利用参数 Pr178 ~ Pr189 定义自动调整启动的 DI 信号 X28。

2）如需要，可利用参数 Pr190 ~ Pr196 定义自动调整完成输出 DO 信号 Y39。

3）确认 Pr96/Pr463 显示为 3 或 103，离线调试已经完成。

4）设定 Pr95/Pr574 = 1，生效在线自动调整功能。

5）保持 STF/STR 为 OFF 状态，将自动调整启动信号 X28 置 ON。

变频器即进入自动调整状态，自动调整完成后，调整完成 DO 信号 Y39 输出 ON；这时可通过 STF/STR 信号进行变频器的正常控制。以上控制过程如图 8.4-2 所示。

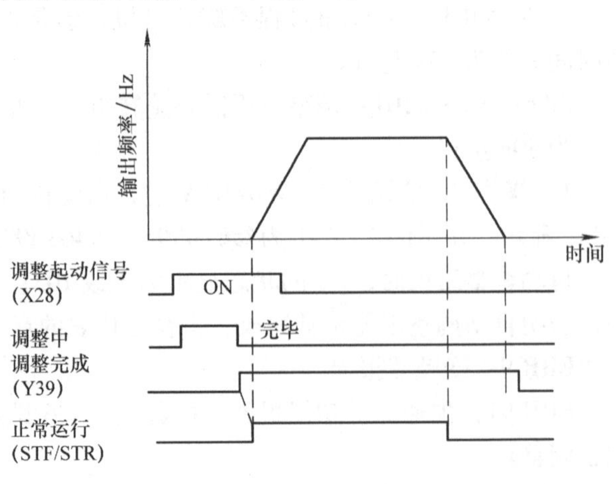

图 8.4-2　使用 X28 控制的在线自动调整

5. 电机切换

变频器用于多电机控制时，电机的切换通过 DI 信号 RT、X9 实现，RT 信号用于第 2 电机切换，X9 用于第 3 电机切换，信号的输入连接端可通过 DI 功能定义参数 Pr178 ~ Pr189 设定，其功能代码分别为 3、9。电机切换信号的生效可通过参数 Pr155 设定，设定 Pr155 =0，切换信号始终有效；Pr155 =10，加减速时不能切换电机。

FR – A740 变频器对第 1、2、3 电机的控制功能有所区别，第 1 电机可以采用任何控制方式；第 2 电机可采用 V/f 控制或开环矢量控制；第 3 电机只能采用 V/f 控制。电机切换时，变频器的参数也需要同时进行转换，参数的变化见表 8. 4-3。

表 8. 4-3　电机切换参数转换表

参数名称	参数转换		
	第 1 电机（RT =0、X9 =0）	第 2 电机（RT =1、X9 =0）	第 3 电机（RT =0、X9 =1）
V/f 转矩提升	Pr0	Pr46	Pr116
电机额定频率	Pr3	Pr47	Pr113
加速时间	Pr7	Pr44	Pr110
减速时间	Pr8	Pr45	Pr111
过电流保护	Pr9	Pr51	—
失速保护设定	Pr22、Pr66	Pr48、Pr49	Pr114、Pr115
电机类型	Pr71	Pr450	—
电机参数	Pr80 ~ Pr84、Pr89；Pr90 ~ Pr94、Pr96；Pr859	Pr453 ~ Pr457、Pr569；Pr458 ~ Pr462，Pr463；Pr860	—
在线自动调整	Pr95	Pr574	—
变频控制方式	Pr800	Pr451	—
速度调节器参数	Pr820、Pr821	Pr830、Pr831	—
速度给定滤波器	Pr822、Pr826	Pr832、Pr836	—
速度反馈滤波器	Pr823	Pr833	—
电流调节器参数	Pr824、Pr825	Pr834、Pr835	—
电流反馈滤波器	Pr827	Pr837	—

8. 4. 2　负载类型及选择

1. 负载类型选择

FR – A740 变频器可根据负载特性自动调整变频器的容量和过载保护特性，它将负载分为轻微过载（SLD）、轻载（LD）、正常过载（ND）、重载（HD）四类。变频器的额定输出功率是指正常过载状态下可控制的电机功率；如果用于轻微过载、轻载控制，其输出功率可提高 1 个规格；而用于重载控制时，则应降低 1 个规格使用。例如，对于 FR – A740 – 04K 的变频器，在正常过载时，可控制的电机功率为 0. 4kW；在轻微过载、轻载时，可控制的电机功率为 0. 75kW；而在重载时，可控制的电机功率只能为 0. 2kW 等。

FR – A740 变频器的负载类型可通过参数 Pr570 选择，参数的设定方法和使用条件如下。

Pr570 =0：轻微过载 SLD。适用于环境温度不超过 40°C、过载不大于 120% 的工作场合，电机允许的 110% 过载时间为 60s、120% 过载时间为 3s。

Pr570 =1：轻载 LD。适用于环境温度不超过 50°C、过载不大于 150% 的工作场合，电机允许的 120% 过载时间为 60s；150% 过载时间为 3s。

Pr570 = 2：正常过载 ND。适用于环境温度不超过 50°C、过载不大于 200% 的工作场合，电机允许的 150% 过载时间为 60s；200% 过载时间为 3s。

Pr570 = 3：重载 HD。适用于环境温度不超过 50°C、过载不大于 250% 的工作场合，电机允许的 200% 过载时间为 60s；250% 过载时间为 3s。

2. 参数的影响

负载类型改变时，部分变频器参数的设定范围和出厂默认设定值将发生变化，这些参数见表 8. 4-4。

表 8. 4-4　不同负载类型的参数设定范围和默认值

参数号	参数名称	项　目	负载特性			
			SLD	LD	ND	HD
Pr9/Pr51	第 1/2 电机额定电流	默认值	决定于变频器型号，见第 7 章表 7. 1-2			
Pr22/Pr48/Pr114	第 1/2/3 电机的失速保护电流	设定范围	0. 1% ~400%	0. 1% ~400%	0. 1% ~400%	0. 1% ~400%
		默认值	110%	120%	150%	200%
Pr23	失速保护电流修整系数	设定范围	1% ~150%	1% ~200%	1% ~200%	1% ~200%
		默认值	9999	9999	9999	9999
Pr56	电流显示基准	默认值	决定于变频器型号，见第 7 章表 7. 1-2			
Pr62/Pr63	自适应加/减速电流基准	设定范围	0. 1% ~120%	0. 1% ~150%	0. 1% ~220%	0. 1% ~280%
		默认值	9999	9999	9999	9999
Pr148	失速保护 AI 输入偏移	设定范围	0. 1% ~110%	0. 1% ~120%	0. 1% ~150%	0. 1% ~200%
		默认值	110%	120%	150%	200%
Pr149	失速保护 AI 输入增益	设定范围	0. 1% ~120%	0. 1% ~150%	0. 1% ~220%	0. 1% ~280%
		默认值	120%	150%	220%	280%
Pr150	电流到达检测范围	设定范围	0. 1% ~110%	0. 1% ~120%	0. 1% ~150%	0. 1% ~200%
		默认值	110%	120%	150%	200%
Pr152	零电流检测范围	设定范围	0. 1% ~120%	0. 1% ~150%	0. 1% ~220%	0. 1% ~280%
		默认值	5%	5%	5%	5%
Pr165	重新启动失速保护电流	设定范围	0. 1% ~120%	0. 1% ~150%	0. 1% ~220%	0. 1% ~280%
		默认值	110%	120%	150%	200%
Pr271/Pr272	自动变速的高速/低速电流检测值	设定范围	0. 1% ~120%	0. 1% ~150%	0. 1% ~220%	0. 1% ~280%
		默认值	50%	50%	50%	50%
Pr279	机械制动器松开电流	设定范围	0. 1% ~220%	0. 1% ~220%	0. 1% ~220%	0. 1% ~280%
		默认值	130%	130%	130%	130%
Pr557	维护电流输出信号	默认值	决定于变频器型号，见第 7 章表 7. 1			
Pr893	节能监控容量	默认值	决定于变频器型号，见第 7 章表 7. 1			

8.4.3　变频控制参数

1. PWM 频率

变频器采用的是 PWM 逆变技术，其性能与 PWM 频率密切相关，频率越高、SPWM 波的质量就越高，电机的运行噪音和机械振动就越小；但是，变频器的逆变管开关频率也就越高、逆变管的损耗也就越大，因此，绝大多数变频器的 PWM 频率出厂设定都在 2kHz 左右，故在调整 PWM 频率时，应按照第 1 章图 1.3-4 修正变频器的额定输出功率。

PWM 频率可根据用户需要，通过参数 Pr72、Pr240、Pr260 的设定改变。

参数 Pr72：用于 PWM 频率设定，输入范围 0 ~ 15。Pr72 设定 0 时，自动选择 0.75kHz；设定 15 时为 14.5kHz；对于其他设定，变频器自动选择与设定值接近的 PWM 频率，如 2kHz、6kHz、10kHz 等。如设定 Pr72 = 25，变频器将强制进入 V/f 控制方式。参数 Pr240：柔性 PWM 频率控制功能选择，Pr240 设定 1 时，变频器可根据负载情况，自动改变 PWM 频率，降低系统工作时的噪声。

参数 Pr260：PWM 频率自动调整功能选择，Pr260 设定 1 时，如 PWM 频率设定过高，当变频器输出电流超过 85% 额定电流时，为了降低逆变管损耗，变频器将自动将 PWM 频率降低到 2kHz。

2. 变频控制方式

变频调速有 V/f 控制和矢量控制两种基本控制方式，V/f 控制是所有变频器都必备的控制方式，矢量控制在功能较强的变频器上可使用。变频控制方式将直接影响系统的调速性能，为此，在设计时必须予以确定。FR - A740 变频器的变频控制方式可通过如下方式选择。

1）设定电机参数中 Pr80/Pr453（电机功率）、Pr81/Pr454（电机极数）为 9999，变频器自动选择 V/f 控制方式；如在 Pr80/Pr453、Pr81/Pr454 中设定了电机功率和极数，则自动选择矢量控制方式。

2）通过参数 Pr800/Pr451（第 1/2 电机）选择变频控制方式，其设定方法如下。

Pr800 = 0 ~ 5：第 1 电机为闭环矢量控制，此时变频器可用于位置、转矩控制。

Pr800 = 9：第 1 电机为闭环矢量控制测试运行。

Pr800/Pr451 = 10/11/12：第 1/2 电机为开环矢量控制。

Pr800 = 20/9999：第 1/2 电机为 V/f 控制。

参数 Pr800、Pr451 的详细说明可参见第 9 章 9.5 节的说明。

（1）V/f 控制

变频器选择了 V/f 控制方式后，为了提高系统性能，可使用以下功能；这些功能在矢量控制时不需要。

1）V/f 特性调整。可使用转矩提升、V/f 特性选择功能改变 V/f 特性，以便与不同的负载相匹配。

2）多点 V/f 特性设定。可通过 5 点 V/f 设定改变特性，但是，该功能不能和多电机控制功能同时使用。

FR - A740 变频器与 V/f 特性设定相关的参数见表 8.4-5。

表 8.4-5　V/f 特性设定参数表

参数号	名　　称	设定范围	作用与意义
Pr0/Pr46/Pr112	第 1/2/3 电机转矩提升	0 ~ 30%	提高低频输出转矩，补偿定子电阻压降
Pr14	V/f 特性选择	0 ~ 5	使得 V/f 特性与负载匹配
Pr100/102/104/106/108	多点 V/f 特性频率设定	0 ~ 400Hz	设定第 1 ~ 5 点 V/f 特性频率 f_1 ~ f_5
Pr101/103/105/107/109	多点 V/f 特性电压设定	0.1 ~ 1000.0V	设定第 1 ~ 5 点 V/f 特性电压 V_1 ~ V_5

（2）矢量控制

变频器采用矢量控制后可提高低频输出转矩，得到类似于恒转矩调速的特性。只要电机参数 Pr80/Pr453（电机功率）、Pr81/Pr454（电机极数）的设定值不为 9999，矢量控制方式便自动生效。变频器采用矢量控制时需要注意如下几点。

1）矢量控制所需的详细电机参数，应通过电机的自动调整功能自动设定。矢量控制不能、也不需要设定 V/f 特性。

2）对于高转差电机、高速电机、电主轴等特殊电机，由于其参数与普通感应电机相差过大，一般不宜使用矢量控制；矢量控制对 2 ~ 6 极电机控制的效果最理想，多极电机的调速性能可能有所降低。

3）普通感应电机采用矢量控制时，变频器的额定输出功能应等于或略大于电机功率；电机连接线的长度不宜超过 30m；特殊电机采用矢量控制时，需要确保变频器额定输出电流大于等于电机额定电流。

4）矢量控制可以增加调速范围和输出转矩，但其低速时的速度波动大于 V/f 控制，故低速波动要求高的设备不宜采用矢量控制方式。

3. 转矩提升设定

V/f 控制是基于感应电机等效电路、在忽略定子电阻等影响的前提下，所得到的变频控制方案，当电机在低频工作时，为了保持 V/f 恒定，变频器的输出电压将同步降低，在这种情况下，定子电阻所产生的压降将直接影响电机的输出转矩。为此，需要通过提高变频器的输出电压，来补偿定子电阻压降的影响，保持电机最大输出转矩的基本不变。

转矩提升参数 Pr0/Pr46/Pr112 设定的是图 8.4-3 所示的、第 1/2/3 电机在输出频率为 0 时的变频器输出电压值，此电压可以起到补偿定子电阻压降的作用。

转矩提升的设定值应随变频器的功率增加而减小，电机功率越大、定子电阻就越小所需要的补偿电压也就越低。转矩提升电压设定过高将导致电机发热，因此，其设定值一般不应超过 10%；作为参考，0.75kW 以下的变频器一般设定为 6%；1.5 ~ 3.7kW 的变频器一般设定为 4%；5.5 ~ 7.5kW 的变频器一般设定为 3%；11kW 以上的变频器一般设定为 2%。

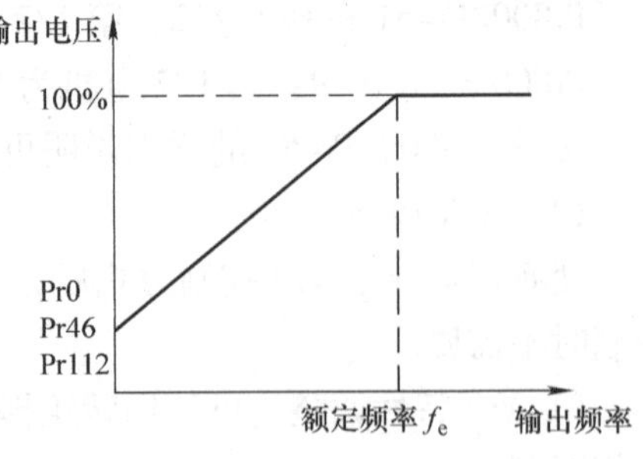

图 8.4-3　转矩提升设定

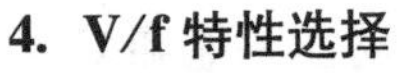

4. V/f 特性选择

为了使得变频器的 V/f 特性能够更好地和负载匹配，FR – A740 变频器可利用参数 Pr14 选择出厂固定的 V/f 特性。参数 Pr14 设定值的意义和对应的 V/f 特性分别见表 8.4-6、图

8.4-4、图 8.4-5。

表 8.4-6　V/f 特性设定表

Pr14 设定	V/f 特性	适用负载
0	正反转同时提升的线性 V/f 特性	恒转矩负载
1	正反转同时提升、二次曲线变化的 V/f 特性	风机类负载
2	仅正转提升的线性 V/f 特性	恒转矩负载
3	仅反转提升的线性 V/f 特性	恒转矩负载
4	DI 信号 RT 控制的 V/f 特性，信号 ON 同 Pr14 = 0；OFF 同 Pr14 = 2	恒转矩负载
5	DI 信号 RT 控制的 V/f 特性，信号 ON 同 Pr14 = 0；OFF 同 Pr14 = 3	恒转矩负载

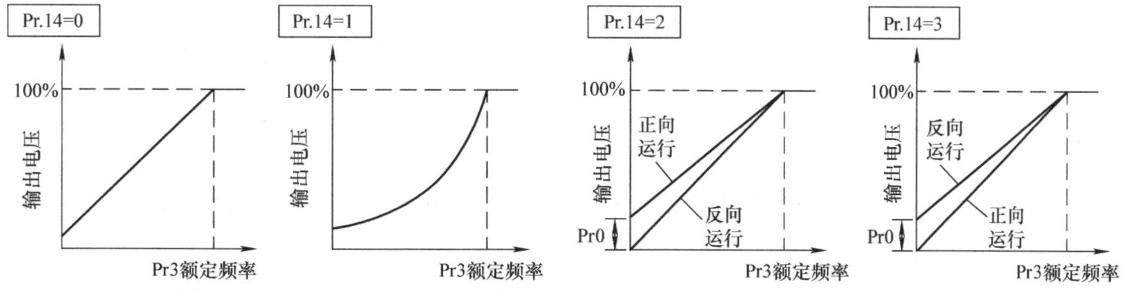

图 8.4-4　V/f 控制方式的负载特性

为了使得 V/f 控制特性能够更好地与负载匹配，FR－A740 变频器还可以通过多点 V/f 设定参数 Pr100～109 的设定，设定图 8.4-5 所示的特殊 V/f 特性。

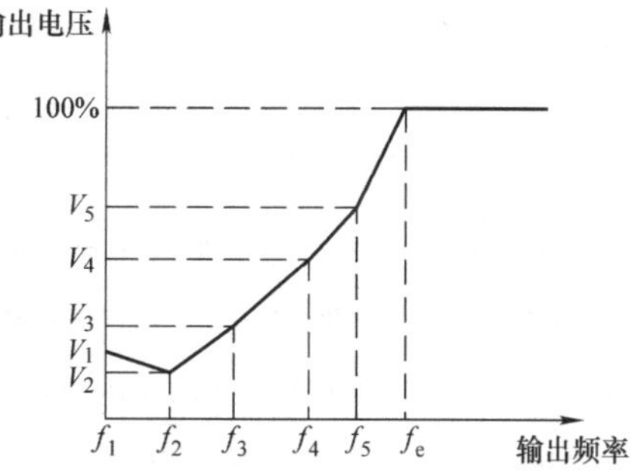

图 8.4-5　多点可调 V/f 特性设定

8.4.4　失速保护功能

1. 功能说明

变频器的失速保护又称失速防止功能。变频器多数情况用于开环控制，调速系统既无法实现转速闭环自动调整，也不能根据实际转速控制加减速动作。因此，在加减速或突加重负载时，可能出现电机转速无法跟随变频器输出频率变化、引起电机失控的现象，这一现象称为变频器的失速。

变频器的失速保护功能是一种根据实际输出电流，自动调整输出频率的功能。功能生效后，如输出电流超过了限制值（三菱手册称为失速防止水平），变频器将自动停止加减速、维持输出频率不变，当输出电流下降后，再继续进行加减速，其加减速过程如图 8.4-6 所示。

FR－A740 变频器的失速保护功能，还可通过参数 Pr154 的设定，选择输出电压是否需要同时降低，如 Pr154 = 1，失速保护时输出电压保持不变；如 Pr154 = 0，失速保护时不仅控制输出频率，同时还需要降输出电压。

由于变频器在额定频率以上区域一般采用恒功率调速，则随着频率（转速）的升高，电机的输出转矩（电流）需要同步下降，为此，变频器的失速保护电流也需要根据这一要求，通过参数的设定进行自动调整，使得实际失速保护电流具有图 8.4-7 所示的特性。即：对于电机额定频率以下的恒转矩调速运行段，失速保护电流值保持不变；在电机额定频率以上的恒功率调速运行段，失速保护电流值将随着频率的升高而下降。

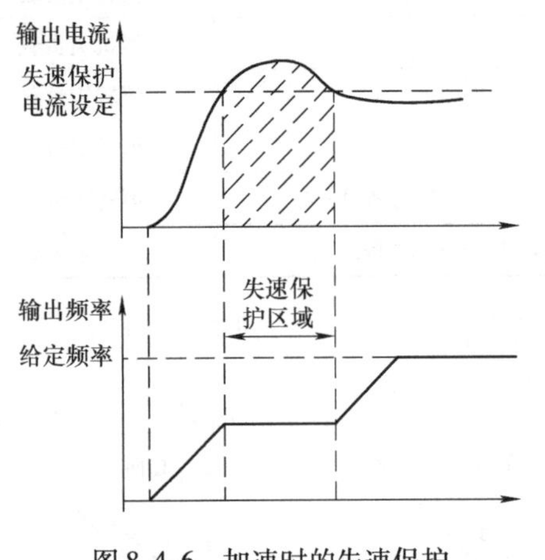

图 8.4-6　加速时的失速保护

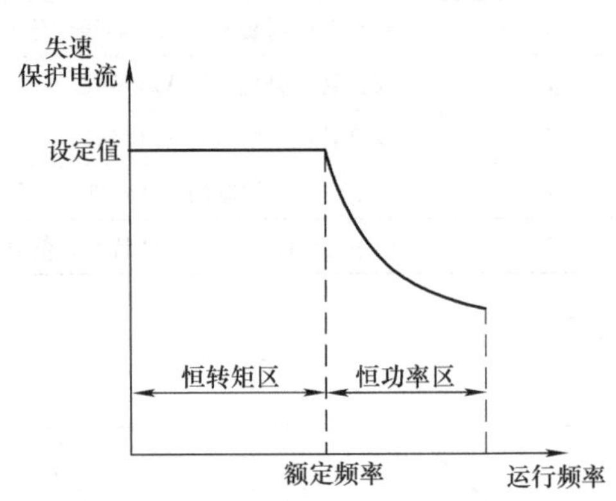

图 8.4-7　失速保护电流的变化

2. 相关参数

FR－A740 变频器与失速保护功能相关的参数见表 8.4-7。表中的失速保护起始值和失速保护修正开始频率，分别对应图 8.4-7 中的恒转矩输出区失速保护电流值和恒转矩/恒功率转换点的频率，该频率通常为电机额定频率。

表 8.4-7　失速保护参数表

参数号	名　称	设定范围	作用与意义
Pr22/48/114	第 1/2/3 电机失速保护电流起始值 K	0～200%	0：无效；9999：由 AI 输入给定
Pr23	电机失速保护电流修正系数 K_1	0～200%	9999：由 AI 输入给定
Pr66/49/115	第 1/2/3 失速保护修正开始频率 f_1	0～400Hz	通常为额定频率
Pr148	失速保护输入偏移	0～200%	仅 Pr22＝9999 时，对 AI 输入有效
Pr149	失速保护输入增益	0～200%	仅 Pr22＝9999 时，对 AI 输入有效
Pr154	失速保护时的电压控制	0、1	0：自动降低；1：不变
Pr156	失速保护功能选择	0～31、100	见下述
Pr816	加速时的失速保护电流	0～400%	9999：与正常运行相同
Pr817	减速时的失速保护电流	0～400%	9999：与正常运行相同
Pr858	AI 输入端 4 功能选择	4	设定 4 为失速保护电流输入
Pr868	AI 输入端 1 功能选择	4	设定 4 为失速保护电流输入

3. 功能选择

参数 Pr156 用于变频器失速保护功能有效范围及失速保护报警时的运行状态选择，参数设定值的意义见表 8.4-8；当 Pr156 设定为 0～15 时，失速保护报警时变频器停止运行；Pr156 设定为 16～31 或 100、101 时，失速保护报警时变频器继续运行。

表 8.4-8　失速保护功能选择表

Pr156 设定		功能有效范围			
		负载突变	加速过程	正常运行	减速过程
0/16		●	●	●	●
1/17		×	●	●	●
2/18		●	×	●	●
3/19		×	×	●	●
4/20		●	●	×	●
5/21		×	●	×	●
6/22		●	×	×	●
7/23		×	×	×	●
8/24		●	●	●	×
9/25		×	●	●	×
10/26		●	×	●	×
11/27		×	×	●	×
12/28		●	●	×	×
13/29		×	●	×	×
14/30		●	×	×	×
15/31		×	×	×	×
100	运行	●	●	●	●
	制动	×	×	×	×
101	运行	×	●	●	●
	制动	×	×	×	×

注："●" 有效；"×" 无效

4. 保护电流调整

当变频器运行在频率 f 大于参数 Pr66/Pr49/Pr115（分别为第 1/2/3 电机）设定的恒功率调速段运行时，其失速保护电流动作值按照下式自动修正：

$$失速保护电流 = A + B \times \left(\frac{K-1}{K-B}\right) \times \left(\frac{K_1 - 100}{100}\right)$$

式中，$A = \dfrac{F_1 \times K}{f}$；$B = \dfrac{f_1 \times K}{400}$

失速保护电流还通过变频器的 AI 输入端 4 或 1 给定，此时，应设定参数 Pr22 = 9999，并将 AI 功能定义参数 Pr858 或 Pr868 设定为 4。AI 输入给定可利用参数 Pr148、149 进行偏移、增益的调整，其调整方法与 AI 频率给定相同。

为了提高加/减速能力，FR – A740 变频器的加/减速失速保护电流可通过参数 Pr816/Pr817 进行独立设定和自动切换。加速时，如输出频率到达给定频率的 ±2Hz 范围，且持续时间超过 1s，则认为加速过程结束，失速保护电流从参数 Pr816 自动切换到参数 Pr22；减速时则自动从参数 Pr22 切换到参数 Pr817。其切换过程如图 8.4-8 所示。

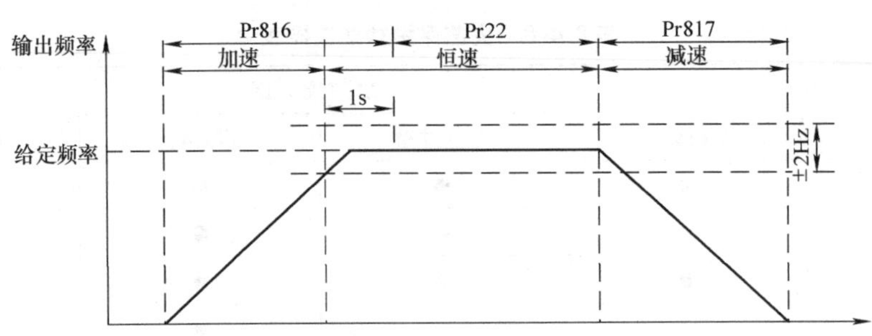

图 8.4-8　加/减速失速保护电流切换

8.5　加减速与制动控制

8.5.1　加减速控制

1. 加减速方式与选择

变频器输出频率可按规定的加减速方式升降，FR－A740 变频器的加减速方式和加减速时间可通过表 8.5-1 中的参数设定与选择。

表 8.5-1　加减速方式选择参数表

参数号	名　称	设定范围	作用与意义
Pr29	加减速方式选择	0～5	选择不同的加减速方式，见表 8.5-2
Pr7/Pr8	线性加/减速时间	0～3600s	从 0 到 Pr20 频率的加/减速时间
Pr16	点动运行加/减速时间	0～3600s	从 0 到 Pr15 频率的加/减速时间
Pr20	线性加减速参考频率	1～400Hz	计算线性加速度的参考频率
Pr21	加减速时间单位	0/1	加减速时间参数的单位选择，0：0.1s；1：0.01s
Pr44/Pr45	第 2 电机加/减速时间	0～3600s	第 2 电机从 0 到 Pr20 频率的加/减速时间
Pr110/Pr111	第 3 电机加/减速时间	0～3600s	第 3 电机从 0 到 Pr20 频率的加/减速时间
Pr140	第 1 加速频率	0～400Hz	两段线性加速时，第 1 加速频率
Pr141	两段加速间隔时间	0～3600s	两段加速从第 1 加速转换到第 2 加速的等待时间
Pr142	第 1 减速频率	0～400Hz	两段线性减速时，第 1 减速频率
Pr143	两段减速间隔时间	0～3600s	两段减速从第 1 减速转换到第 2 减速的等待时间
Pr380/Pr381	S 形加/减速时间 1	0～50.0%	采用加减速方式 C 的 S 形加/减速时间 1
Pr382/Pr383	S 形加/减速时间 2	0～50.0%	采用加减速方式 C 的 S 形加/减速时间 2
Pr516/Pr517	复合加速 S 形加速时间	0.1～2.5s	复合加速开始/结束段的 S 形加速时间
Pr518/Pr519	复合加速 S 形减速时间	0.1～2.5s	复合加速开始/结束段的 S 形减速时间
Pr292	自适应加/减方式选择	0～12	见后述
Pr293	自适应加减功能选择	0～2	0：加减速同时有效；1：仅加速有效；2：仅减速有效
Pr61	自适应加减速基准电流	0～500A	设定 9999：电机额定电流
Pr62/Pr63	自适应加/减速电流	0～200%	设定 9999：决定于 Pr60 的设定
Pr64	升降负载启动频率	0～10Hz	设定 9999：自动选择 2Hz

FR－A740 变频器的加减速方式可通过参数 Pr29 进行选择，设定值的意义见表 8.5-2。

表 8.5-2　加减速方式选择参数表

Pr29 设定	加减速方式
0	固定线性加减速
1	S 形加减速 A，超过额定频率的高速运行采用 S 形加减速
2	S 形加减速 B，固定的 S 形加减速
3	两段线性加减速
4	S 形加减速 C，加减速时间可变的复合加减速方式
5	S 形加减速 D，线性/S 形复合加减速方式

2. 线性加减速

线性加减速包括固定线性加减速与两段线性加减速两种类型。

（1）固定线性加减速

固定线性加减速的加减速过程如图 8.5-1 所示，这是一种全范围加速度保持不变的加减速方式，选择本方式应设定参数 Pr29＝0。线性加减速的加速度恒定，因此，对于不同的频率变化量，实际所需要的加减速时间不同。

固定线性加减速的加速度可通过 Pr7/Pr8（第 1 电机）、Pr44/Pr45（第 2 电机）、Pr110/Pr111（第 3 电机）设定。计算加速度的参考频率为 Pr20，它对第 1/2/3 电机同时有效；加速与减速时的加速度可独立设定。例如，第 1 电机加速时的加速度 $a=(\text{Pr20})/(\text{Pr7})$；减速时的加速度 $a=-(\text{Pr20})/(\text{Pr8})$。

（2）两段线性加减速

两段线性加减速的加减速过程如图 8.5-2 所示，选择本方式应设定参数 Pr29＝3。两段线性加减速又称齿隙加减速方式，它在加减速过程中插入了停顿动作，以便实现重载时的分段加减速，或用于消除机械传动系统的间隙。

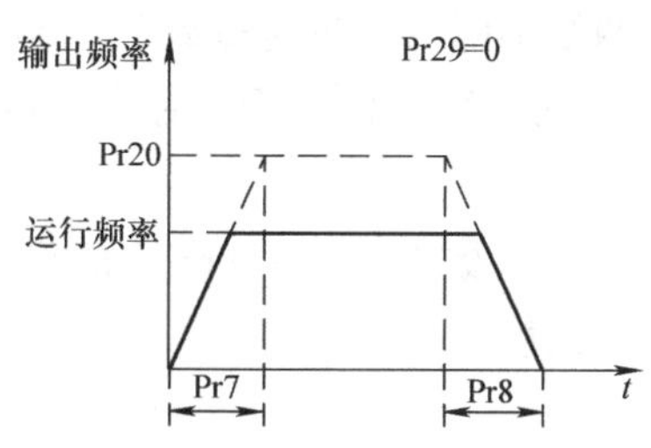

图 8.5-1　固定线性加减速

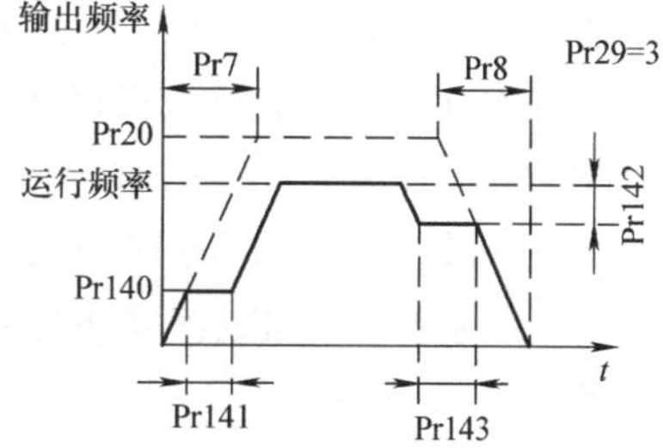

图 8.5-2　两段线性加减速

两段线性加减速的加速度与线性加减速方式相同，其加减速分段频率由参数 Pr140（加速）、Pr142（减速）设定，参数设定的是加速/减速开始段的频率增量。加速时，变频器先加速到 Pr140 设定的频率，并保持此频率运行 Pr141 设定的时间，然后再加速到给定频率；减速时，变频器先将运行频率降低 Pr142 设定的值，并保持此频率运行 Pr143 设定的时间，然后再减速到给定频率。

3. S 形加减速

S 形加速是一种加速度变化率保持恒定的加减速方式，它可以降低加减速过程中的机械冲击，改善系统的加减速性能。在三菱变频器上可以使用如下四种不同的S形加减速方式：

（1）S形加减速A

S形加减速A在Pr29 =1时有效，它只能用于给定频率大于电机额定频率（Pr3设定值）的场合，其S形加减速的拐点固定为电机额定频率点，其加减速过程如图8.5-3a所示。S形加减速A的加减速计算的基准时间T为参数Pr7、Pr8的设定，当运行频率为f、电机额定频率（参数Pr3设定）为f_e时，实际完成加减速过程需要的时间为

$$t = \frac{4}{9} \times T \times \left(\frac{f}{f_e}\right)^2 + \frac{5}{9} \times T$$

（2）S形加减速B

S形加减速B对所有运行频率均采用S形加减速，它在Pr29 =2时有效，其S形加减速的拐点可根据运行频率自动改变，其加减速过程如图8.5-3b所示。

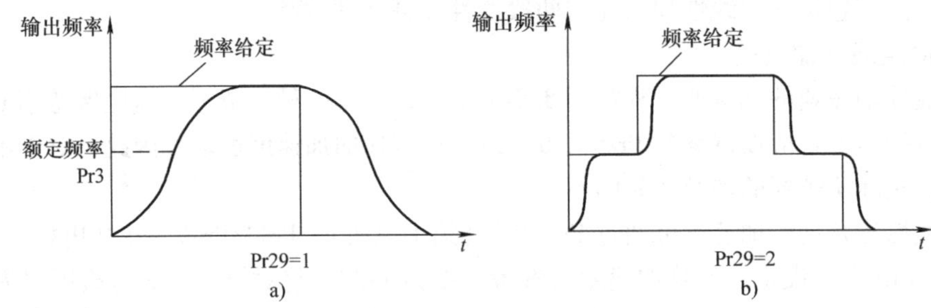

图8.5-3　S形加减速A/B

a）S形加减速A　b）S形加减速B

（3）S形加减速C

S形加减速C在Pr29 =4时有效，其加减速过程如图8.5-4a所示，这是一种加减速开始段和结束段采用S形加减速、中间段为直线加减速的复合加减速方式，开始段和结束段的S形加减速时间T_s相同，但可以通过DI信号X20选择两组不同的加减速参数T_s，X20信号OFF时，为参数Pr380（加速）/Pr381（减速）设定的时间；X20信号ON时为参数Pr382（加速）/Pr383（减速）设定的时间。

加减速时间T_s以总加减速时间的百分比形式设定，即参数Pr380 ~ Pr383的设定值 = $T_s/T \times 100\%$；对于S形加减速以外的部分，仍为线性加减速。

（4）S形加减速D

S形加减速D在Pr29 =5时有效，其加减速过程如图8.5-4b所示，它与S形加减速C的加减速过程相同，但其加减速开始段和结束段的时间，可通过参数Pr516/Pr517（加速）、Pr518/Pr519（减速）分别设定，而且也不能通过DI信号X20改变加减速时间。

4. 自适应加减速

FR – A740变频器可通过参数Pr292/Pr293的设定，选择自适应最优加减速方式，以实现最短时间加减速。

参数Pr292的作用于意义见表8.5-3，该参数还具有自动设定转矩提升值、选择升降负载控制的功能，故称为智能模式选择参数。

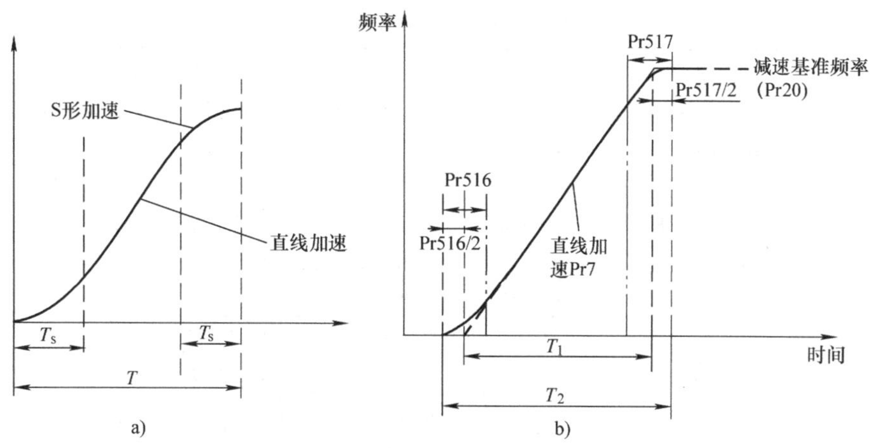

图 8.5-4　S 形加减速方式 C/D

a）S 形加减速 C　b）S 形加减速 D

表 8.5-3　自适应加减速参数设定表

Pr292	运行模式	设定值及其意义
0	普通加减速	根据变频器设定的加减速方式与时间加减速
1	最短时间加减速 1	失速保护电流选择为 150%，参数 Pr7/Pr8 自动设定
11	最短时间加减速 3	使用外部制动电阻，失速防止值选择为 150%
3	最优加减速方式	以加减速平均电流等于额定电流的原则，自动设定参数 Pr7/Pr8/Pr0
5	升降负载控制	失速保护电流为 150% 的升降负载控制，参见第 9 章
6		失速保护电流为 180% 的升降负载控制，参见第 9 章
7	带制动器的升降负载控制	检测制动器松开信号的升降负载控制，参见第 9 章
8		不检测制动器松开信号的升降负载控制，参见第 9 章

参数 Pr293 用来生效最短时间加减速的功能，设定值的作用如下：

Pr293 =0：最短时间加减速对加速和减速同时有效；

Pr293 =1：最短时间加减速仅对加速有效；

Pr293 =2：最短时间加减速仅对减速有效。

8.5.2　制动控制

1. 制动方式与选择

当变频器的 STOP 信号 OFF、转向信号撤销或出现报警时，将停止运行，变频器停止有直接关闭逆变管输出（自由停车）和动力制动（减速停止）两种方式。动力制动与变频器硬件配置、控制系统结构有关，可以选择电阻制动（再生制动）、直流制动、零速锁定、伺服锁定等方式，如需要还通过外部机械制动器进行制动。

FR－A740 变频器的制动方式可通过表 8.5-4 中的参数设定与选择。

变频器停止时的制动或输出关闭由参数 Pr250 选择，设定 Pr250＝9999，只要 STOP 信号 OFF 或转向信号撤销，电机便制动；如果 Pr250 ≠9999，当 STOP 信号 OFF 或转向信号撤销时，在参数 Pr250 设定的时间内为制动，时间到达后转换为自由停车。

表 8.5-4　制动控制参数一览表

参数号	名　称	设定范围	作用与意义
Pr30	制动器件选择	0～2	0：内置电阻；1：外置电阻；2：功率因数转换器
Pr250	制动时间	0～100s	设定 9999 时，制动始终有效
Pr10	直流制动开始频率	0～120Hz	输出频率下降到本设定频率时，开始直流制动
Pr11	直流制动保持时间	0～10s;	设定 8888 时，通过 DI 信号 X13 控制直流制动
Pr12	直流制动电压	0～30%	直流制动时的直流电压输出值
Pr70	制动率设定	0～30%	变频器允许的制动率
Pr802	闭环系统制动方式	0/1	0：零速制动；1：伺服锁定
Pr850	开环系统制动方式	0/1	0：直流制动；1：零速制动
Pr261	断电和欠电压时的停止	0/1/2 11/12	0：输出关闭（自由停车）；1：减速停止；2：能重新启动的减速停止；11：时间可通过参数 Pr294 设定的减速停止 12：能重新启动、时间可通过参数 Pr294 设定的减速停止
Pr262	减速起始频率设定	0～20Hz	减速开始时的频率瞬间下降值
Pr263	减速频率选择	0～120Hz	频率小于参数设定，直接减速；频率大于参数设定，则从频率瞬间下降后减速
Pr264	第一减速斜率	0～3600s	减速开始段的加速度设定
Pr265	第二减速斜率	0～3600s	减速结束段的加速度设定
Pr266	减速转换点	0～400Hz	第一减速斜率与第二减速斜率转换点频率
Pr294	断电和欠压的调整	0～200%	减速斜率的附加调整

2. 电阻制动

电阻制动又称再生制动，电机制动时返回到直流母线上的能量，利用母线上的制动电阻消耗。变频器的制动电阻一般为内置，但在制动频繁、返回能量大或大功率变频器上，可选配外置电阻或使用功率因数转换器（FR－HC）。使用外置制动电阻时，需要在参数 Pr70 上设定制动率，制动率是变频器制动时间与运行时间之比，用来限制制动电阻的功率、防止电阻过热，Pr70 的设定不能超过电阻发热允许值；在使用内置电阻或功率因数转换器时，制动率参数 Pr70 由变频器自动设定，用户不能更改。

电阻制动的制动部件可通过参数 Pr30 的设定选择，参数设定要求如下：

Pr30＝0：使用内置制动电阻，此时制动率自动选择 2%，参数 Pr70 无效。

Pr30＝1：使用外置制动电阻，制动率可由参数 Pr70 进行设定。

Pr30＝2：使用功率因数转换器，制动率自动设定，参数 Pr70 无效。

3. 直流制动

直流制动是由变频器向电机绕组强制通入直流的制动方式，它可加快制动速度，提高停止点的精度。直流制动时加入到电机绕组的直流电压可通过参数 Pr12 设定，设定值以额定电压的百分率表示，一般为 4% 或 2%。提高制动电压可加快制动速度，但也会引起电机发热和带来机械冲击。

FR－A740 变频器的直流制动过程和参数意义如图 8.5-5 所示，直流制动可通过参数 Pr11 的设定选择如下两种方式。

Pr11≠8888：当输出频率下降到参数 Pr10 设定的频率值时，变频器自动启动直流制动功能，制动的保持时间通过参数 Pr11 进行设定。

Pr11 =8888：通过 DI 信号 X13 控制直流制动动作，X13 信号 ON 时，进入直流制动，X13 信号 OFF 时撤销直流制动。

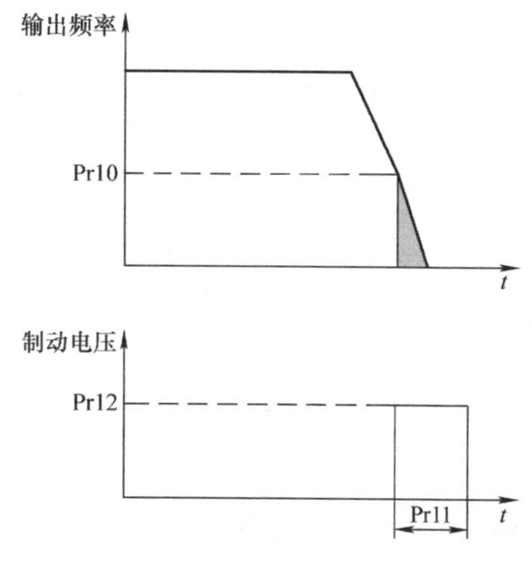

图 8.5-5　直流制动过程

4. 零速制动与伺服锁定

零速制动与伺服锁定功能是 FR－A740 变频器的新功能。所谓零速制动是指电机停止后，变频器仍输出直流电流，使电机具有一定的转矩，防止因外力产生运动的功能。伺服锁定是指电机在停止时能进行闭环位置调整的功能，它不仅可防止电机在受外力时的运动，而且还能自动纠正位置偏移。零速制动可用于闭环或开环控制的变频器，但伺服锁定功能只能用于闭环系统。零速制动、伺服锁定的功能设定参数为 Pr802（闭环）、Pr850（开环），有关闭环控制的更多内容可参见第 9 章。

5. 断电和欠电压时的制动

FR－A740 变频器在瞬间断电或电压过低时的停止方式，可通过参数 Pr261 的设定选择，参数意义如下。

Pr261 =0：瞬间断电、电压过低时，变频器关闭逆变管输出，电机自由停车。

Pr261 =1：瞬间断电、电压过低时，变频器制动（减速停止）。这时，如断电或欠电压发生在运行频率大于参数 Pr263 设定的时刻，变频器将瞬间下降 Pr262 设定的频率，然后开始减速；其目的是使断电瞬间，电机的机械能可快速回馈到直流母线上，以维持直流母线电压的不变、保持变频器的状态信息，并准备重新起动，该功能称为动能支持功能（Kinetic Energy Backup，KEB）。如断电或欠电压发生时，变频器的运行频率小于参数 Pr263 的设定值，则直接从运行频率开始减速，变频器的制动过程如图 8.5-6a 所示。变频器减速停止时，即使电源电压恢复正常，减速动作仍将继续；如需要使用重新启动功能，必须先取消 STF/STR 信号，并再次将其置 ON。

断电或欠电压时的变频器制动分为两段，分界点的频率可通过参数 Pr266 设定；两段减速的斜率（加速度）可分别通过参数 Pr264、Pr265 设定，Pr264/Pr265 设定值应是从 Pr20 加减速参考频率减速到 0 的时间，其加速度 k1、k2 需要根据 8.5-6b 计算后得到。

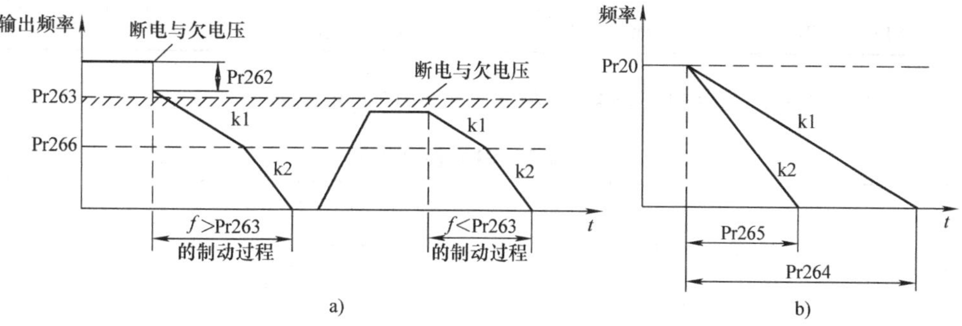

图 8.5-6　断电或欠电压时的制动过程

a）减速停止动作　b）加速度设定

Pr261 = 2：变频器具有自动重启功能，在变频器断电或欠制动阶段，只要电源电压恢复正常，便可重新加速，它不需要先取消信号 STF/STR、再次将其置 ON 的动作。变频器的自动重启有一定的延时，延时可通过参数 Pr57 设定，当设定 Pr57 = 9999 时，自动重启功能无效。

Pr261 = 11 或 12：断电制动的过程分别和 Pr261 = 1 或 2 的情况相同，但其减速时间（加速度）可通过参数 Pr294 进行调整，Pr294 的调整范围为原设定值的 0 ~ 200%。

8.6 DI/DO 功能定义

8.6.1 DI 功能定义

1. 相关参数

变频器的控制信号为开关量输入，简称 DI。出于简化电路、降低成本等方面的考虑，变频器的 DI 连接端一般较少，为了适应各种控制要求，这些 DI 连接端的信号功能可通过变频器的参数设定改变，故称为多功能 DI。

DI 信号应根据变频器的控制要求定义功能，FR – A740 变频器与 DI 信号功能定义相关的参数见表 8.6-1，信号的具体作用可参见变频器的功能说明。

表 8.6-1　DI 功能定义参数表

参数号	名　称	设定范围	作用及意义
Pr17	MRS 信号极性	0/2/4	0：常开；2：常闭；4：DI 输入为常闭，通信输入为常开
Pr78	STF/STR 功能设定	0/1/2	0：均有效；1：STR 禁止；2：STF 禁止
Pr155	RT、X9 信号执行条件	0/10	0：立即生效；10：加减速时无效
Pr178 ~ 189	DI 连接端功能定义	0 ~ 99	见下述

2. 功能定义

FR – A740 变频器上的 DI 连接端代号是出厂默认的功能代号，根据控制需要，12 点 DI 的功能可通过参数 Pr178 ~ 189 定义，参数号和连接端的对应关系见表 8.6-2。

表 8.6-2　DI 连接端与功能定义参数对应表

参数号	178	179	180	181	182	183	184	185	186	187	188	189
连接端	STF	STR	RL	RM	RH	RT	AU	JOG	CS	MRS	STOP	RES

参数 Pr178 ~ 189 的不同设定值和生效的 DI 功能见表 8.6-3。

表 8.6-3　DI 功能定义表

设定值	连接端	DI 信号的功能		
		Pr59 = 0	Pr59 = 1、2	Pr270 = 1、3
0	RL	多速运行速度选择信号 1	远程控制升速信号	挡块定位速度选择 1
1	RM	多速运行速度选择信号 2	远程控制减速信号	挡块定位速度选择 2
2	RH	多速运行速度选择信号 3	远程控制复位信号	挡块定位速度选择 3

（续）

设定值	连接端	DI 信号的功能		
		Pr59 =0	Pr59 =1、2	Pr270 =1、3
3	RT	第 2 电机选择信号		挡块定位速度选择 4
4	AU	AI 连接端 4 输入有效信号		
5	JOG	点动运行选择		
6	CS	自动重启或工频/变频选择信号		
7	OH	热继电器输入		
8	REX	多速运行速度选择信号 4		
9	X9	第 3 电机选择信号		
10	X10	功率因数补偿器输入 1		
11	X11	功率因数补偿器输入 2		
12	X12	PU/外部操作模式切换控制信号，ON：允许切换；OFF：禁止切换		
13	X13	直流制动启动信号		
14	X14	PID 控制信号		
15	BRI	制动器松开完成信号		
16	X16	操作模式切换信号		
17	X17	转矩提升控制信号		
18	X18	矢量控制/V/f 控制切换信号		
19	X19	升降负载自动速度调整功能生效信号		
20	X20	闭环控制 S 型加减速方式选择		
22	X22	闭环位置控制定位指令		
23	LX	闭环控制初始励磁		
24	MRS	输出关闭或工频切换控制		
25	STOP	停止信号		
26	MC	速度/转矩、速度/位置、位置/转矩控制方式切换信号		
27	TL	转矩限制控制信号		
28	X28	在线自动调整启动信号		
37	X37	三角波运行启动信号		
42	X42	转矩偏置选择 1		
43	X43	转矩偏置选择 2		
44	X44	P/PI 调节器切换信号		
60	STF	正转信号，只能在参数 Pr178 上设定		
61	STR	反转信号，只能在参数 Pr179 上设定		
62	RES	变频器复位或工频切换参数初始化信号		
63	PTC	PTC 电阻连接，只能在参数 Pr184 上设定		
64	X64	PID 调节器极性切换信号		
65	X65	PU/NET 操作模式切换信号		

（续）

设定值	连接端	DI 信号的功能		
		Pr59 =0	Pr59 =1、2	Pr270 =1、3
66	X66	外部/NET 操作模式切换信号		
67	X67	频率给定输入切换信号		
68	NP	闭环位置控制定位方向信号		
69	CLR	闭环位置控制误差清除信号		
70	X70	直流供电生效		
71	X71	直流供电解除		
9999	—	端子不使用		

DI 功能定义需要注意以下问题：

1）虽然 FR－A740 变频器的全部 DI 连接端功能均可定义，但部分功能只能分配到指定点，例如，正反转信号 STF/STR、PTC 输入等。

2）不同的 DI 连接端可分配相同的功能，此时，DI 信号为逻辑“或”，即只要其中之一生效，DI 信号即有效。

3）如果点动、多速运行、AI 输入等不同运行模式控制信号被同时指定时，变频器的频率给定优先顺序依次为点动、多速运行、AI 输入。

4）如果 DI 连接端不连接任何信号，应将对应的功能定义参数设定为 9999。

8.6.2 DO 功能定义

1. 相关参数

变频器的工作状态信号为开关量输出，简称 DO。与 DI 一样，变频器的 DO 连接端一般较少，信号功能可通过变频器的参数设定改变，故称为多功能 DO。

DO 信号同样应根据变频器的控制要求定义功能，FR－A740 变频器与 DO 信号功能定义相关的参数见表 8.6-4 所示，信号的具体作用可参见变频器的功能说明。

表 8.6-4 DO 功能定义参数表

参数号	名 称	设定范围	作用及意义
Pr41	DO 信号 SU 动作范围	0～100%	当输出频率到达允许范围内，SU 信号 ON
Pr42	正转第 1 检测频率	0～400Hz	当正转运行频率大于本设定时，FU 信号 ON
Pr43	反转第 1 检测频率	0～400Hz	当反转运行频率大于本设定时，FU 信号 ON
Pr50	正/反转第 2 检测频率	0～400Hz	当运行频率大于本设定时，FU2 信号 ON
Pr116	正/反转第 3 检测频率	0～400Hz	当运行频率大于本设定时，FU3 信号 ON
Pr76	报警代码 DO 输出	0～2	默认设定 0，见下述
Pr150	电流检测值	0～200%	电流检测信号 Y12 的动作值
Pr151	电流检测输出延时	0～10s	设定电流到达检测到 Y12 输出 ON 间的延时
Pr152	0 电流检测值	0～200%	电流为 0 检测信号 Y13 的动作值
Pr153	0 电流输出延时	0～10s	电流小于检测到 Y13 输出 ON 间的延时
Pr157	过电流输出延时	0～25s	发生过电流到 OL 信号输出 ON 间的延时
Pr190～196	DO 连接端功能定义	0～199	见下述

2. 功能定义

FR－A740 变频器上的 DO 连接端代号是出厂默认的功能代号，根据控制需要，7 点 DO 的功能可通过参数 Pr76 和参数 Pr190～196 定义，参数的作用如下。

Pr76：参数 Pr76 用来定义变频器的报警代码输出功能，设定值的意义如下。

Pr76＝0：7 点 DO 信号的功能可通过参数 Pr190～196 自由定义。

Pr76＝1：DO 连接端 SU、IPF、OL、FU 定义为报警代码输出信号，其余连接端功能可定义。

Pr76＝2：DO 连接端 SU、IPF、OL、FU 的功能与变频器工作状态有关，变频器正常运行时，输出参数 Pr190～196 定义的信号，变频器报警时，自动成为报警代码输出；其他信号的功能不变。

如设定参数 Pr76＝0，DO 连接端与功能定义参数的对应关系见表 8.6-5。不同的输出连接端可定义相同的功能，得到相同的输出状态。

表 8.6-5　DO 连接端与功能定义参数对应表

参数号	Pr190	Pr191	Pr192	Pr193	Pr194	Pr195	Pr195
输出端	RUN	SU	IPF	OL	FU	A1/B1/C1	A2/B2/C2

参数 Pr190～196 的不同设定值和生效的 DO 功能见表 8.6-6，不使用的连接端应设定为 9999。

表 8.6-6　DO 功能定义表

设定值（功能代号）		端子名称	DO 信号的功能
正逻辑	负逻辑		
0	100	RUN	变频器运行
1	101	SU	变频器输出频率到达给定频率允差范围
2	102	IPF	电压过低或瞬时断电
3	103	OL	失速保护功能生效期间出现过电流报警
4	104	FU	参数 Pr42/43 设定的频率到达
5	105	FU2	参数 Pr50 设定的频率到达
6	106	FU3	参数 Pr116 设定的频率到达
7	107	RBP	制动预警，制动率已达到 Pr50 设定的 85%
8	108	THP	过电流预警，过电流已达到 Pr9 设定的 85%
10	110	PU	PU 操作模式生效
11	111	RY	变频器准备好
12	112	Y12	电流到达，参数 Pr150 设定的电流到达
13	113	Y13	电流为 0，实际电流小于参数 Pr152 设定的电流
14	114	FDN	PID 调节时参数 Pr132 设定的下限到达
15	115	FUP	PID 调节时参数 Pr131 设定的上限到达
16	116	RL	PID 调节时的方向输出
17	—	MC1	工频/变频器切换时，变频器主电源接通信号

（续）

设定值（功能代号）		端子名称	DO 信号的功能
正逻辑	负逻辑		
18	—	MC2	工频/变频器切换时，工频接通信号
19	—	MC3	工频/变频器切换时，变频器接通信号
20	120	BOF	制动器打开信号
25	125	FAN	风机故障输出
26	126	FIN	散热器过热输出
27	127	ORA	位置到达（闭环控制，需要 FR－A7AP 选件）
28	128	ORM	定位错误（闭环控制，需要 FR－A7AP 选件）
29	129	Y29	速度超过（闭环控制，需要 FR－A7AP 选件）
30	130	Y30	正转中输出（闭环控制，需要 FR－A7AP 选件）
31	131	Y31	反转中输出（闭环控制，需要 FR－A7AP 选件）
32	132	Y32	制动时的正转输出
33	133	RY2	FR－A5AP/A7AP 选件准备好
34	134	LS	低速输出（频率小于 Pr865 设定值时输出为 1）
35	135	TU	转矩检测（转矩大于 Pr864 设定值时输出为 1）
36	136	Y36	定位完成（剩余脉冲小于设定值时输出为 1）
39	139	Y39	在线自动调整完成
41	141	FB	电机转速到达设定值 1
42	142	FB2	电机转速到达设定值 2
43	143	FB3	电机转速到达设定值 3
44	144	RUN2	变频器运行中（旋转、定向、位置控制中）
45	145	RUN3	变频器运行中（启动指令为 ON 和运行中）
46	146	Y46	瞬时断电减速中
47	147	PID	PID 控制中
64	164	Y64	变频器重试中
70	170	SLEEP	PID 中断信号
84	184	RDY	位置控制系统准备好
85	185	Y85	直流供电生效信号
90	190	Y90	主要器件寿命到达报警信号
91	191	Y91	变频器连接错误或电路故障信号
92	192	Y92	平均节约功率数据更新信号
93	193	Y93	电流平均值监视信号
94	194	ALM2	变频器报警输出
95	195	Y95	定期维护输出
96	196	REM	远程控制生效
97	197	ER	变频器出错
98	198	LF	冷却风机不良
99	199	ALM1	报警输出
9999	—	—	端子不使用

3. 报警代码输出

当设定参数 Pr76 = 1 或 2 时，变频器的报警代码输出见表 8. 6-7。

表 8. 6-7　报警代码输出表

变频器报警（PU 显示）	报警代码	DO 信号状态			
		SU	IPF	OL	FU
正常状态	0	0	0	0	0
加速时过电流（E. OC1）	1	0	0	0	1
正常运行时过电流（E. OC2）	2	0	0	1	0
减速时过电流（E. OC3）	3	0	0	1	1
直流母线过电压（E. OV1 ~ OV3）	4	0	1	0	0
电机过载（E. THM）	5	0	1	0	1
变频器过载（E. THT）	6	0	1	1	0
瞬时断电保护（E. IPF）	7	0	1	1	1
输入电源电压过低（E. UVT）	8	1	0	0	0
散热器温度过高（E. FIN）	9	1	0	0	1
输出对地短路（E. GF）	A	1	0	1	0
外部热继电器动作（E. OHT）	B	1	0	1	1
失速防止功能动作（E. OLT）	C	1	1	0	0
功能选件模块安装错误（E. OPT）	D	1	1	0	1
功能选件模块连接错误（E. OP3）	E	1	1	1	0
其他报警	F	1	1	1	1

第9章　变频器功能与应用

9.1　升降负载控制

变频器作为一种通用调速装置，电梯、起重机等升降设备是其重要的应用领域，此类负载的共同特点是：由于重力的作用，电机在启停和升降时的负载变化范围大，且存在重力转矩，因此，需要使用变频器的升降负载控制功能。

FR－A740变频器的升降负载控制功能包括机械制动、自动变速、挡块减速定位三种；在闭环矢量控制的变频器上，还可以通过转矩偏置，为升降负载提供重力补偿转矩，有关内容可参见转矩控制功能说明。

9.1.1　机械制动功能

1. 功能与参数

变频器控制通用电机时，其低频输出转矩一般较小，用于升降负载控制时，在起动/停止阶段或电机停止后，就可能会因重力的作用，导致负载转矩超过电机转矩而下落，因此，需要增加机械制动器来防止负载自落。机械制动功能只能用于矢量控制的变频器，且需要有相应的DI控制信号。

当变频器的智能模式选择参数Pr292设定为7或8时，变频器的机械制动功能生效，其启制动过程如下。

1）启动。变频器启动时，机械制动器处于制动状态，只有在输出频率、输出电流达到规定值后，变频器输出机械制动器松开信号、松开制动器；制动器松开后，继续加速到需要的转速。

2）制动。变频器减速时，如果输出频率到达参数Pr282设定值以下，变频器撤销制动器松开信号，制动器制动；制动器制动后，电机继续减速、直到转向信号撤销、电机停止。

以上动作可在变频器内部程序的控制下，按规定的顺序进行，因此，又称顺序制动。

FR－A740变频器与机械制动功能相关的参数见表9.1-1所示。

表9.1-1　机械制动功能相关参数表

参数号	名　称	设定范围	作用与意义
Pr292	自适应加减速选择（智能模式选择）	0～12	应设定为7或8，“7”需要检测制动器松开信号的升降负载控制；“8”不检测制动器松开信号的升降负载控制
Pr278	制动器松开频率	0～30Hz	启动时，频率到达本设定后，松开制动器；设定以大于转差频率1Hz为宜
Pr279	制动器松开电流	0～200%	启动时，输出电流到达本设定后，松开制动器；设定以50～90%额定电流为宜

（续）

参数号	名　　称	设定范围	作用与意义
Pr280	松开电流检测延时	0～2s	启动时，在 Pr278 频率到达后，检测输出电流的延时
Pr281	制动器松开延时	0～5s	制动器松开信号输出到检测松开完成信号的延时
Pr282	制动器制动频率	0～30Hz	减速时，频率到达本设定后，夹紧制动器；设定值应大于 Pr278 设定 3～4Hz
Pr283	制动器制动延时	0～5s	减速时，为保证制动器完全制动而设定的延时
Pr284	减速报警设定	0/1	0：制动时不检测减速动作；1：制动时检测减速动作
Pr285	速度超差检测值	0～30Hz	闭环控制时，如速度误差超过本设定，制动器制动

2. 信号与控制

机械制动器应通过变频器的 DI/DO 信号进行控制，功能需要定义的 DI/DO 信号如下。

BRI：制动器松开 DI 信号，功能代号 15。信号 BRI 仅用于 Pr292 =7（需要检查制动器松开信号）的情况；如 Pr292 =8，可以不使用信号 BRI。

BOF：制动器松开 DO 信号，功能代号 20/120。BOF 信号同时用于制动器松开、夹紧控制，信号 ON，制动器松开；信号 OFF，制动器夹紧。

机械制动功能生效时，变频器启动、制动过程如图 9. 1-1 所示，说明如下。

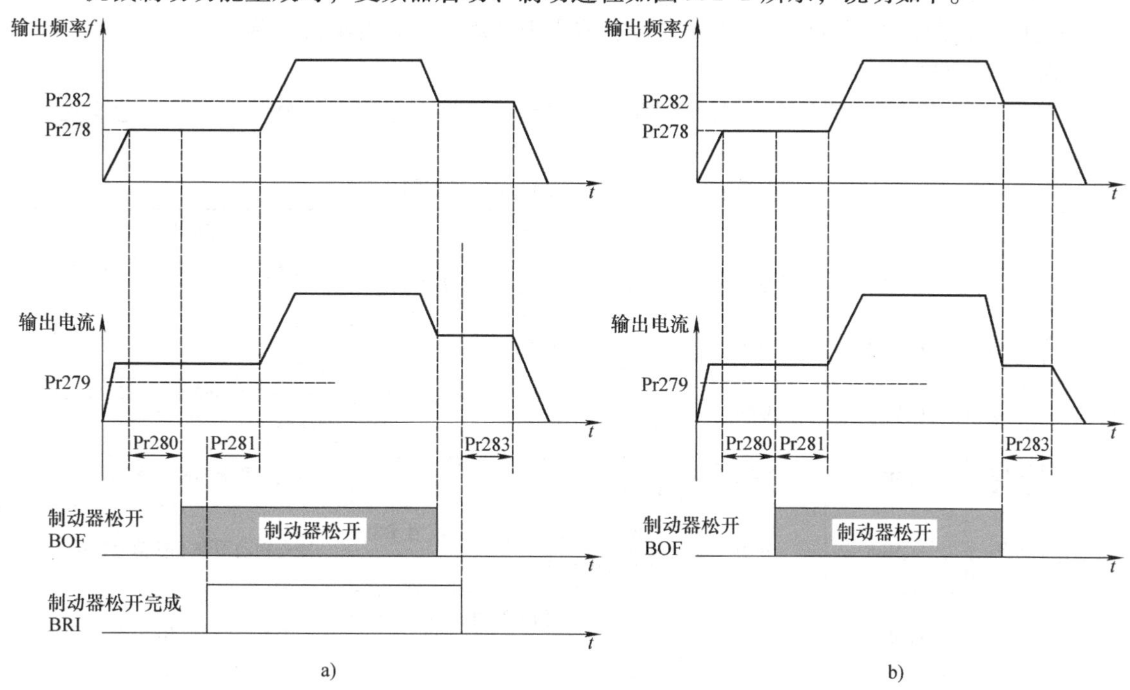

图 9. 1-1　机械制动的动作过程

a）Pr292 =7　b）Pr292 =8

1）在机械制动器制动的情况下，输入转向信号、启动变频器，输出频率以参数 Pr278 设定的值加速，由于制动器未松开，变频器的输出电流迅速上升。

2）变频器到达 Pr278 频率、且输出电流已到达参数 Pr279 设定的值，延时参数 Pr280 设定的时间，制动器松开信号 BOF 输出 ON，松开制动器。

3）如参数 Pr292 =7，变频器等待 DI 信号 BRI 输入；如参数 Pr292 =8，则直接进入下一步动作。

4）当 DI 信号 BRI 输入 ON 或参数 292 =8 时，变频器继续以 Pr278 设定的频率、运行参数 Pr281 设定的时间。

5）Pr281 设定的延时时间到达，变频器向目标频率加速，完成启动过程。

由于变频器在启动初始阶段，制动器始终保持制动，而电机输出转矩已达到规定值，因此，只要参数 Pr279 的设定大于重力转矩，制动器松开后，负载也不会因重力下落。

变频器停止过程如下。

1）在机械制动器松开的情况下，变频器从运行频率向参数 Pr282 设定的频率减速。

2）到达参数 Pr282 设定的频率后，制动器松开信号 BOF 输出 OFF，制动器制动。

3）如参数 Pr292 =7，变频器等待 DI 信号 BRI 输入 OFF；如参数 Pr292 =8，则直接进入下一步动作。

4）当制动器松开 DI 信号 BRI 输入 OFF 或参数 Pr292 =8 时，变频器继续以 Pr282 设定的频率、运行参数 Pr283 设定的时间。

5）参数 Pr283 设定的延时到达，变频器在制动器制动的情况下，从参数 Pr282 设定的频率减速停止，完成制动过程。

同样，由于变频器在制动的最后阶段，制动器始终保持制动状态，故可防止负载下落；而在此阶段以前，由于电机输出转矩足以克服重力转矩，负载也不会下落。

3. 出错报警

当变频器的机械制动动作出现错误时，变频器将显示报警 MB1 ~ MB7，报警的意义见表 9.1-2。

表 9.1-2　机械制动动作出错报警

PU 显示	报警代号	通信出错代码	报警原因	报警处理
E.Πb1	E. MB1	D5H	闭环控制系统的速度偏差过大	检查实际速度与参数 Pr285 设定
E.Πb2	E. MB2	D6H	减速过程不正确	检查减速动作与参数 Pr284 设定
E.Πb3	E. MB3	D7H	电机停止时，信号 BRI 为 ON 状态	检查参数 Pr278/Pr280 与制动器连接
E.Πb4	E. MB4	D8H	启动后 2s，未输出松开信号 BOF	检查参数 Pr278/Pr280 设定
E.Πb5	E. MB5	D9H	BOF 信号 ON 后 2s，信号 BRI 仍为 OFF 状态	检查制动器和 BRI 信号连接
E.Πb6	E. MB6	DAH	信号 BOF 为 ON 时，信号 BRI 为 OFF 状态	检查制动器和 BRI 信号连接
E.Πb7	E. MB7	DBH	BOF 信号 OFF 后 2s，信号 BRI 仍为 ON 状态	检查制动器和 BRI 信号连接

9.1.2　升降负载自动变速

1. 相关参数

升降负载自动变速功能在三菱资料上称为“负载转矩高速频率选择功能”，这是一种可以根据负载（输出电流）的大小，自动改变输出频率、提高升降负载运行速度的自动变速功能，功能需要DI信号X19选择，X19信号ON时功能生效。

FR－A740变频器与升降负载自动变速功能相关的参数见表9.1-3。

表9.1-3　升降负载自动变速功能参数表

参数号	名　称	设定范围	作用与意义
Pr270	挡块减速定位和自动变速功能选择	0～3	0：挡块减速定位和升降负载自动变速功能均无效 1：挡块减速定位功能有效 2：升降负载自动变速功能有效 3：挡块减速定位和升降负载自动变速功能同时有效
Pr271	平均电流上限	0～200%	高速运行电流设定
Pr272	平均电流下限	0～200%	低速运行电流设定
Pr273	计算平均电流参考频率f_0	0～400Hz	$f_0/2$～f_0区间生效升降负载自动变速功能；设定9999，参考频率f_0为Pr5设定值
Pr274	电流采样滤波时间	0～4000ms	计算平均电流的采样滤波时间

2. 功能说明

升降负载自动变速功能生效时，变频器输出频率可根据负载的大小（加速时的平均输出电流），在参数Pr4设定的高速和参数Pr5设定的低速频率间线性变化。自动变速区间可通过参数Pr273设定，称为参考频率f_0，如Pr273设定为9999，参考频率f_0自动选择Pr5设定值，自动变速生效的区间为$f_0/2$～f_0。

如果变频器的参数Pr270设定为2或3，且转向信号STF/STR输入ON前，DI信号X19已经ON，变频器将按如下情况，自动改变输出频率。变频器的平均输出电流计算区间和输出频率变化规律如图9.1-2所示。

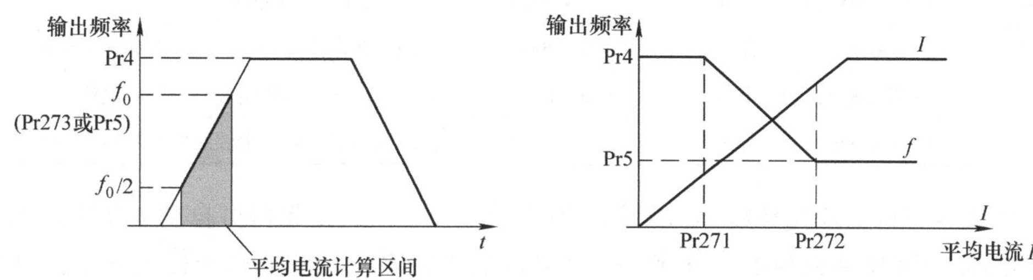

图9.1-2　升降负载自动变速功能说明

1）如加速时的变频器平均输出电流≤参数Pr271设定，自动选择参数Pr4设定的频率，作为变频器的输出频率，电机高速运行。

2）如加速时的变频器平均输出电流≥参数Pr272设定，自动选择参数Pr5设定的频率，作为变频器的输出频率，电机低速运行。

3）如加速时的变频器平均输出电流处于参数Pr271、Pr272设定值之间，变频器输出频率在参数Pr4和Pr5设定之间，按线性规律自动变化。

3. 使用要点

升降负载自动变速功能使用应注意以下几点。

1）升降负载自动变速功能只能在变频器选择外部操作模式，且设定参数 Pr270 = 2 或 3 时才有效。

2）使用本功能需要定义 DI 信号 X19（功能代号 19），功能在 X19 信号 ON 时生效。

3）自动变速的最高输出频率为 120Hz，如果设定频率超过 120Hz，变频器将自动限制在 120Hz 上。

4）功能不能与远程控制功能（Pr59 = 1 或 2）、PID 调节以及闭环控制的定向定位等功能同时使用。

5）如果 DI 信号 X19 和 RH、RM、RL 同时生效，多级变速运行优先，信号 X19 的输入无效。

9.1.3 挡块减速定位

1. 相关参数

挡块减速定位功能是一种在外部机械制动器制动的情况下，自动完成定位的功能，可用于要求定位过程平稳、定位精度相对较高的电梯类负载控制。功能只能用于矢量控制的变频器，且需要相应的 DI 控制信号。

FR - A740 变频器与挡块减速定位功能相关的参数见表 9.1-4。

表 9.1-4 挡块减速定位参数表

参数号	名 称	设定范围	作用与意义
Pr270	挡块减速定位和自动变速功能选择	0 ~ 3	0：挡块减速定位和升降负载自动变速功能均无效 1：挡块减速定位功能有效 2：升降负载自动变速功能有效 3：挡块减速定位和升降负载自动变速功能同时有效
Pr6	挡块减速定位频率	0 ~ 30Hz	设定制动器制动后的输出频率
Pr44	挡块减速定位减速时间	0 ~ 200%	从 Pr6 减速到 0 的时间
Pr48	挡块减速定位失速保护电流	0 ~ 200%	挡块减速定位功能生效时的失速保护电流
Pr275	挡块减速定位励磁电流	0 ~ 100%	挡块减速定位功能生效时的励磁电流
Pr276	挡块减速定位 PWM 频率	0 ~ 15kHz	挡块减速定位功能生效时的 PWM 载波频率

挡块减速定位功能在参数 Pr270 设定为 1 或 3 时生效，变频器可自动改变励磁电流、失速保护电流、PWM 载波频率等参数，提高电机输出转矩，以便电机平稳完成定位过程。功能的使用要求和改变的参数见表 9.1-5。

表 9.1-5 挡块减速定位参数改变表

参数名称	正常变频工作	挡块减速定位
挡块减速定位功能选择	Pr270 = 0 或 2	Pr270 = 1 或 3
DI 信号状态	RL、RT 有一个为 OFF	RL、RT 同时 ON
输出频率	多级速度或 AI 输入给定	参数 Pr6 设定
失速保护电流	参数 Pr22 设定	参数 Pr48 设定
励磁电流调整	——	按照参数 Pr275 设定的倍率调整
PWM 载波频率	参数 Pr72 设定	参数 Pr276 设定
减速时间	参数 Pr8 设定	参数 Pr44 设定
电流突变限制功能	有效	无效

2. 功能说明

挡块减速定位的控制要求与动作过程如图 9. 1-3 所示，说明如下。

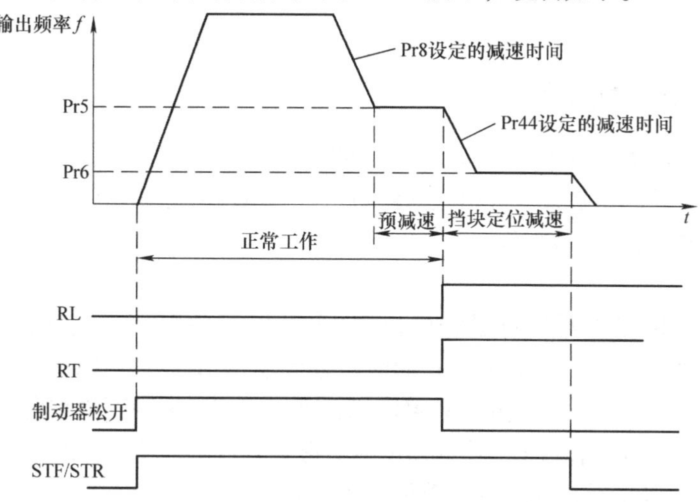

图 9. 1-3　挡块减速定位的动作过程

1）设定参数 Pr270 为 1 或 3，生效挡块减速定位功能。

2）在挡块减速定位前，应选择多级变速参数 Pr5 设定的低速等，进行变频器预减速，使电机成为低速运行状态。

3）将 DI 信号 RL、RT 同时置 ON 状态，生效挡块减速定位控制。

4）接通外部制动器，进行强制制动。

5）变频器以参数 Pr44 设定的加速度，减速到 Pr6 设定的频率。

6）变频器参数 Pr48 设定的失速保护电流、Pr275 设定的励磁电流、Pr276 设定的 PWM 载波频率等参数生效。

7）撤销运行信号 STF/STR，电机停止，位置由制动器保持。

3. 使用要点

挡块减速定位功能使用时，需要注意以下几点。

1）挡块减速定位功能只有在参数 Pr270 设定为 1 或 3 时生效。Pr270 设定为 1，挡块减速定位和多级变速同时生效；Pr270 设定为 3，挡块减速定位、多级变速、升降负载自动变速同时生效。

2）挡块减速定位功能可以与升降负载自动变速、多级变速同时使用；但不能与其他速度给定方式同时使用。在挡块减速定位信号与其他速度给定信号同时有效时，优先级从高到低依次为：点动、挡块减速定位、多级变速、AI 输入给定。

3）挡块减速定位功能不能在 PU 操作模式下使用。

4）挡块减速定位功能不能与远程控制、PID 调节、定位、点动等功能同时使用。

5）为了提高挡块减速定位时的输出转矩，可通过参数 Pr275 提高励磁电流，但可能会引起过电流报警（E. OCT），因此，参数 Pr275 宜设定为 130% ~180% 。

6）挡块减速定位时，电机将在机械制动的情况下工作，定位完成后需要及时撤消功能，以免引起电机与制动器的发热。

9.2　重新启动和工频切换

9.2.1　断电与报警的重启

变频器的重新启动可以用于电压不稳定或线路干扰大的使用场合，它可以防止瞬时断电或电压过低报警、瞬间干扰报警等引起的停机。FR－A740 变频器的重新启动功能包括断电重启和报警重启两类，说明如下。

1. 断电重启

一般而言，如果变频器运行过程中出现 15ms 以上的断电，变频器将发生瞬时断电（E. IPF）或电压过低（E. UVT）报警；同时，报警输出 A1－C1 接通，变频器自动成为停止状态。为了避免因瞬间干扰引起的频繁停机，可使用变频器的断电重启功能。

断电重启功能在 DI 信号 CS 输入 ON 时有效，CS 信号与后述的工频切换信号共用。FR－A740变频器与断电重启相关的参数见表 9. 2-1。

表 9. 2-1　断电重启功能参数表

参数号	名　　称	设定范围	作用与意义
Pr57	重启自由运行时间	0～5s	电压恢复后电机继续自由运行时间，9999：重启无效
Pr58	重启电压上升时间	0～60s	电压恢复后，变频器的电压上升时间
Pr162	重启动作选择	0/1	0：带频率搜索功能；1：无频率搜索功能
Pr163	第 1 电压上升时间	0～20s	电压恢复后，第 1 段电压上升时间
Pr164	第 1 上升电压	0～200%	电压恢复后，第 1 段上升的电压值
Pr165	重启失速保护起始值	0～200%	断电重启时的失速保护电流值
Pr299	重启方向检测功能	0/1	0：无效；1：有效
Pr611	重启的频率上升时间	0～15s	电压恢复后，输出频率的上升时间

变频器的断电重启过程如图 9. 2-1 所示，表 9. 2-1 中的参数作用说明如下。

Pr57：设定电压恢复后，允许电机继续自由运行的时间。如设定 Pr57＝9999，断电重启功能无效，电压恢复后不能重新启动。

Pr58：设定电压恢复后，变频器输出电压的上升时间。

Pr611：设定电压恢复后，变频器输出频率的上升时间，参数仅在使用频率搜索功能的重启方式有效。

Pr162：用于选择重新启动的方式，设定值的作用如下。

Pr162＝1：变频器无频率搜索功能，电源恢复后，电机先自由运行 Pr57 时间，然后直接以断电时的频率值作为频率给定，输出电压按 Pr58 设定的时间上升。

Pr162＝0：变频器带频率搜索功能，可进行平稳重启。电源恢复后，变频器首先检测当前电机的实际自由运行速度，计算出对应的频率，并以此频率作为初始给定，控制输出电压按 Pr58 设定的时间上升到规定的值；然后，再按照参数 Pr611 设定的加速度，控制输出频率从初始给定上升到断电时的频率。但是，如变频器主回路断电时，控制电源也被同时断开，则断电频率无法记忆，变频器将按外部给定进行加速。

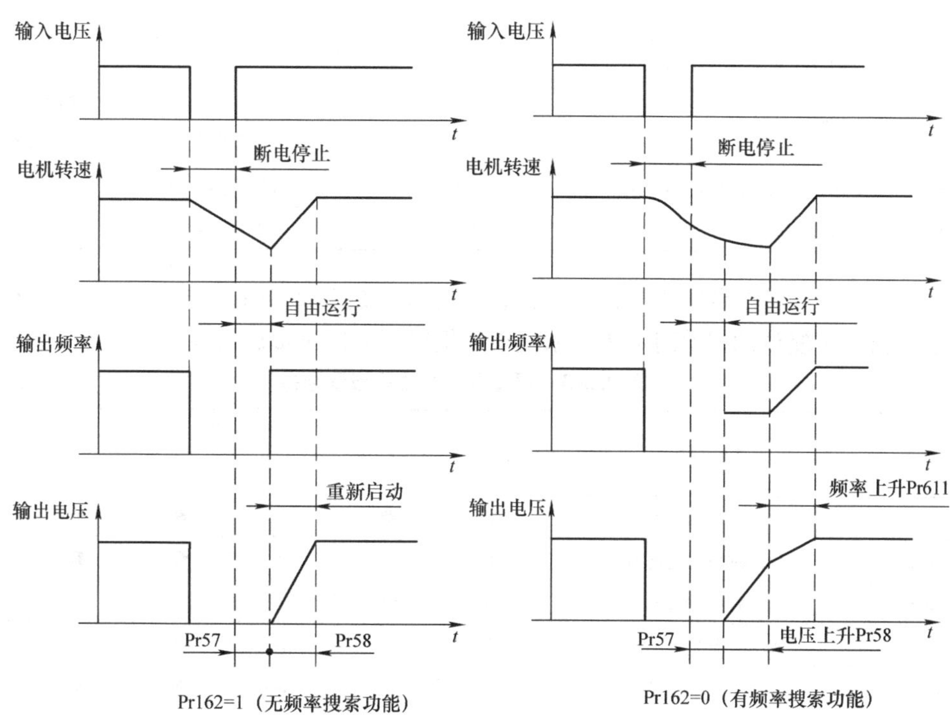

图 9. 2-1　断电重启功能设定

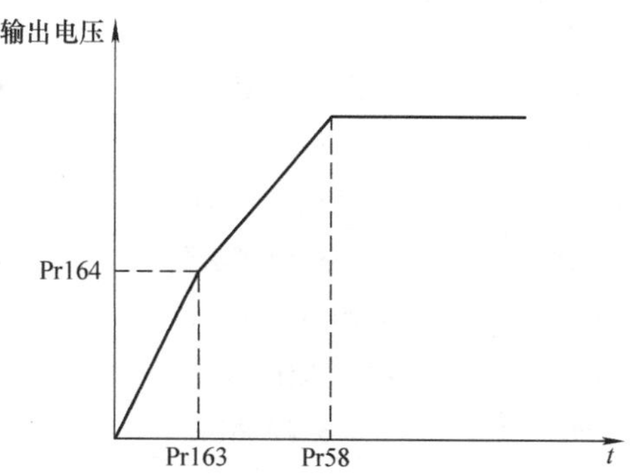

图 9. 2-2　两级电压上升控制

Pr163、Pr164：重启时的电压上升控制。当电机的功率较大、负载较重时，可通过参数 Pr163、Pr164 设定，对重启时的电压上升进行图 9. 2-2 所示的两级上升控制。

Pr165：参数 Pr165 设定的是断电重启时的失速保护电流值。

Pr611：参数 Pr611 设定的是断电重启时的频率上升速度，重启的加速度为 Pr20 设定的线性加减速参考频率与 Pr611 设定的时间之比，如设定 Pr611 = 9999，则加速时间直接为参数 Pr7 的设定时间。

Pr299：转向检测，设定 Pr299 = 1，断电重启时可以检测电机的转向，保证重启时的转向与断电前一致。

2. 报警重启

报警重启功能可避免变频器在收到外部瞬时干扰时，因报警引起的不必要停机。报警重启可持续进行多次（1 ~ 10 次，参数 Pr67 设定）；两次重启的间隔时间可通过参数 Pr68 设定；在参数 Pr69 上，还可记录变频器实际重启的次数。

FR - A740 变频器与报警重启功能的相关参数见表 9. 2-2。

表 9.2-2　报警重启功能设定参数表

参数号	名　　称	设定范围	作用与意义
Pr65	报警重启的复位设定	0～5	见下述
Pr67	报警重启次数	1～10、101～110	1～10：重启 1～10 次，重启阶段不输出报警 101～110：重启 1～10 次，重启阶段输出报警
Pr68	两次重启的间隔时间	0.1～360s	两次重启的间隔时间设定
Pr69	报警重启次数记录	0～10	记录实际报警重启的次数

变频器利用报警重启功能复位的报警，可通过参数 Pr65 的设定选择，表 9.2-3 为参数 Pr65 设定值和可复位的报警对应表，未列出的报警不能通过重启清除。

表 9.2-3　报警重启复位的报警选择

报警代码	报警内容	Pr65 设定					
		0	1	2	3	4	5
E. OC1	加速时短时过电流	●	●	×	●	●	●
E. OC2	运行时短时过电流	●	●	×	●	●	×
E. OC3	减速时短时过电流	●	●	×	●	●	●
E. OV1	加速时短时过电压	●	×	●	●	●	×
E. OV2	运行时短时过电压	●	×	●	●	●	×
E. OV3	制动时短时过电压	●	×	●	●	●	×
E. THM	电机过电流	●	×	×	×	×	×
E. THT	变频器过电流	●	×	×	×	×	×
E. IPF	瞬时停电	●	×	×	×	●	×
E. UVT	输入电压过低	●	×	×	×	●	×
E. BE	制动回路异常	●	×	×	×	●	×
E. GF	输出侧对地短路	●	×	×	×	●	×
E. OHT	外部热继电器动作	●	×	×	×	×	×
E. OLT	失速防止功能动作	●	×	×	×	●	×
E. OPT	变频器选件连接错误	●	×	×	×	●	×
E. PE	参数写入错误	●	×	×	×	●	×
E. MB1～E. MB7	升降负载机械制动动作错误	●	×	×	×	●	×
E. OSD	速度偏差过大	●	×	×	×	●	×

注：“●”可以复位；“×”不能复位。

9.2.2　工频切换

1. 功能说明

如变频器正常工作时，需要长时间在额定频率下运行，为了延长使用寿命、提高功率因数与效率，可利用工频切换功能，直接将电机切换到电网进行工频运行。工频切换功能生效后，变频器可根据运行频率，控制电机在电网供电和变频器输出间自动切换，即：频率在工频附近时，直接由电网供电；需要变速时，转换到变频器运行。使用工频切换功能，变频器需要维修时仍能在工频状态运行，实现系统的不停电维修。

工频切换功能只能在外部操作模式或外部/PU组合操作模式使用。电机工频运行时，变频器的过电流保护无效，为此，电机侧需安装过载保护断路器，断路器信号应返回到变频器的DI输入端，以防出现电机过载时的切换。为防止切换时的逆变回路短路，切换必须严格按规定的顺序进行，电路需要进行互锁。

FR－A740变频器的切换控制由变频器实现，用户只需要设定相应的参数，并按要求进行连接DI/DO信号；因此，变频器的控制电源应独立供电，并始终处于接通状态。工频切换可通过DI信号进行，也可在输出频率达到某一值时自动进行。变频器与工频切换功能相关的参数见表9.2-4。

表9.2-4　工频切换功能参数表

参数号	名　　称	设定范围	作用与意义
Pr57	重启自由运行时间	0~5s;	与重新启动功能通用，见重新启动功能说明
Pr58	重启电压上升时间	0~60s	与重新启动功能通用，见重新启动功能说明
Pr135	工频切换功能选择		0：无效；1：有效
Pr136	工频切换互锁时间	0~100s	工频/变频转换的动作延时设定
Pr137	变频器启动等待时间	0~100s	转为变频器运行时的启动延时
Pr138	工频切换对报警的响应	0/1	0：工频/变频全部断开；1：切换到工频
Pr139	自动切换工频的频率	0~60Hz	自动切换工频的参考频率，9999：自动切换无效
Pr159	工频工作范围	0~10Hz	自动时的工频工作范围

2. 控制信号

工频切换需要定义和连接如下DI信号。

1）MRS：工频切换控制，信号与输出关闭共用，功能代号为24。MRS信号ON时，允许进行工频切换；MRS信号OFF时，固定为变频运行。

2）CS：工频/变频选择，信号与变频器重新启动共用，功能代号为6。CS信号ON，选择变频运行；CS信号OFF，选择工频运行。

3）OH：电机过载输入，功能代号为7。OH信号ON，电机正常、允许进行切换；OH信号OFF，电机过载，禁止切换。

4）RES：初始化输入，信号与变频器复位共用，功能代号62。RES信号ON，变频器进行工频切换初始化；RES信号OFF，变频器正常运行。

工频切换功能生效后，变频器可以输出如下DO信号。

1）MC1：主接触器控制输出，功能代号17。MC1信号ON，变频器主电源接通；MC1信号OFF，断开变频器主电源。

2）MC2：工频运行接触器输出，功能代号18。MC2信号ON，电机连接输入电源，进行工频运行；MC2信号OFF，电机与电源断开。

3）MC3：变频器运行接触器输出，功能代号19。MC3信号ON，接通电机与变频器连接；MC3信号OFF：断开电机与变频器连接。

以上 DI/DO 信号与电机工作状态的对应关系见表 9.2-5。

表 9.2-5　工频切换的 DI/DO 信号和电机状态

变频器	MRS	CS	STF/STR	MC1	MC2	MC3	电机
启动	OFF	OFF	OFF	OFF→ON	OFF	OFF→ON	停止
复位	ON	任意	任意	不变	OFF	不变	停止
输出关闭	OFF	任意	任意	ON	OFF	ON	停止
变频运行	ON	ON	ON	ON	OFF	ON	变频
工频运行	ON	ON→OFF	ON	ON	OFF→ON	ON→OFF	工频
切换变频	ON	OFF→ON	ON	ON	ON→OFF	OFF→ON	变频
停止	ON	ON	ON→OFF	ON	OFF	ON	停止
过载	任意	任意	任意	OFF	OFF	OFF	停止
报警	任意	任意	任意	OFF	OFF	OFF	停止

3. 电路设计

图 9.2-3 所示为工频切换控制的典型电路图，使用该电路变频器需要定义如下参数。

Pr185 =7：DI 连接端 JOG 为电机过载保护断路器输入；

Pr186 =6：DI 连接端 CS 为工频切换控制信号输入；

Pr187 =24：DI 连接端 MRS 为工频切换生效信号 MRS；

Pr189 =62：DI 连接端 RES 为变频器运行状态初始化输入信号 RES。

Pr192 =17：DO 连接端 IPF 为变频器主电源输入接触器 MC1 控制信号；

Pr193 =18：DO 连接端 OL 为工频运行接触器 MC2 的控制信号；

Pr194 =19：DO 连接端 FU 为变频运行接触器 MC3 的控制信号。

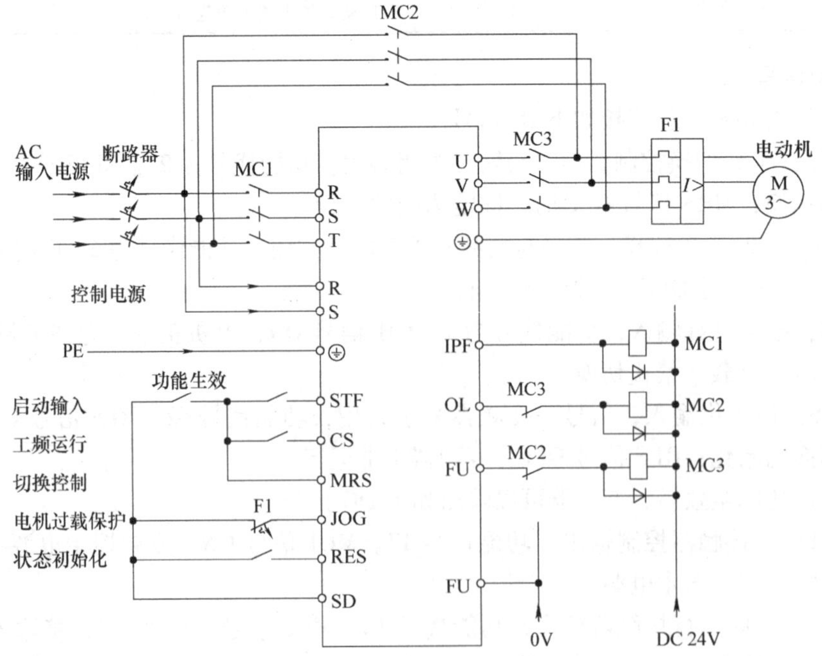

图 9.2-3　工频切换电路

电路设计应注意变频运行与工频运行接触器 MC2、MC3 的强电互锁；接触器线圈侧的保护二极管极性；变频器的控制电源需要独立供电。

4. 切换控制

变频器的工频切换与参数 Pr139 的设定有关，可采用如下几种控制方式。

1）DI 信号控制。设定 Pr139 = 9999，禁止变频器自动切换，工频/变频切换通过 DI 信号 CS 控制，切换与运行频率无关。CS 信号 ON 为变频运行，DO 信号 MC1、MC3 输出 ON，MC2 输出 OFF；CS 信号 OFF 为工频运行，DO 信号 MC1、MC3 输出 ON；MC2 输出 OFF。其切换过程和信号时序如图 9. 2-4 所示。电机从工频切换到变频运行时，其启动过程与断电重启相同，断电重启的自由运行时间 Pr57、加速时间 Pr58 对工频切换同样有效。

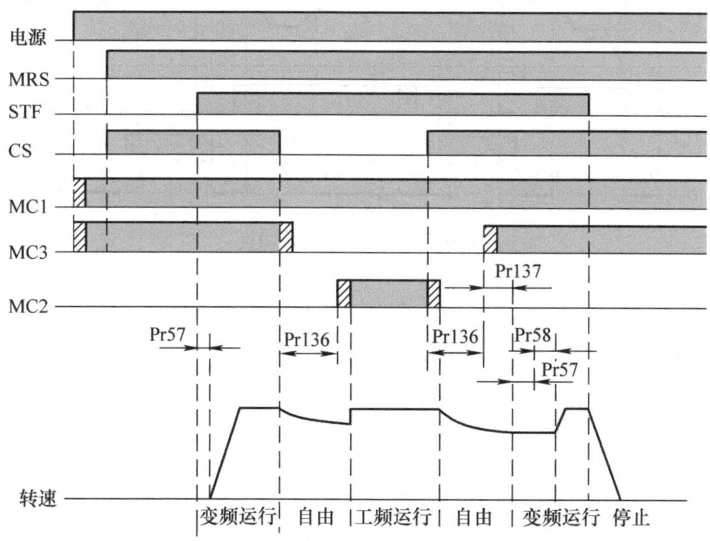

图 9. 2-4　DI 信号控制切换

2）高频自动切换。设定 Pr139 ≠9999、Pr159 = 9999，这时，变频器启动时总是为变频运行，如果频率超过 Pr139 设定的值，自动切换为工频运行。电机切换为工频运行后，即使变频器的频率给定输入下降到 Pr139 以下，也不会回到变频运行。但如果撤销变频器的转向信号或输入变频器停止信号，系统将回到变频运行，电机进入减速停止状态，其切换过程切换过程和信号时序如图 9. 2-5 所示。

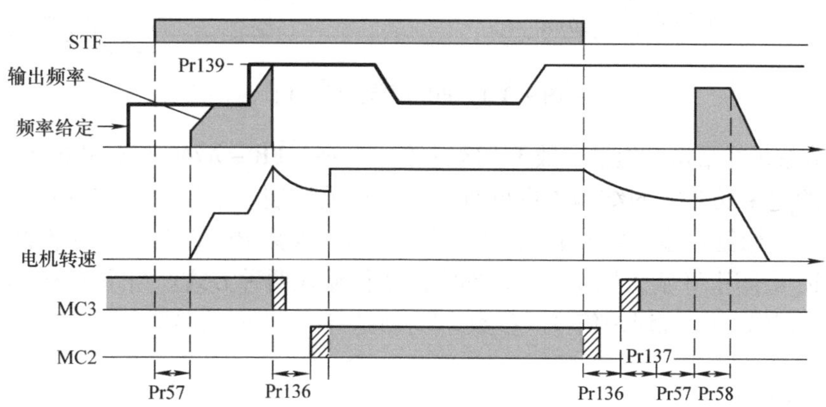

图 9. 2-5　高频自动切换

3）工频自动切换。设定 Pr139 ≠9999，Pr159 ≠ 9999，变频器可根据实际运行频率自动切换。此时，如果变频器频率给定在 Pr139 ± Pr159 范围，便自动切换为工频运行，其切换过程切换过程和信号时序如图 9.2-6 所示。

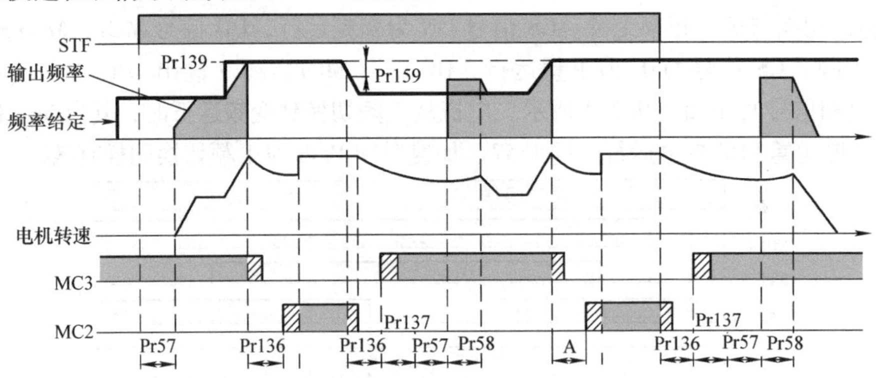

图 9.2-6　工频自动切换

9.3　PID 调节

9.3.1　结构与连接

1. 系统结构

变频器的 PID 调节用于流量、压力、温度等控制量变化相对缓慢的过程控制系统，它可以通过 PI、PD、PID 调节器，构成闭环自动控制系统，其系统如图 9.3-1 所示。

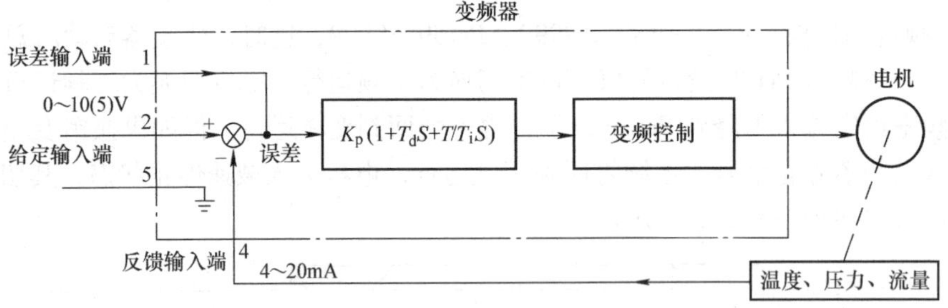

图 9.3-1　PID 调节系统结构

PID 调节系统的结构可通过参数 Pr128 的设定选择。FR－A740 变频器的 PID 调节系统既可采用“给定＋反馈”的结构，也可直接采用误差控制。采用“给定＋反馈”结构时，系统的给定（目标值）输入可采用 AI 输入端 2 输入、参数 Pr133 设定、网络的通信输入三种方式；反馈可采用 AI 输入端 4 输入、网络的通信输入两种方式。当系统采用误差输入控制时，AI 输入端 1 为系统误差信号。参数 Pr73 所选择的 AI 输入类型和范围对 PID 调节同样有效。

2. DI/DO 定义

PID 调节系统需要给定、反馈、误差等 AI 输入信号，以及与 PID 调节有关的 DI/DO 信号，相关信号的作用与意义见表 9.3-1。

表9.3-1　PID调节系统DI/DO信号的定义

代号	功能定义	名　称	作　用	相关参数
DI-X14	14	PID功能生效	ON生效PID调节功能	Pr180~Pr186功能代号14
DI-X64	64	正/负作用切换	PID调节方式变换	Pr180~Pr186功能代号64；参数Pr128设定的10/11、20/21作用互换
AI-2	—	目标值输入	频率给定AI输入	Pr128=20/21、Pr133=9999、Pr73
AI-4	—	反馈输入	测量反馈AI输入	Pr128=20/21、Pr133=9999、Pr267
AI-1	—	误差输入	误差AI输入	Pr128=10/11、Pr133=9999、Pr73
PU	—	目标值PU输入	频率由PU给定	Pr128=20/21、Pr133=0~133%
RS485	—	目标值通信输入	频率由通信输入给定	Pr128=60/61、Pr133=0~133%
		误差通信输入	误差来自通信输入	Pr128=50/51、Pr133=0~133%
DO-FDN	14/114	测量反馈下限	测量反馈低于下限	Pr128=20/21/60/61、Pr133、Pr132
DO-FUP	15/115	测量反馈上限	测量反馈超过上限	Pr128=20/21/60/61、Pr133、Pr131
DO-RL	16/116	转向输出	ON正转；OFF反转	Pr191~Pr196功能代号16或116
DO-PID	47/147	PID调节生效	ON：PID调节有效	Pr191~Pr196功能代号47或147
DO-SLEEP	70/170	PID调节中断	ON：PID调节中断	Pr191~Pr196功能代号70或170

3. 系统连接

典型的变频器PID调节系统连接电路如图9.3-2所示，该系统用于流量的控制。图中的测量传感器应为4~20mA输出的三线或两线式，传感器的DC24V电源原则上应外部提供。

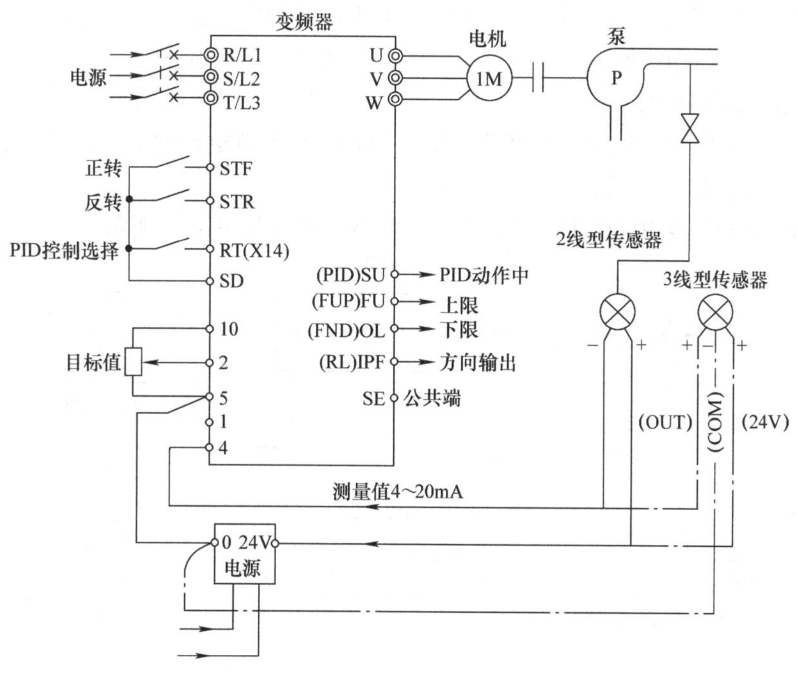

图9.3-2　变频器流量PID调节系统电路图

9.3.2　参数与功能

1. PID 调节参数

FR－A740 变频器与 PID 调节器相关的参数见表 9.3-2 所示。

表 9.3-2　PID 调节参数表

参数号	名　称	设定范围	作用与意义
Pr127	快速上升频率	0～400Hz	快速上升的频率值，9999：快速上升功能无效
Pr128	系统结构选择	0～61	见下述
Pr129	PID 调节器比例增益	0.1%～1000%	比例增益 K_p＝1/（Pr129）；设定 9999 功能无效
Pr130	PID 调节器积分时间	0.1～3600s	PID 调节器的积分时间
Pr131	PID 调节上限	0～100%	测量反馈超过上限，FUP 信号 ON
Pr132	PID 调节下限	0～100%	测量反馈低于下限，FDN 信号 ON
Pr133	PU 给定	0～100%	100% 对应于 Pr903 设定
Pr134	PID 调节器微分时间	0.1～3600s	PID 调节器的微分时间
Pr575	PID 调节中断检测延时	0～3600s	PID 调节中断功能设定
Pr576	PID 调节中断检测频率	0～400Hz	PID 调节中断功能设定
Pr577	PID 调节中断解除误差	900～1100%	PID 调节中断功能设定

2. 系统结构选择

PID 调节系统的结构可通过参数 Pr128 选择，设定值的意义如下。

Pr128＝0：PID 功能无效。

Pr128＝10：负作用 AI 误差控制。AI 输入 1 为误差输入，误差增大时输出频率减小。

Pr128＝11：正作用 AI 误差控制。AI 输入 1 为误差输入，误差增大时输出频率增加。

Pr128＝20：负作用“给定＋反馈”结构。AI 输入 2 为给定输入；AI 输入 4 为反馈输入；误差增大时输出频率减小。

Pr128＝21：正作用“给定＋反馈”结构。AI 输入 2 为给定输入；AI 输入 4 为反馈输入；误差增大时输出频率增加。

当 Pr128＝10/11 或 20/21 时，PID 调节系统的结构如图 9.3-3 所示。

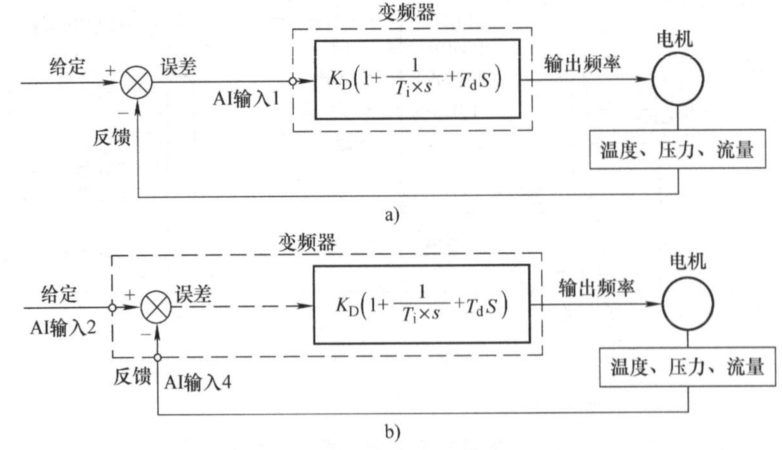

图 9.3-3　PID 调节系统的典型结构

a）Pr128＝10/11　b）Pr128＝20/21

Pr128 =50：负作用通信输入误差控制。误差来自通信接口输入，误差增大时输出频率减小。

Pr128 =51：正作用通信输入误差控制。误差来自通信接口输入，误差增大时输出频率增加。

Pr128 =60：负作用通信输入“给定 + 反馈”结构。给定和反馈均来自通信输入，误差增大时输出频率减小。

Pr128 =61：正作用通信输入“给定 + 反馈”结构。给定和反馈均来自通信输入，误差增大时输出频率增加。

3. 频率快速上升

由于 PID 调节系统是一种缓慢上升与调节的过程控制系统，为加快变频器的启动速度，可通过参数 Pr127 的设定，在启动时直接像普通速度控制一样，使电机快速上升到 Pr127 设定的频率值；当设定的频率到达后，再自动转入 PID 调节。使用频率快速上升功能后，PID 调节过程如图 9. 3-4 所示。

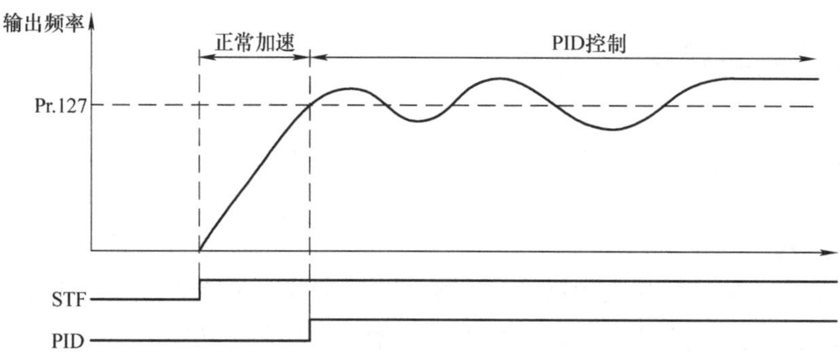

图 9. 3-4　PID 调节的频率快速上升功能

4. 自动中断

由于 PID 调节系统变化缓慢，为了避免电机长时间运行于低频状态，可通过 PID 调节自动中断功能（称为 SLEEP 功能），低频时刻直接停止变频器的运行，等到误差超过规定值后再启动变频器。该功能可通过参数 Pr575 的设定实现，如 Pr575 =9999 则功能无效。

PID 中断动作如图 9. 3-5 所示，功能生效时，如变频器的输出频率小于 Pr576 设定，且保持时间大于 Pr575 设定，变频器自动停止，当系统误差大于（Pr577 设定 - 1000%）时，重新启动变频器。PID 中断时，可输出中断状态信号 SLEEP。

5. 使用要点

1）PID 调节器的 AI 给定和反馈输入可通过参数 Pr902/903、Pr904/905 进行偏移、增益的调整，其调整方法与频率给定相同。

2）PID 功能生效期间，如多速运行信号 RH/RM/RL、点动信号 JOG 输入，变频器将中断 PID 功能，执行多速或点动运行。

3）Pr128 设定为 20/21 时，如果给定、反馈和误差信号同时输入，则给定和反馈的计算误差将与误差输入叠加。

4）AI 输入 1 用于 PID 调节时，参数 Pr22 不能设定为 9999（失速保护输入）。

5）在线自动调整功能生效时（参数 Pr95 =1），PID 功能无效。

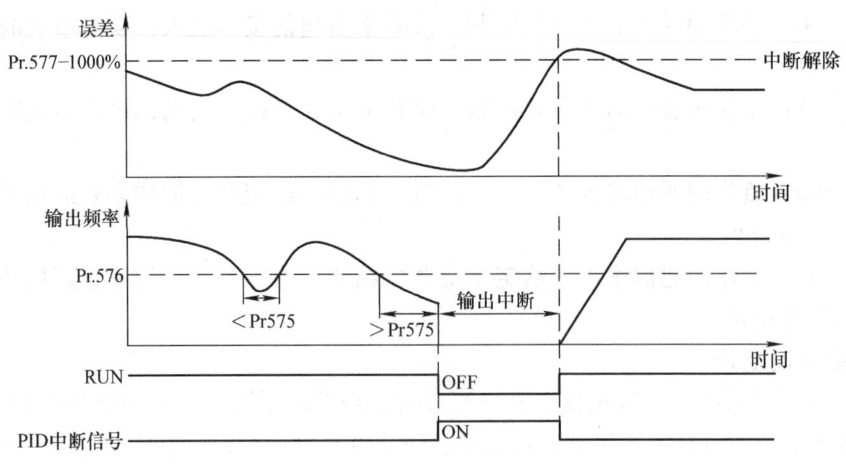

图 9.3-5　PID 中断功能

9.4　速度控制与优化

9.4.1　增益自动调整

1. 功能与参数

在矢量控制的 FR－A740 变频器上，速度调节器和位置调节器参数可通过增益调整功能自动计算与设定，使系统获得最佳的响应性能。增益自动调整功能的原理如图 9.4-1 所示。

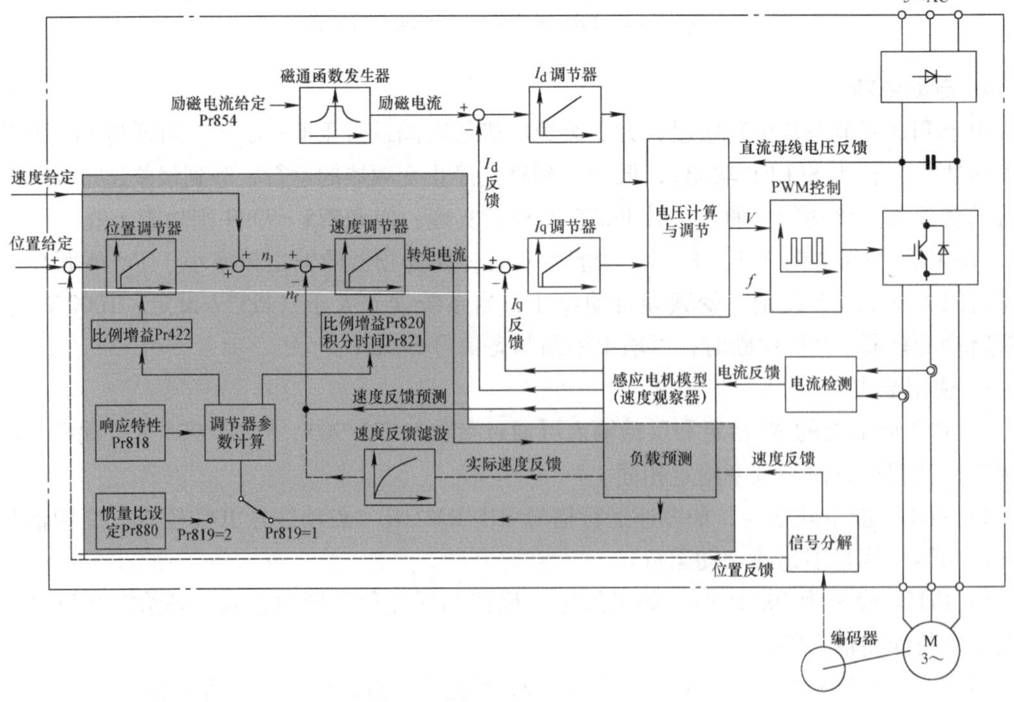

图 9.4-1　增益自动调整原理

利用增益调整功能可设定速度调节器比例增益 Pr820 和积分时间 Pr821、位置调节器比例增益 Pr422 等，位置调节参数只有在闭环位置控制时有效。调节器的参数可根据系统负载惯量比（负载惯量与电机惯量之比）、要求的响应特性进行自动分析、计算，采用开环矢量控制时，响应特性和负载惯量比需要事先在参数 Pr818、Pr880 上设定；采用闭环矢量控制时，负载惯量比可根据转矩给定和转速反馈值自动计算。

FR－A740 变频器与增益自动调整功能相关的参数见表 9. 4-1。

表 9. 4-1　增益自动调整参数表

参数号	名　　称	设定范围	作用及意义
Pr818	系统响应特性设定	1～15	从 1～15 响应速度依次提高
Pr819	增益调整功能选择	0～2	0：功能无效；1：自动预测负载和计算增益 2：手动设定负载惯量比，自动计算增益
Pr820/ 830	第 1/2 电机速度调节器比例增益	0～1000%	100% 对应 200rad/s；信号 RT 输入 ON，选择第 2 电机
Pr821/ 831	第 1/2 电机速度调节器积分时间	0～20s	
Pr880	负载惯量比	0～200	负载惯量与电机转子惯量之比
Pr422	位置调节器比例增益	0～1000%	只能用于第 1 电机闭环位置控制
Pr828	自适应调节器增益	0～1000%	速度自适应调节器的比例增益（见后述）

2. 惯量比的自动计算

在闭环矢量控制的速度或位置控制系统上，如设定 Pr819＝1，可通过试运行操作进行惯量比的自动计算和调节器参数的自动设定。试运行需要注意如下几点。

1）试运行前应先设定系统的响应特性参数 Pr818，并在 Pr880 设定一个负载惯量比的初始值（0～30），以保证试运行的正常启动，试运行结束后，变频器可自动计算出系统实际的负载惯量比并完成调节器参数的设定。试运行得到的负载惯量比可在参数 Pr880 上显示，试运行结束、变频器停止后，应将这一值写入变频器；试运行所设定的调节器参数可以显示、但不需要再写入。

2）试运行时电机的转速应大于 150r/min、加减速转矩不低于 10%，加减速时的负载变化应相对平稳，运行时的机械传动系统应良好，如齿轮无异响和间隙，皮带应涨紧等。

3）如试运行转速在 1500r/min 以下，变频器的加减速时间设定不能超过 5s。

4）参数 Pr880 的初始负载惯量比设定不能超过 30。

5）为了能够在试运行时自动改变调节器参数，应设定参数 Pr77＝2，使得参数可以在运行过程中写入。

3. 惯量比的手动输入

在开环矢量控制系统中，由于变频器无法检测电机实际转速，因此，不能自动计算负载惯量比，参数 Pr880 的惯量比需要手动输入。设定参数 Pr819＝2，可生效惯量比手动输入的增益自动调整功能，如需要，手动输入也可用于闭环矢量控制系统。

惯量比手动输入增益自动调整功能生效时，变频器可根据要求的响应特性和参数 Pr880 设定的惯量比，通过试运行，从生产厂家提供的变频器存储参数中选择最佳调节器参数。

变频器通过试运行设定的调节器参数可显示、但不可手动设定，参数需要在变频器重新启动后生效。同样，为保证在试运行时能自动改变调节器参数，需要设定参数 Pr77＝2。

如设定 Pr819 =0，变频器增益自动调整功能将无效，负载惯量比、调节器参数都需要手动设定，不改变调节器参数时，自动调整所设定的调节器参数继续有效。

4. 响应特性选择

参数 Pr818 用于系统动态响应特性选择，设定值越大，动态调节时间越短、刚性越好，但设定过大可能引发异常振动和噪声，因此，一般需要经过试验来确定其值。

系统的动态响应性能和系统固有频率有关，设备越大、负载越重，固有频率就越低，Pr818 的值也应减小。对于固有频率已知的系统，可根据表 9. 4-2 直接设定 Pr818；不然，需要通过对试运行的观察，确定参数 Pr818 的值。

表 9. 4-2　固有频率与参数 Pr818 设定对应表

固有频率	8	10	12	15	18	22	28	34	42	52	64	79	98	122	150
Pr818 设定	1	2	3	4	5	6	7	8	9	10	11	12	13	14	15
大型设备															
中型、普通设备															
高速高精度设备															

系统的动态响应性能可通过改变调节器的比例增益和积分时间调整。如电机输出转矩足够大，提高比例增益可增加系统刚性、减小负载变化时的速度波动；减小积分时间，可缩短调节时间、加快动态响应速度（见图 9. 4-2）。但是，增益过大，可能引发系统异常振动、产生噪音，因此，调试时一般按如下方法进行。

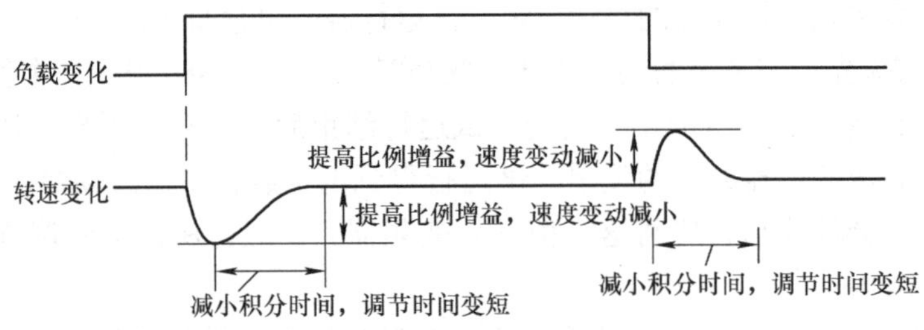

图 9. 4-2　比例增益与积分时间调整

① 将调节器的比例增益和积分时间设定为较小的值。

② 在试运行过程中，逐步增加比例增益，直到系统出现振动与噪声。

③ 记录这时的比例增益，并将此值的 80% ~90% 作为比例增益输入变频器。

④ 观察系统超调量，如超调过大，则增加积分时间，直到超调消失。

⑤ 记录这时的积分时间值，并将此值的 80% ~90% 作为积分时间输入变频器。

9. 4. 2　调节器优化

为了改善系统的动态性能、消除高频干扰，FR – A740 变频器可通过速度调节器 PI/P 切换、陷波器与滤波器设定、前馈控制、自适应控制等多种措施优化性能，其原理如图 9. 4-3所示。

1. PI/P 切换

采用 PI 调节的速度调节器可消除稳态运行的速度误差，但会延长响应时间，甚至可能

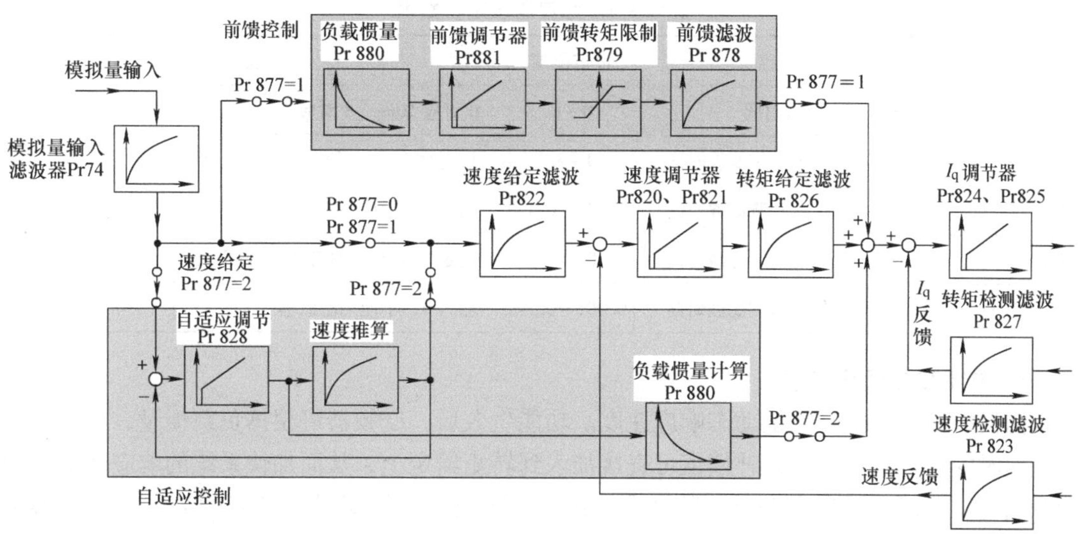

图 9.4-3　速度调节器优化原理图

导致振荡。因此，对于速度调节精度要求不高的系统，为了提高系统稳定性，可直接使用比例调节器（P 调节器）。

速度调节器的 PI/P 切换可通过 DI 信号 X44（功能代号 44）进行控制。X44 输入 OFF 时，为 PI 调节；X44 输入 OFF 时，为比例调节。

2. 陷波器和滤波器

陷波器可对特定频率的幅值响应特性进行衰减，防止系统机械共振。陷波器的频率可通过参数 Pr862 设定，Pr862 = 0 时，陷波器功能无效。Pr862 设定值和陷波频率的对应关系见表 9.4-3。

表 9.4-3　陷波频率与参数 Pr862 设定对应表

陷波频率	1000	500	333	250	200	167	143	125	111	100	91	83	77	71	67
Pr862 设定	1	2	3	4	5	6	7	8	9	10	11	12	13	14	15
陷波频率	62.5	58.8	55.6	52.6	50	47.6	45.5	43.5	41.7	40	38.5	37	35.7	34.5	33.3
Pr862 设定	16	17	18	19	20	21	22	23	24	25	26	27	28	29	30
陷波频率	32.3	31.3	30.3	29.4	28.6	27.8	27	26.3	25.6	25	24.4	23.8	23.3	22.7	22.2
Pr862 设定	31	32	33	34	35	36	37	38	39	40	41	42	43	44	45
陷波频率	21.7	21.3	20.8	20.4	20	19.6	19.2	18.9	18.5	18.2	17.9	17.5	17.2	16.9	16.7
Pr862 设定	46	47	48	49	50	51	52	53	54	55	56	57	58	59	60

陷波器的衰减量可通过参数 Pr863 进行设定，设定 Pr863 = 0，衰减 -40dB；Pr863 = 1，衰减 -14dB；Pr863 = 2，衰减 -8dB；Pr863 = 3，衰减 -4dB。

滤波器可消除给定、反馈输入干扰，减轻速度波动，滤波时间越长，消除干扰的效果就越好，但是，过长的滤波时间也会延长系统的动态响应时间。

FR - A740 变频器的滤波器参数见表 9.4-4。

表 9.4-4　滤波器设定参数表

参数号	名　称	设定范围	作用及意义
Pr74	AI 输入基本滤波时间	0 ~ 8	0 对应 10ms、8 对应于 1s
Pr822/832	第 1/2 电机速度给定滤波时间	0 ~ 5s	设定 9999 时，使用 Pr74 设定值
Pr823/833	第 1/2 电机速度检测滤波时间	0.001 ~ 0.1s	输入 0，不使用滤波器
Pr826/836	第 1/2 电机转矩给定滤波时间	0 ~ 5s	设定 9999 时，使用 Pr74 设定值
Pr827/837	第 1/2 电机转矩检测滤波时间	0.001 ~ 0.1s	输入 0，不使用滤波器

3. 前馈和自适应控制

前馈控制可以提高系统动态响应速度。功能生效后，变频器可根据负载惯量，提前计算加减速时的转矩补偿值，该补偿值可直接加入到转矩给定上，从而加快系统的响应速度。前馈控制的效果可通过参数 Pr881 强化或弱化；为防止前馈转矩过大带来的冲击，可用参数 Pr879 限制其最大值。前馈转矩还可利用参数 Pr878 进行滤波，抑制瞬时冲击。

自适应控制可改善系统的动态响应性能。功能生效后，变频器一方面可根据电机模型，推定与预测速度，并将自适应调节器的输出作为速度调节器的给定输入；另一方面可根据负载惯量，计算加减速转矩补偿值，并直接加入到转矩给定上，从而提高系统的响应速度。自适应调节器的比例增益（参数 Pr828），在增益自动调整功能生效时（Pr819 = 1 或 2），可以自动计算与设定。

FR – A740 变频器可通过参数 Pr877 的设定，选择前馈控制或自适应控制功能，但两者不能同时使用。变频器与前馈、自适应控制相关的参数见表 9.4-5。

表 9.4-5　前馈控制参数设定表

参数号	名　称	设定范围	作用及意义
Pr828	自适应调节器增益	0 ~ 1000%	设定自适应调节器的比例增益
Pr877	前馈、自适应功能选择	0 ~ 2	1：前馈控制功能生效 2：自适应控制功能生效
Pr878	前馈控制滤波器时间	0 ~ 1s	设定前馈控制的滤波器时间常数
Pr879	前馈控制转矩限制	0 ~ 100%	设定前馈控制时的最大转矩值
Pr880	负载惯量比	0 ~ 200	系统负载惯量与电机转子惯量之比
Pr881	前馈调节器增益	0 ~ 1000%	设定前馈调节器比例增益

4. 闭环速度控制

为了提高速度控制的精度，FR – A740 变频器可通过增加闭环选择模块，连接速度检测编码器，构成速度闭环控制系统，编码器的连接要求可参见第 7 章 7.5 节。

变频调速系统的速度闭环控制功能比较简单，它通常只能对电机速度进行小范围的闭环调整，以补偿电机的转差，而不能像伺服驱动器、主轴驱动器那样对系统进行全过程、高精度闭环速度调节。

FA – A740 变频器与闭环速度控制功能相关的参数见表 9.4-6。

表 9.4-6　闭环速度控制参数设定表

参数号	名　称	设定范围	作用及意义
Pr144	电机极数	2 ~ 112	闭环 V/f 控制的电机极数，设定方法同矢量控制
Pr81	电机极数	2 ~ 112	闭环矢量控制的电机极数，见第 8 章 8.4 节
Pr285	速度超差报警范围	0 ~ 30Hz	设定 9999 速度超差报警无效
Pr359	编码器计数方向	0/1	0：CW；1：CCW（与位置控制通用）
Pr367	闭环速度调节范围	0 ~ 400H	相对于给定频率的上下偏移量；设定 9999 功能无效
Pr368	速度反馈增益	0 ~ 100	调整速度反馈的灵敏度
Pr369	编码器脉冲数	0 ~ 4096	设定编码器每转输入脉冲数（与位置控制通用）

9.5　转矩控制与限制

9.5.1　方式选择与 AI 定义

1. 控制方式选择

FR－A740 变频器除可以用于频率（速度）控制外，还可进行简单的转矩或位置控制，转矩、位置控制只能用于矢量控制的变频器。转矩控制可用于第 1 和第 2 电机，其控制方式选择参数分别为 Pr800 和 Pr451，第 2 电机不能采用闭环控制。转矩控制时，电机容量参数 Pr80、电机极数参数 Pr81 的设定值不能为 9999。

参数 Pr800/Pr451 设定值的意义如下。

Pr800＝0：第 1 电机为闭环矢量速度控制。

Pr800＝1：第 1 电机为闭环矢量转矩控制。

Pr800＝2：第 1 电机可通过 DI 信号 MC，进行闭环矢量速度/转矩控制切换；MC 信号 ON 为转矩控制，OFF 为速度控制。

Pr800＝3：第 1 电机为闭环矢量位置控制。

Pr800＝4：第 1 电机可通过 DI 信号 MC，进行闭环矢量速度/位置控制切换；MC 信号 ON 为位置控制，OFF 为速度控制。

Pr800＝5：第 1 电机可通过 DI 信号 MC，进行闭环矢量位置/转矩控制切换；MC 信号 ON 为转矩控制，OFF 为位置控制。

Pr800＝9：第 1 电机为矢量控制的试运行。

Pr800/ Pr451＝10：第 1 /2 电机为开环矢量速度控制。

Pr800/ Pr451＝11：第 1 /2 电机为开环矢量转矩控制。

Pr800/ Pr451＝12：第 1 /2 电机可通过 DI 信号 MC，进行开环矢量速度/转矩控制切换；MC 信号 ON 为转矩控制，OFF 为速度控制。

Pr800/ Pr451＝20：第 1 /2 电机为开环 V/f 速度控制。

变频器的速度/转矩、速度/位置、位置/转矩切换 DI 信号 MC 的功能代号为 26；第 1/2 电机的切换由 DI 信号 RT 控制，RT 信号 ON，选择第 2 电机；此外，还可通过 DI 信号 X18（功能代号 18）进行矢量控制与 V/f 控制方式的切换，X18 信号 ON，变频器为 V/f 控制；信号 OFF 为矢量控制。

2. AI 定义

当参数 Pr800 设定 2、4、5、12，选择速度/转矩、速度/位置、位置/转矩切换控制时，随着控制方式的变换，变频器 AI 输入端 1、4 的功能也将发生变化，具体如下。

1）AI 输入 1。AI 输入端 1 的功能决定于参数 Pr800、Pr868 设定，参数设定值与输入端功能的关系见表 9.5-1 ~ 表 9.5-3。

表 9.5-1　速度/转矩切换的 AI 输入 1 功能设定表

Pr868 设定	开环或闭环矢量控制速度/转矩切换（Pr800 = 2 或 12）	
	速度控制（MC 信号 OFF）	转矩控制（MC 信号 ON）
0	辅助速度给定输入	速度限制输入
1	磁通给定输入	磁通给定输入
2	制动转矩限制（前提：Pr810 = 1）	—
3	—	转矩给定输入（前提：Pr804 = 0）
4	转矩限制输入（前提：Pr810 = 1）	转矩给定输入（前提：Pr804 = 0）
5	—	正/反转速度限制输入（前提：Pr807 = 2）
6	—	—
9999	—	—

表 9.5-2　速度/位置切换的 AI 输入 1 功能设定表

Pr868 设定	闭环矢量控制速度/位置切换（Pr800 = 4）	
	速度控制（MC 信号 OFF）	位置控制（MC 信号 ON）
0	辅助速度给定输入	—
1	磁通给定输入	磁通给定输入
2	制动转矩限制（前提：Pr810 = 1）	制动转矩限制（前提：Pr810 = 1）
3	—	—
4	转矩限制输入（前提：Pr810 = 1）	转矩限制输入（前提：Pr810 = 1）
5	—	—
6	转矩偏置值输入	—
9999	—	—

表 9.5-3　位置/转矩切换的 AI 输入 1 功能设定表

Pr868 设定	闭环矢量控制位置/转矩切换（Pr800 = 5）	
	位置控制（MC 信号 OFF）	转矩控制（MC 信号 ON）
0	—	速度限制输入
1	磁通给定输入	磁通给定输入
2	制动转矩限制（前提：Pr810 = 1）	—
3	—	转矩给定输入（前提：Pr804 = 0）
4	转矩限制输入（前提：Pr810 = 1）	转矩给定输入（前提：Pr804 = 0）
5	—	正/反转速度限制输入（前提：Pr807 = 2）
6	转矩偏置值输入	—
9999	—	—

2）AI 输入 4/5。AI 输入 4 的功能决定于参数 Pr800、Pr858 设定，参数设定值与输入端功能的关系见表 9.5-4 ~ 表 9.5-6。

表 9.5-4 速度/转矩切换的 AI 输入 4 功能设定表

Pr858 设定	开环或闭环矢量控制的速度/转矩切换方式（Pr800 = 2 或 12）	
	速度控制（MC 信号 OFF）	转矩控制（信号 MC = 1）
0	速度给定输入（前提：信号 AU = 1）	速度限制输入（前提：信号 AU = 1）
1	磁通给定输入	磁通给定输入
4	转矩限制输入（前提：Pr810 = 1）	—
9999	—	—

表 9.5-5 速度/位置切换的 AI 输入 4 功能设定表

Pr858 设定	闭环矢量控制的速度/位置切换方式（Pr800 = 4）	
	速度控制（MC 信号 OFF）	位置控制（MC 信号 ON）
0	速度给定输入（前提：信号 AU = 1）	—
1	磁通给定输入	磁通给定输入
4	转矩限制输入（前提：Pr810 = 1）	转矩限制输入（前提：Pr810 = 1）
9999	—	—

表 9.5-6 位置/转矩切换的 AI 输入 4 功能设定表

Pr858 设定	闭环矢量控制的位置/转矩切换方式（Pr800 = 5）	
	位置控制（MC 信号 OFF）	转矩控制（MC 信号 ON）
0	—	速度限制输入（前提：信号 AU = 1）
1	磁通给定输入	磁通给定输入
4	转矩限制输入（前提：Pr810 = 1）	—
9999	—	—

9.5.2 转矩控制

1. 原理与参数

转矩控制只能用于开环或闭环矢量控制的变频器，它可通过参数 Pr800（第 1 电机）或 Pr451（第 2 电机）的设定生效。转矩控制时，电机输出转矩将保持恒定，而电机速度将随着负载的变化而改变，因此，为避免负载很小时的电机速度过高，变频器的速度限制功能将同时生效。

转矩控制用于多电机控制时，不其转矩调节器参数可分别设定。第 1 电机的转矩调节器参数为 Pr824/825；第 2 电机为 Pr834/835。电机切换 DI 信号 RT 还可同时选择第 2 电机的其他相关参数。

FR – A740 变频器的转矩控制功能原理如图 9.5-1 所示。

图 9.5-1 中的参数 Pr804 用于转矩给定选择；参数 Pr807 用于速度限制选择。转矩控制的实质上是进行定子电流转矩电流分量 I_q 的控制，因此，转矩调节器就是图中的 I_q 调节器。

FR – A740 变频器与转矩控制相关的参数见表 9.5-7。

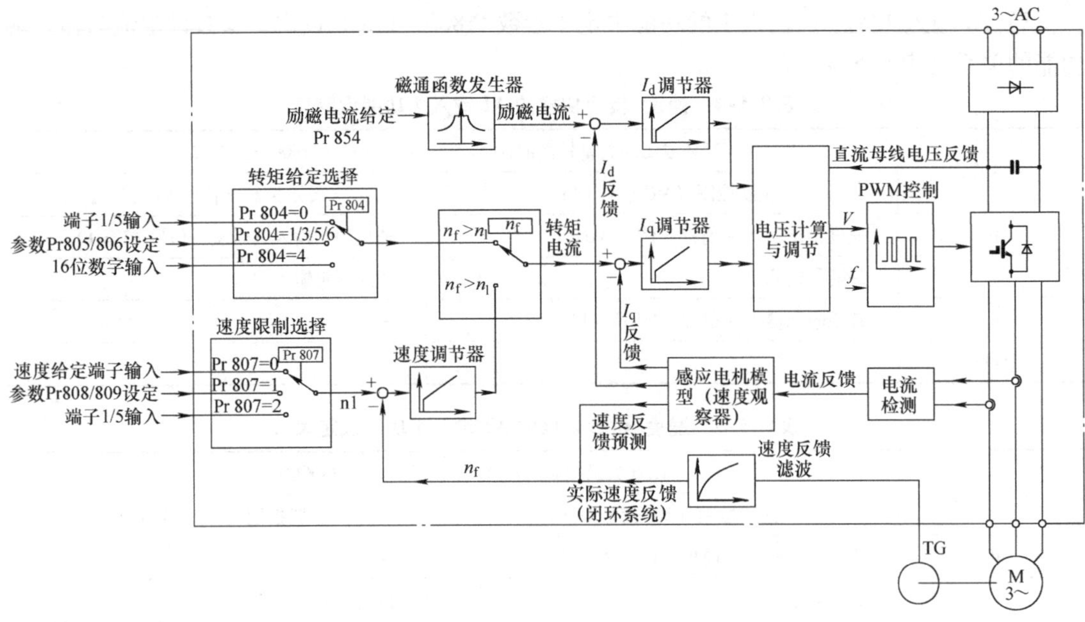

图 9.5-1　转矩控制原理图

表 9.5-7　转矩控制参数表

参数号	名　　称	设定范围	作用及意义
Pr800/451	Pr824/834 控制方式选择	0 ~ 20	见前述
Pr803	额定频率以上区输出特性	0/1	0：恒功率；1：恒转矩
Pr804	转矩给定选择	0 ~ 6	0：AI 输入端 1 1：参数 Pr805/806 给定 3：十进制 CC – Link 通信输入 4：FR – A7AP 模块数字给定 5：二进制 CC – Link 通信输入 6：其他二进制通信输入
Pr805	RAM 给定	600% ~ 1400%	使用 RAM 保存的转矩给定值
Pr806	EEPROM 给定	600% ~ 1400%	使用 EEPROM 保存的转矩给定值
Pr807	速度限制输入选择	0/1/2	0：AI 输入端 2 1：参数 Pr808/809 设定 2：AI 输入端 1
Pr808	内部速度限制值	0 ~ 120Hz	正转速度限制值
Pr809	内部速度限制值	0 ~ 120Hz	反转速度限制值，9999：Pr808 设定
Pr824/834	第 1/2 电机转矩调节器比例增益	0 ~ 200%	第 1/2 电机的 I_q 调节器比例增益
Pr825/835	第 1/2 电机转矩调节器积分时间	0 ~ 500ms	第 1/2 电机的 I_q 调节器积分时间
Pr854	励磁电流调整	0 ~ 100%	调整励磁电流比
Pr919 – C16/C17	AI 输入 1 转矩给定偏移调整	—	AI 输入 1 转矩给定偏移调整
Pr920 – C18/C19	AI 输入 1 转矩给定增益调整	—	AI 输入 1 转矩给定增益调整

2. 输出特性

转矩控制时，变频器可通过参数 Pr803，选择图 9.5-2 所示的输出特性。设定 Pr803 = 0，额定频率以下区域为恒转矩输出，额定频率以上区域为恒功率输出；设定 Pr803 = 1，全范围恒转矩输出，此时，转矩限制对所有区域有效。

如变频器的转矩控制性能不良或无法控制转矩，其原因可能有如下几方面。

1）电机连接不良或相序错误。

2）闭环系统的速度反馈连接不良。

3）参数 Pr800、Pr804 设定错误。

4）励磁电流（参数 Pr854）设定不合理。

5）速度限制值设定错误或限制为 0，此时可能引起加减速无法正常进行。

6）转矩给定增益与偏移调整不正确，这时可能会导致低速时的电机反转。

7）电机温升过高。

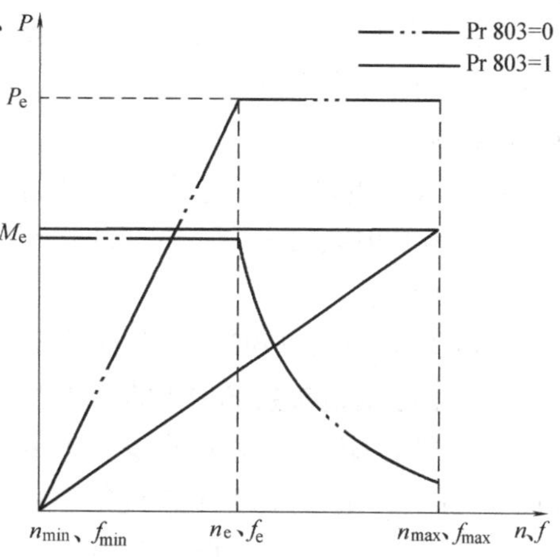

图 9.5-2 转矩控制输出特性

3. 转矩给定

转矩给定方式可通过参数 Pr804 的设定，进行如下选择。

Pr804 = 0：当 AI 输入 1 的功能定义参数 Pr868 设定为 3 或 4 时，转矩给定来自 AI 输入端 1。AI 输入 −10V ~ 10V 所对应的转矩为额定转矩的 −150% ~ 150%，见图 9.5-3a，AI 输入可通过参数 Pr919、Pr920 进行增益、偏移的调整。

Pr804 = 1、3、5、6：转矩给定由参数 Pr805 或 Pr806 设定。如果 Pr804 = 3、5、6，参数 Pr805 或 Pr806，可通过通信输入进行设定。参数 Pr805 的值存储在变频器 RAM 中，它不能断电记忆；参数 Pr806 存储在变频器 EEPROM 中，具有断电记忆功能。

参数 Pr805/Pr806 有十进制和二进制两种设定方式。当 Pr804 = 1 或 3 时，为十进制设定，Pr805/Pr806 的设定范围为 600% ~ 1400%，1000% 对应的转矩给定 0，故转矩给定的范围为电机额定转矩的 −400% ~ 400%，见图 9.5-3b。当 Pr804 = 5 或 6 时，为二进制设定，Pr805/Pr806 的设定范围为 −32768 ~ 32767，单位为 0.01%；数值 0 对应的转矩给定为 0，因此，转矩给定的范围为电机额定转矩的 −327.68% ~ 327.67%，见图 9.5-3c。

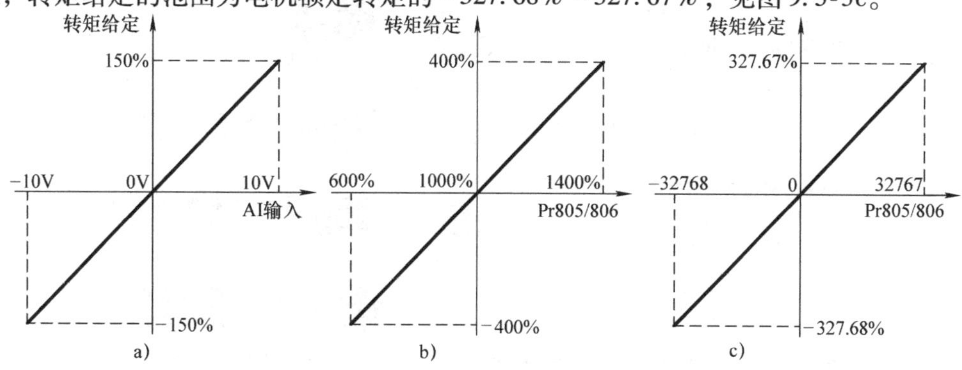

图 9.5-3 转矩给定特性

a）AI 输入 b）Pr805/806 十进制 c）Pr805/806 二进制

Pr804 =4：转矩给定来自变频器选件 FR - A7AP 模块，输入为 16 位二进制，范围为 -32768 ~ 32767，单位为 0.01%，给定特性同图 9.5-3c。

4. AI 偏移与增益调整

与速度给定一样，当转矩给定选择 AI 输入时，同样可通过参数进行输入偏移和增益的调整，对于闭环升降负载控制，还可通过特殊的转矩偏置功能，进行重力转矩的补偿，有关内容可以参见后述。

AI 输入 1 的转矩给定偏移与增益调整参数为 Pr919、Pr920；参数的作用如图 9.5-4 所示。

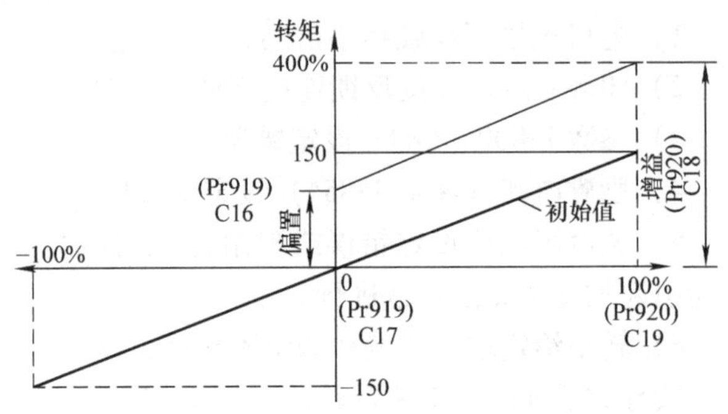

图 9.5-4　AI 输入的偏移与增益调整

参数为 Pr919、Pr920 各有两个调整参数。偏移调整参数 Pr919 的 C16 用来设定偏移转矩，其设定范围为 0 ~ 400%（额定转矩）；C17 用来设定偏移转矩所对应的 AI 输入电压，其设定范围为 0 ~ 300%（最大 AI 输入），此值一般设定为 0。增益调整参数 Pr919 的 C18 用来设定增益转矩，其设定范围为 0 ~ 400%（额定转矩）；C19 用来设定增益转矩所对应的 AI 输入电压，其设定范围为 0 ~ 300%（最大 AI 输入），此值一般设定为 100%。转矩给定的 AI 偏移和增益调整，一般通过变频器的调整操作进行，以将最大输入时的增益转矩设定 100% 额定转矩为例，其操作步骤如图 9.5-5 所示。

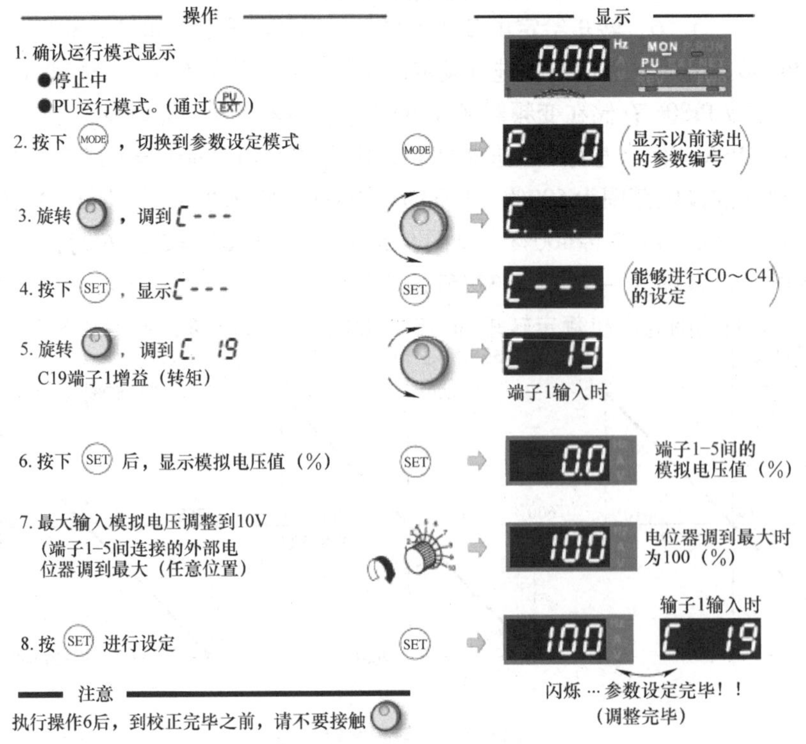

图 9.5-5　AI 偏移与增益调整操作

5. 速度限制

由于转矩控制时电机的输出转矩将保持不变，因而电机转速将随着负载的减小而升高，为此，需要通过速度限制功能对电机转速进行限制。功能生效时，如果电机速度到达限制值，变频器将自动从转矩控制切换到速度控制方式，保证电机速度维持限制值不变。

在开环矢量控制的变频器上，速度限制功能将根据速度观察器计算得到的电机速度预测值 n_f，进行如下处理。

n_f 小于速度限制值：转矩控制，电机输出转矩将保持恒定。

n_f 大于速度限制值：切换为速度控制，输出频率维持不变。

在环矢量控制的变频器上，速度限制将根据实际电机速度 n_f 进行处理，如速度反馈值 n_f 大于限制值，变频器自动切换为速度控制，输出频率维持不变。

速度限制值可采用三种方式给定，它可通过参数 Pr807 的设定选择如下。

Pr807 =0：来自变频器的速度给定 AI 输入，一般为 AI 输入 2。

Pr807 =1：参数 Pr808/809 设定。

Pr807 =2：来自 AI 输入端 1。

9.5.3 转矩限制

1. 功能与参数

变频器在加减速或速度控制时，需要根据负载调节电机输出转矩。为防止失速或过载，变频器可对电机最大输出转矩进行限制。转矩限制用于开环或闭环矢量控制的变频器，它可利用 DI 信号 TL（功能代号 27），选择转矩限制方式。

TL 输入 OFF：第 1 转矩限制有效。变频器可根据不同的运行状态，如正转运行、正转制动，反转运行、反转制动等，设定不同的限制值；限制转矩可通过参数设定或 AI 输入 1 或 4 给定。

TL 信号 ON：第 2 转矩限制有效，输出转矩利用参数 Pr815 进行限制。

第 1 转矩限制有效时，如使用 AI 输入 1 或 4 限制转矩，其功能定义参数 Pr858 或 Pr868 应设定为 4；如参数 Pr858、Pr868 同时设定为 4，则 AI 输入 1 生效，AI 输入 4 无效。如设定参数 Pr858 =4、Pr868 =2，则 AI 输入 4 为限制正常运行时的转矩，AI 输入 1 限制制动转矩，两者可分别调节。AI 输入用于转矩限制时，同样可进行偏移与增益的调整。

FR－A740 变频器与转矩限制相关的参数见表 9.5-8。

表 9.5-8　转矩限制参数表

参数号	名　称	设定值	作用及意义
Pr22	失速保护电流	0～200%	极限输出转矩
Pr803	额定频率以上区输出特性	0/1	0：恒功率；1：恒转矩
Pr810	正转运行第 1 转矩限制方式	0/1	0：参数设定；1：AI 输入
Pr812	正转制动第 1 转矩限制	0～400%	9999：由 Pr22 或 AI 输入限制
Pr813	反转运行第 1 转矩限制	0～400%	9999：由 Pr22 或 AI 输入限制
Pr814	反转制动第 1 转矩限制	0～400%	9999：由 Pr22 或 AI 输入限制
Pr815	第 2 转矩限制	0～400%	各状态通用；9999：第 2 转矩限制无效

（续）

参数号	名　称	设定值	作用及意义
Pr864	转矩检测信号设定	0～400%	转矩到达信号 TU 的检测值
Pr865	失速保护报警范围	0～400Hz	转矩限制时失速保护报警的频率范围
Pr874	失速保护报警值	0～200%	转矩限制时失速保护报警的电流值
Pr919 - C16/C17	AI 输入 1 转矩限制偏移调整	—	AI 输入 1 转矩限制偏移调整
Pr920 - C18/C19	AI 输入 1 转矩限制增益调整	—	AI 输入 1 转矩限制增益调整
Pr932 - C38/C39	AI 输入 4 转矩限制偏移调整	—	AI 输入 4 转矩限制增益调整
Pr933 - C40/C41	AI 输入 4 转矩限制增益调整	—	AI 输入 4 转矩限制增益调整

需要注意的是：变频器参数 Pr22 设定的失速保护电流所对应的转矩是输出转矩的极限值，无论采用何种转矩限制方式，输出转矩都不能超过失速保护转矩；否则，转矩限制无效、变频器自动选择 Pr22 作为转矩限制值。如变频器额定频率以上区域的输出特性选择了恒转矩变速时，转矩限制对大于额定频率的运行同样有效。

2. 运行与制动

变频器工作可分正转运行、正转制动、反转运行、反转制动 4 种状态，其输出特性分别对应第 1～第 4 象限。当选择第 1 转矩限制（TL 信号 OFF）时，不同象限的转矩限制值可通过参数 Pr810 进行如下设定。

Pr810 = 0：参数限制。正转运行、正转制动、反转运行、反转制动的输出转矩可利用参数 Pr22、Pr812、Pr813、Pr814 进行单独设定，见图 9.5-6a。

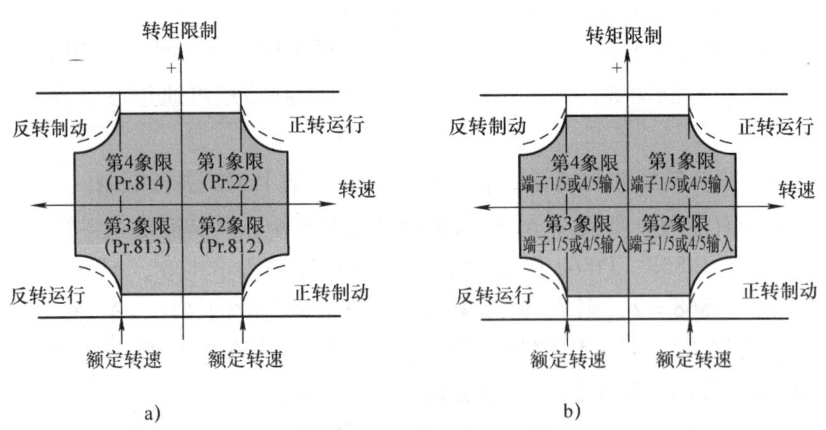

图 9.5-6　第 1 转矩限制
a）参数限制　b）AI 输入限制

Pr810 = 1：AI 输入限制。如 Pr868 = 4，转矩由 AI 输入 1 限制；如 Pr858 = 4，转矩由 AI 输入 4 限制。不同状态的转矩限制值相同，见图 9.5-6b。如 Pr868 = 2、Pr858 = 4，则运行时的转矩由 AI 输入 4 限制；制动时的转矩由 AI 输入 1 限制，运行与制动状态的转矩限制值可以不同，见图 9.5-7。

当变频器的 DI 信号 TL 输入 ON 时，第 2 转矩限制有效，输出转矩统一由参数 Pr815 限制，且与运行状态、AI 输入无关，见图 9.5-8。

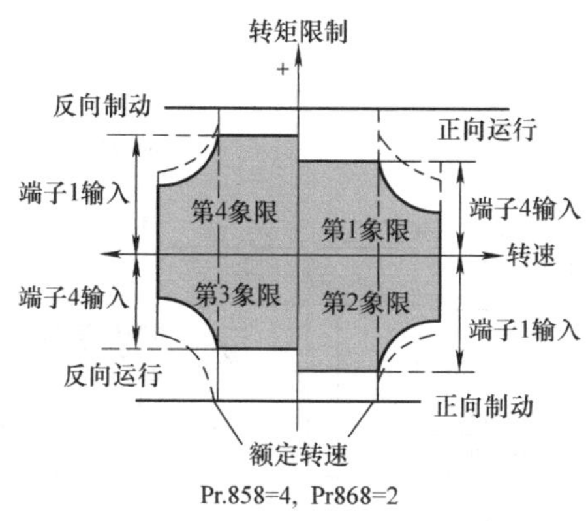

图 9. 5-7　运行/制动转矩独立限制

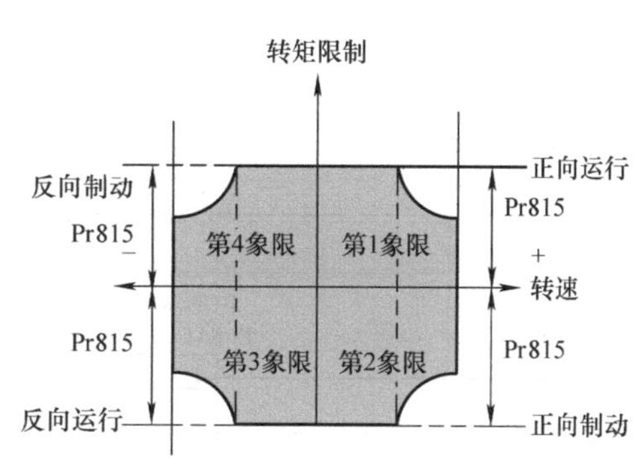

图 9. 5-8　第 2 转矩限制

3. 转矩检测和过载报警

FR - A740 变频器可通过转矩检测或过载报警两种方法，防止过载运行。

1）转矩检测。可以通过参数 Pr864 的设定，在输出转矩到达 Pr864 设定值时，输出转矩到达 DO 信号 TU（功能代号 35 或 135），这一信号可提供外部控制电路使用，以防止变频器的过载运行。

2）失速报警。一般而言，当变频器的输出电流大于失速保护电流时，将发生失速报警 E. OLT，停止变频器运行。但也可通过参数 Pr874 的设定，使得变频器在输出转矩大于 Pr874 设定值时，产生 E. OLT 报警并进入停止状态。这一功能在实际输出频率小于 Pr865 设定、且过载持续时间超过 3s 时有效，而且不能用于转矩控制方式。

参数 Pr874、Pr865 意义及报警动作如图 9. 5-9 所示。

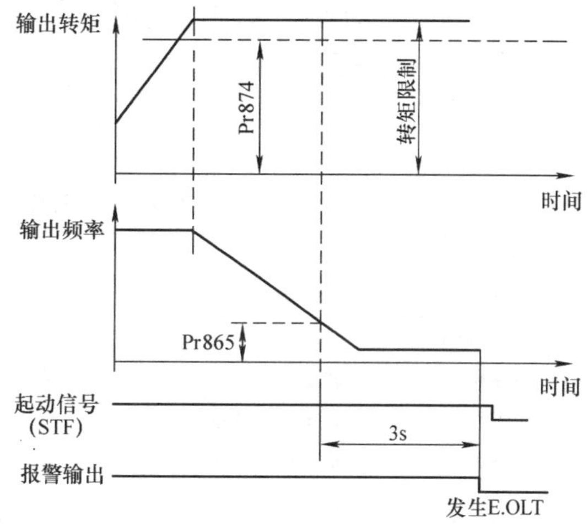

图 9. 5-9　过载报警参数与动作

9. 5. 4　转矩偏置

1. 功能与参数

开环控制的变频器用于升降负载控制时，一般可通过自动变速、挡块减速定位、机械制动功能，防止自落和改善性能。在闭环矢量控制的 FR - A740 变频器上，还可利用转矩偏置功能控制升降负载，使运行更加平稳。转矩偏置的原理如图 9. 5-10 所示。

转矩偏置功能生效后，变频器可为升降负载提供重力补偿的偏置转矩，偏置转矩可通过参数进行设定或从 AI 输入端 1 给定，偏置范围为额定转矩的 -400% ~400%。转矩偏置利用参数设定时，可在参数 Pr841 ~ Pr843 上设定 3 个不同的偏置值，生效的偏置值可通过 DI 信号 X42、X43 选择。

FR - A740 变频器与转矩偏置功能相关的参数见表 9. 5-9。

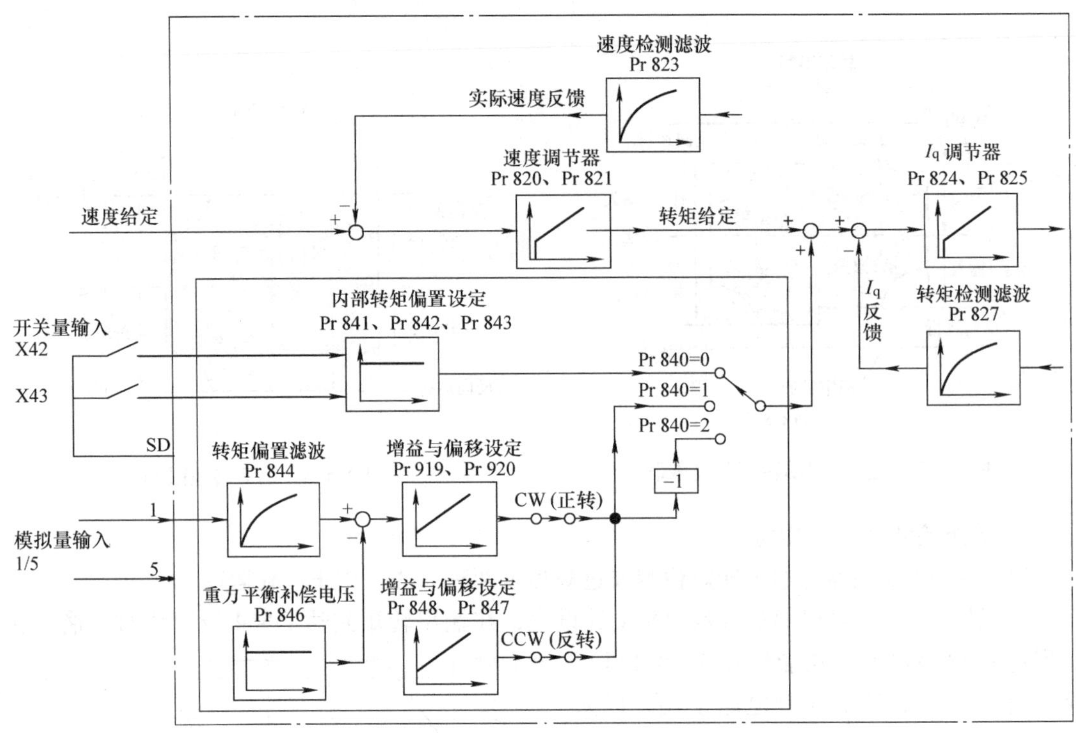

图 9.5-10　转矩偏置原理

表 9.5-9　转矩偏置功能参数表

参数号	名　称	设定范围	作用及意义
Pr840	转矩偏置方式	0～3	见下述
Pr841～843	转矩偏置 1～3	600～1400%	DI 信号 X42、X43 选择，1000% 对应 0
Pr844	转矩偏置滤波	0～5s	对 AI 输入有效，设定 9999 滤波无效
Pr845	转矩偏置准备时间	0～5s	设定 9999 时无效
Pr846	重力补偿电压	0～10V	设定 9999 时无效
Pr847	转矩补偿偏移	0～400%	设定 9999 时同 Pr919
Pr848	转矩补偿增益	0～400%	设定 9999 时同 Pr920

2. 转矩偏置的选择

转矩偏置的方式可通过参数 Pr840 选择如下。

Pr840 = 0：转矩偏置通过参数 Pr841～Pr843 设定。

Pr840 = 1：正转偏置转矩为 AI 输入，反转由参数 Pr846/Pr847 的设定进行正极性偏置。

Pr840 = 2：正转偏置转矩为 AI 输入，反转由参数 Pr846/Pr847 的设定进行负极性偏置。

Pr840 = 3：自动设定转矩偏置值。

设定 Pr840 = 0 时，可利用 DI 信 X42 号 X42、X43 选择不同的偏置值；X43 输入 OFF、X42 输入 ON 时，参数 Pr841 有效；X43 输入 ON、输入 OFF 时，参数 Pr842 有效；X43、X42 同时 ON 时，参数 Pr843 有效。参数 Pr841、Pr842、Pr843 以百分率的形式设定，设定范围 600%～1400%，1000% 对应 0，偏置转矩的范围为额定转矩的 -400%～400%。偏置转矩可直接叠加到速度调节器输出上，以补偿升降负载的重力转矩。

设定 Pr840 = 1 或 2 时，转矩偏置值可通过 AI 输入 1 给定，此时应设定参数 Pr868 =6，将 AI 输入 1 的功能定义为转矩偏置输入。

3. 转矩偏置特性

转矩偏置特性与电机转向、重力补偿电压、转矩补偿增益参数 Pr847/Pr848 的设定等有关，负载上升和下降时可分别设定不同的补偿特性，转矩偏置的补偿特性如下。

1）电机正转对应上升。电机正转使负载上升时，应设定参数 Pr840 =1。此时，重力转矩利用 AI 输入 1 补偿，上升和下降时的转矩偏置增益、偏移可以单独调整。负载上升时，转矩偏置增益、偏移用参数 Pr919、Pr920 调整；负载下降时，则通过参数 Pr847、Pr848 调整；如参数 Pr847、Pr848 设定为 9999，负载升/降时的增益、偏移统一由参数 Pr919、Pr920 进行调整。

AI 输入产生的实际补偿转矩与重力补偿电压参数 Pr846 的设定有关。重力补偿电压是电机输出转矩正好等于重力转矩时的转矩偏置电压值，如 AI 输入大于重力补偿电压，将产生正向偏置转矩；如 AI 输入电压小于重力补偿电压，AI 偏置所产生的补偿转矩不足以克服重力转矩，因此，系统仍然存在重力转矩，其补偿特性如图 9. 5-11 所示。

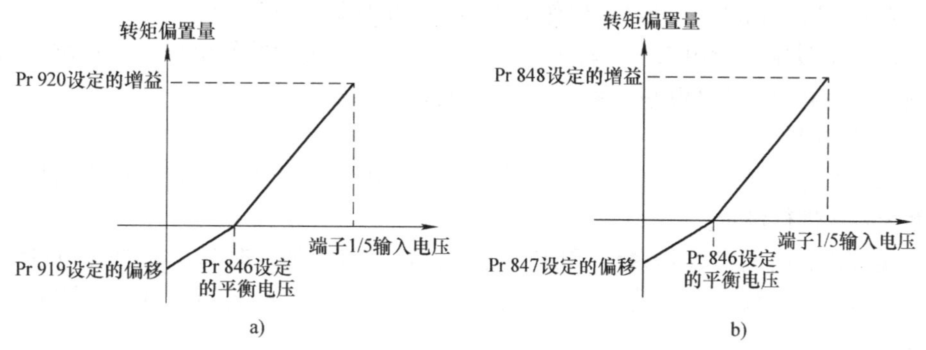

图 9. 5-11　正转对应上升时的转矩补偿

a）负载上升　b）负载下降

2）电机反转对应上升。当电机反转使负载上升时，应设定参数 Pr840 =2。此时，如果 AI 输入大于重力补偿电压，产生的偏置转矩为负值，以增加反转转矩输出，补偿重力转矩；如 AI 输入小于重力补偿电压，产生的偏置转矩为正值，反转的输出转矩减小，系统仍然存在重力转矩，其补偿特性如图 9. 5-12 所示。

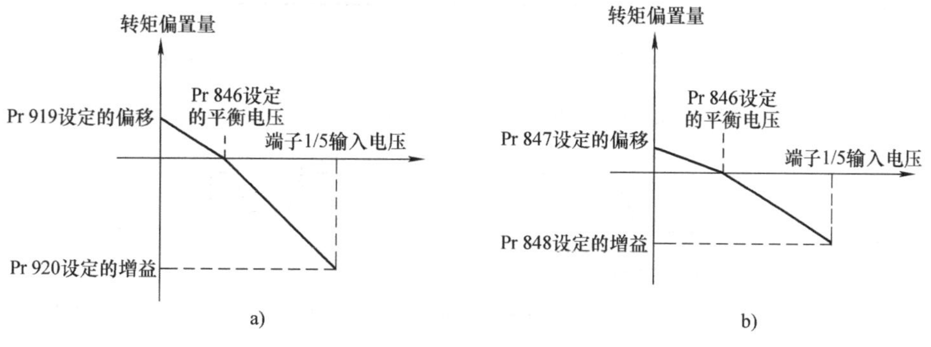

图 9. 5-12　反转对应上升时的转矩补偿

a）负载上升　b）负载下降

4. 转矩偏置的自动设定

对于重力转矩无法事先得到的情况，可设定参数 Pr840 =3，进行转矩偏置的自动测量与设定，其操作步骤如下。

1）设定参数 Pr840 =3，生效转矩偏置自动测量与设定功能。

2）空载运行变频器，并使电机转速到达稳定。

3）运行时读取偏移参数 Pr919 的自动测量值。

4）按【SET】键，将自动测量值作为转矩偏置写入变频器。

5）在最大负载下运行变频器，并使电机转速到达稳定。

6）在运行时读取增益参数 Pr920 的自动测量值。

7）按【SET】键，将自动测量值作为增益写入变频器。

用类似的方法也可以进行重力补偿电压值的自动测量与设定，其操作步骤如下。

1）设定参数 Pr840 =3，生效转矩偏置自动测量与设定功能。

2）运行变频器，并使电机转速到达稳定状态。

3）在运行时读取重力补偿电压参数 Pr846 的自动测量结果。

4）按【SET】键，将自动测量值作为重力补偿电压写入变频器。

Pr840 =3 的设定只能用来进行转矩偏置增益、偏移和重力补偿电压的自动测量与设定，设定完成后，应将参数 Pr840 恢复到 Pr840 =1 或 2。

5. 滤波与控制

转矩偏置给定上增加滤波器，可以平稳电机输出转矩，消除信号中的干扰，滤波时间可通过参数 Pr844 进行设定。

转矩偏置准备时间参数 Pr845，用来设定重力补偿转矩加入时间，在参数 Pr845 设定的时间内，偏置转矩生效，电机进入预备励磁状态、产生重力平衡转矩，但变频器的输出频率保持为 0。

偏置转矩可通过预备励磁控制 DI 信号 LX（功能代号 23），事先加入到电机，预备励磁阶段加入的转矩偏置将始终保持有效，直到预备励磁控制信号 LX 撤销，其动作如图 9.5-13 所示。如不使用信号 LX，则在启动信号 STF/STR 输入 ON 时加入。

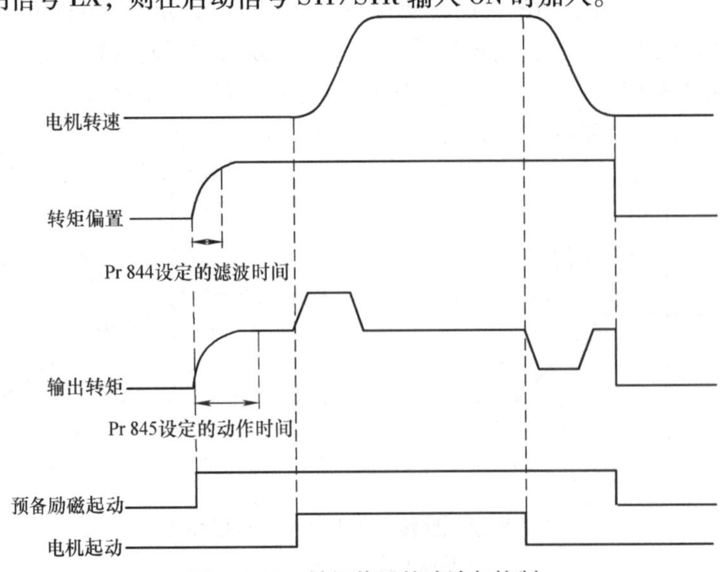

图 9.5-13　转矩偏置的滤波与控制

9.6　位置控制

9.6.1　原理与参数

1. 位置控制原理

闭环矢量控制的 FR – A740 变频器可用于简易定位控制，位置控制可以实现如下功能。

1）增量定位。它可以通过参数设定 16 个固定移动距离，由 DI 信号选择移动距离和定位速度，移动距离也可通过通信输入改变。

2）连续定位。这是利用外部脉冲与方向信号，控制电机连续运动的位置控制方式，位置脉冲规定从 DI 输入端 JOG 输入，方向信号需要在其他 DI 点上定义。

3）定向停止。定向停止功能是保证电机轴停止在指定位置的控制功能，功能在数控机床的主轴控制上使用很普遍，故常称主轴定向准停或主轴定向功能。

变频器的增量定位、连续定位的控制原理如图 9.6-1 所示，定向停止的控制原理有所不同，详见后述。

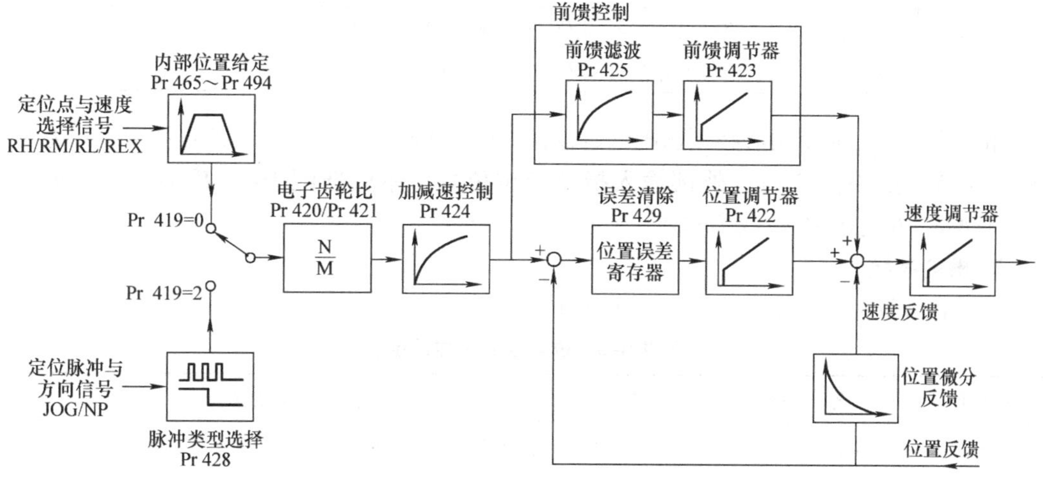

图 9.6-1　位置控制原理框图

由图看见，变频器的位置控制是在闭环速度控制的基础上增加了一个位置环，来自编码器的反馈信号既可是位置反馈、也是速度反馈信号。变频器的位置调节器由比例调节和前馈控制两部分组成，前馈支路设置有滤波器，位置调节器前设置有误差寄存器，误差可通过 DI 信号 CLR（功能代号 69）清除。

位置给定输入支路设计有电子齿轮比和加减速控制环节，电子齿轮比用来实现位置给定脉冲和位置反馈脉冲间的脉冲当量（单位脉冲的移动量）匹配，加减速环节可实现自动加减速控制。变频器的位置控制方式可通过参数 Pr419 进行如下选择。

Pr419 = 0：增量定位方式。移动距离、速度由 DI 信号 RH、RM、RL、REX 选择，移动距离设定在参数 Pr465 ~ Pr494 上，定位速度为 RH、RM、RL、REX 信号所对应的多级变速速度。

Pr419 = 2：连续定位方式。由外部脉冲和方向信号控制的连续定位，定位点由输入脉冲数量决定、定位速度决定于输入脉冲的频率。

2. 控制信号

变频器使用闭环位置控制功能时，应定义表 9.6-1 中的 DI/DO 信号。

表 9.6-1　位置控制信号定义表

信号		功能代号	作用及意义
DI	X22	22	定向停止信号，输入 ON 启动定向停止操作
	LX	23	位置控制伺服 ON 信号
	JOG	5	定位脉冲输入信号，与点动信号共用
	NP	68	脉冲方向信号
	CLR	69	位置误差清除信号
	RH	2	16 点移动距离和定位速度选择信号
	RM	1	
	RL	0	
	REX	8	
DO	Y36	36 或 136	定位位置到达
	ORA	27 或 127	定位完成信号，定位完成时输出 ON
	ORM	28 或 128	定位出错信号，定位出错时输出 ON

用于位置控制的变频器必须选配编码器接口模块 FR－A7AP，模块的连接要求可参见第 7 章 7.5 节。如果需要通过外部输入指令定位位置，还应选配 16 位数字输入扩展模块 FR－A7AX，并连接 16 位数字输入。

3. 相关参数

变频器与位置控制相关的参数见表 9.6-2。

表 9.6-2　位置控制参数设定表

参数号	名　　称	设定值	作用及意义
Pr291	JOG 信号功能选择	0/1	0：点动信号；1：脉冲输入
Pr359	编码器计数方向	0/1	0：CW；1：CCW
Pr369	编码器脉冲数	0～4096	设定编码器每转输入脉冲数
Pr419	定位方式选择	0/2	0：增量定位；2：由输入脉冲控制的连续定位
Pr420	电子齿轮比分子	0～32767	设定位置给定脉冲倍乘系数的分子
Pr421	电子齿轮比分母	0～32767	设定位置给定脉冲倍乘系数的分母
Pr422	位置环增益	0～1501/s	设定位置调节器的比例增益
Pr423	位置前馈增益	0～100%	设定位置调节器前馈比例增益
Pr424	加减速时间常数	0～50.0s	位置控制加减速时间常数，单位 0.1s
Pr425	位置前馈滤波时间	0～5.0s	位置前馈滤波时间，单位 0.001s
Pr426	定位完成信范围	0～32767	定位完成信号输出范围（到位允差，脉冲数）
Pr427	误差过大检测范围	0～400	位置超差报警 E.OD 输出范围，单位 1000 脉冲

（续）

参数号	名　　称	设定值	作用及意义
Pr428	指令脉冲与方向	0～5	0～2：脉冲下降沿有效，NP 信号 OFF 为正转 3～5：脉冲上升沿有效，NP 信号 OFF 为反转
Pr429	CLR 信号设定	0/1	0：上升沿有效；1：信号 ON 有效
Pr430	脉冲监视器选择	0～5	设定 PU 显示设定 Pr52 = “6” 时的监视内容
Pr464	急停减速时间	0～360s	增量定位时，STF/STR 信号 OFF 到输出停止的时间
Pr465～494	增量距离 1～15	0～9999	每一定位距离需两个参数，如距离 1 为 Pr466/465 等

4. 电子齿轮比设定

位置控制的给定与反馈以脉冲为单位计算，电子齿轮比参数 Pr420/ Pr421 用于给定脉冲与位置反馈脉冲的脉冲当量匹配。由于变频器反馈接口设计有 4 倍频电路，即：当编码器的每转脉冲数为 P 时，实际的反馈脉冲为 $4P$，因此，如编码器每转对应的移动量为 Δl，则反馈脉冲当量 $\Delta\theta = \Delta l/4P$。

如果系统的指令脉冲当量为 ΔP，对于同样的位置移动量，进行位置比较时，其反馈脉冲数必须与指令脉冲数相等，因此，电子齿轮比参数 Pr420/ Pr421（N/M）的设定原则是：

$$(1/\Delta P) \times N/M = 1/\Delta\theta$$

即：$N/M = \Delta P/\Delta\theta$

例如，当某位置控制系统的编码器每转脉冲数为 2000P/r，编码器每转所对应的移动量 $\Delta l = 80\text{mm}$ 时，计算得到的反馈脉冲当量为 $\Delta\theta = 0.01\text{mm}$，如果外部输入的指令脉冲当量为 $\Delta P = 0.1\text{mm}$，则应设定 $N/M = \Delta P/\Delta\theta = 10$，故参数设定为 Pr369 = 2000、Pr420 = 10、Pr421 = 1。

5. 功能调试

FR－A740 变频器的位置控制调试步骤如图 9.6-2 所示。

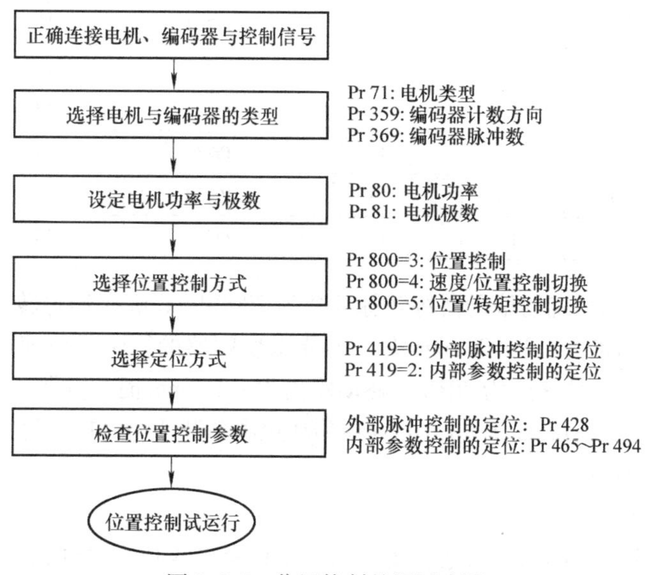

图 9.6-2　位置控制的调试步骤

当变频器选择了位置控制方式后，如果功能无法正常实现，其原因一般有如下几方面。

1）电机电枢或位置反馈连接不良。

2）参数 Pr800、Pr419 的控制方式设定错误。

3）信号 LX 输入不正确或连接不良。

4）信号 STF、STR 输入不正确或连接不良。

5）参数设定错误或位置指令脉冲与方向信号输入错误。

6）电机参数、PWM 频率、位置控制参数、编码器参数等设定不合理或错误。

9.6.2 增量定位

1. 距离与速度

增量定位控制时，移动距离和速度可通过 DI 信号 RH、RM、RL、REX 选择，信号 RH、RM、RL、REX 与定位速度、移动距离的对应关系见表 9.6-3。

表 9.6-3 增量定位距离和速度的设定表

开关量输入信号				移动速度		增量距离	
RH	RM	RL	REX	速度级	输出频率	定位点	移动距离
1	0	0	0	1	Pr4	1	Pr466/465
0	1	0	0	2	Pr5	2	Pr468/467
0	0	1	0	3	Pr6	3	Pr470/469
0	1	1	0	4	Pr24	4	Pr472/471
1	0	1	0	5	Pr25	5	Pr474/473
1	1	0	0	6	Pr26	6	Pr476/475
1	1	1	0	7	Pr27	7	Pr478/477
0	0	0	1	8	Pr232	8	Pr480/479
0	0	1	1	9	Pr233	9	Pr482/481
0	1	0	1	10	Pr234	10	Pr484/483
0	1	1	1	11	Pr235	11	Pr486/485
1	0	0	1	12	Pr236	12	Pr488/487
1	0	1	1	13	Pr237	13	Pr490/489
1	1	0	1	14	Pr238	14	Pr492/491
1	1	1	1	15	Pr239	15	Pr494/493

例如，当位置控制系统的编码器每转脉冲数为 2000P/r、编码器每转所对应的移动量 $\Delta l=80$mm、指令脉冲当量为 $\Delta P=0.1$mm 时，如要求变频器的第 1 定位速度为 50Hz、移动距离为 +2000mm；第 2 定位速度为 30Hz、移动距离为 −400mm 时，其相关参数可设定如下。

由于指令脉冲当量 $\Delta P=0.1$mm，可得到移动距离 1 和 2 所对应的脉冲数为：

$P_{s1}=S_1/\Delta P=20000$

$P_{s2}=S_2/\Delta P=4000$

移动距离需要占用连续两个参数，每一参数可以存储 4 位十进制数，因此，增量定位参数可设定如下。

第 2 增量定位：Pr466 = 0002、Pr465 = 0000；Pr4 = 50。

第 2 增量定位：Pr468 = 0000、Pr467 = 4000；Pr5 = 30。

2. 控制要求

增量定位的动作过程如图 9.6-3 所示，其控制要求如下。

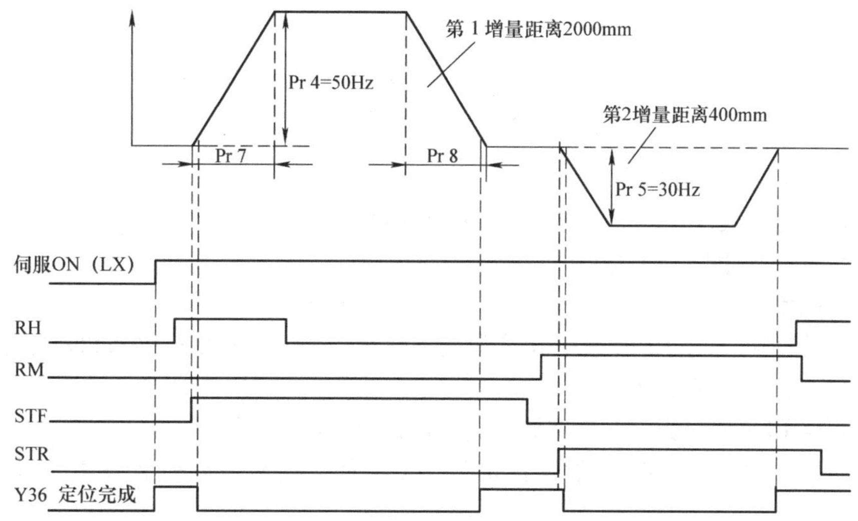

图 9.6-3　增量定位控制要求与动作过程

1）设定参数 Pr419 = 0，选择增量定位方式；并设定相关参数、定义 DI/DO 信号。

2）将 DI 信号 LX 置 ON，生效变频器的位置控制功能，此时由于电机未运动，故定位完成信号 Y36 输出 ON。

3）输入 RH、RM、RL、REX = 1000，选择第 1 增量定位。

4）输入正转信号 STF，输出频率按参数 Pr7 定义的加速度上升到 Pr4 设定的频率，定位完成信号 Y36 变为 OFF。增量定位一旦启动，即使撤销 DI 信号 RH，定位仍继续。

5）变频器自动计算减速距离，减速位置到达，按参数 Pr8 定义的加速度减速停止。

6）电机到达到位允差范围，定位完成信号 Y36 输出 ON。

7）撤销正转信号 STF。

8）输入 RH、RM、RL、REX = 0100，选择第 2 增量定位。

9）输入反转信号 STR，电机反转定位，其定位动作过程与正转定位相同。

如果在增量定位过程中，撤销转向信号 STF/STR，变频器立即进入急停状态，电机按 Pr464 设定的加速度迅速停止。

9.6.3　连续定位

1. 指令脉冲选择

使用外部脉冲控制连续定位时，需要在参数 Pr428 上选择输入脉冲的类型，参数设定要求如下。

Pr428 = 0 ~ 2：脉冲下降沿有效，NP 信号 OFF 为正转，如图 9.6-4a 所示；

Pr428 = 3 ~ 5：脉冲上升沿有效，NP 信号 OFF 为反转，如图 9.6-4b 所示。

连续定位的移动方向由 NP 信号进行控制，这时，DI 信号 STF/STR 将成为行程限位输

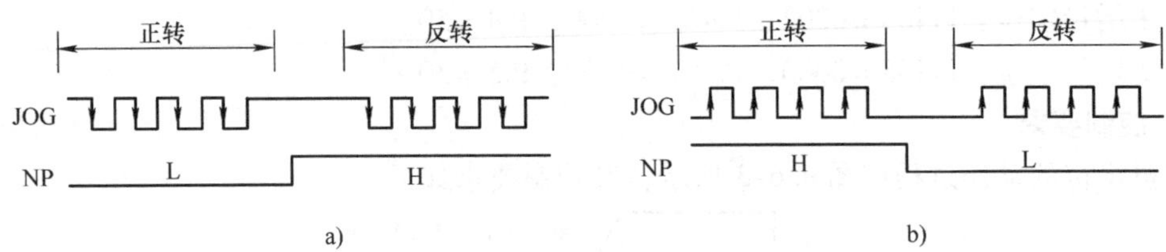

图 9. 6-4　指令脉冲选择

a）Pr428 = 0 ~ 2　b）Pr428 = 3 ~ 5

入，信号 STF/STR 的作用如下。

STF：正向行程限位，输入 OFF，禁止正向运动；

STR：反向行程限位，输入 OFF，禁止反向运动。

2. 误差清除

连续定位控制可通过 DI 信号 CLR 清除误差脉冲，这时需要在参数 Pr429 上选择清除信号的类型，参数设定方法如下。

Pr429 = 0：CLR 信号为上升沿有效，其作用如图 9. 6-5a 所示。

Pr429 = 1：CLR 信号 ON 有效，在信号 ON 期间，始终清除位置误差，其作用如图 9. 6-5b所示。

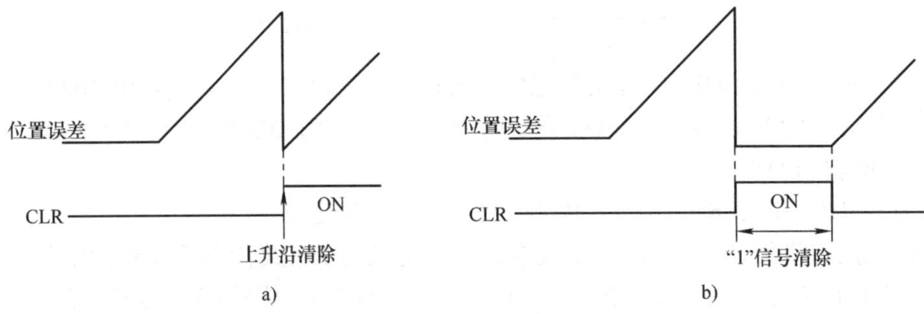

图 9. 6-5　CLR 信号设定

a）Pr429 = 0　b）Pr429 = 1

3. 控制要求

脉冲控制的连续定位动作过程如图 9. 6-6 所示，其控制要求如下。

1）设定参数 Pr419 = 2，选择连续定位方式；并设定相关参数、定义 DI/DO 信号。

2）将 DI 信号 LX 置 ON，生效变频器的位置控制功能，如变频器正常、参数设定正确，在 0. 1s 后 DO 信号 RDY 输出 ON，该信号可作为外部定位脉冲输入的条件。

3）输入定位脉冲和方向信号，变频器按 Pr7 定义的加速度加速，直到移动速度与脉冲频率相符，此时定位完成信号 Y36 输出 OFF。

4）停止定位脉冲输入，变频器自动减速，到达到位允差范围后，定位完成信号 Y36 输出 ON。

如定位开始时行程限位信号 STF/STR 输入 OFF，则定位脉冲输入无效，电机不能移动，定位完成信号 Y36 保持 ON；如运动过程中行程限位信号 STF/STR 输入 OFF，变频器立即停止，定位完成信号 Y36 保持 OFF。

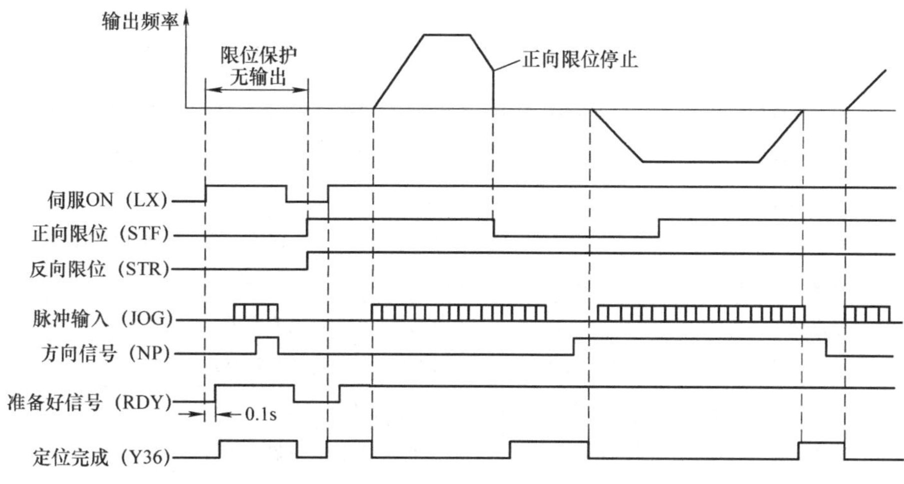

图 9.6-6　连续定位的控制要求与动作过程

9.6.4　定向停止

1. 功能与参数

FR－A740 变频器的定向停止是将电机轴停止于规定点的功能，它需要安装位置检测编码器；定向停止点可在 360°范围内任意选择，停止点可通过 16 位二进制输入信号指定或通过参数设定。

FR－A740 变频器与定向停止功能相关的参数见表 9.6-4。

表 9.6-4　定向停止功能参数表

参数号	名　　称	设定值	作用及意义
Pr350	停止位置指定	0/1	0：参数设定；1：FR－A7AX 的 16 位二进制输入指定；9999：功能无效
Pr351	定向速度	0～30Hz	定向开始时的速度
Pr352	定向搜索速度	0～10Hz	搜索定位点的速度
Pr353	定向搜索开始点	0～16383	定位点搜索开始的位置，十进制设定时的最大值为 9999
Pr354	位置闭环切换点	0～8191	由速度控制切换为闭环位置控制的点
Pr355	直流制动开始点	0～512	开始进行直流制动的点
Pr356	停止位置设定	0～16383	Pr350＝0 时的定位点指定
Pr357	到位允差	0～255	设定定位到达信号 ORA 的输出范围
Pr358	定向附加功能选择	0～13	选择定向定位的附加功能，见后述
Pr359	编码器计数方向	0/1	0：CW；1：CCW
Pr360	FR－A7AX 选择	0～127	0：速度给定；1：定位位置；2～127：128 分度位置
Pr361	定位点偏移	0～16383	定位点偏移值
Pr362	闭环位置增益	0.1～100	定位保持时的位置环增益
Pr363	完成信号输出延时	0～5s	ORA 信号输出延迟时间
Pr364	最大允许定向时间	0～5s	定向不能在本时间内完成，输出出错信号 ORM

（续）

参数号	名　称	设定值	作用及意义
Pr365	最大允许搜索时间	0 ~ 60s	定向搜索不能在本时间内完成，输出出错信号 ORM
Pr366	再次定向确认时间	0 ~ 5s	转向信号撤销后，再次输出定向完成或出错信号的时间
Pr369	编码器脉冲数	0 ~ 4096	设定编码器每转输入脉冲数
Pr393	定向旋转方向	0 ~ 2	0：与原方向同；1：固定正转；2：固定反转
Pr396	速度调节器比例增益	0 ~ 10001/s	定向控制时的速度调节器比例增益
Pr397	速度调节器积分时间	0 ~ 20s	定向控制时的速度调节器积分时间
Pr398	速度调节器微分增益	0 ~ 1001/s	定向控制时的速度调节器微分增益
Pr420	电子齿轮比分子	0 ~ 32767	设定反馈脉冲倍乘系数的分子
Pr421	电子齿轮比分母	0 ~ 32767	设定反馈脉冲倍乘系数的分母
Pr422	位置调节器比例增益	0 ~ 1501/s	只能用于闭环控制系统（第 1 电机）
Pr399	定向减速设定	0 ~ 1000%	用于改变定向定位减速阶段的减速时间

2. 停止位置指定

定向停止位置可通过参数 Pr350 的设定，选择参数设定和外部输入两种方式。

1）参数设定。设定 Pr350 = 0 时，定向停止位置由参数 Pr356 设定，停止位置以编码器的零位脉冲作为基准，按 Pr359 设定的计数方向，以脉冲数的形式设定。Pr356 设定的脉冲数是编码器输入脉冲经过 4 倍频处理后的值。例如，对于 1024 脉冲/r 编码器的定位点设定方法如图 9. 6-7 所示，反馈脉冲经过 4 倍频后，360°对应 4096 脉冲，因此，如果定位点选择为 180°，参数 Pr356 的设定值应为 2048 等。

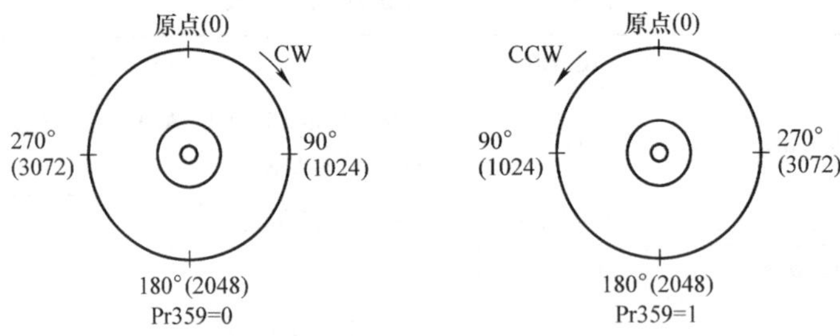

图 9. 6-7　定向停止位置的参数设定

2）外部输入。设定 Pr350 = 1 时，定向停止位置由输入扩展模块 FR – A7AX 的 16 位二进制信号指定，指定方式可通过参数 Pr360 的设定选择如下。

Pr360 = 0：FR – A7AX 输入为速度给定，停止位置自动视为 0。

Pr360 = 1：FR – A7AX 输入为定位位置脉冲数，数据格式为二进制，定位点的指定方法如图 9. 6-8a 所示，输入值同样需要考虑反馈脉冲的 4 倍频，因此，对于 1024P/r 的编码器，如定位点选择在 180°位置，FR – A7AX 输入值应为 7FFH。

Pr360 = 2 ~ 127：外部分度定位，参数设定的是电机轴在 360°范围上的分度数、且实际分度数为设定值加 1。例如，设定 Pr360 = 7 时，相当于将 360°分割为 7 + 1 = 8 等分，故每等分的角度为 45°，在这种情况下，FR – A7AX 输入信号以分度数的形式指定定位位置，输入不需要考虑编码器的脉冲数与 4 倍频；如果定位点输入值超过了 Pr360 设定的分度数，变频器将自动选择 Pr360 设定值作为停止点。例如，设定 Pr360 = 7 时，对于 180°位置定位，FR - A7AX 的输入应为 4H 等；当输入大于 7 时，定位点为 315°，其定位方法如图 9.6-8b 所示。

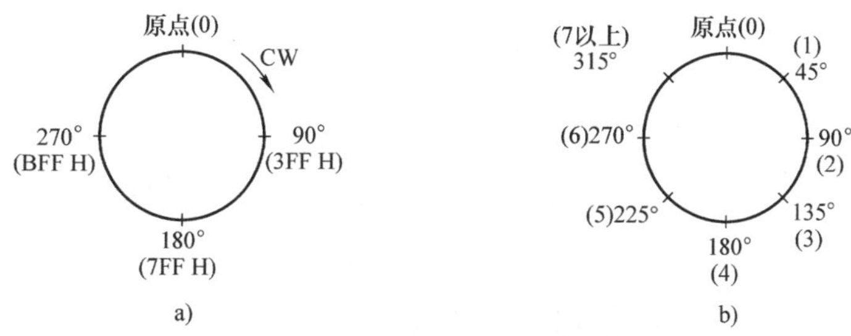

图 9.6-8　定向停止位置的外部输入

a）Pr360 = 1　b）Pr360 = 2 ~ 127

3）定位点偏移。停止位置可通过两种方式进行调整：一是通过改变编码器与电机轴的相对位置，机械调整零脉冲位置；二是通过参数偏移定位点。

定位点偏移参数 Pr361 可以对参数 Pr356 设定或外部指定的定位点进行偏移，偏移量可直接叠加至停止位置上。例如，当设定 Pr350 = 0、Pr369 = 1024、Pr356 = 2048 指定停止位置为 180°时，如设定 Pr361 = 1024，则实际停止点将变为 2048 + 1024 = 3072（270°）。

3. 定向完成与出错

定向过程结束后，如果轴的位置已经处在目标位置的 $\pm\Delta\theta$ 范围内，则变频器在经过延时后，输出定向完成信号 ORA。到位允差 $\Delta\theta$ 由参数 Pr357 设定，其单位为脉冲。设定值与到位允差角的关系为 $\Delta\theta = \dfrac{(\text{Pr375})}{(\text{Pr369}) \times 4} \cdot 360$（deg）。

定向完成信号的输出延时由参数 Pr363 进行设定，当停止位置到达定位允差范围、并保持参数 Pr363 设定的时间后，ORA 输出 ON。ORA 输出 ON 后，如由于外力使停止位置偏离了定位点，ORA 也需要延时参数 Pr363 设定的时间成为 OFF。

定向开始后，如变频器无法在参数 Pr364 设定的时间内完成定位，或在电机转换为搜索速度后，无法在参数 Pr365 设定的时间内完成定位，变频器将结束定位动作，并输出定向出错信号 ORM。

定向完成信号 ORA 或定向出错信号 ORM 输出后，如转向信号 STF/STR 被撤销，则变频器在经过参数 Pr366 设定的再确认延时后，可再次输出定向完成信号 ORA 或定向出错信号 ORM。

如在定向过程中撤销了定向指令，则变频器恢复正常运行；如在完成定位或定位出错时撤销定向指令，ORA 或 ORM 信号也将同时撤销。

4. 控制要求

定向定位不但可以用于闭环矢量控制的变频器，也可以用于速度控制为开环 V/f 或矢量控制的系统，此时，编码器只起到定向定位的位置检测作用。不同控制方式的变频器，定向定位控制对外部的要求基本相同。

以速度控制采用开环 V/f 或矢量控制的变频器为例，其定向定位动作过程如图 9.6-9 所

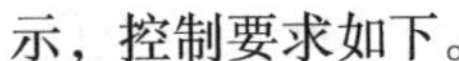
示，控制要求如下。

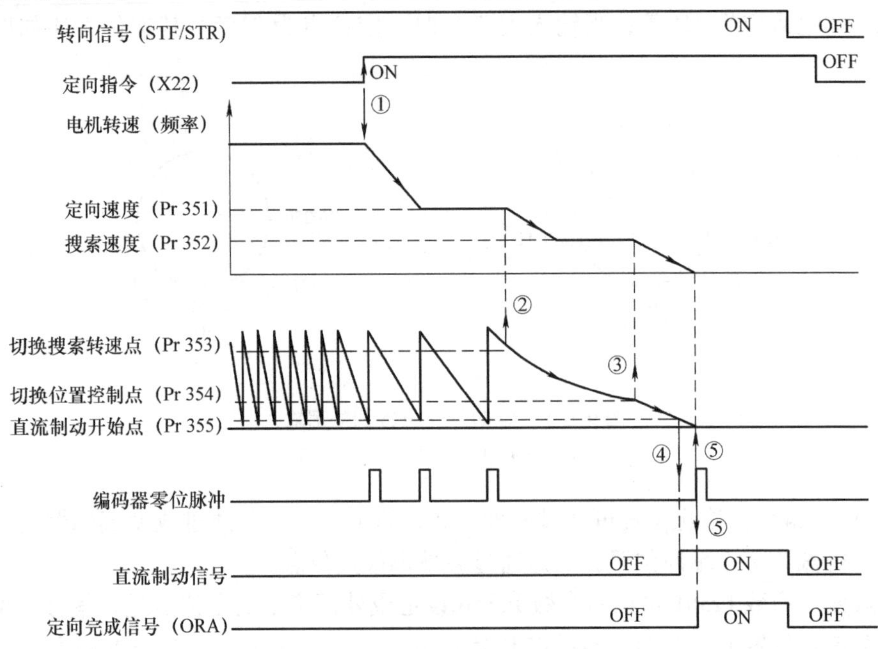

图 9.6-9　开环控制的定向停止动作

1）利用 DI 信号 X22 输入定向指令，变频器进入定向定位控制，输出频率成参数 Pr351 设定的值。

2）变频器以定向速度寻找编码器零脉冲。零脉冲到达后，以定向速度旋转到参数 Pr353 定义的定向搜索开始点，搜索开始点到达后，将输出频率转换为参数 Pr352 定义的定向搜索速度。

3）变频器以搜索速度旋转到参数 Pr354 定义的切换点，在该点将控制方式由速度控制切换为位置控制。

4）电机向定位点趋近，到达参数 Pr355 定义的直流制动点后，进行直流制动。

5）变频器在直流制动生效的情况下通过闭环位置控制，向定位点运动，定位点到达后，经参数 Pr363 设定的延时，输出定向完成信号 ORA。

在闭环矢量控制的变频器上，变频器可自动检测电机转向，并可根据参数 Pr393 设定，选择单向定位，以消除机械传动系统的间隙、提高定位精度。闭环矢量控制变频器的定向定位动作过程和控制要求与开环控制类似，不再赘述。

定向定位的刚性可通过位置调节器增益参数 Pr362、速度调节器增益参数 Pr396、速度调节器积分时间参数 Pr397、速度调节器微分增益参数 Pr398 调节。增加位置、速度调节器增益可提高刚性，减小速度调节器的积分时间或增加速度调节器微分增益可加快定位时的动态响应速度。定向定位时间与定向速度参数 Pr351、定向搜索速度参数 Pr352 的设定有关，提高定向速度可提高定位速度，但可能引起定位的振荡与超调。

5. 附加功能选择

FR－A740 变频器的定向定位附加功能，可通过参数 Pr358 的设定选择，设定值的意义见表 9.6-5，功能简要说明如下。

表 9.6-5　定向定位附加功能选择参数的设定

Pr358 设定	0	1	2	3	4	5/6	7	8	9/10	11	12/13
伺服锁定	×	●	●	●	●	×	×	×	×	×	×
重新定位	×	×	×	×	×	×	●	×	×	●	×
搜索频率补偿	×	×	●	●	×	●	×	×	×	×	●
STF/STR 撤销时 ORA 信号保持	×	×	×	●	●	×	×	×	●	●	●
偏离定位区的 ORA 信号保持	×	×	×	×	×	●	●	●	●	●	●

注：“●”功能有效；“×”功能无效

1）伺服锁定。使用本功能，电机在定向停止后，能够产生克服外力、恢复定位点的定位保持转矩。如不使用本功能，定位点需要通过机械制动等方式保持。

2）重新定位。功能可在定向停止位置超过定位允差时，再次执行定位动作。重新定位最多进行 2 次，在重新定位期间，变频器不输出定位出错信号。

3）频率补偿。频率补偿是自动提高搜索频率，防止电机未到达定位点停止的功能。

4）ORA 信号保持。定向定位完成信号 ORA 在转向信号 STF/STR 撤销或偏离了定位点后继续保持 ON 的功能。但如定向定位信号 X22 被撤销，ORA 信号总是 OFF。

9.7　通信与网络控制

9.7.1　接口与参数

1. 接口与连接

变频器的通信和网络控制内容与伺服驱动器类似，利用其通信接口，上级控制器可以对变频器进行数控通信、调试监控或运行控制。调试监控需要有三菱 FR－SW0－SETUP－WE 专用调试软件，有关内容可参见三菱说明书。

FR－A740 变频器有 RS485、USB 和 PU 接口 3 个基本通信接口，其用途如图 9.7-1 所示；如选配了网络控制选件模块，则还可增加选件模块的通信接口。

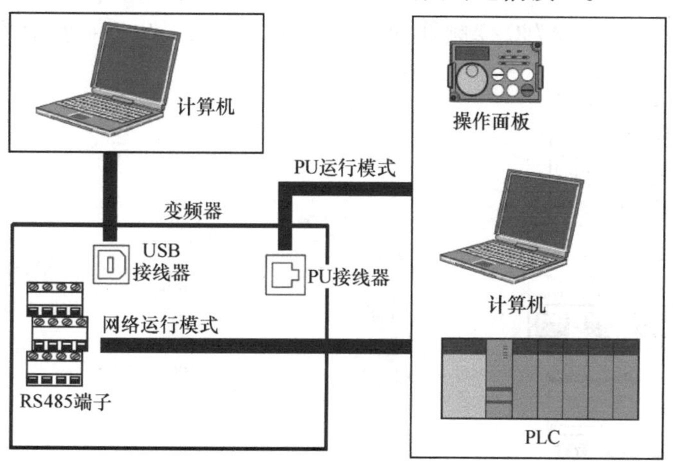

图 9.7-1　变频器的通信接口

一般而言，基本接口模块中的 USB 接口用于调试计算机的连接，PU 接口用于操作单元连接，RS485 用于通信或网络控制。由于 FR－A740 变频器 PU 接口符合 RS485 标准，因此，当选择 PU 操作模式时，PU 接口也可作为 RS485 通信接口使用。

FR－A740 变频器的 RS485 和 PU 接口的连接要求如下。

1）PU 接口。PU 接口的外形与插脚的布置见图 9.7-2 所示，接口连接器为 RJ45，但不能用于电话、传真和局域网的连接。PU 接口与 RS232C 设备连接时，应选配 RS232C/RS485 图 9.7-3 所示的接口变换器。PU 接口无分支连接端，在 1∶n 网络链接时，需要配套 RS485 接口分配器。

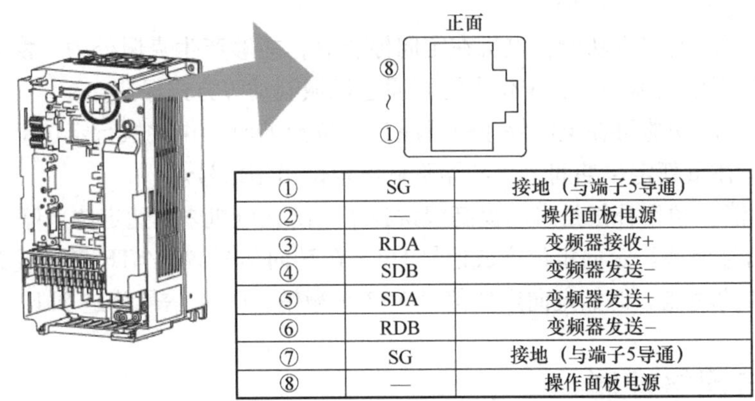

①	SG	接地（与端子5导通）
②	—	操作面板电源
③	RDA	变频器接收+
④	SDB	变频器发送-
⑤	SDA	变频器发送+
⑥	RDB	变频器发送-
⑦	SG	接地（与端子5导通）
⑧	—	操作面板电源

图 9.7-2　PU 接口的外形与布置

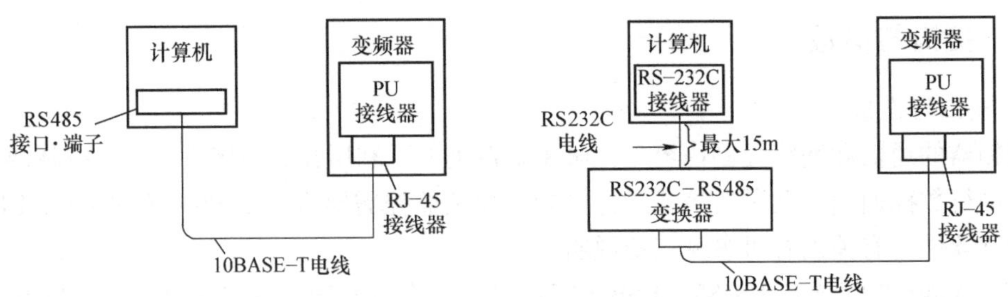

图 9.7-3　PU 接口与计算机的连接

2）RS485 接口。FR－A740 变频器的 RS485 接口采用图 9.7-4 所示的接线端连接，它可直接使用双绞电缆连接。

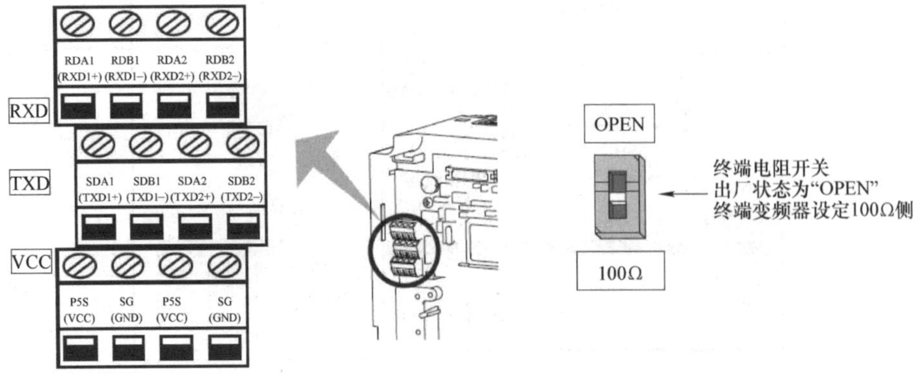

图 9.7-4　RS485 接口与设置

RS485 接口有 RXD1/TXD1 与 RXD2/TXD2 两组连接端，可直接用于 1∶n 网络链接。接口安装有 RS485 终端电阻，在终端变频器上，应按图 9.7-5 将终端电阻开关置 100Ω 侧，接入终端电阻。

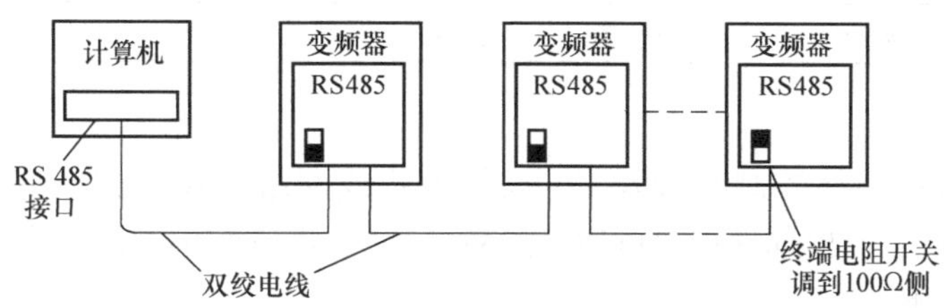

图 9.7-5　RS485 标准接口的 1∶n 连接

变频器通信接口的主要参数如下。

接口标准：RS485；

最大从站链接数量：32；

通信速率：PU 接口为 4800 ~ 19200bit/s，RS485 接口为 300 ~ 38400 bit/s；

通信方式：异步、半双工；

通信协议：ASCII。

2. 相关参数

变频器进行通信与网络控制时，需要设定表 9.7-1 所示的通信参数。

表 9.7-1　通信参数设定表

参数号		名　称	设定范围	作用与意义
Pr342		通信参数写入	0/1	0：写入 EEPROM；1：写入 RAM
Pr550		通信接口选择	0/1	选择网络操作模式的通信接口，见下述
Pr551		通信接口选择	1 ~ 3	选择 PU 操作模式的通信接口，见下述
PU 接口	Pr117	从站地址	0 ~ 31	变频器在网络系统中的地址
	Pr118	通信速率	3 ~ 384	单位：100bit/s
	Pr119	数据格式	0 ~ 11	0：数据位 8、停止位 1；1：数据位 8、停止位 2 10：数据位 7、停止位 1；11：数据位 7、停止位 2
	Pr120	奇偶校验	0 ~ 2	0：无；1：奇校；2：偶校
	Pr121	通信重试次数	0 ~ 10	通信出错时允许重新的再试次数
	Pr122	通信校验时间	0 ~ 999. 8s	0：接口通信无效；9999：通信校验无效
	Pr123	通信等待时间	0 ~ 150ms	设定 9999，等待时间由通信命令给定
	Pr124	结束字符	0 ~ 2	0：无；1：CR；2：CR/LF
RS 485 接口	Pr549	通信协议选择	0/1	0：计算机链接协议；1：Modbus - RTU 协议
	Pr331	从站地址	0 ~ 247	计算机链接协议：0 ~ 31；Modbus - RTU 协议：1 ~ 247
	Pr332	通信速率	3 ~ 384	单位：100bit/s
	Pr333	数据格式	0 ~ 11	计算机链接协议：设定 0/1/10/11，意义同 Pr119 Modbus - RTU 协议：“0”停止位 2/无奇偶校验；“1”停止位 1/奇校验；“2”停止位 1/偶校验
	Pr334	奇偶校验	0 ~ 2	同 Pr120，仅计算机链接协议需要设定
	Pr335	通信重试次数	0 ~ 10	同 Pr121，仅计算机链接协议需要设定
	Pr336	通信校验时间	0 ~ 999. 8s	同 Pr122，仅计算机链接协议需要设定
	Pr337	通信等待时间	0 ~ 150ms	同 Pr123，仅计算机链接协议需要设定
	Pr341	结束字符	0 ~ 2	同 Pr124，仅计算机链接协议需要设定
	Pr343	通信错误显示	—	显示通信错误次数
	Pr539	通信校验时间	0 ~ 999. 8s	Modbus - RTU 协议，设定 9999 通信校验无效

（续）

参数号		名　称	设定范围	作用与意义
USB接口	Pr547	从站地址	0～31	变频器在网络系统中的地址
	Pr548	通信校验时间	0～999．8s	同 Pr122

3. 接口选择

变频器的通信和网络控制在选择 PU 操作模式或网络操作模式时有效，RS485 接口、USB 接口、PU 接口、通信选件接口可通过参数 Pr550、Pr551 的设定选择，不同操作模式下的接口选择方法如下。

1）网络操作模式。变频器选择网络操作模式时，可使用 RS485 接口或通信选件模块上的接口，它可利用参数 Pr550 进行如下选择。

Pr550 =0：通信选件模块的接口有效；

Pr550 =1：RS485 接口有效；

Pr550 =9999：自动识别通信接口，安装通信选件模块时，选件模块的接口有效；未安装通信选件模块时，RS485 接口有效。

2）PU 操作模式。变频器选择 PU 操作模式时，可使用 PU 接口、USB 接口和 RS485 接口，它可利用参数 Pr551 进行如下选择。

Pr551 =1：RS485 接口有效；

Pr550 =2：PU 接口有效；

Pr550 =3：USB 接口有效。

参数 Pr550、Pr551 的不同设定，所生效的通信接口见表 9. 7-2。

表 9. 7-2　通信接口的选择

参数设定		有效的操作模式与通信接口			
Pr550	Pr551	PU 接口	USB 接口	RS485 接口	通信选件接口
0	1	×	×	PU 操作模式	网络操作模式
	2	PU 操作模式	×	×	网络操作模式
	3	×	PU 操作模式	×	网络操作模式
1	1	×	×	PU 操作模式	×
	2	PU 操作模式	×	网络操作模式	×
	3	×	PU 操作模式	网络操作模式	×
9999	1	×	×	PU 操作模式	网络操作模式
	2	PU 操作模式	×	网络操作模式	网络操作模式（优先）
	3	×	PU 操作模式	网络操作模式	网络操作模式（优先）

注：“×”无效。

9. 7. 2　通信控制和要求

1. 通信过程

在数据通信或网络控制时，变频器只能以从站的形式接入系统，它只能接受计算机、PLC、CNC 等主站的控制命令，并根据命令的要求进行相应的操作，变频器与主站的通信过程如图 9.7-6 所示。

1）主站执行通信程序，向变频器发送通信请求和通信命令；

2）变频器根据主站通信命令的要求，进行数据的读出或写入操作（通信处理）；完成后向主站返回读出参数、错误信息等结果数据。

3）主站根据变频器返回的数据进行数据处理，处理完成后向变频器发送通信正常结束、数据错误需要重试、通信错误等通信应答信息。

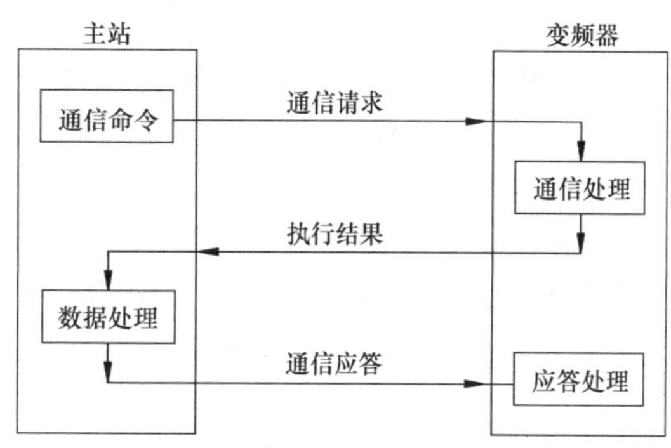

图 9.7-6　变频器的通信过程

2. 通信命令

计算机、PLC、CNC 等主站向变频器发送的通信命令长度为 9 ~ 15 字节，命令由如下部分组成，并以 ASCII 代码的形式传输，ASCII 代码表可参见第 5 章表 5.6-1。

控制代码：1 字节，固定为 ENQ（05H）；

从站地址：2 字节；

指令代码：2 字节；

指令数据：0 ~ 6 字节；

和校验数据：2 字节。

通信等待时间：1 字节，单位 10ms，仅参数 Pr123/ Pr337 设定为 9999 时需要。

结束标志：参数 Pr124/ Pr341 = 1 或 2 时，需要增加 CR、LF 结束标志。

在不同的通信命令上，指令数据的要求和格式有所不同。频率给定、参数写入与变频器复位等通信命令的长度为 4 ~ 6 字节，格式如图 9.7-7a 所示；变频器运行控制命令的长度为 2 字节，格式如图 9.7-7b 所示；频率参数读出、变频器监视等通信命令无需指令数据，其格式如图 9.7-7c 所示。

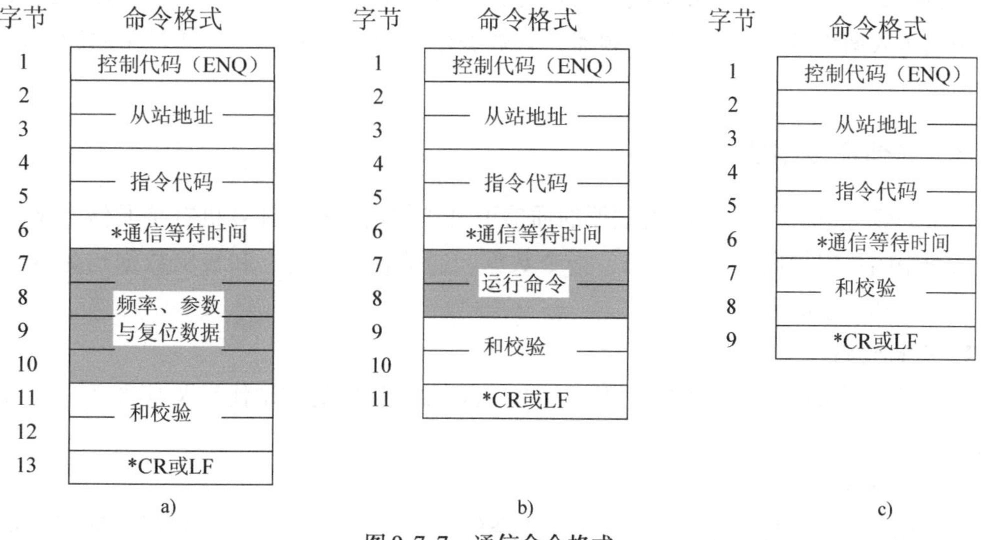

图 9.7-7　通信命令格式

a）4 ~ 6 字节指令数据　b）2 字节指令数据　c）无指令数据

3. 执行结果

变频器接收通信命令后，应在规定的通信等待时间内完成通信处理，等待时间到达后，向主站发送执行结果数据。结果数据同样由控制代码、从站地址、指令数据等组成，其格式与所执行的通信命令有关，如参数 Pr124 =1 或 2，数据结束时需要附加 CR、LF 标志。

变频器执行参数读出、监视命令时，正常结果数据中包含 2 ~6 字节读出的数据、2 字节和校验数据，格式如图 9.7-8a 所示；执行频率给定、参数写入、运行命令时，执行结果数据只有从站地址，其格式如图 9.7-8b 所示；如果命令执行错误，则返回错误代码，其格式如图 9.7-8c 所示；而执行变频器复位命令则无执行结果返回。

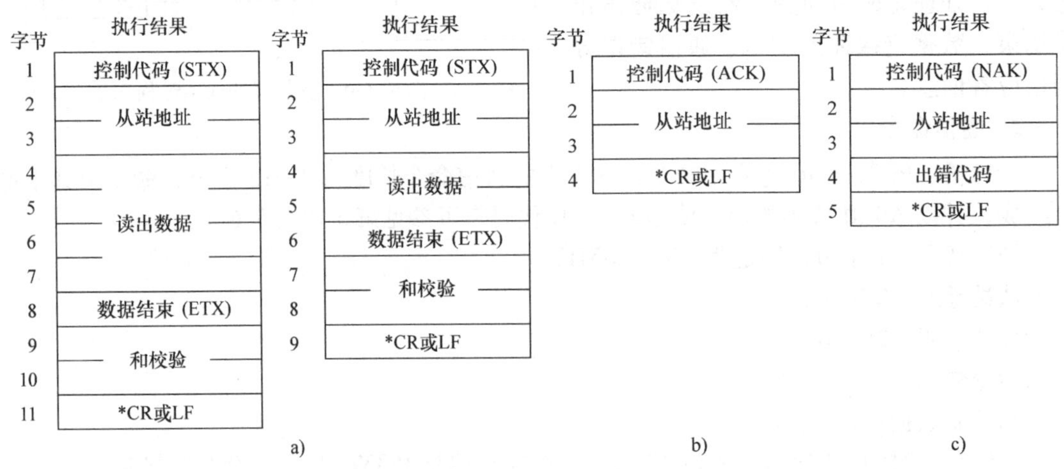

图 9.7-8　执行结果数据格式

a）参数读出、监视　b）参数写入等　c）执行错误

4. 通信应答

主站在接收到变频器的执行结果数据后，需要进行和校验等处理，如数据正确，则发送通信应答指令到变频器，结束本次通信过程，其数据格式同图 9.7-8c；如果接收的数据错误，则发送数据错误应答指令到变频器，其数据格式同图 9.7-8d，并通过主站程序，重新进行通信重试。

9.7.3　通信命令格式

对于一般应用，FR－A740 变频器的通信可直接使用 ASCII 计算机链接通信协议，通信命令所使用的控制代码、命令代码、指令数据、通信错误代码、和校验数据均为 ASCII 代码，其格式和要求如下。

1. 控制代码

控制代码用来识别通信命令，FR－A740 变频器可使用的控制代码及其含义、使用场合见表 9.7-3。

2. 指令代码

指令代码代表需要执行的通信操作，指令代码为 2 位十六进制数，同样需要用 ASCII 字符表示，FR－A740 变频器可使用的控制代码及其含义见表 9.7-4。

表9.7-3　通信控制代码一览表

ASCII 代码		意　义	使用场合
字符	十六进制表示		
STX	02	数据开始	参数读出、监视命令；执行结果返回
ETX	03	数据结束	参数读出、监视命令；执行结果返回
ENQ	05	开始通信	通信请求命令
ACK	06	执行完成	运行控制、频率给定、参数写入命令；执行结果返回；通信应答
NCK	15	执行错误	执行结果返回；通信应答
LF	0A	指令结束	通信请求命令；执行结果返回；通信应答
CR	0D	指令结束	通信请求命令；执行结果返回；通信应答

表9.7-4　指令代码一览表

指令代码	性　质	指令数据	作　　用
00～63	参数读出注1	—	参数读出，指令代码与参数号的对应关系见参数总表
6C	校正参数读出注2	—	读出内容由指令代码EC选择
6D	读出工作状态数据	—	读出RAM中的频率给定值，二进制数，单位0.01Hz
6E	读出工作状态数据	—	读出E^2PROM中的频率给定值，二进制数，单位0.01Hz
6F	读出工作状态数据	—	读出实际输出频率，二进制数，单位0.01Hz
70	读出工作状态数据	—	读出实际输出电流，二进制数，单位0.01A
71	读出工作状态数据	—	读出实际输出电压，二进制数，单位0.1V
72	读出工作状态数据	—	读出指令代码73选择的特殊监视数据
73	读出特殊监视数据	—	监视数据内容由指令代码F3选择
74～77	读出报警记录	—	依次读出最近1/2、3/4、5/6、7/8次报警的报警代码
79	读出DO信号状态	—	2字节二进制位信号，bit0～7同指令代码7A；bit8为A2/B2/C2状态；bit15为变频器报警
7A	读出DO信号状态	—	1字节二进制信号，bit0～7依次为RUN、Y30、Y31、SU、OL、IPF、FU、A1/B1/C1状态
7B	读出操作模式	—	0000：网络运行；0001：外部操作；0002：PU操作
7F	读出通信扩展码注1	00～09	读出的参数通信扩展码，见参数总表
80～E3	参数写入	参数值	写入参数，指令代码与参数号的对应关系见参数总表
EC	选择校正参数内容注2	00	指令代码5E～61/DE～E1读出/写入Pr902～Pr933的频率值
		01	指令代码5E～61/DE～E1读出/写入Pr902～Pr933的内部AI值
		02	指令代码5E～61/DE～E1读出/写入Pr902～Pr933的AI输入值
ED	数据写入	0～9C40	在变频器RAM中写入频率给定，单位0.01Hz
EE	数据写入	0～9C40	在变频器E^2PROM中写入频率给定，单位0.01Hz
F3	选择特殊监视数据	01～0E	选择特殊监视数据内容，指令数据和监视内容的关系同Pr54设定（折算为十六进制），见第10章
		0F	2字节DI信号状态，bit0～bit11依次为STF、STR、AU、RT、RL、RM、RH、JOG、MRS、STOP、RES、CS
		10	2字节DO信号状态，bit0～bit6依次为RUN、SU、IPF、OL、FU、A1/B1/C1、A2/B2/C2
		11～36	选择特殊监视数据内容，指令数据和监视内容的关系同Pr54设定（折算为十六进制），见第10章
		3A、3B	扩展模块FR－A7AX的DI状态
		3C	扩展模块FR－A7AY/FR－A7AR的DO状态

（续）

指令代码	性　质	指令数据	作　　用
F4	报警记录清除	9696	清除全部报警记录
F9	运行控制命令	—	2字节DI控制信号，bit0～bit11依次为控制信号AU、STF、STR、RL、RM、RH、RT、MRS、JOG、CS、STOP、RES
FA	运行控制命令	—	1字节DI控制信号，bit0～bit7依次为控制信号AU、STF、STR、RL、RM、RH、RT、MRS、
FB	操作模式切换	0000	网络控制
		0001	外部操作模式
		0002	PU操作模式
FC	参数清除	9696	保留Pr75、Pr900～Pr933，其他参数全部复位到默认值
		9966	仅保留Pr75，其他参数全部复位到默认值
		5A5A	保留Pr75、Pr900～Pr933、Pr117～Pr124/Pr331～Pr341，其他参数复位到默认值
		55AA	保留Pr75、Pr117～Pr124/Pr331～Pr341，其他参数复位到默认值
FD	变频器复位	9696	复位变频器
FF	选择通信扩展码注1	00～09	选择参数读出、写入指令的参数通信扩展码，见参数总表

注1：由于FR－A740变频器参数较多，利用2字节的指令代码无法表示全部参数，因此，需要通过通信扩展码对参数进行分组（见附录参数总表）；变频器参数读/写时，需要先选择通信扩展码。

注2：校正参数Pr902～933有多个设定值，进行参数读/写操作时，需要选定具体的内容。

3. 通信出错代码

通信出现错误时，变频器将在执行结果返回数据中返回出错代码，主站通过检查这一代码，便可知道通信出错的原因。变频器通信出错代码的含义见表9.7-5。

表9.7-5　变频器的通信出错代码表

出错代码	类　型	出错原因	变频器动作
0	通信命令错误	主站的通信命令不正确，且已超过重试次数	如果连续出错次数超过了变频器允许的重试次数，变频器报警E. PUE
1	奇偶校验错误	通信数据奇偶校验错误	
2	和校验错误	通信数据和校验错误	
3	通信协议错误	数据接收不能按时完成或CR/LF未定义	
4	格式错误	数据停止位与参数设定不符	
5	通信溢出	数据接收未完成又收到了新的数据	
7	字符错误	收到的字符为非ASCII字符	拒绝数据，变频器继续工作
A	操作模式错误	参数写入不允许或变频器正在运行中	
B	指令代码错误	接收到错误的指令代码	
C	数据错误	写入的数据超过了允许范围	

4. 和校验数据

变频器通信数据可以通过和校验来判别正确性。和校验是将通信数据中ASCII字符所对应的十六进制数相加求和，并且将最后两位数作为和检验数据发送（见例1）。

9.7.4　通信实例

【例 1】 假设通信扩展码和校正参数内容已选定，通过主站将变频器（从站地址 01）的 AI 输入增益参数 Pr905 设定为 1965（十六进制 07AD）的通信命令与和校验数据如下。

根据附录的参数总表，可查得参数 Pr905 的指令代码为 E1；如设定通信等待时间为 1（10ms），其通信命令如下。

控制代码：ENQ；ASCII 代码 05；

从站地址：01；ASCII 代码 30、31；

指令代码：E1；ASCII 代码 45、31；

通信等待时间：1；ASCII 代码 31；

指令数据：07AD；ASCII 代码 30、37、41、44；

十六进制数求和：05 +30 +31 +45 +31 +31 +30 +37 +41 +44 =1F9；

和检验数据：F9；ASCII 代码 46、39；

因此，通信命令为“ENQ 01 E1 1 07 AD F9”，对应的十六进制 ASCII 代码为“05 30 31 45 31 31 30 37 41 44 46 39”。

【例 2】 通过主站读取 A740 变频器（从站地址 00）参数 Pr902 - C3、Pr904 - C6 内部 AI 值的通信命令如下。

读取校正参数首先需要选择通信扩展代码和校正参数的内容，由参数总表可知，参数 Pr902 和 Pr904 的通信扩展代码为 01；Pr902 - C3、Pr904 - C6 的内容选项同为 01，故应使用如下 4 条通信命令。

1）选择通信扩展码，通信命令如下。

控制代码：ENQ；ASCII 代码 05；

从站地址：00；ASCII 代码 30、30；

指令代码：FF；ASCII 代码 46、46；

通信等待时间：0；ASCII 代码 30；

指令数据：01；ASCII 代码 30、31；

十六进制数求和计算：05 +30 +30 +46 +46 +30 +30 +31 =182；

和检验数据：82；

通信命令为“ENQ 00 FF 0 01 82”。

2）选择校正参数内容，通信命令如下。

控制代码：ENQ；ASCII 代码 05；

从站地址：00；ASCII 代码 30、30；

指令代码：EC；ASCII 代码 45、43；

通信等待时间：0；ASCII 代码 30；

指令数据：01；ASCII 代码 30、31；

十六进制数求和计算：05 +30 +30 +45 +43 +31 +30 +30 =17E；

和检验数据：7E；

通信命令为“ENQ 00 EC 0 01 7E”。

3）读出参数 Pr902 - C3，通信命令如下。

控制代码：ENQ；ASCII 代码 05；
从站地址：00；代码 30、30；
指令代码：5E；ASCII 代码 35、45；
通信等待时间：0；ASCII 代码 30；
指令数据：无；
十六进制数求和计算：05 +30 +30 +35 +45 +30 =10F；
和检验数据：0F；
通信命令为“ENQ 00 5E 0 0F”。
4）读出参数 Pr904 - C6，通信命令如下。
控制代码：ENQ；ASCII 代码 05；
从站地址：00；ASCII 代码 30、30；
指令代码：60；ASCII 代码 36、30；
通信等待时间：0；ASCII 代码 30；
指令数据：无；
十六进制数求和计算：05 +30 +30 +36 +30 +30 = FB；
和检验数据：FB；
通信命令为“ENQ 00 60 0 FB”。
因此，从主站向变频器发送的通信指令如下：
ENQ 00 FF 0 01 82；
ENQ 00 EC 0 01 7E；
ENQ 00 5E 0 0F；
ENQ 00 60 0 FB。
当通信正常时，对于上述命令从变频器返回的执行结果数据如下。
ACK 00；
ACK 00；
STX 00 0000 ETX 25；（Pr902 - C3 =0% 时，25 为和检验数据）；
STX 00 0000 ETX 25；（Pr904 - C6 =0% 时，25 为和检验数据）。

9.7.5 网络控制

1. 功能说明

变频器的网络控制主要包括三方面的内容：一是对变频器的启停、转向进行控制（网络操作）；二是对输出频率进行调节（网络运行）；三是远程发送/检测 DI/DO 信号，控制变频器的实现功能和动作。

网络控制的变频器，一般需要设定操作模式选择参数 Pr340 = 10 或 12、Pr79 = 0 或 2，使得开机时自动选择网络操作模式（见第 8 章 8.2 节），然后通过参数 Pr338、Pr339 的设定，选择网络控制的内容。参数 Pr338、Pr339 的设定要求如下。

Pr338：网络操作选择。Pr338 = 0，网络控制变频器的启停和转向（网络操作模式）；Pr338 =1，DI 信号控制变频器的启停和转向（外部操作模式）。

Pr339：网络运行方式选择。Pr339 =0，网络调节变频器的频率给定（网络运行方式）；

Pr339 =1，AI 输入 2、1 调节变频器的频率给定（外部运行方式）；Pr339 =2，网络和 AI 输入 4 调节变频器的频率给定。

FR－A740 变频器在网络控制模式下，利用不同通信接口可实现的功能见表 9.7-6。

表 9.7-6　网络控制功能一览表

通信接口	Pr551 设定	功能	操作模式选择					
			PU	外部	外部/PU 切换		网络	
			Pr79 =1	Pr79 =2	Pr79 =3	Pr79 =4	RS－485	通信选件
PU 或 USB	2 或 3	操作控制	●	○	○	●	○	○
		频率给定	●	×	●	×	×	×
		状态监视	●	●	●	●	●	●
		参数写入	☆	×	☆	☆	×	×
		参数读出	●	●	●	●	●	●
		变频器复位	●	●	●	●	●	●
	1	操作控制	○	○	○	○	○	○
		频率给定	×	×	×	×	×	×
		状态监视	●	●	●	●	●	●
		参数写入	×	×	×	×	×	×
		参数读取	●	●	●	●	●	●
		变频器复位	●	●	●	●	●	●
RS485	1	操作控制	●	×	×	●	×	×
		频率给定	●	×	●	×	×	×
		状态监视	●	●	●	●	●	●
		参数写入	☆	×	☆	☆	×	×
		参数读取	●	●	●	●	●	●
		变频器复位	●	●	●	●	●	●
	2 或 3	操作控制	×	×	×	×	★	×
		频率给定	×	×	×	×	★	×
		状态监视	●	●	●	●	●	●
		参数写入	×	×	×	×	☆	×
		参数读取	●	●	●	●	●	●
		变频器复位	×	×	×	×	●	×
通信选件	—	操作控制	×	×	×	×	×	★
		频率给定	×	×	×	×	×	★
		状态监视	●	●	●	●	●	●
		参数写入	×	×	×	×	×	☆
		参数读取	●	●	●	●	●	●
		变频器复位	×	×	×	×	×	●

注：“×”不允许；“●”允许；“○”在变频器停止时允许；“★”决定参数 Pr338、Pr339 设定；“☆”参数写入决定于 Pr77 设定。

2. 控制信号

网络控制时，可通过网络通信控制的变频器 DI 信号见表 9.7-7。

表 9.7-7 网络控制信号一览表

DI 信号代号	Pr338 = 0（网络）			Pr338 = 1（外部）		
	Pr339 = 0	Pr339 = 1	Pr339 = 2	Pr339 = 0	Pr339 = 1	Pr339 = 2
STR/STF/RT/LX/MC/TL//BRI/X9/X13/X17 ~ X20/X22/X28/X37/X42 ~ X44/X70/X71	网络	网络	网络	外部	外部	外部
STOP/JOG	×	×	×	外部	外部	外部
RL/RM/RH/X14/X64/REX	网络	外部	外部	网络	外部	外部
AU	×	网络/外部	网络/外部	×	网络/外部	网络/外部
CS/OH/CLR/MRS/RES/PTC/X10 ~ X12/X16/X65 ~ X67	外部	外部	外部	外部	外部	外部

网络控制有效的 DI 信号可以通过主站通信命令 F9、FA 向变频器发送，频率给定指令可通过通信命令 ED、EE 输入变频器。

3. 程序示例

如果主站通过接口 COM1 与变频器（从站地址 01）连接，其通信参数如下。

通信速率：9600bps；

字长/停止位：8 位/2 位；

奇偶校验：奇校验（Even）。

通过网络控制，将变频器切换到 PU 操作模式的通信命令可编制如下。

从表 9.7-4 可见，变频器操作模式切换通信命令的指令代码为 FB，指令数据为 0002，如设定通信等待时间为 10ms（指令数据为 1），则通信命令的格式为："01 FB 1 0002"（不包括控制代码 ENQ）。因此，在计算机上的通信程序如下：

```
10 OPEN"COM1:9600,E,8,2,HD"AS#1
20 COMST1,1,1,1:COMST1,2,1
30 ON COM(1)GOSUB*REC
40 COM(1)ON
50 D$="01FB10002"
60 S=0
70 FOR I=1 TO LEN(D$)
80 A$=MID$(D$,I,1)
90 A=ASC(A$)
100 S=S+A
110 NEXT I
120 D$=CHR$(&H5)+D$+RIGHT$(HEX$(S),2)
130 PRINT#1,D$
140 GOTO 50
```

```
1000 * REC
1010 IF LOC(1) =0 THEN RETURN
1020 PRINT"RECEIVE DATA"
1030 PRINT INPUT$(LOC(1),#1)
1040 RETURN
```

4. 报警处理

由于通信异常报警一般与变频器本身无关，因此，通信报警时变频器将根据具体情况，按照表 9.7-8，决定继续运行或停止运行。

表 9.7-8　通信异常报警的处理

报警内容	Pr551 设定	操作模式选择					
		PU 操作	外部操作	外部/PU 切换操作		网络操作	
		Pr79 = 1	Pr79 = 2	Pr79 = 3	Pr79 = 4	RS-485	通信选件
变频器报警	—	×	×	×	×	×	×
PU 单元脱离	1 或 2	★	★	★	★	★	★
PU 通信出错	1	●	●	●	●	●	●
	2	☆	●	●	☆	●	●
RS485 通信出错	1	●	●	●	●	☆	●
	2	☆	●	●	☆	●	●
USB 通信出错	1 或 2	●	●	●	●	●	●
	3	☆	●	●	☆	●	●
通信选件出错	—	●	●	●	●	●	×

注："×" 停止；"●" 运行；"★" 决定于 Pr75 设定；"☆" 决定于 Pr122/Pr336/Pr548 设定。

第 10 章　变频器监控与维修

10.1　变频器监控

10.1.1　PU 状态显示

1. 功能与参数

变频器的运行状态、参数、DI/DO 信号等内容可通过 PU 显示器、AO 输出或第 9 章 9.7 节所述的通信输出三种方式进行显示和监控，其中，PU 单元监控是最简单和直接的方法。FR－A740 变频器与 PU 显示相关的参数见表 10.1-1。

表 10.1-1　PU 监控参数一览表

参数号	名　称	设定值	作用及意义
Pr37	转速显示基准频率对应的转速	1～9998	基准频率通过 Pr505 设定
Pr52	操作单元主显示选择	0～25、100	选定 DU 单元、PU 选件的显示内容
Pr144	按电机极数的电机转速显示	2～110	电机极数，见后述
Pr145	PU 显示语言设定	0～7	1：中文；其余设定：英文
Pr161	按键、M 旋钮禁止	0～11	见后述
Pr170	累计用电量显示清零	0	设定 0，清除累计用电量
Pr171	实际运行时间显示清零	0	设定 0，清除实际运行时间显示
Pr241	模拟量输入单位显示	0、1	0：% 率显示；1：V/mA 显示
Pr268	PU 显示小数点位数设定	0、1	0：不显示小数点；1：显示 1 位小数
Pr505	转速显示的基准频率	50Hz	Pr37 转速显示所对应的频率
Pr563	累计通电时间溢出次数	只读	显示累计运行时间超过 65535 的次数
Pr564	实际运行时间溢出次数	只读	显示实际运行时间超过 65535 的次数
Pr811	转速显示的单位	0/10、1/11	0/10：1r/min；1/11：0.1r/min
Pr990	PU 按键蜂鸣器控制	0/1	0：PU 按键声关闭；1：开启 PU 按键声
Pr991	PU 显示对比度控制	0～63	对比度调节，数字增加对比度加大

2. PU 单元基本设定

PU 单元的显示器可通过参数 Pr145 选择显示语言、Pr990 开启按键音、Pr991 调节对比度等方法进行基本的设定；为了误操作，PU 单元的按键、M 旋钮还可以通过如下方法予以锁定，禁止操作。

M 旋钮还可通过参数 P161 的设定进行锁定，利用 Pr161 锁定 M 旋钮的方法如下。

Pr161＝0：按键、M 旋钮使能，操作 M 旋钮可进行数据的增/减。

Pr161＝1：按键、M 旋钮使能，M 旋钮可用于 PU 操作模式的频率调整。

Pr161 = 10：按键、M 旋钮禁止，重新使能后 M 旋钮可进行数据的增/减。

Pr161 = 11：按键、M 旋钮禁止，重新使能后 M 旋钮可用于 PU 操作模式的频率调整。

以 M 旋钮的功能切换为例，其操作如图 10.1-1 所示。

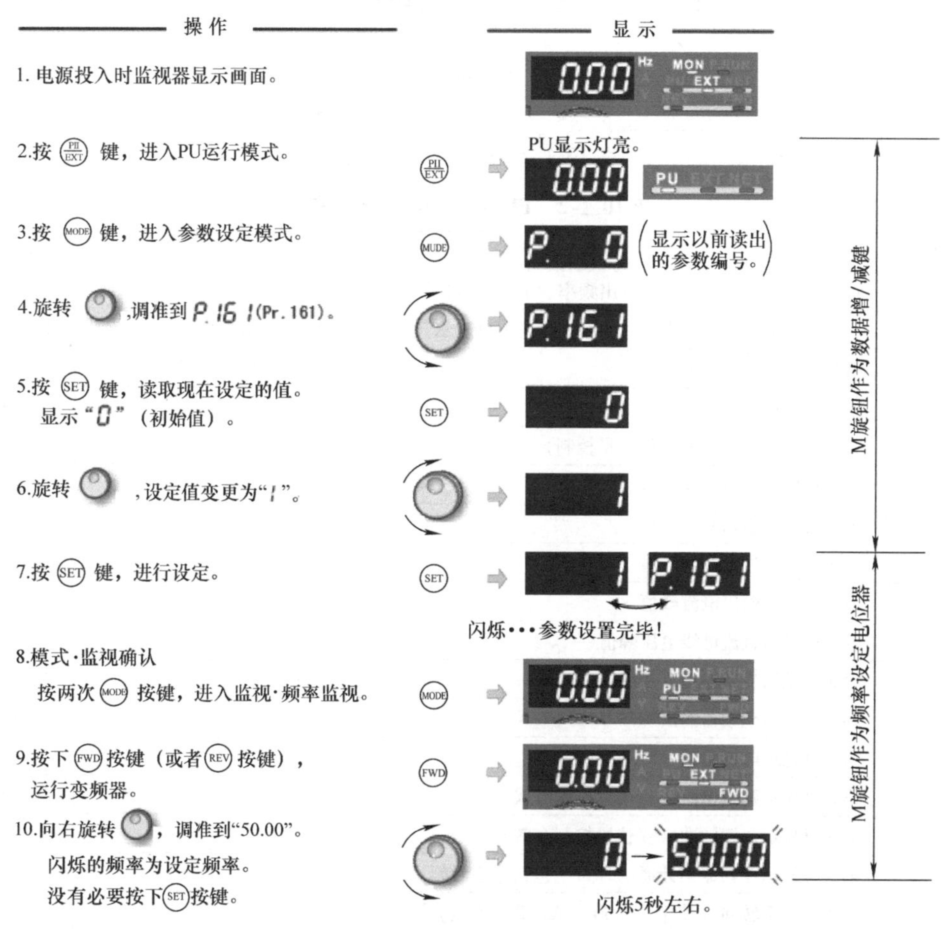

图 10.1-1　M 旋钮的功能切换操作

按键、M 旋钮的操作可通过如下方法禁止。

1）设定参数 Pr161 = 10 或 11。

2）按 PU 单元的【MODE】键并保持 2s 以上。

此时，PU 单元的按键和 M 旋钮的操作被禁止，PU 单元将显示闭锁（HOLD）状态；但用于变频器停止和复位控制的操作键【STOP/RESET】仍有效。为了重新启用 PU 单元的按键和 M 旋钮，可再次按 PU 单元的【MODE】键，并保持 2s 以上，按键和 M 旋钮的操作将重新生效。

3. 主显示选择

在默认设定的情况下，FR - A740 变频器的 PU 单元显示，可通过【SET】键进行图 10.1-2 所示的输出频率、电流、电压和报警号之间的切换，这一显示称为 PU 单元主显示。主显示第 1、3 页的显示内容可通过参数 Pr52 的设定改变，参数设定的意义见表 10.1-2。

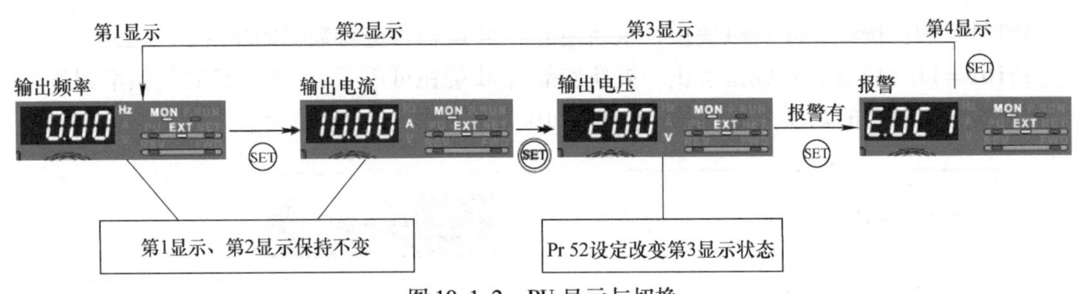

图 10.1-2　PU 显示与切换

表 10.1-2　PU 主显示内容选择表

Pr52 设定	显 示 内 容	显示单位
0	默认设定，主显示依次为输出频率、电流、电压、报警号	Hz、A、V
100	运行时第 1 页显示输出频率；停止时第 1 页显示频率给定；第 2～4 页不变	Hz、A、V
5	第 3 页显示频率给定	Hz
6	第 3 页显示转速	r/min
7	第 3 页显示输出转矩（仅矢量控制）	%
8	第 3 页显示直流母线电压	V
9	第 3 页显示制动率	%
10	第 3 页显示过电流累计值	%
11	第 3 页显示输出电流峰值	A
12	第 3 页显示直流母线电压峰值	V
13	第 3 页显示变频器输入功率	kW
14	第 3 页显示变频器输出功率	kW
17	第 3 页显示电机负载	%
18	第 3 页显示励磁电流（仅矢量控制方式）	A
19	第 3 页显示位置脉冲（仅位置控制有效）	—
20	第 3 页显示变频器累计通电时间（包括停止时间）	h
22	第 3 页显示转向（使用选件 FR－A5AP 时有效）	—
23	第 3 页显示实际运行时间（可通过设定 Pr171＝0 清除）	h
24	第 3 页显示电机负载率	%
25	第 3 页显示累计用电量（可通过设定 Pr170＝0 清除）	kW
32	第 3 页显示转矩给定指令（仅矢量控制方式）	%
33	第 3 页显示转矩电流给定	%
34	第 3 页显示电机输出功率	kW
35	第 3 页显示反馈脉冲数（使用选件 FR－A5AP 时有效）	—
50、51	第 3 页显示节能监视数据	—
52	第 3 页显示 PID 调节给定值	%
53	第 3 页显示 PID 调节反馈值	%
54	第 3 页显示 PID 调节误差值	%
55	第 3 页显示 DI/DO 状态	—
56	第 3 页显示 A7AX 选件的 DI 状态	—
57	第 3 页显示 A7AY 选件的 DO 状态	—

4. DI/DO 状态显示

（1）DI/DO 状态显示

设定参数 Pr52 = 55 时，主显示的第 3 页可显示变频器的基本 DI/DO 连接端信号状态。此时，4 只数码管的中间显示段全部亮；数码管上部显示 DI 信号状态、下部显示 DO 信号状态；各显示段与 DI/DO 信号连接端的对应关系如图 10. 1-3 所示。

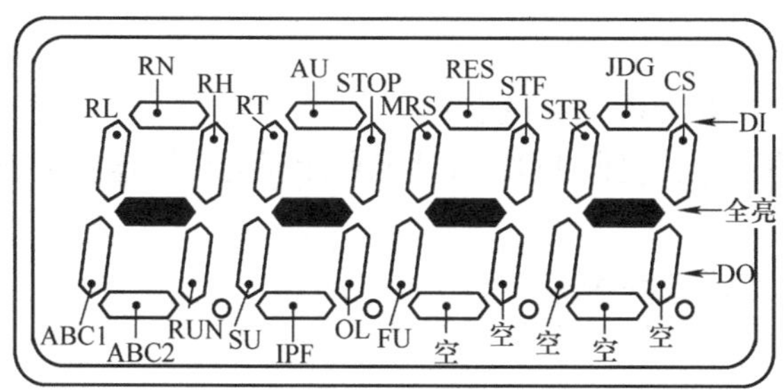

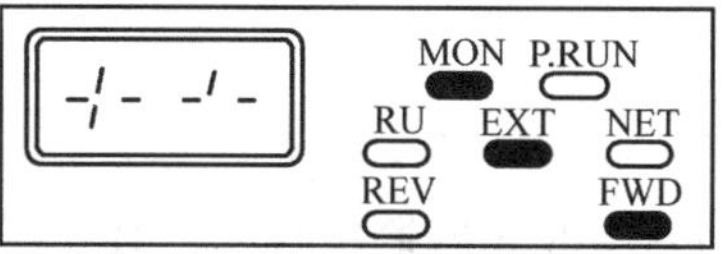

图 10. 1-3　DI/DO 状态显示

（2）FR－A7AX 输入显示

设定参数 Pr52 = 56 时，主显示的第 3 页可显示 16 点 DI 扩展模块 FR－A7AX 的信号状态。此时，4 只数码管的中间显示段全部亮、最低位数码管的小数点亮；数码管上下两部都显示 DI 信号状态，显示段与 DI 输入的对应关系如图 10. 1-4 所示。

（3）FR－A7AY/A7AR 状态显示

设定参数 Pr52 = 57 时，主显示的第 3 页可显示 6 点集电极开路输出 DO 扩展模块 FR－A7AY 和 3 点继电器输出扩展模块 FR－A7AR 的 DO 信号状态。此时，4 只数码管的中间显示段全部亮、次低位数码管的小数点亮；数码管的上部显示 FR－A7AY 的 6 点 DO 信号状态、下部显示 FR－A7AR 的 3 点 DO 信号状态；显示段与 DO 信号的对应关系如图 10. 1-5 所示。

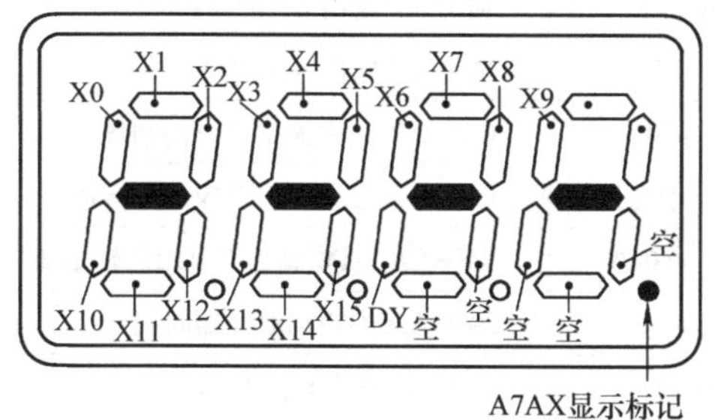

图 10. 1-4　DI 扩展选件状态显示

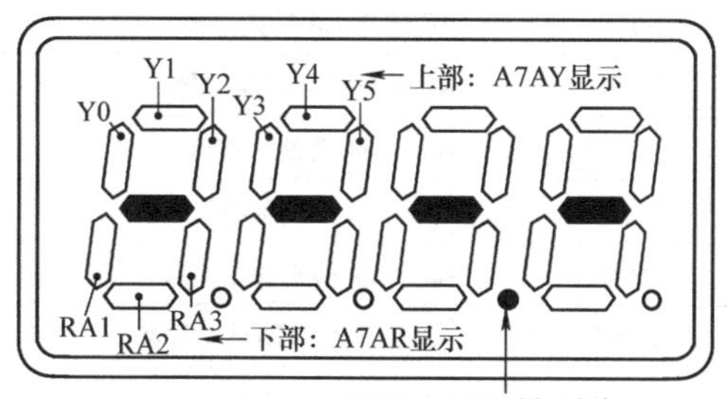

图 10. 1-5　DO 扩展选件状态显示

5. 电机转速显示

主显示的第 3 页可显示电机转速，这对带有编码器的闭环控制系统来说，只需要根据实际速度反馈进行显示，但在开环控制的变频器上则需要进行如下处理。

对于开环 V/f 控制的变频器，电机转速根据变频器实际输出频率和转速显示基准频率（Pr505）、基准频率所对应的电机转速（Pr37）参数的设定，按照线性比例进行折算；转速显示的单位可通过参数 Pr811 的设定选择 0. 1r/min 或 1r/min。

对于开环矢量控制的变频器电机转速根据基准频率参数 Pr37 和电机极数参数 Pr144 的设定，分以下三种情况，通过计算后得到。

1）Pr37 =0、Pr144 =0：按 4 极标准电机计算电机转速，50Hz 对应 1500r/min。

2）Pr37 =0、Pr144 =102 ~ 110（电机极数 +100）：按 Pr144 的设定计算电机转速，转速计算式为：

$$n = \frac{f \cdot 120}{\text{电机极数（Pr 144 设定）}}$$

3）Pr37 ≠0、Pr144 =2 ~ 10（电机极数）：仍照 Pr37 的设定来计算电机转速，转速计算式为：

$$n = \frac{f \cdot (\text{Pr } 37)}{f_1}$$

式中　f——变频器输出频率（Hz）；

f_1——参数 Pr505 设定的基准频率。

电机极数参数 Pr144 只用于转速计算，改变 Pr144 的设定不会导致矢量控制电机极数设定参数 Pr81 的变化；但是，如果改变参数 Pr81 的设定，Pr144 将自动成为 Pr81 设定值。

10. 1. 2　AO 状态输出

1. 功能和参数

变频器的部分状态数据，可以通过 AO 输出连接外部显示仪表的方法，进行直观地显示。FR - A740 变频器带有两通道 AO 输出接口 AM 和 CA，其中，AM 的输出范围为 DC0 ~ 10V；CA 的输出范围为 0 ~ 20mA，其输出内容和要求可通过表 10. 1-3 所示的参数设定选择。

表 10. 1-3　AO 输出显示参数设定表

参数号	名　称	设定范围	作用及意义
Pr54	AO 输出 CA 功能选择	0 ~ 53	选定 AO 输出 CA 的内容
Pr158	AO 输出 AM 功能选择	0 ~ 53	选定 AO 输出 AM 的内容
Pr55	CA、AM 满刻度频率	0 ~ 400Hz	CA、AM 最大输出对应的频率值
Pr56	CA、AM 满刻度电流	决定于电机	CA、AM 最大输出对应的电流值
Pr866	CA、AM 转矩显示基准	1% ~ 400%	端子 CA、AM 满刻度显示的转矩值
Pr867	AM 输出滤波器时间常数	0 ~ 5s	端子 AM 的输出滤波器时间
Pr869	CA 输出响应时间	0 ~ 5s	端子 CA 输出响应时间
Pr900 - C0	CA 输出增益设定	—	CA 最大输出设定
Pr901 - C1	AM 输出增益设定	—	AM 最大输出设定
Pr930 - C8/C9	CA 端的偏移调整	—	CA 端的偏移调整
Pr931 - C10/C11	CA 端的增益调整	—	CA 端的增益调整

2. 输出选择

AO 输出端 CA、AM 的内容可通过参数 Pr54（CA）、Pr158（AM）的设定选择，设定值与输出的关系见表 10. 1-4 所示。

表 10.1-4　AO 输出内容选择参数设定表

Pr54/Pr158	显示内容	单位	满刻度值
0	无输出	—	—
1	输出频率	Hz	Pr55 设定值
2	输出电流	A	Pr56 设定值
3	输出电压	V	400V 或 800V
5~53	同表 10.1-2 的 PU 显示，但不能为 19/20/22/23/25/35/51	—	—

3. 输出校正

为了使得 AO 输出与仪表的刻度指示对应，需要进行仪表与 AO 输出的调整。在正常情况下，表 10.1-4 的满刻度值是指 AM 输出 DC10V、CA 输出 DC20mA，为了使仪表指示准确，可用参数 Pr900 - C0（CA）、Pr901 - C1（AM）进行仪表显示校正；CA 输出还可进一步利用参数 Pr930 - C8/C9、Pr931 - C10/C11 进行偏移和增益的调整。

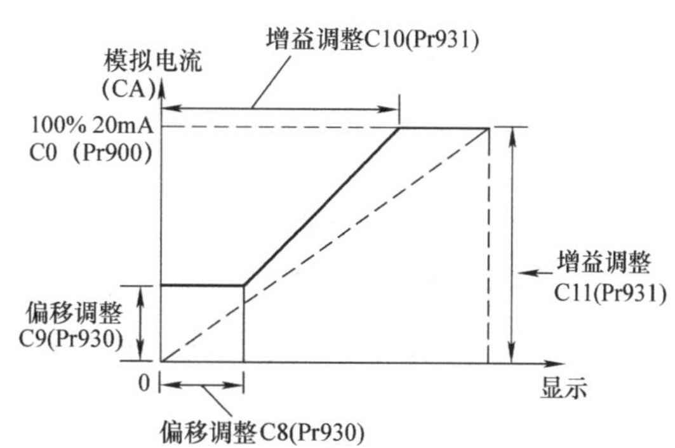

图 10.1-6　输出 CA 增益与偏移调整

CA 输出校正参数 Pr900 - C0、Pr930 - C8/C9、Pr931 - C10/C11 的作用如图 10.1-6 所示，Pr900 - C0 用来设定 CA 最大输出电流所对应的状态显示值，Pr931 - C11 用来微调最大输出值，Pr931 - C10 用来调整最大输出电流所对应的仪表显示位置；Pr930 - C9 用来设定 CA 最小输出，Pr930 - C8 用来调整 CA 最小输出时的仪表显示位置。

AO 输出 CA 的一般调整步骤如下：

1）在输出端 CA/5 上连接 0~20mA 显示表，注意 CA 端的输出极性为正。

2）保持参数 Pr930 - C8/C9、Pr931 - C10/C11 的出厂设定不变。

3）启动变频器，观察仪表指示应为刻度 0；如果刻度不为 0，则通过参数 Pr930 - C8/C9 的偏移调整，使得仪表显示 0。

4）设定参数 Pr54，选择 CA 端的输出内容；对于实际频率、电流输出显示，可通过参数 Pr55、Pr56 设定 CA 输出为 20mA 时，所对应的变频器输出频率或电流值。

5）启动变频器，观察最大输出时仪表是否为满刻度，需要时调整参数 Pr900 - C0，使之达到满刻度。

以设定 Pr54 = 1（CA 输出为频率显示）为例，假设 50Hz 输出对应仪表满刻度，参数 Pr900 - C0 的设定步骤如图 10.1-7 所示。

10.1.3　节能监视

1. 功能与参数

对于排风电机、吸风电机、泵等风机类负载，FR - A740 变频器在选择 V/f 控制时，可设定参数 Pr60 = 4，生效节能运行。功能生效后，变频器可自动根据负载调整输出电压，使能耗降至最小，但会引起加减速时间的增加。变频器节能运行时所节省的电能，可通过 PU

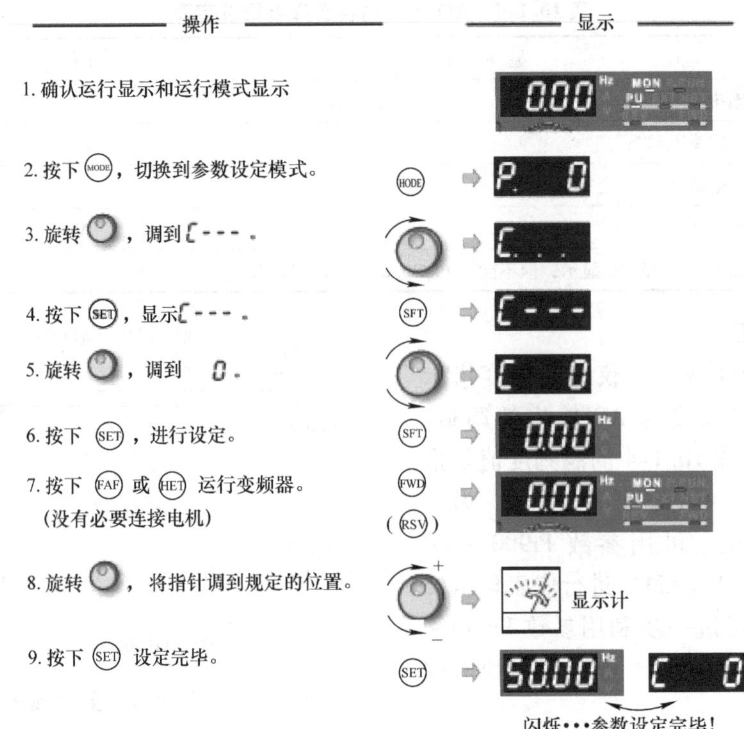

图 10.1-7　CA 端的调整操作

显示、AO 输出或从通信接口发送到外设，这一功能成为节能监视功能。

FR－A740 变频器与节能运行和监视相关的参数见表 10.1-5。

表 10.1-5　节能运行和监视参数设定表

参数号	名　　称	设定范围	作用及意义
Pr60	节能运行方式选择	0/4	设定 4：选择节能运行方式
Pr891	累计节能数据单位	显示 0～4	显示 0～4：累计节能监视数据的单位为 10^0～10^4
Pr892	变频器负载率	30%～150%	变频器实际负载与额定负载之比
Pr893	节能监视计算基准功率	0～360kW	设定计算节能率的基准功率（电机额定功率）
Pr894	节能运行负载设定	0～3	0：排风；1：吸风；2：水泵；3：工频运行
Pr895	节能率计算方法	0/1	0：电机额定功率为基准；1：以 Pr893 设定为基准
Pr896	单位电价	0～500	
Pr897	节能监视数据采样时间	0～1000h	设定 0：变频器自动取 30min
Pr898	节能监视数据处理	0/1/10	0：清除；1：保持；10：十进制通信发送 9999：二进制通信发送
Pr899	年平均使用率	1%～100%	100% 对应 365×24h

2. 节能数据计算

节能数据是变频器在节能运行方式所消耗的功率与工频运行所消耗的功率之差。为此，变频器必须首先估算工频运行时的功耗，并将其作为计算的基准。工频运行功耗为参数

Pr893（电机额定功率）和参数 Pr892（实际负载与额定负载之比）两者的乘积。

节能控制运行时的负载类型可通过参数 Pr894 设定选择，负载类型确定后，变频器将按图 10.1-8 所示的曲线，估算工频控制与节能控制在不同运行频率下的功耗差值。

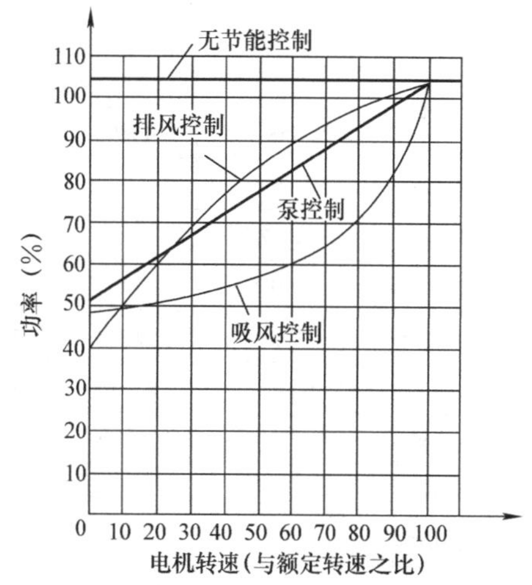

图 10.1-8　节能曲线

3. 节能数据

变频器的节能监视数据及其计算方法如下：

1）节约功率与节能率。节约功率是变频器单位时间所节省的电能，它是电机工频运行功耗与节能运行输入功率之差，其单位为 0.1kW 或 0.01kW（根据电机容量不同），当计算的结果为负或变频器制动时，节约功率值为 0。节能率是节约功率与基准功率之比，参数 Pr895 = 0 时，基准功率为工频运行功耗计算值；Pr895 = 1 时，基准功率为参数 Pr893 设定值。

2）平均节约功率和平均节能率。平均节约功率是指变频器在参数 Pr897 所设定的时间内所节约的功率平均值，当采样、计算完成后，变频器可通过图 10.1-9 所示的 DO 信号 Y92，通知外部设备更新数据。平均节能率是变频器在参数 Pr897 所设定时间内的节能率平均值。

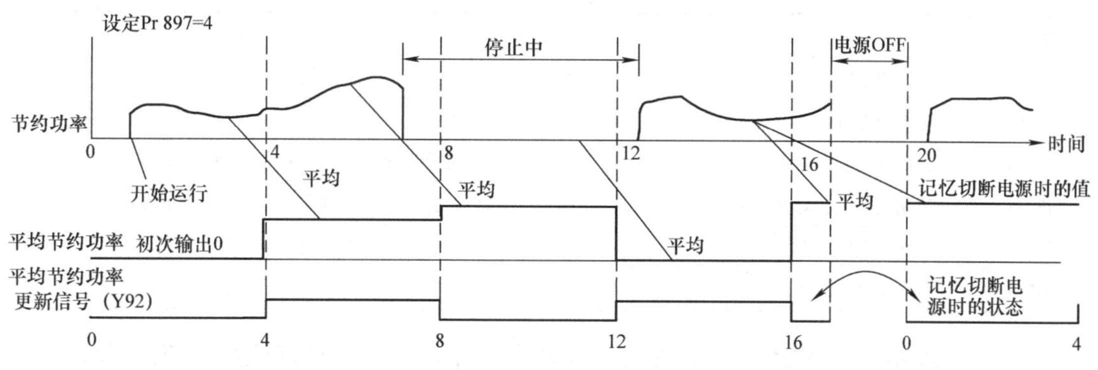

图 10.1-9　平均节约功率数据更新

3）节约电能。节约电能是变频器节能运行后累计节约的电能总量，它是节约功率和实际运行时间的乘积，此值可能很大，因此，需要通过参数 Pr891 显示数据单位。

4）节电费用率和节能费用。节电费用率是平均节约功率和 Pr896 设定的电价的乘积；节能费用是节约电能和 Pr896 设定的电价的乘积。

5）年节约电能和节能费用。年节约电能是节约电能的年平均值；年节能费用是年节约电能和 Pr896 设定的电价的乘积。

以上节能监视数据的 PU 显示和 AO 输出，可通过参数 Pr52、Pr54、Pr158 的设定生效，参数的设定要求见表 10.1-6。

表 10.1-6　节能监视显示与输出设定参数表

项　目	参数设定				PU 显示	CA 输出	AM 输出
	Pr895	Pr896	Pr897	Pr899	Pr52	Pr54	Pr158
节约功率	9999	—	9999	—	50	50	50
节能率	0 或 1	—	9999	—	50	不可	不可
平均节约功率	9999	9999	0 ~ 1000	—	50	50	50
平均节能率	0 或 1	9999	0 ~ 1000	—	50	不可	不可
节电费用率	—	0 ~ 500	0 ~ 1000	—	50	不可	不可
节约电能	—	9999	—	9999	51	不可	不可
节能费用	—	0 ~ 500	—	9999	51	不可	不可
年节约电能	—	9999	—	0 ~ 100%	51	不可	不可
年节能费用	—	0 ~ 500	—	0 ~ 100%	51	不可	不可

10.1.4　器件寿命监控

1. 功能与参数

主要器件寿命监控功能可对变频器关键器件的老化程度进行监控，预防故障的发生。寿命监控的器件包括主回路电容、控制回路电容、过电流抑制器件与风机等，元器件的寿命可通过表 10.1-7 中的参数监视。

表 10.1-7　主要器件寿命监控参数表

参数号	名　　称	设定范围	作用及意义
Pr503	累计通电时间	0 ~ 9998	设定或清除变频器累计通电时间，单位 100h
Pr255	主要器件寿命监控报警	0 ~ 15	见下述
Pr256	过电流抑制电路寿命显示	0 ~ 100%	以百分比显示的剩余寿命，100% 为 100 万次
Pr257	控制电路电容寿命显示	0 ~ 100%	以百分比显示的剩余寿命，100% 为 100 万次
Pr258	主电路电容寿命显示	0 ~ 100%	以实际电容量表示的剩余寿命
Pr259	主电路电容量测试开始	0 ~ 9	主电路电容量测试的启动与状态显示

参数 Pr255 用于主要器件寿命的综合监控显示，当使用时间或次数达到理论寿命的 90% 时，变频器将发出寿命到达警示。Pr255 为二进制状态显示数据，对应位为“1”的意义如下。

bit0：控制回路电容器寿命到达。

bit1：主回路电容器寿命到达。

bit2：冷却风机寿命到达。

bit3：过电流抑制电路器件寿命到达。

例如，Pr255 显示 9（1001）时，代表控制回路电容器和过电流抑制电路器件的寿命到达等。器件寿命到达时，可以通过 DO 信号 Y90 输出报警信号，Y90 只要以上四种器件的任意一种寿命到达，其输出即为 ON。

2. 寿命计算

参数 Pr256、Pr257 用来显示过电流抑制电路器件和控制回路电容的剩余寿命。器件寿命是以百分率表示的剩余使用时间，过电流抑制电路器件寿命以 100 万次作为基准（100%）；控制回路电容的寿命需要根据使用时间和工作温度进行计算。当电流抑制电路器件的寿命显示值低于10%时，代表器件已使用了 90 万次，Pr255 的对应位将显示 1、Y90 输出 ON。

参数 Pr258 用来显示主回路电容的使用寿命，它根据电容器的实际电容量计算，实际容量与理论容量相同时的寿命值为 100%；当实际容量小于理论值的 85% 时，认为寿命到达，此时 Pr255 的 bit1 将显示 1、Y90 输出 ON。

冷却风机的寿命以风机的实际转速为计算基准，当实际转速小于理论转速 40% 时，认为寿命到达，Pr258 bit2 显示 1、Y90 输出 ON。

3. 主回路电容测试

主回路电容量可通过参数 Pr259 进行设定与测试。电容量测试需要向电机放电，因此，测试前必须在变频器上连接额定容量的电机，如电机容量过小，测试将无法完成。电容量测试的操作步骤如下。

1）变频器连接额定容量的电机。

2）接通变频器电源、将参数 Pr259 设定为“1”。

3）确认电机为停止状态、关闭主电源，变频器将向电机放电并进行电容量测试。

4）确认变频器电源指示灯 POWER 已熄灭。

5）再次启动变频器电源，检查参数 Pr259 为 3，表明电容量测试已完成，可通过 Pr258 显示主电容寿命。

如果电容器的测试不能正常完成，参数 Pr259 将显示电容器测试不能完成的原因，显示如下。

Pr259 =0：电容测试未生效。

Pr259 =1：电容自动测试生效，关闭变频器电源后将进行自动测试。

Pr259 =2：电容自动测试进行中。

Pr259 =3：电容自动测试完成。

Pr259 =8：电容自动测试由于如下原因被强行中断。

1）在自动测试过程中，再次接通了变频器电源或变频器出现报警。

2）MRS 信号 ON 关闭了逆变管输出或自动测试时，变频器的启动信号输入 ON。

Pr259 =9：自动测试出错，可能的原因如下。

1）在自动测试时未连接电机或测试时电机处在旋转状态。

2）电机容量过小，例如比变频器容量小 2 个规格或更多。

10.2　变频器保护和定期维护

10.2.1　参数保护

1. 功能与参数

变频器的参数保护功能可防止参数被错误修改，FR－A740 变频器的参数保护包括基本参数保护和用户参数保护两种，基本参数保护可禁止大多数变频器参数的写入操作；用户参数保护用于特殊变频器参数的存储。FR－A740 变频器与参数保护相关的参数见表 10.2-1。

表 10.2-1 参数保护功能设定表

参数号	名　称	设定值	作用及意义
Pr77	参数写入禁止	0/1/2	参数保护基本设定
Pr160	用户参数保护设定	0/1	用户参数保护的基本设定
Pr172	全部用户参数显示与删除	0 ~ 16	用户参数的分组显示与一次性删除
Pr173	第 1 组用户参数登记	0 ~ 999	用户参数的分组设定
Pr174	第 1 组用户参数删除	0 ~ 999	用户参数的分组设定
Pr888	用户自由参数 1	0 ~ 9999	用于自由存储用户需要备忘的数据，对变频器功能与运行不产生任何影响
Pr889	用户自由参数 2	0 ~ 9999	

2. 基本参数保护

利用基本参数保护功能可禁止变频器的参数写入操作，参数保护范围可通过 Pr77 的设定进行如下选择。

Pr77 = 0：运行时禁止写入参数，但停止时可写入全部参数（无保护）。

Pr77 = 1：参数写入禁止。但是，与变频器操作、保护功能设定有关的参数，例如，Pr22（失速保护电流）、Pr75（PU 复位和停止）、Pr77（参数保护设定）、Pr79（操作模式选择）、Pr160（用户参数读出）等仍可修改。

Pr77 = 2：参数写入允许，即使运行时也可写入参数。但是，直接影响变频器当前运行状态的参数不可在运行时写入，这些参数包括以下几类。

1）电机参数。例如，Pr19（额定电压）、Pr71（电机类型）、Pr80 ~ Pr94/Pr859（第 1 电机参数）、Pr450 ~ Pr462/Pr860（第 2 电机参数）、Pr570（负载特性）等。

2）变频控制参数。例如，Pr60/Pr61/Pr292/Pr293（自适应和最优控制）、Pr100 ~ Pr109（多点 V/f 特性设定）、Pr135 ~ Pr139（工频/变频切换控制）、Pr800（控制方式选择）等。

3）I/O 功能定义参数。例如，Pr178 ~ Pr196（DI/DO 定义）、Pr291（PI 输入定义）、Pr329（扩展单元 DI 功能定义）、Pr858/Pr868（AI 功能定义）等。

4）操作模式选择参数。例如，Pr79（操作模式选择）、Pr95/Pr96（第 1 电机自动调整）、Pr463/Pr574（第 2 电机自动调整）、Pr819（自动增益调整）等。

5）运行保护参数。例如，Pr23/Pr48/Pr49/Pr66（失速保护参数）、Pr255 ~ Pr258（元件寿命监控）、Pr563/Pr564（运行时间监控）等。

6）通信设定参数。例如，Pr343（通信出错参数）、Pr541（通信设定参数）等。

Pr77 = 801：通过自动调整功能写入电机参数 Pr82、Pr90 ~ Pr94。

3. 用户参数保护

变频器用于高速电机、电主轴等特殊控制时，有时需要设定与常规设定有很大区别的专门参数，这些参数一般使用人员很难恢复，为此，设计者可选择部分参数允许用户修改、设定，这些参数称为用户参数。

FR – A740 变频器的用户参数分为 2 组，第 1 组参数登记在参数 Pr173 中，并能通过参数 Pr174 删除；用户参数可通过参数 Pr172 显示或一次性删除。以参数 Pr3 的登记与删除操作为例，第 1 组用户参数的登记与删除操作如图 10.2-1、图 10.2-2 所示，其他参数的登记与删除操作方法相同。

第 2 组参数由生产厂家规定，称为简单模式参数，它向所有用户开放，简单模式参数包括如下。

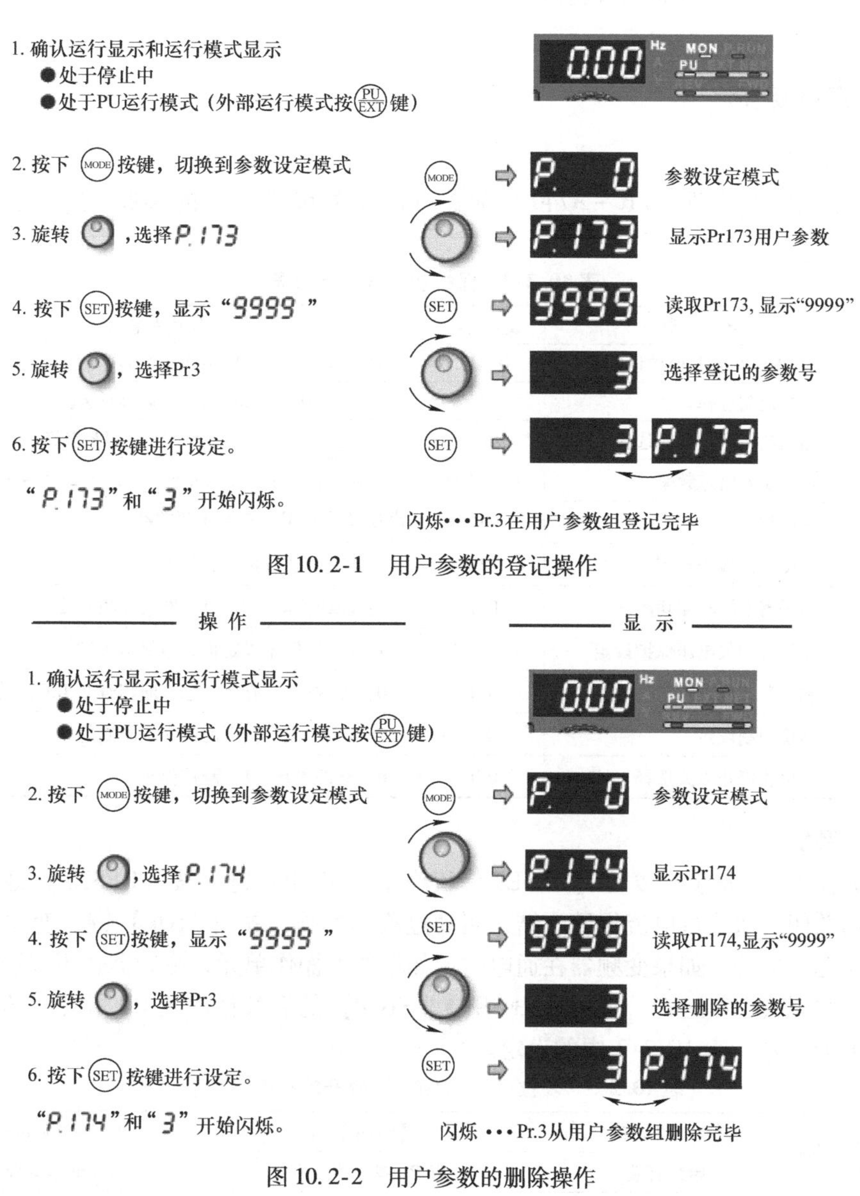

图 10. 2-1　用户参数的登记操作

图 10. 2-2　用户参数的删除操作

变频器基本参数：Pr0 ~ Pr9。

操作模式选择参数：Pr79。

AI 输入增益设定：Pr125/Pr126。

用户参数保护设定：Pr160。

被登记的用户参数可以在变频器参数 Pr172 上显示，设定 Pr172 = 9999 时可以将全部用户参数的一次性删除。

用户参数保护功能可通过参数 Pr160 进行设定，设定值的含义如下。

Pr160 = 0：用户参数保护功能无效，参数保护决定于 Pr77 的设定。

Pr160 = 1：用户参数保护功能生效，操作者只能对第 1 组用户参数进行读/写。

Pr160 = 9999：参数保护功能生效，操作者只能对第 2 组用户参数（简单模式参数）进行读/写。

10. 2. 2 运行保护

1. 功能参数

为了提高运行可靠性，FR - A740 变频器可通过表 10. 2-2 中的参数设定，增加更多的保护功能。

表 10. 2-2 保护功能设定参数表

参数号	名 称	设定范围	作用及意义
Pr75	PU 操作和脱开保护设定	0 ~ 17	复位/停止键和 PU 脱开时的保护设定
Pr244	风机控制选择	0/1	0：电源接通即运转；1：运行时运转
Pr251	输出断相保护功能选择	0/1	0：无效；1：有效，断相时 E. LF 报警
Pr285	速度超差监控频率	0 ~ 30Hz	当速度偏差大于 Pr285 设定，持续时间超过 Pr853，输出报警 E. OSD，并停止变频器
Pr853	速度超差监控时间	0 ~ 100s	
Pr374	速度超过检测频率	0 ~ 400Hz	设定速度超过报警的频率
Pr376	编码器断线检测功能	0/1	0：断线检测无效；1：断线检测无效
Pr598	直流母线欠电压保护设定	350 ~ 430	母线电压低于设定值，报警 E. UVT
Pr872	输入断相保护功能生效	0/1	0：无效；1：有效，输入断相时 E. ILF 报警
Pr873	速度限制设定	0 ~ 120Hz	在编码器设定错误时的速度限制值
Pr875	过电流停止方式选择	0/1	0：立即停止；1：减速停止

2. PU 保护

在变频器 PU 上安装有复位（RESET）和停止（STOP）键，按【RESET】键，变频器可选择输出关闭、清除过电流报警、结束制动过程等操作；按【STOP】键，变频器可进入减速停止状态。此外，如果变频器在通电时，如果取下操作单元，变频器也可以选择是否自动进入停止状态或继续运行。按键【RESET】、【STOP】的有效性以及 PU 脱开时的运行，可通过参数 Pr75，进行表 10. 2-3 中的设定。

表 10. 2-3 复位/停止键和 PU 脱开的状态设定表

Pr75 设定	【RESET】键	【STOP】键	PU 脱开后的运行
0	始终有效	仅 PU 操作模式有效	继续运行
1	仅报警时有效	仅 PU 操作模式有效	继续运行
2	始终有效	仅 PU 操作模式有效	输出停止
3	始终有效	仅 PU 操作模式有效	输出停止
14	始终有效	所有模式均有效	继续运行
15	仅在报警时有效	所有模式均有效	继续运行
16	始终有效	所有模式均有效	输出停止
17	仅报警时有效	所有模式均有效	输出停止

3. 运行保护

1）风机报警。2. 2kW 以上的变频器一般都配有内置风机，风机的起动/停止可通过参数 Pr244 的设定选择与主电源输入同步启动/停止（Pr244 = 0），或是与变频器的输出同步起动/停止（Pr244 = 1）。

变频器可对风机运行进行监控，如 Pr244 = 0 时电源接通后风机没有旋转，或 Pr244 = 1 时在变频器 STF/STR 输入 ON 后风机没有旋转，变频器将发出 FAN 报警，PU 显示 FN。

2）断相和欠电压。变频器输出断相保护功能在参数 Pr251 = 1 时生效，输出断相时将发出 E. LF 报警。变频器的输入断相保护功能在参数 Pr872 = 1 时生效，输入断相时将发出 E. ILF 报警。此外，为了监控直流母线电压，参数 Pr598 可设定直流母线电压检测阀值，当直流母线电压低于设定时，变频器可产生欠电压报警 E. UVT 并进入停止状态。

3）过电流和过载。FR – A740 变频器可通过输出电流检测（E. THM 报警）、DI 输入 PTC（E. PTC 报警）、DI 输入 OH（E. OHT 报警）三种方式，检测变频器与电机的过电流或过载。过电流报警时，变频器可通过参数 Pr875 的设定，选择如下两种停止方式。

Pr875 = 0：输出关闭。发生过电流报警时，直接关闭逆变管输出、同时输出报警信号 A1/B1/C1。

Pr875 = 1：减速停止。发生过电流报警时，先输出 DO 信号 ER，电机减速停止；变频器停止后，再输出报警信号 A1/B1/C1。

4. 速度监控

1）偏差监控。在闭环速度控制的 FR – 700 变频器中，为防止实际转速与给定转速之间的偏差过大而影响系统运行，可以通过速度监控功能实时监控电机转速，当速度偏差超过时，变频器便可输出偏差过大（E. OSD）报警。

参数 Pr285 设定的是变频器工作时实际输出频率与给定频率间的最大允差，当两者的偏差大于参数 Pr285 设定、且持续时间超过 Pr853 设定时（见图 10. 2-3），变频器停止工作，同时报警触点 A1/B1/C1 动作，操作单元显示 E. OSD 报警。

2）速度限制。闭环控制的变频器，如测量系统故障或参数设定错误时，可能使系统成为开环，导致电机转速的大幅度上升，故需要通过参数 Pr376 生效断线检测功能，此外，还可通过参数 Pr873 限制输出频率。参数 Pr873 生效后，变频器输出频率将被限制在图 10. 2-4a 所示的“给定频率 + （Pr873 设定）”的范围内，以避免超速。

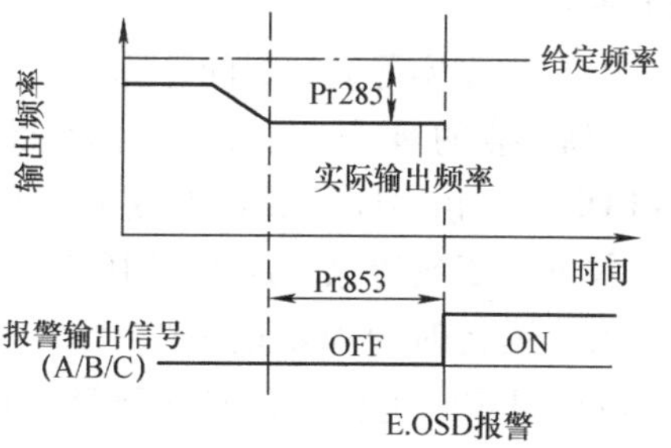

图 10. 2-3　速度偏差监控

在矢量控制闭环 V/f 控制的变频器上，除速度限制外，还可通过参数 Pr374 的设定，生效图 10. 2-4b 所示的超速报警功能。当电机实际运行频率超过 Pr374 的设定值，变频器即发出报警 E. OS。

10. 2. 3　定期维护

1. 功能与参数

定期维护是根据变频器的运行情况，主动预测报警，提醒使用者及时更换元器件或进行维护保养的功能，它包括前述的元器件寿命监控和定期维护信号输出两方面内容。定期维护只是对操作者的提醒与警示，它并不意味着变频器会立即产生或必然发生报警，因此，即使不进行任何处理，变频器仍可继续运行。

FR – A740 变频器与定期维护相关的参数见表 10. 2-4。

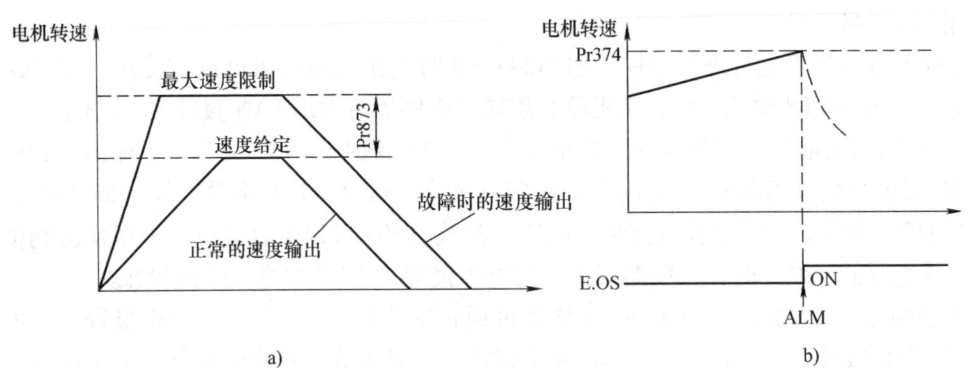

图 10.2-4　速度限制功能

a）最大速度限制　b）超速报警

表 10.2-4　定期维护参数一览表

参数号	名　称	设定范围	作用及意义
Pr503	累计通电时间	0～9998	设定或清除变频器累计通电时间，单位 100h
Pr504	定期维护时间	0～9998	单位 100h，累计通电时间到达本设定 Y95 输出 ON
Pr555	测量脉冲宽度	0.1～1s	平均电流计算 DO 信号 Y93 的启动脉冲宽度
Pr556	平均电流计算延时	0～20s	计算平均电流的延迟时间
Pr557	平均电流计算基准	0～3600A	进行平均电流计算的基准值

定期维护的时间可根据实际运行时间或平均输出电流计算，其输出信号有如下不同。

（1）根据实际运行时间计算

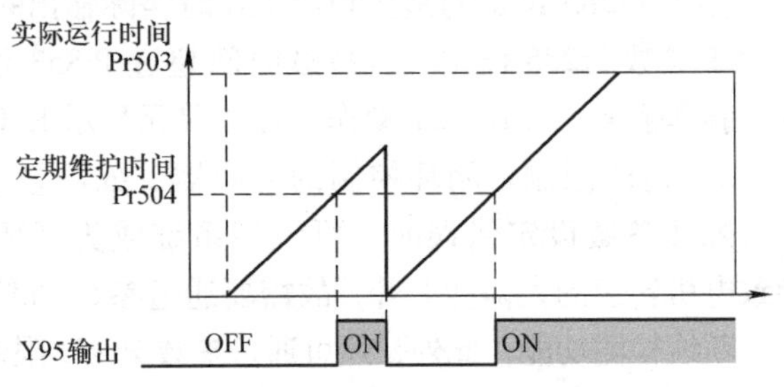

图 10.2-5　定期维护信号 Y95 输出

变频器的实际运行时间存储在 E^2PROM中，该时间可通过参数 Pr503 检查，并可改变或清除。通过图 10.2-5 所示的实际运行时间和定期维护时间（参数 Pr504 设定）的比较，变频器便可在定期维护时间到达时，直接输出定期维护 DO 信号 Y95，并在 PU 上显示定期维护警示 MT。

（2）根据平均电流计算

这是一种监控机械部件磨损的功能（见图 10.2-6），它以稳定运行时的实际输出电流作为监控量，运行时变频器可输出周期为 20s 的脉冲信号 Y93，Y93 信号经过外部计算机或 PLC 的处理才能使用。

2. Y93 信号说明

DO 信号 Y93 为周期为 20s 的脉冲信号，信号组成如图 10.2-7 所示，平均电流检测从变频器稳定运行时开始，图中各时间参数的意义如下。

t_1：平均电流计算延时（Pr556 设定）；

t_2：测量启动脉冲宽度（Pr555 设定）；

t_3：平均电流测量值，测量值以 DO 信号 Y93 状态为“0”的宽度（时间）表示，输出

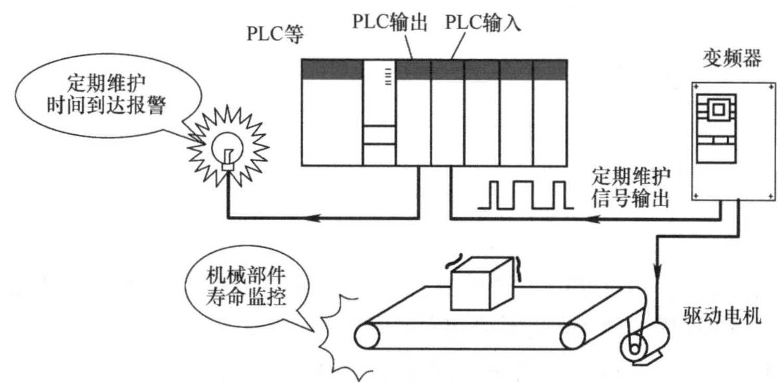

图 10.2-6　机械部件磨损监控

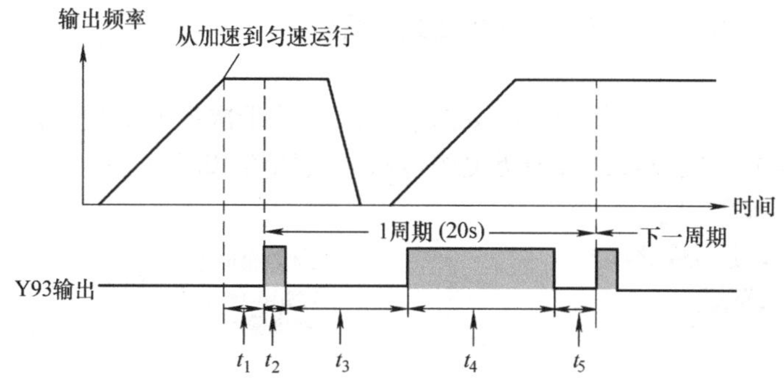

图 10.2-7　定期维护信号 Y93 输出

范围为 0.5 ~9s，其计算式如下：

$$t_3 = \frac{\text{输出电流平均值}}{\text{Pr557 设定值}} \times 5(s)$$

平均电流测量值输出宽度 1s，代表20% 基准值 Pr557。测量值小基准电流的 10% 时，宽度固定为 0.5s；大于基准电流的 180% 时，宽度固定为 9s。

t_4：变频器实际运行时间输出，测量值以 DO 信号 Y93 输出“1”信号的宽度（时间）表示，输出范围为 2 ~9s，其计算式如下：

$$t_4 = \frac{\text{实际运行时间（Pr503 值} \times 100)}{40000} \times 5(s)$$

实际运行时间 t_4是变频器累计运行时间 Pr503 的折算值，输出宽度 1s 代表 8000h。当运行时间小于 16000h 时，t_4固定为 2s；运行时间大于 72000h 时，t_4固定为 9s。

t_5：测量等待时间（无作用，等待下次测量周期的到达）。

使用平均电流的定期维护信号需要注意如下问题：

1）变频器加减速过程不进行平均电流的计算。

2）如运行过程中出现加减速或停止，平均电流计算功能自动停止，定期维护信号 Y93 成为启动脉冲宽度 t_2为 3.5s、间隔时间为 16.5s 的计算中断信号。

3）变频器加减速结束后，Y93 信号至少需要延时 1 个周期才能输出。

4）如果变频器加减速过程结束、Y93 信号输出延时到达时，变频器的输出平均电流值仍为 0；或运行过程中出现断电重启动作，则 Y93 信号的输出为 0（无效周期）。

10.3 报警显示与处理

10.3.1 报警显示与清除

1. 现行报警

变频器发生报警时，可在 PU 上显示报警号，指示故障原因。变频器的报警显示是自动的，只要变频器发生报警，PU 单元便可自动切换到报警显示。

当故障原因排除后，变频器报警可通过如下三种方法清除。

1）通过 PU 单元上的【STOP/RESET】键，进行变频器复位。

2）断开变频器电源后重新启动变频器，清除报警。

3）通过 DI 信号 RES 输入 ON，进行变频器复位。

2. 报警历史

报警历史记录的是变频器从当前时刻向前追溯的若干次报警的内容。FR – A740 变频器可以保持最近发生的 8 次报警，报警历史的显示方法如图 10.3-1 所示，通过图 10.3-2 所示的操作，可以清除报警记录。

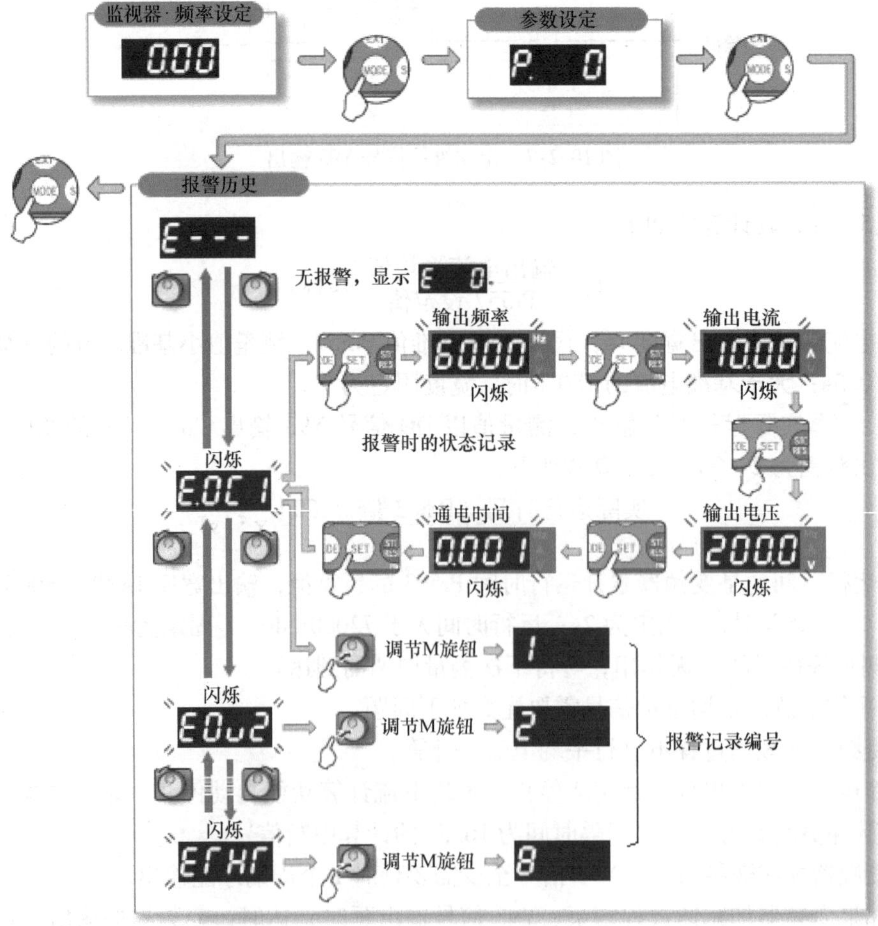

图 10.3-1 报警历史的显示

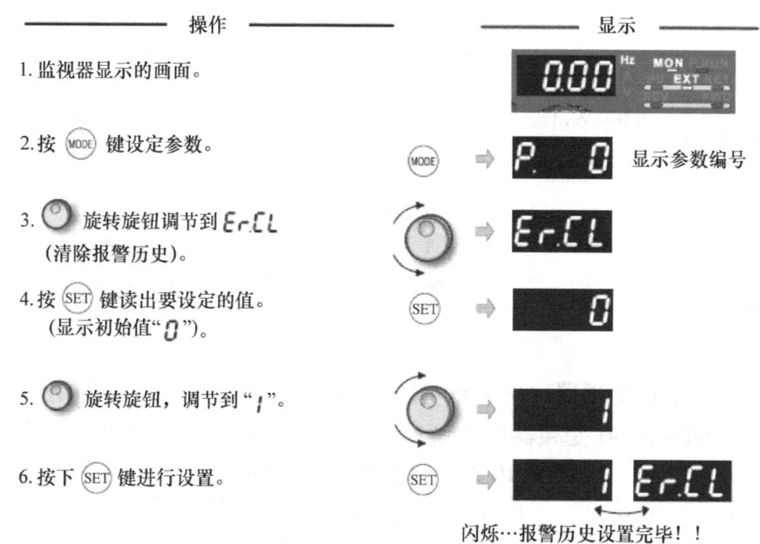

图 10.3-2　报警历史的清除

10.3.2　报警与处理

根据故障的严重程度，变频器报警分为操作出错、警示信息与变频器报警三类，三类报警的内容和一般处理方法如下。

1. 操作出错

操作出错是指 PU 单元进行参数写入、复制、比较等操作时所出现的错误，操作出错将禁止操作，但不影响变频器运行。FR－A740 变频器的操作出错显示及可能的原因、处理方法见表 10.3-1。

表 10.3-1　变频器操作出错处理表

显示	代号	错误内容	出错原因	故障处理
E---	—	报警历史显示	报警历史显示	—
HOLd	HOLD	操作禁止	操作单元被禁止	按【MODE】键 2s 以上解除
Er 1	Er. 1	参数写入禁止	参数禁止写入	将 Pr77 设定为写入允许状态
			频率跳变区设定错误	确认参数 Pr31 ~ Pr36 设定
			多点 V/f 特性设定错误	确认参数 Pr100 ~ Pr109 设定
			PU 单元不良	确认 PU 单元型号与连接
Er2	Er. 2	参数写入禁止	运行时参数写入未选择	将 Pr77 设定为 2
Er3	Er. 3	校正参数定错误	校正参数设定不合理	检查、修改 Pr900 ~ 932 设定
Er4	Er. 4	参数写入禁止	参数的通信写入不允许	Pr77 设定为 2
rE 1	rE. 1	参数读取错误	在复制参数时不能读取	检查操作步骤与 EEPROM
rE2	rE. 2	参数写入错误	在复制参数时不能写入	检查操作步骤与 EEPROM
			运行时进行参数复制操作	变频器停止后再进行复制
rE3	rE. 3	参数比较出错	被比较的参数不同	根据需要决定是否需要修改
			操作出错	检查操作步骤与 EEPROM

（续）

显示	代号	错误内容	出错原因	故障处理
rE4	rE. 4	参数写入出错	变频器型号错误	检查变频器型号
		参数复制被中断	电源断电、PU 断开等	检查中断原因，重新写入参数
Err.	Err.	PU 操作出错	RES 输入 ON	将 RES 置 OFF
			PU 单元连接不良	检查 PU 连接
			控制回路采用独立供电	正常显示，复位变频器

2. 警示信息

变频器警示信息是指变频器出现了有可能导致故障的错误况，出现警示信息时变频器仍然可以继续运行。FR－A740 变频器警示信息显示及可能的原因、处理方法见表 10. 3-2。

表 10. 3-2　变频器警示处理表

显示	代号	警示内容	出错原因	故障处理
OL	OL	失速保护动作（过电流）	转矩提升过大	检查 Pr0 的设定
			加减速时间过短	检查参数 Pr7、Pr8 的设定
			负载过大	减小负载
			控制方式、负载类型不合理	更改控制方式或负载类型
			起动频率设定不合理	减小 Pr13 的设定
			失速保护设定不合理	检查参数 Pr22 的设定
oL	oL	失速保护动作（过电压）	制动能量过大	减小制动能量
			减速时间设定过短	延长参数 Pr8 的减速时间
			制动回避功能未生效	设定参数 Pr882 = 1、检查 Pr883 ~ Pr886 设定
PS	PS	PU 停止	【STOP/RESET】键动作	利用【PU/EXT】转换方式
			参数 Pr75 设定不合理	检查、重新设定 Pr75
rb	RB	制动警示	制动过于频繁	减少制动次数
			制动电阻选择不合理	确认制动电阻
			减速时间设定过短	延长参数 Pr8 的减速时间
			制动参数设定不合理	检查参数 Pr30、Pr70 设定
TH	TH	过电流警示	负载过大	减小负载
			加减速时间设定过短	检查参数 Pr7、Pr8 设定
			过电流保护设定不合理	检查参数 Pr9、Pr51 设定
MT	MT	定期维护	累计运行时间到达	定期维护或重新设定 Pr503
CP	CP	参数复制出错	参数复制的变频器规格不同	检查变频器规格
SL	SL	速度超过	转矩给定值过大	减小转矩输入给定值
			速度限制值设定过小	检查速度限制设定或 AI 输入
Fn	FN	风机故障	变频器风机不良	更换风机
			风机动作不正确	检查参数 Pr244 的设定

3. 变频器报警

报警是指变频器出现了无法继续运行的故障。变频器报警时，将立即停止运行、DO 信号 A1/B1/C1 动作。FR－A740 变频器报警显示及可能的原因、处理方法见表 10.3-3。

表 10.3-3　变频器报警处理表

显示	代号	报警内容	报警原因	故障处理
E.OC 1	E. OC1	加速过电流	加速时间过短	检查与增加参数 Pr7 的设定
			输出短路	检查输出连接
			额定频率设定参数错误	检查参数 Pr3 的设定
			额定电压设定错误	检查参数 Pr19 的设定
			失速保护参数错误	检查失速保护功能参数
			升降负载运行参数错误	检查升降负载参数设定
			RS485 电源短路	检查 RS485 连接
E.OC2	E. OC2	运行时过电流	运行时负载变化过大	检查负载情况
			输出短路	检查输出连接
			失速保护参数错误	检查失速保护功能参数
			RS485 电源短路	检查 RS485 连接
E.OC3	E. OC3	减速时过电流	减速时间过短	检查与增加参数 Pr8 的设定
			变频器输出短路	检查输出连接
			机械制动动作设定不合理	检查参数 Pr278 ~ Pr285 的设定
			失速保护参数错误	检查失速保护功能参数
			RS485 电源短路	检查 RS485 连接
E.Ov 1	E. OV1	加速时过电压	加速时间设定过长	检查与减小参数 Pr7 的设定
			制动回避设定不合理	检查参数 Pr882 ~ Pr886 的设定
			制动电阻功率不足	增加外接制动电阻
E.Ov2	E. OV2	运行时过电压	运行时负载变化过大	检查负载
			制动回避设定不合理	检查参数 Pr882 ~ Pr886 的设定
			制动电阻功率不足	增加外接制动电阻
E.Ov3	E. OV3	减速时过电压	减速时间过短	检查与增加参数 Pr8 的设定
			制动过于频繁	减少制动次数
			制动回避设定不合理	检查参数 Pr882 ~ Pr886 的设定
			制动电阻功率不足	增加外接制动电阻
E.ΓHΓ	E. THT	变频器过电流	负载过大	减小负载
			变频器容量选择过小	更换变频器
			变频器输出存在局部短路	检查输出连接
E.ΓHΠ	E. THM	输出电流超过 Pr9 设定	负载过大	减小负载
			电机类型选择错误	检查参数 Pr71 的设定
			变频器容量选择过小	更换变频器
			变频器输出存在局部短路	检查输出连接
			失速防止功能参数设定错误	检查失速防止功能参数

（续）

显示	代号	报警内容	报警原因	故障处理
E.FIn	E. FIN	变频器过热	变频器散热不良	清理散热片、改善散热条件
			环境温度过高	降低环境温度，改善散热条件
			变频器风机不良	检查、更换风机
E.IPF	E. IPF	瞬时停电保护	电源连接不良	检查连接
			供电质量不良	改善电网，增加进线电抗器
			电网存在 15ms 以上的断电	使用瞬时断电保护功能
E.UvT	E. UVT	输入电压过低	电源连接不良	检查连接
			供电质量不良	改善电网，增加进线电抗器
			直流母线连接不良	检查直流母线连接与短接片
			直流母线干扰	增加直流电抗器
E.ILF	E. ILF	输入断相	电源连接不良	检查连接
			参数 Pr872 设定不正确	检查参数 Pr872 设定
E.OLT	E. OLT	失速保护动作	电机负载过重	检查负载情况
			失速保护设定不合理	检查 Pr22、Pr865、Pr874 设定
E. bE	E. BE	制动管过流	负载惯量过大	减小负载惯量
			变频器容量过小	更换变频器
			制动过于频繁	减少制动次数
			制动晶体管不良	更换制动晶体管
E. GF	E. GF	输出对地短路	变频器输出短路	检查输出连接
E. LF	E. LF	输出断相	变频器输出连接或电机不良	检查输出连接
			变频器与电机匹配不合理	减小变频器容量或加大电机
			缺相保护设定不合理	检查参数 Pr251 设定
E.OHT	E. OHT	外部热继电器保护动作	DI 输入定义错误	检查参数 Pr1180 ~ Pr1189 设定
			外部热继电器连接不良	检查热继电器连接
			外部热继电器未复位	复位热继电器
			电机过载	检查负载情况
E.PTC	E. PTC	外部热敏电阻保护动作	开关量输入定义错误	检查参数 Pr1180 ~ Pr1189 设定
			外部热敏电阻连接不良	检查热敏电阻连接
			电机过热	检查电机与负载情况
E.OPT	E. OPT	扩展模块错误	功率因数变换器连接错误	正确连接功率因数变换器
			选件参数设定错误	检查 Pr30 设定
			通信选择模块过多	检查选件模块安装
			扩展模块未安装	检查安装和参数 Pr804 设定
			扩展模块设定错误	恢复扩展模块的设定位置
E.OP1	E. OPT1	通信选件错误	通信扩展模块设定错误、电缆连接不良或断线、终端电阻设定错误	正确设定网络通信参数
E.OP2	E. OPT2			检查通信电缆连接
E.OP3	E. OPT3			正确设定、安装终端电阻

（续）

显示	代号	报警内容	报警原因	故障处理
E. PE	E. PE	EEPROM 不良	EEPROM 安装不良	检查安装
			EEPROM 不良	更换 EEPROM
E.PUE	E. PUE	PU 连接不良	PU 连接不良	检查 PU 的连接
			参数 Pr75 设定不正确	重新设定 Pr75
E.rET	E. RET	重启次数超过	自动重启次数超过	排除故障
E.PE2	E. PE2	主板不良	主板上或存储器元件不良	更换主板
			变频器内部连接不良	重新检查变频器安装与连接
E.CPU	E. CPU	CPU 不良	主板上或 CPU 不良	更换主板
			变频器内部连接不良	重新检查变频器安装与连接
E.CTE	E. CTE	通信接口短路	PU 或 RS485 接口短路	检查 PU、RS485 接口连接
E.P24	E. P24	DC24V 短路	P24 输出端短路	检查 P24 连接
E.CdO	E. CDO	输出电流超过设定值	变频器的输出电流超过了参数 Pr150 设定的值	检查参数 Pr150/151、Pr166/167 的设定
E.IOH	E. IOH	浪涌电流抑制回路故障	变频器通断过于频繁	减少变频器的通断次数
			浪涌电流抑制元件不良	更换损坏元件
E.SEr	E. SER	RS485 通信故障	RS485 接口连接不良	检查连接
			RS485 通信参数设定错误	检查参数设定
E.AIE	E. AIE	AI 输入异常	AI 输入 2 电流超过 30mA	检查 AI 输入连接
			AI 输入 4 电压超过 7.5V	检查 AI 输入连接
			AI 选择参数设定错误	检查参数 Pr73、Pr267 的设定
E.USb	E. USB	USB 通信故障	USB 接口连接不良	检查连接
			USB 通信参数设定错误	检查参数设定
E. OS	E. OS	电机超速过	速度检测参数设定不正确	检查参数 Pr374 的设定
			编码器脉冲数设定错误	检查参数 Pr369 的设定
E.OSd	E. OSD	速度偏差过大	负载变化过大	检查负载情况
			偏差检测参数设定不正确	检查参数 Pr285、Pr853 的设定
			编码器脉冲数设定错误	检查参数 Pr369 的设定
			编码器脉冲数设定错误	检查参数 Pr369 的设定
E.ECT	E. ECT	编码器断线	编码器连接错误或断线	检查编码器连接
			闭环接口选件连接错误	检查接口连接
			编码器规格型号错误	检查编码器型号与规格
			闭环控制模块设定错误	检查接口设定
			外部编码器电源未连接	连接编码器电源到变频器接口
E. Od	E. OD	位置误差超过	负载过重	减轻负载
			编码器规格型号错误	检查编码器型号与规格
			编码器计数方向错误	检查参数 Pr359 设定
			编码器脉冲设定错误	检查参数 Pr369 的设定
			位置误差设定过小	检查参数 Pr427 的设定

（续）

显示	代号	报警内容	报警原因	故障处理
E.Mb1	E. MB1	机械制动动作出错	闭环控制时速度偏差过大	检查参数 Pr60、Pr285 设定
E.Mb2	E. MB2		减速过程不正确	检查参数 Pr60、Pr284 设定
E.Mb3	E. MB3		在电机停止时打开了制动器	检查参数 Pr278、Pr280 与连接
E.Mb4	E. MB4		启动后 2s 未输出松开信号	检查参数 Pr60、Pr278、Pr280
E.Mb5	E. MB5		制动器不能在 2s 内松开	检查连接与 BRI 信号输入
E.Mb6	E. MB6		信号 BOF 和 BRI 矛盾	检查 BRI 信号输入与连接
E.Mb7	E. MB7		信号 BOF 和 BRI 矛盾	检查 BRI 信号输入与连接
E.EP	E. EP	编码器计数方向出错	编码器计数方向错误	检查参数 Pr359 设定
			编码器连接错误	检查编码器连接
			编码器规格型号错误	检查编码器型号与规格
E.　1	E. 1	通信选件连接错误	信号干扰过大	正确连接屏蔽线，消除干扰
E.　2	E. 2		通信电缆连接不良或断线	检查通信电缆连接
E.　3	E. 3		终端电阻设定错误	正确设定、安装终端电阻
E.　6	E. 6	CPU 不良	主板上或 CPU 不良	更换主板
E.　7	E. 7		变频器内部连接不良	重新检查变频器安装与连接
E.　11	E. 11	不能反转	电机类型设定错误	检查 Pr71 设定
			变频器未进行自动调整	进行变频器自动调整
E.　13	E. 13	控制电路故障	变频器内部电路故障	检查内部连接、更换变频器

10.3.3　变频器故障诊断

当变频器发生故障时，可以根据不同情况，按照如下步骤进行检查。

1. 不能正常运行

当变频器无报警但是不能正常启动、旋转时，需要进行主回路、输入控制信号、变频器参数与机械传动部件等方面的检查。

（1）主回路检查

主回路检查包括如下内容。

1）检查电源电压是否已加入到变频器。

2）检查电机电枢线是否已正确连接。

3）检查直流母线 P1 与 P/＋之间的短接片是否脱落等。

（2）控制信号检查

控制信号检查包括如下内容。

1）检查变频器的源、汇点输入选择设定是否正确。

2）检查转向信号 STR/STF 是否 ON，STR、STF 同时 ON 时电机不能旋转。

3）检查变频器的 STOP 信号是否 ON。

4）检查频率给定是否为“0”，极性是否连接正确；当使用模拟电流输入时，还需要检查信号 AU 是否为“1”。

5）检查变频器输出关闭信号 MRS 是否为 OFF。

6）检查变频器复位信号 RES 是否为 OFF。

7）检查断电再起动信号 CS 是否为 OFF。

8）检查编码器是否连接正确（闭环控制时）等。

（3）参数检查

参数检查包括如下内容。

1）检查转矩提升参数 Pr0 的设定是否正确（V/f 控制时）。

2）检查参数 Pr79 的操作模式是否选择正确。

3）检查参数 Pr78 的转向禁止设定是否正确。

4）检查参数 Pr13 的起动频率设定是否过大。

5）检查参数 Pr1 的上限频率设定是否为“0”。

6）检查多速运行的运行频率设定是否正确（多速运行方式）。

7）检查参数 Pr15 的点动频率设定是否正确（点动运行时）。

8）检查参数 Pr359 的编码器计数方向设定是否正确（闭环控制时）。

9）检查参数 Pr902 ~ Pr905 的增益与偏置设定是否正确等。

（4）机械传动部件检查

机械传动部件包括如下内容：

1）检查负载是否太重。

2）检查机械制动装置是否已经松开，

3）检查机械传动部件是否可以灵活转动，

4）检查机械连接件是否脱落等。

2. 电机噪声过大

电机运行时的噪声与以下因素有关。

1）PWM 频率不合适，可以通过 Pr72 选择柔性 PWM 频率控制功能。

2）速度调节器增益设定过大，调整参数 Pr820/Pr830、Pr824/Pr834 降低速度调节器比率增益。

3）参数 Pr71 的电机类型选择不合理等。

3. 电机电流过大、发热严重

电机发热与以下因素有关。

1）电机负载过重或散热不良。

2）电机额定电流、额定电流参数设定错误。

3）参数 Pr71 的电机类型选择不合理。

4）参数 Pr14 的负载类型选择不合理。

5）转矩提升参数 Pr0 设定过大。

6）电机未进行自动调整。

7）电机内部局部短路。

8）电机额定频率（参数 Pr3）、额定电压（参数 Pr19）设定错误等。

4. 速度偏差过大或不能调速

如果在电机启动后出现速度偏差过大或速度不能改变的情况，可以按照如下步骤进行相关检查。

1）检查频率给定输入或设定是否正确。

2）检查变频器操作模式选择是否正确，如：是否工作于JOG模式、多级变速模式等。

3）检查开关量输入控制信号是否正确，如：是否将转向信号、停止信号定义成了JOG模式、多级变速模式的输入信号等。

4）检查上限频率（参数Pr1、参数Pr18）、下限频率（参数Pr2）、额定电压（参数Pr19）的设定是否正确。

5）检查AI输入增益、偏移设定参数Pr900～Pr932的增益与偏置设定是否正确。

6）检查负载是否过重。

7）检查频率跳变区域的设定（参数Pr31～Pr36）是否合适，变频器是否已经工作在跳变区。

8）检查制动电阻与直流母线的连接（P/+、P1等）是否正确等。

5. 加减速不稳定

当电机出现加减速不稳定时，可能的原因如下。

1）加减速时间设定（参数Pr7、Pr8）不合理。

2）在V/f控制时，转矩提升设定（参数Pr0、Pr46、Pr112）不合理。

3）负载过重等。

6. 转速不稳定

当电机出现转速不稳定时（如果采用矢量控制，变频器的输出频率在2Hz之内的波动属于正常现象），可能的原因如下。

1）负载变化过于频繁。

2）频率给定输入波动或受到干扰。

3）给定滤波时间常数设定不合适（参数Pr74、Pr822）。

4）接地系统与屏蔽线连接不良或给定输入未使用屏蔽线。

5）矢量控制时电机极数（参数Pr80）、容量（参数Pr81）设定错误。

6）变频器到电机的电枢连接线过长或连接不良。

7）矢量控制时未进行电机的自动调整。

8）V/f控制方式的电机额定电压（参数Pr19）设定错误等。

附　　录

附录 A　三菱 MR－J3 伺服电机技术参数

1. HF－SP 系列中惯量电机

表 A-1　HF－SP 系列（200V/1000r/min）中惯量电机主要技术参数

电机型号 HF－SP	51	81	121	201	301	421
配套驱动器 MR－J3－	60A/B	100A/B	200A/B		350A/B	500A/B
额定输出功率/kW	0.5	0.85	1.2	2.0	3.0	4.2
额定输出转矩/N·m	4.77	8.12	11.5	19.1	28.6	40.1
最大输出转矩/N·m	14.3	24.4	34.4	57.3	85.9	120
额定转速/(r/min)	1000					
最高转速/(r/min)	1500					
瞬间最高转速/(r/min)	1725					
额定功率变化率/(kW/s)	19.2	37	34.3	48.6	84.6	104
额定电流/A	2.9	4.5	6.5	11	16	24
最大电流/A	8.7	13.5	19.5	33	48	72
允许制动率/(次/min)	36	90	188	105	84	75
转子惯量/带制动/(10^{-4}kg·m^2)	11.9/14	17.8/20	38.3/47.9	75/84.7	97/107	154/164
正常允许负载惯量比	≤15					
配套编码器	18 位（262144 脉冲/r）增量/绝对通用编码器					

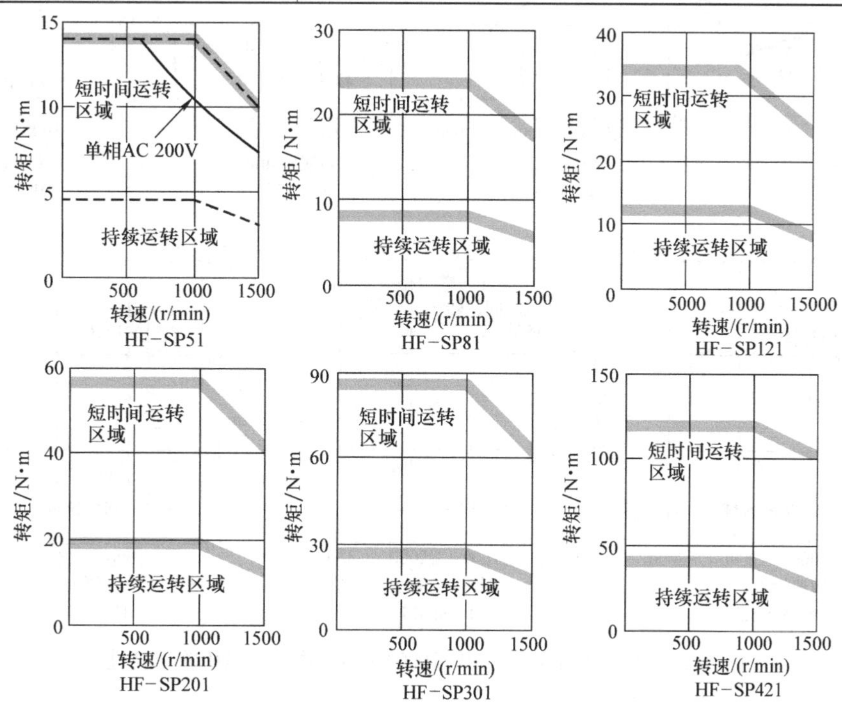

图 A-1　HF－SP 系列（200V/1000r/min）中惯量电机输出特性

表 A-2　HF-SP 系列（200V/2000r/min）中惯量电机主要技术参数

电机型号 HF-SP	52	102	152	202	352	502	702
配套驱动器 MR-J3-	60A/B	100A/B	200A/B		350A/B	500A/B	700A/B
额定输出功率/kW	0.5	1.0	1.5	2.0	3.5	5.0	7.0
额定输出转矩/N·m	2.39	4.77	7.16	9.55	16.7	23.9	33.4
最大输出转矩/N·m	7.16	14.3	21.5	28.6	50.1	71.6	100
额定转速/(r/min)	2000						
最高转速/(r/min)	3000						
瞬间最高转速/(r/min)	3450						
额定功率变化率/(kW/s)	9.34	19.2	28.8	23.8	37.2	58.8	72.5
额定电流/A	2.9	5.3	8.0	10	16	24	33
最大电流/A	8.7	15.9	24	30	48	72	99
允许制动率/(次/min)	60	62	152	71	33	37	31
转子惯量/带制动/(10^{-4}kg·m^2)	6.1/8.3	11.9/14	17.8/20	38.3/47.9	75/84.7	97/107	154/164
正常允许负载惯量比	≤15						
配套编码器	18 位（262144 脉冲/r）增量/绝对通用编码器						

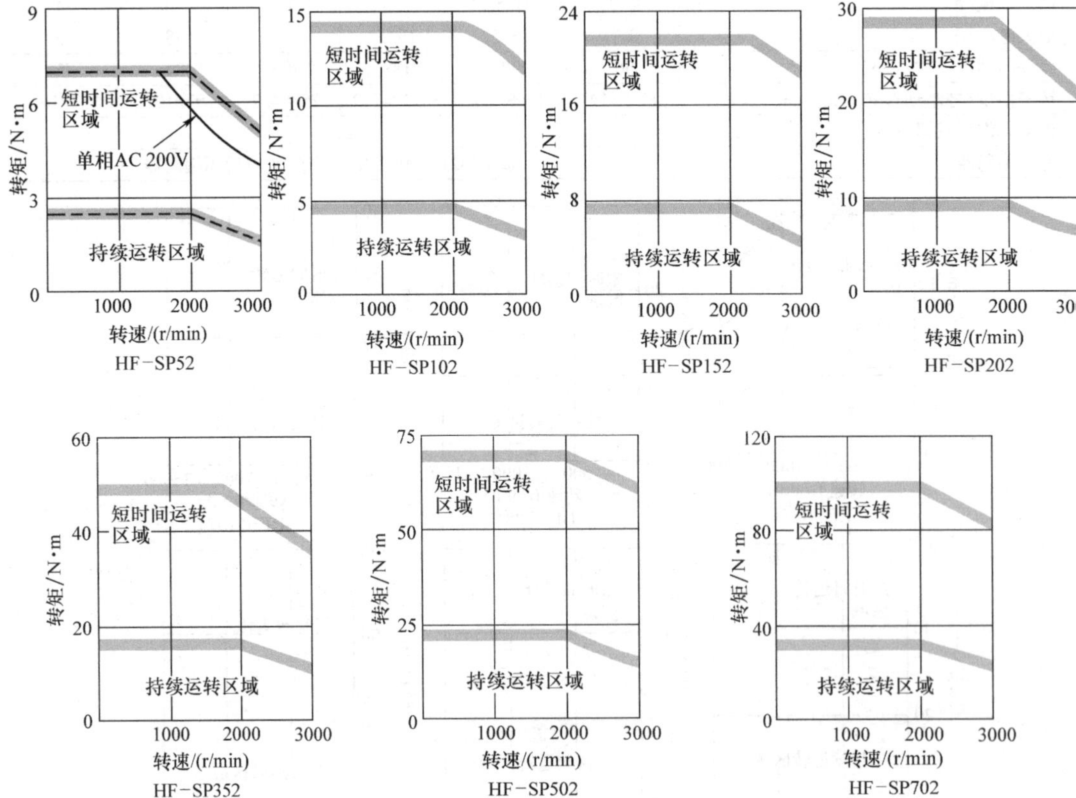

图 A-2　HF-SP 系列（200V/2000r/min）中惯量电机输出特性

表 A-3　HF－SP 系列（400V/2000r/min）中惯量电机主要技术参数

电机型号 HF－SP	524	1024	1524	2024	3524	5024	7024
配套驱动器 MR－J3－	60 * 4	100 * 4	200 * 4		350 * 4	500 * 4	700 * 4
额定输出功率/kW	0.5	1.0	1.5	2.0	3.5	5.0	7.0
额定输出转矩/N·m	2.39	4.77	7.16	9.55	16.7	23.9	33.4
最大输出转矩/N·m	7.16	14.3	21.5	28.6	50.1	71.6	100
额定转速/(r/min)	2000						
最高转速/(r/min)	3000						
瞬间最高转速/(r/min)	3450						
额定功率变化率/(kW/s)	9.34	19.2	28.8	23.8	37.2	58.8	72.5
额定电流/A	1.5	2.9	4.1	5.0	8.4	12	16
最大电流/A	4.5	8.7	12	15	25	36	48
允许制动率/(次/min)	90	46	154	72	37	34	28
转子惯量/带制动/(10^{-4}kg·m^2)	6.1/8.3	11.9/14	17.8/20	38.3/47.9	75/84.7	97/107	154/164
正常允许负载惯量比	≤15						
配套编码器	18 位（262144 脉冲/r）增量/绝对通用编码器						

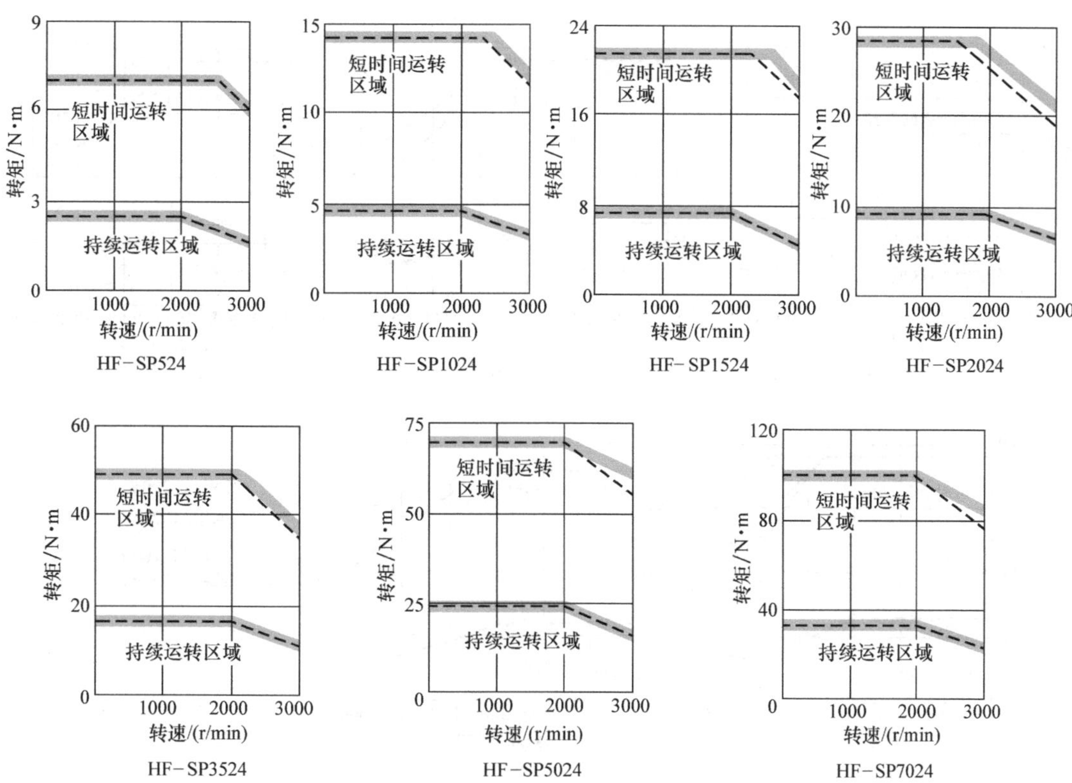

图 A-3　HF－SP 系列（400V/2000r/min）中惯量电机输出特性

2. HF－KP 系列小惯量电机

表 A-4　HF－KP 系列小惯量电机主要技术参数

电机型号 HF－KP－	053	13	23	43	73
配套驱动器 MR－J3－	10A/B	10A/B	20A/B	40A/B	70A/B
额定输出功率/W	50	100	200	400	750
额定输出转矩/N·m	0.16	0.32	0.64	1.3	2.4
最大输出转矩/N·m	0.48	0.95	1.9	3.8	7.2
额定转速/(r/min)	3000				
最高转速/(r/min)	6000				
瞬间最高转速/(r/min)	6900				
额定功率变化率/(kW/s)	4.87	11.5	16.9	38.6	39.9
额定电流/A	0.9	0.8	1.4	2.7	5.2
最大电流/A	2.7	2.4	4.2	8.1	15.6
允许制动率/(次/min)	不受限制	不受限制	448	249	140
转子惯量/带制动/(10^{-4}kg·m^2)	0.052/0.054	0.088/0.09	0.24/0.31	0.42/0.50	1.43/1.63
正常允许负载惯量比	≤15	≤15	≤24	≤22	≤15
配套编码器	18 位（262144 脉冲/r）增量/绝对通用编码器				

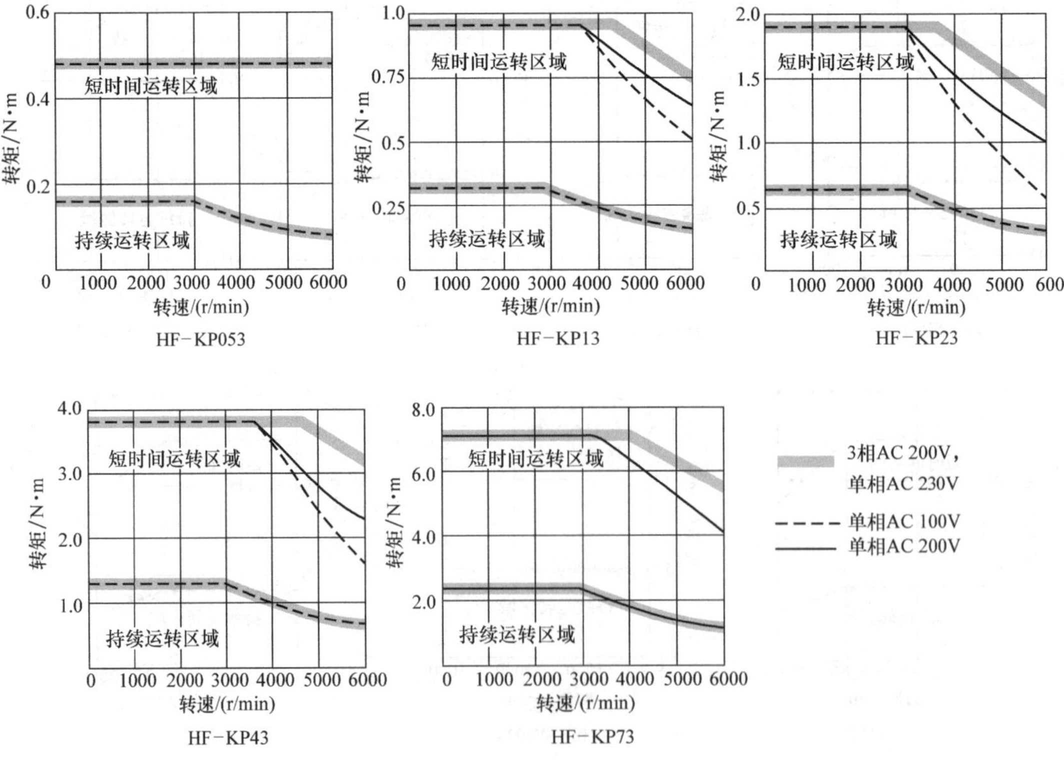

图 A-4　HF－KP 系列小惯量电机输出特性

3. HC－LP 系列小惯量电机

表 A-5　HC－LP 系列小惯量电机主要技术参数

电机型号 HC－LP－	52	102	152	202	302
配套驱动器 MR－J3－	60A/B	100A/B	200A/B	350A/B	500A/B
额定输出功率/kW	0.5	1.0	1.5	2.0	3.0
额定输出转矩/N·m	2.39	4.78	7.16	9.55	14.3
最大输出转矩/N·m	7.16	14.4	21.6	28.5	42.9
额定转速/(r/min)	2000				
最高转速/(r/min)	3000				
瞬间最高转速/(r/min)	3450				
额定功率变化率/(kW/s)	18.4	49.3	79.8	41.5	56.8
额定电流/A	3.2	5.9	9.9	14	23
最大电流/A	9.6	18	30	42	69
允许制动率/(次/min)	115	160	425	120	70
转子惯量/带制动/(10^{-4}kg·m^2)	3.1/5.2	4.62/6.72	6.42/8.52	22/32	36/46
正常允许负载惯量比	≤10				
配套编码器	18 位（262144 脉冲/r）增量/绝对通用编码器				

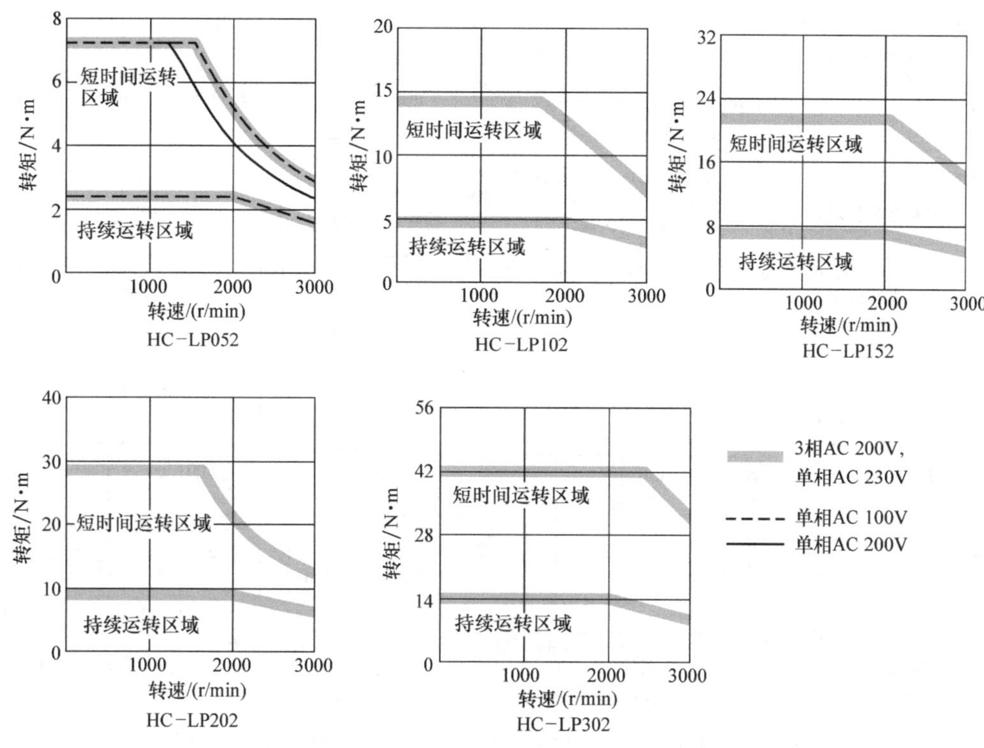

图 A-5　HC－LP 系列小惯量电机输出特性

4. HA-LP 系列小惯量电机（200V/1000r/min）

表 A-6 HA-LP 系列（200V/1000r/min）小惯量电机主要技术参数

电机型号 HA-LP	601	801	12K1	15K1	20K1	25K1	30K1	37K1
配套驱动器 MR－J3－	700A/B	11KA/B		15KA/B	22KA/B		DU30K	DU37K
额定输出功率/kW	6.0	8.0	12	15	20	25	30	37
额定输出转矩/N·m	57.3	76.4	115	143	191	239	286	353
最大输出转矩/N·m	172	229	344	415	477	597	716	883
额定转速/(r/min)	1000							
最高转速/(r/min)	1200							
瞬间最高转速/(r/min)	1380							
额定功率变化率/(kW/s)	313	265	445	373	561	528	626	668
额定电流/A	34	42	61	83	118	118	154	188
最大电流/A	102	126	183	249	295	295	385	470
允许制动率/(次/min)	158	354	264	230	195	117	—	—
转子惯量/带制动/(10^{-4}kg·m^2)	105/113	220/293	295/369	550/—	650/—	1080/—	1310/—	1870/—
正常允许负载惯量比	≤10							
配套编码器	18 位（262144 脉冲/r）增量/绝对通用编码器							

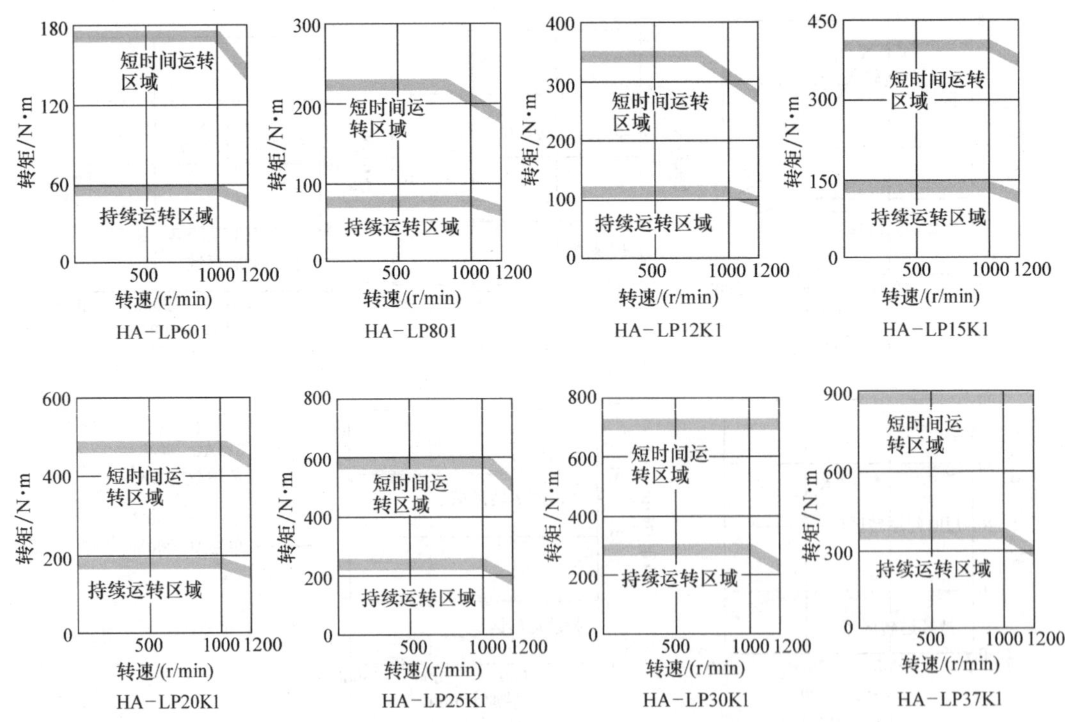

图 A-6 HA-LP 系列（200V/1000r/min）小惯量电机输出特性

5. HF-LP 系列小惯量电机（400V/1000r/min）

表 A-7　HA-LP 系列（400V/1000r/min）小惯量电机主要技术参数

电机型号 HA-LP	6014	8014	12K14	15K14	20K14	25K14	30K14	37K14
配套驱动器 MR－J3－	700＊4	11K＊4		15K＊4	22K＊4		DU30K＊4	DU37K＊4
额定输出功率/kW	6.0	8.0	12	15	20	25	30	37
额定输出转矩/N·m	57.3	76.4	115	143	191	239	286	353
最大输出转矩/N·m	172	229	344	415	477	597	716	883
额定转速/(r/min)	1000							
最高转速/(r/min)	1200							
瞬间最高转速/(r/min)	1380							
额定功率变化率/(kW/s)	313	265	445	373	561	528	626	668
额定电流/A	17	20	30	40	55	70	77	95
最大电流/A	51	60	90	120	138	175	193	238
允许制动率/(次/min)	169	354	264	230	195	—	—	——
转子惯量/带制动/(10^{-4}kg·m^2)	105/113	220/293	295/369	550/—	650/—	1080/—	1310/—	1870/—
正常允许负载惯量比	≤10							
配套编码器	18 位（262144 脉冲/r）增量/绝对通用编码器							

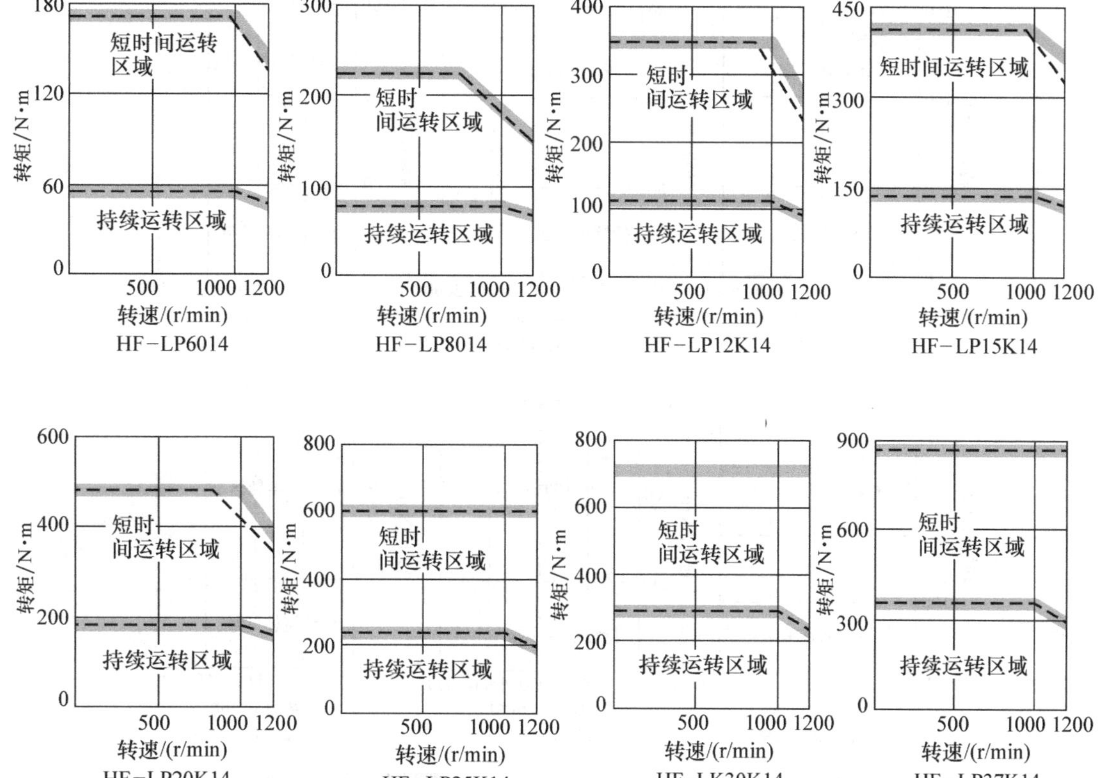

图 A-7　HF-LP 系列（400V/1000r/min）小惯量电机输出特性

6. HA-LP 系列小惯量电机（200V/1500r/min）

表 A-8　HA-LP 系列（200V/1500r/min）小惯量电机主要技术参数

电机型号 HA-LP	701M	11K1M	15K1M	22K1M	30K1M	37K1M
配套驱动器 MR－J3－	700A/B	11KA/B	15KA/B	22KA/B	DU30K	DU37K
额定输出功率/kW	7.0	11	15	22	30	37
额定输出转矩/N·m	44.6	70	95.5	140	191	236
最大输出转矩/N·m	134	210	286	350	477	589
额定转速/(r/min)	1500					
最高转速/(r/min)	2000					
瞬间最高转速/(r/min)	2300					
额定功率变化率/(kW/s)	189	223	309	357	561	514
额定电流/A	37	65	87	126	174	202
最大电流/A	111	195	261	315	435	505
允许制动率/(次/min)	70	158	191	102	—	—
转子惯量/带制动/(10^{-4}kg·m^2)	105/113	220/293	295/369	550/—	650/—	1080/—
正常允许负载惯量比	≤10					
配套编码器	18 位（262144 脉冲/r）增量/绝对通用编码器					

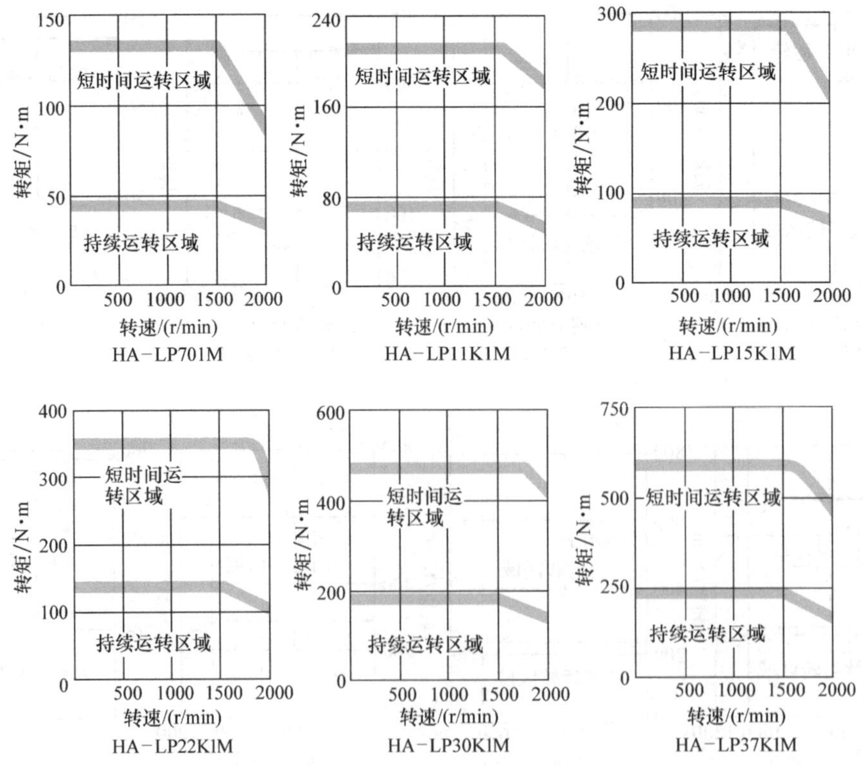

图 A-8　HA-LP 系列 200V/1500r/min 小惯量电机输出特性

7. HA-LP 系列小惯量电机（400V/1500r/min）

表 A-9　HA-LP 系列（400V/1500r/min）小惯量电机主要技术参数

电机型号 HA-LP	701M4	11K1M4	15K1M4	22K1M4	30K1M4	37K1M4	45K1M4	50K1M4
配套驱动器 MR－J3－	700A/B	11KA/B	15KA/B	22KA/B	DU30K	DU37K	DU45K	DU55K
额定输出功率/kW	7.0	11	15	22	30	37	45	50
额定输出转矩/N·m	44.6	70	95.5	140	191	236	286	318
最大输出转矩/N·m	134	210	286	350	477	589	716	796
额定转速/(r/min)	1500							
最高转速/(r/min)	2000							
瞬间最高转速/(r/min)	2300							
额定功率变化率/(kW/s)	189	223	309	357	561	514	626	542
额定电流/A	18	31	41	63	87	101	128	143
最大电流/A	54	93	123	158	218	252	320	358
允许制动率/(次/min)	75	158	191	102	—	—	—	—
转子惯量/带制动/(10^{-4}kg·m^2)	105/113	220/293	295/369	550/—	650/—	1080/—	1310/—	1870/—
正常允许负载惯量比	≤10							
配套编码器	18 位（262144 脉冲/r）增量/绝对通用编码器							

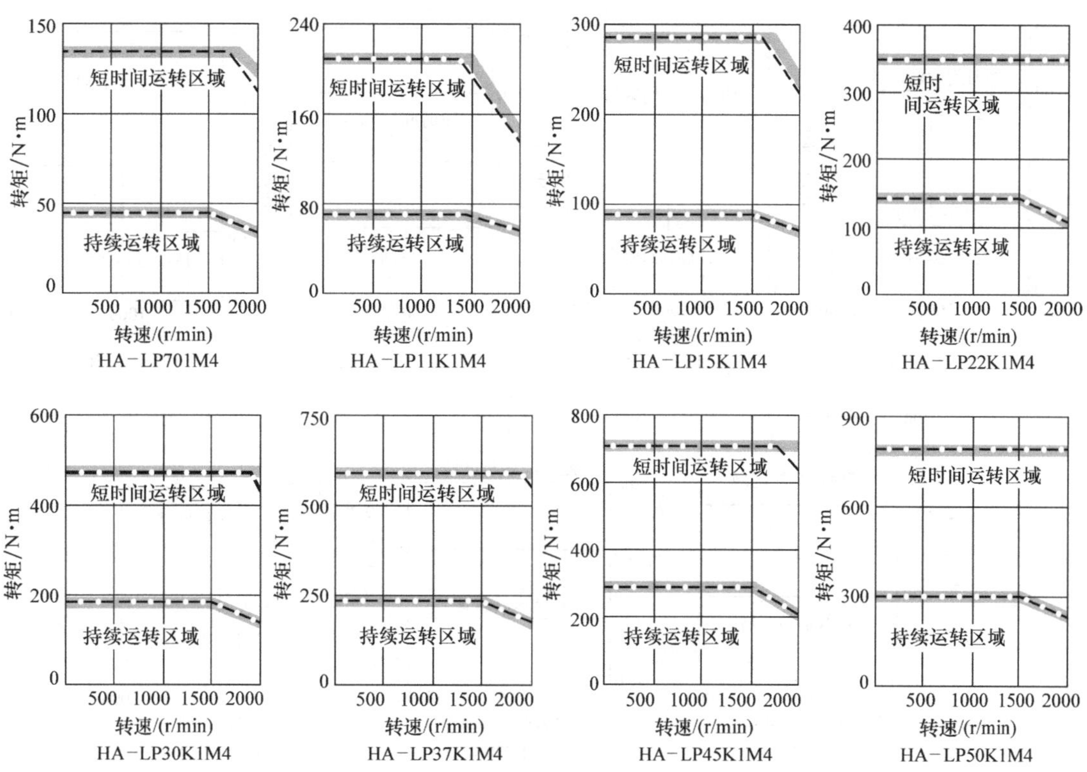

图 A-9　HA-LP 系列（400V/1500r/min）小惯量电机输出特性

8. HA-LP 系列小惯量电机（200V/2000r/min）

表 A-10　HA-LP 系列小惯量电机（200V/2000r/min）主要技术参数

电机型号 HA-LP	502	702	11K2	15K2	22K2	30K2	37K2
配套驱动器 MR－J3－	500A/B	700A/B	11KA/B	15KA/B	22KA/B	DU30K	DU37K
额定输出功率/kW	5.0	7.0	11	15	22	30	37
额定输出转矩/N·m	23.9	33.4	52.5	71.6	105	143	177
最大输出转矩/N·m	71.6	100	158	215	263	358	442
额定转速/(r/min)	2000						
最高转速/(r/min)	2000						
瞬间最高转速/(r/min)	2300						
额定功率变化率/(kW/s)	77.2	118	263	233	374	373	480
额定电流/A	25	34	63	77	112	166	204
最大电流/A	75	102	189	231	280	415	510
允许制动率/(次/min)	50	50	186	144	107	—	—
转子惯量/带制动/(10^{-4}kg·m^2)	74/—	94.2/—	105/113	220/293	295/369	550/—	650/—
正常允许负载惯量比	≤10						
配套编码器	18 位（262144 脉冲/r）增量/绝对通用编码器						

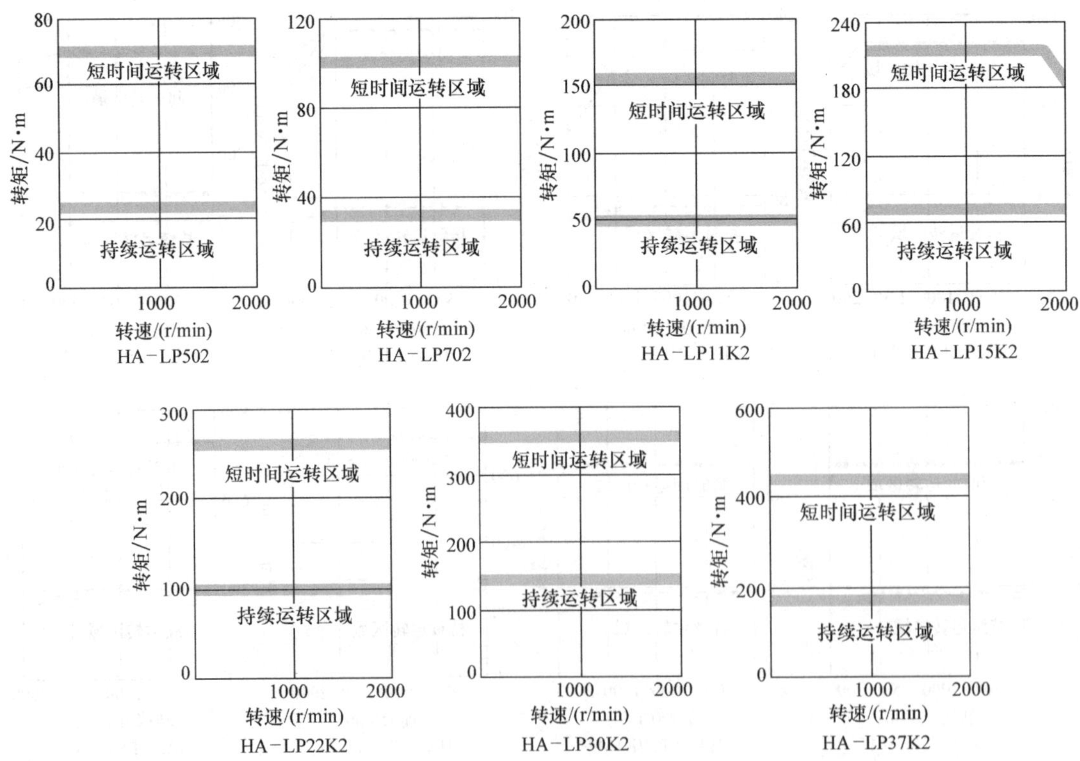

图 A-10　HA-LP 系列（200V/2000r/min）小惯量电机输出特性

9. HA-LP 系列小惯量电机（400V/2000r/min）

表 A-11　HA-LP 系列（400V/2000r/min）小惯量电机主要技术参数

电机型号 HA-LP	11K24	15K24	22K24	30K24	37K24	45K24	55K24
配套驱动器 MR－J3－	11K＊4	15K＊4	22K＊4	DU30K＊4	DU37K＊4	DU45K＊4	DU55K＊4
额定输出功率/kW	11	15	22	30	37	45	55
额定输出转矩/N·m	52.5	71.6	105	143	177	215	263
最大输出转矩/N·m	158	215	263	358	442	537	657
额定转速/(r/min)	2000						
最高转速/(r/min)	2000						
瞬间最高转速/(r/min)	2300						
额定功率变化率/(kW/s)	263	233	374	373	480	427	526
额定电流/A	32	40	57	83	102	131	143
最大电流/A	96	120	143	208	255	328	358
允许制动率/(次/min)	186	144	107	—	—	—	—
转子惯量/带制动/(10^{-4}kg·m^2)	105/113	220/293	295/369	550/—	650/—	1080/—	1310/—
正常允许负载惯量比	≤10						
配套编码器	18 位（262144 脉冲/r）增量/绝对通用编码器						

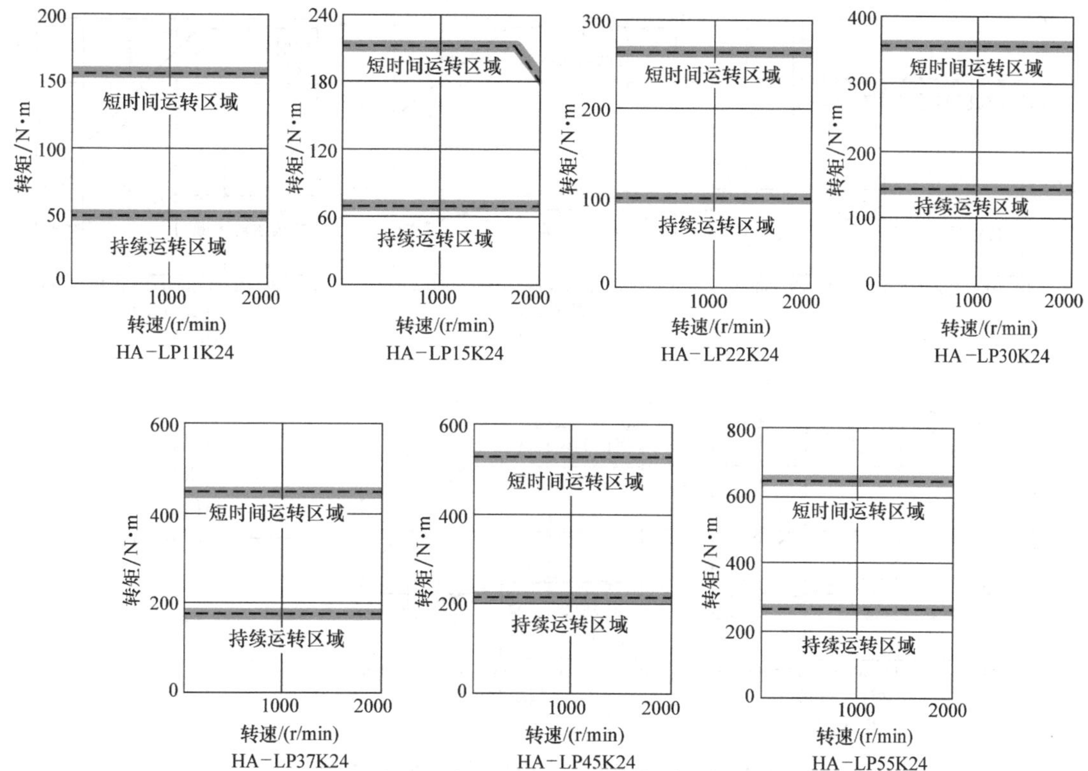

图 A-11　HA-LP 系列（400V/2000r/min）小惯量电机输出特性

10. HF－MP 系列超低惯量电机

表 A-12　HF－MP 系列超低惯量电机主要技术参数

电机型号 HF－MP	053	13	23	43	73
配套驱动器 MR－	J3－10A/B		J3－20A/B	J3－40A/B	J3－70A/B
额定输出功率/W	50	100	200	400	750
额定输出转矩/N·m	0.16	0.32	0.64	1.3	2.4
最大输出转矩/N·m	0.48	0.95	1.9	3.8	7.2
额定转速/(r/min)	3000				
最高转速/(r/min)	6000				
瞬间最高转速/(r/min)	6900				
额定功率变化率/(kW/s)	13.3	31.7	46.1	111.6	95.5
额定电流/A	1.1	0.9	1.6	2.7	5.8
最大电流/A	3.2	2.8	5.0	8.6	16.7
允许制动率/(次/min)	不受限制	不受限制	1570	920	420
转子惯量/带制动/(10^{-4}kg·m^2)	0.019/0.025	0.032/0.039	0.088/0.12	0.15/0.18	0.60/0.70
正常允许负载惯量比	≤30				
配套编码器	18 位（262144 脉冲/r）增量/绝对通用编码器				

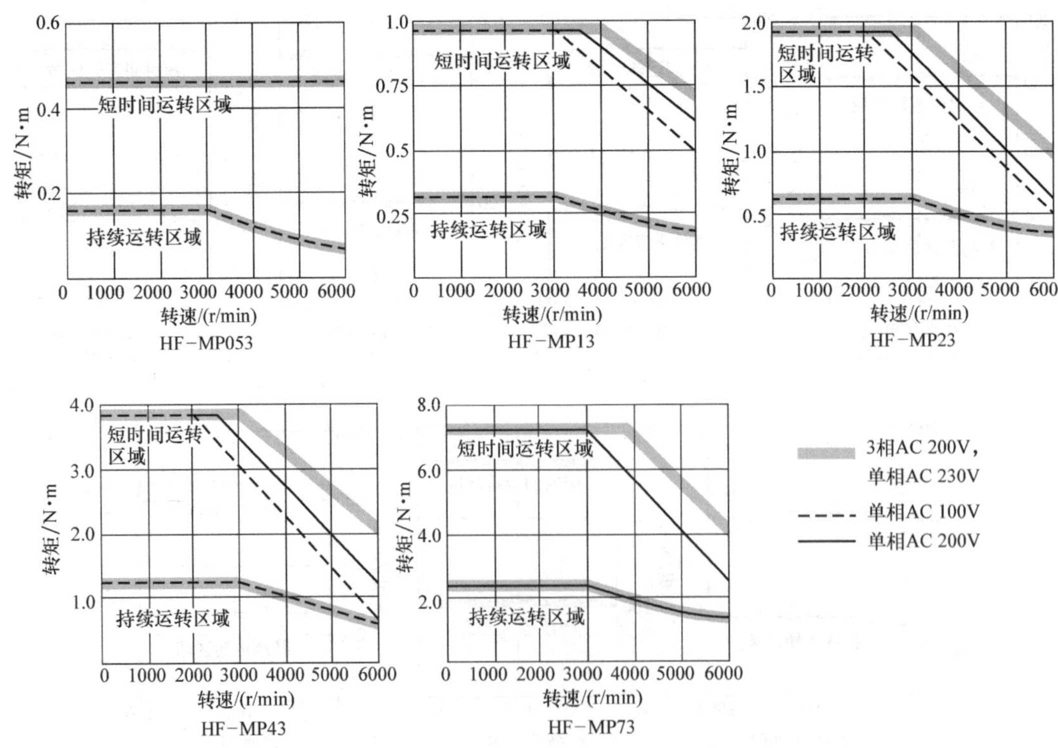

图 A-12　HF－MP 系列超低惯量电机输出特性

11. HC－RP 系列超低惯量电机

表 A-13　HC－RP 系列超低惯量电机主要技术参数

电机型号 HC－RP－	103	153	203	353	503
配套驱动器 MR－J3－	200A/B		350A/B	500A/B	
额定输出功率/kW	1.0	1.5	2.0	3.5	5.0
额定输出转矩/N·m	3.18	4.78	6.37	11.1	15.9
最大输出转矩/N·m	7.95	11.9	15.9	27.9	39.7
额定转速/(r/min)	3000				
最高转速/(r/min)	4500				
瞬间最高转速/(r/min)	5175				
额定功率变化率/(kW/s)	67.4	120	176	150	211
额定电流/A	6.1	8.8	14	23	28
最大电流/A	18	23	37	58	70
允许制动率/(次/min)	1090	860	710	174	125
转子惯量/带制动/(10^{-4}kg·m^2)	1.5/1.85	1.9/2.25	2.3/2.65	8.3/11.8	12/15.5
正常允许负载惯量比	≤5				
配套编码器	18 位（262144 脉冲/r）增量/绝对通用编码器				

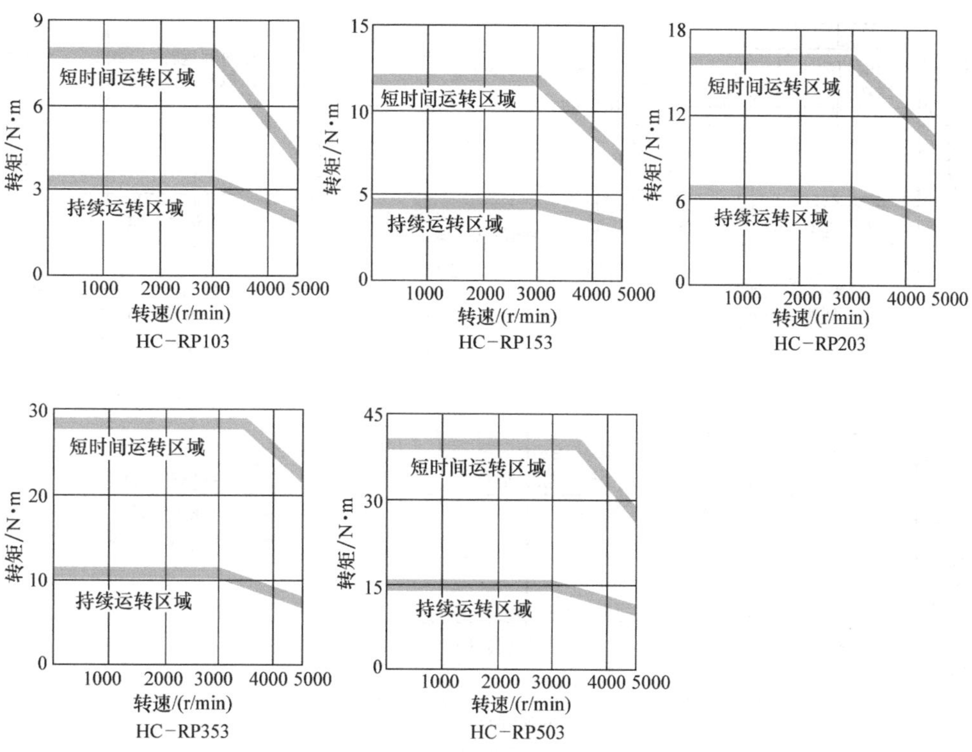

图 A-13　HC－RP 系列超低惯量电机输出特性

12. HC－UP 扁平电机

表 A-14　HC－UP 系列扁平电机主要技术参数

电机型号 HC－UP－	72	152	202	352	502
配套驱动器 MR－J3－	70A/B	200A/B	350A/B	500A/B	500A/B
额定输出功率/kW	0.75	1.5	2.0	3.5	5.0
额定输出转矩/N·m	3.58	7.16	9.55	16.7	23.9
最大输出转矩/N·m	10.7	21.6	28.5	50.1	71.6
额定转速/(r/min)	2000			2000	
最高转速/(r/min)	3000			2500	
瞬间最高转速/(r/min)	3450			2875	
额定功率变化率/(kW/s)	12.3	23.2	23.9	36.5	49.6
额定电流/A	5.4	9.7	14	23	28
最大电流/A	16	29	42	69	84
允许制动率/(次/min)	53	124	68	44	31
转子惯量/带制动/(10^{-4}kg·m^2)	10.4/12.5	22.1/24.2	38.2/46.8	76.5/85.1	115/124
正常允许负载惯量比	≤15				
配套编码器	18 位（262144 脉冲/r）增量/绝对通用编码器				

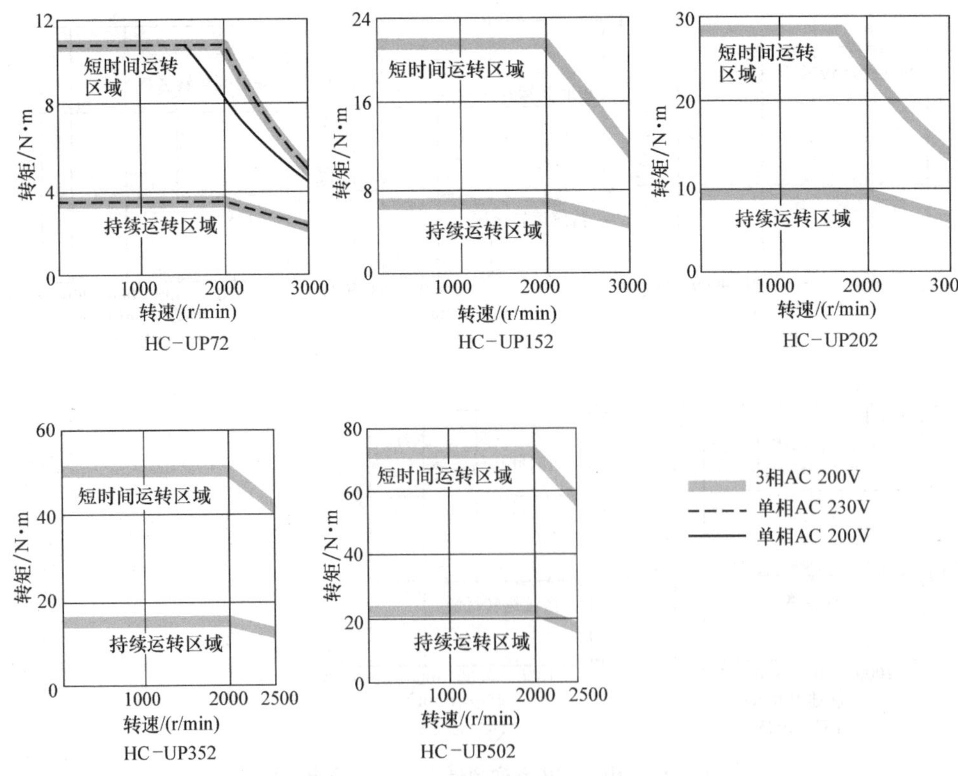

图 A-14　HC－UP 系列扁平电机输出特性

附录B　三菱 FR－A740 变频器参数总表

参数号 Pr	名　　称	通信指令代码			设定范围	设定单位	出厂设定
		读出	写入	扩展码			
0	转矩提升设定	00	80	0	0～30.0	0.1%	2%～6%
1	最大输入（上限）频率	01	81	0	0～120.0	0.01Hz	120.0
2	最小输入（下限）频率	02	82	0	0～120.0	0.01Hz	0
3	额定频率	03	83	0	0～400.0	0.01Hz	50.0
4	多级变速频率设定1	04	84	0	0～400.0	0.01Hz	60.0
5	多级变速频率设定2	05	85	0	0～400.0	0.01Hz	30.0
6	多级变速频率设定3	06	86	0	0～400.0	0.01Hz	10.0
7	加速时间	07	87	0	0～3600	0.1/0.01s	5/15s
8	减速时间	08	88	0	0～3600	0.1/0.01s	5/15s
9	电机额定电流	09	89	0	0～500	0.01A	不同
10	直流制动开始频率	0A	8A	0	0～120.0	0.01Hz	3.0
11	直流制动时间	0B	8B	0	0～10.0	0.1s	0.5
12	直流制动电压	0C	8C	0	0～30.0	0.1%	2%～4%
13	最小输出（启动）频率	0D	8D	0	0～60.0	0.01Hz	0.5
14	负载曲线设定	0E	8E	0	0～5	—	0
15	点动（JOG）频率	0F	8F	0	0～400.0	0.01Hz	5.0
16	点动加/减速时间	10	90	0	0～3600	0.1/0.01s	0.5s
17	MRS信号极性选择	11	91	0	0/2	—	0
18	最大输出频率	12	92	0	120～400.0	0.01Hz	120
19	额定电压	13	93	0	0～1000.0	0.1V	9999
20	加/减速基准频率	14	94	0	1～400.0	0.01Hz	50.0
21	加/减速时间单位选择	15	95	0	0/1	—	0
22	失速保护电流设定	16	96	0	0～200.0	0.1%	150.0
23	失速保护电流修整系数	17	97	0	0～200.0	0.1%	9999
24	多级变速频率设定4	18	98	0	0～400.0	0.01Hz	9999
25	多级变速频率设定5	19	99	0	0～400.0	0.01Hz	9999
26	多级变速频率设定6	1A	9A	0	0～400.0	0.01Hz	9999
27	多级变速频率设定7	1B	9B	0	0～400.0	0.01Hz	9999
28	多级变速倍率调整功能	1C	9C	0	0/1	—	0
29	加/减速类型选择	1D	9D	0	0/1/2/3	—	0
30	制动类型选择	1E	9E	0	0/1/2	—	0
31	频率跳变区域1设定	1F	9F	0	0～400.0	0.01Hz	9999
32	频率跳变区域1设定	20	A0	0	0～400.0	0.01Hz	9999

（续）

参数号 Pr	名　称	通信指令代码			设定范围	设定单位	出厂设定
		读出	写入	扩展码			
33	频率跳变区域 2 设定	21	A1	0	0～400.0	0.01Hz	9999
34	频率跳变区域 2 设定	22	A2	0	0～400.0	0.01Hz	9999
35	频率跳变区域 3 设定	23	A3	0	0～400.0	0.01Hz	9999
36	频率跳变区域 3 设定	24	A4	0	0～400.0	0.01Hz	9999
37	转速显示设定	25	A5	0	0/1	—	0
41	频率到达信号动作范围	29	A9	0	0～100.0	0.1%	10.0
42	频率检测信号动作范围	2A	AA	0	0～400.0	0.01Hz	6
43	反转检测信号动作范围	2B	AB	0	0～400.0	0.01Hz	9999
44	第 2 加/减速时间	2C	AC	0	0～3600	0.1/0.01s	5.0
45	第 2 减速时间	2D	AD	0	0～3600	0.1/0.01s	9999
46	第 2 转矩提升	2E	AE	0	0～30.0	0.1%	9999
47	第 2 额定频率	2F	AF	0	0～400.0	0.01Hz	9999
48	第 2 失速保护电流设定	30	B0	0	0～200.0	0.1%	150.0
49	第 2 失速保护基准频率	31	B1	0	0～400.0	0.01Hz	0
50	第 2 频率到达信号范围	32	B2	0	0～400.0	0.01Hz	30.0
51	第 2 电机额定电流	33	B3	0	0～500.0A	0.1A	9999
52	DU/PU 主显示选择	34	B4	0	0～25/100	—	0
54	FM 端子功能选择	36	B6	0	0～21	—	1
55	频率显示基准	37	B7	0	0～400.0	0.01Hz	50
56	电流显示基准	38	B8	0	0～500.0	0.01A	不同
57	再起动自由运行时间	39	B9	0	0.1～5.0	0.1s	9999
58	再起动的电压上升时间	3A	BA	0	0.1～60.0	0.1s	1.0
59	远程控制功能选择	3B	BB	0	0/1/2	—	0
60	自适应功能选择	3C	BC	0	0～8	—	0
61	自适应基准电流选择	3D	BD	0	0～500.0	0.01A	9999
62	自适应加速时电流基准	3E	BE	0	0～200.0	0.1%	9999
63	自适应减速时电流基准	3F	BF	0	0～200.0	0.1%	9999
64	升降控制的启动频率	40	C0	0	0～10.0	0.01Hz	9999
65	报警自复位重试功能	41	C1	0	0～5	—	0
66	失速保护基准频率	42	C2	0	0～400.0	0.01Hz	50.0
67	报警发生时重试次数	43	C3	0	0～10	—	0
68	重试等待时间	44	C4	0	0～10.0	0.1s	1.0
69	重试次数显示和消除	45	C5	0	0	—	0
70	特殊的制动率	46	C6	0	0～30.0	0.1%	0
71	电机类型	47	C7	0	0～24	—	0

（续）

参数号 Pr	名　称	通信指令代码			设定范围	设定单位	出厂设定
		读出	写入	扩展码			
72	PWM 频率选择	48	C8	0	0～15	kHz	2
73	模拟量输入选择	49	C9	0	0～15	—	1
74	输入滤波器时间常数	4A	CA	0	0～8	—	1
75	复位/PU 脱离运行选择	4B	CB	0	0～17	—	14
76	开关量输出功能选择	4C	CC	0	0～3	—	0
77	参数保护选择	4D	CD	0	0～2	—	0
78	转向禁止选择	4E	CE	0	0～2	—	0
79	操作模式/运行方式	4F	CF	0	0～8	—	0
80	电机容量	50	D0	0	0.4～55.0	0.01kW	9999
81	电机极数	51	D1	0	2～16	—	9999
82	电机励磁电流	52	D2	0	0～500.0	0.01A	9999
83	电机额定电压	53	D3	0	0～1000.0	0.1V	400.0
84	电机额定频率	54	D4	0	50～120.0	0.01Hz	50
89	速度控制增益	59	D9	0	0～200.0	0.1%	100.0
90	电机常数（R1）	5A	DA	0	0～400.0	0.01mΩ	9999
91	电机常数（R2）	5B	DB	0	0～400.0	0.01mΩ	9999
92	电机常数（L1）	5C	DC	0	0～400.0	0.01mH	9999
93	电机常数（L2）	5D	DD	0	0～400.0	0.01mH	9999
94	电机常数（X）	5E	DE	0	0～500.0	0.01Ω	9999
95	在线自动调整生效	5F	DF	0	0/1	0，1	0
96	在线自动调整选择	60	E0	0	0/1/101	—	0
100	V/f 曲线点 1 频率	00	80	1	0～400.0	0.01Hz	9999
101	V/f 曲线点 1 电压	01	81	1	0～1000.0	0.1V	0
102	V/f 曲线点 2 频率	02	82	1	0～400.0	0.01Hz	9999
103	V/f 曲线点 2 电压	03	83	1	0～1000.0	0.1V	0
104	V/f 曲线点 3 频率	04	84	1	0～400.0	0.01Hz	9999
105	V/f 曲线点 3 电压	05	85	1	0～1000.0	0.1V	0
106	V/f 曲线点 4 频率	06	86	1	0～400.0	0.01Hz	9999
107	V/f 曲线点 4 电压	07	87	1	0～1000.0	0.1V	0
108	V/f 曲线点 5 频率	08	88	1	0～400.0	0.01Hz	9999
109	V/f 曲线点 5 电压	09	89	1	0～1000.0	0.1V	0
110	第 3 加/减速时间	0A	8A	1	0～3600	0.1/0.01s	9999
111	第 3 减速时间	0B	8B	1	0～3600	0.1/0.01s	9999
112	第 3 转矩提升	0C	8C	1	0～30.0	0.1%	9999
113	第 3 额定频率	0D	8D	1	0～400.0	0.01Hz	9999

（续）

参数号 Pr	名　称	通信指令代码			设定范围	设定单位	出厂设定
		读出	写入	扩展码			
114	第 3 失速保护电流	0E	8E	1	0 ~ 200. 0	0. 1%	150. 0
115	第 3 失速保护基准频率	0F	8F	1	0 ~ 400. 0	0. 01Hz	9999
116	第 3 频率到达信号范围	10	90	1	0 ~ 400. 0	0. 01Hz	9999
117	变频器从站地址	11	—	1	0 ~ 31	—	0
118	通信速率	12	—	1	48 ~ 192	100bps	192
119	数据/停止位设定	13	—	1	0/1、10/11	1	1
120	奇偶校验设定	14	—	1	0/1/2	—	2
121	通信出错重试次数	15	—	1	0 ~ 10	—	1
122	通信校验时间间隔	16	—	1	0 ~ 999. 8	0. 1s	0
123	通信等待时间设定	17	—	1	0 ~ 150	ms	9999
124	数据结束字符选择	18	—	1	0/1/2	—	1
125	2/5 端模拟输入增益频率	19	99	1	0 ~ 400	Hz	50
126	4/5 端模拟输入增益频率	1A	9A	1	0 ~ 400	Hz	50
127	PID 调节自动频率切换	1B	9B	1	0 ~ 400	Hz	9999
128	PID 调节器功能选择	1C	9C	1	10 ~ 21	—	10
129	PID 调节器比例增益	1D	9D	1	0 ~ 1000. 0	0. 1%	100. 0
130	PID 调节器积分时间	1E	9E	1	0 ~ 3600. 0	0. 1s	1. 0
131	PID 调节输出上限	1F	9F	1	0 ~ 100. 0	0. 1%	9999
132	PID 调节输出下限	20	A0	1	0 ~ 100. 0	0. 1%	9999
133	PID 目标值设定	21	A1	1	0 ~ 100. 0	0. 01%	0
134	PID 调节器微分时间	22	A2	1	0 ~ 10. 0	0. 1s	9999
135	工频切换输出端选择	23	A3	1	0/1	—	0
136	接触器切换互锁时间	24	A4	1	0 ~ 100. 0	0. 1s	1. 0
137	工频切换起动等待时间	25	A5	1	0 ~ 100. 0	0. 1s	0. 5
138	报警时的工频切换选择	26	A6	1	0/1	—	0
139	工频切换频率设定	27	A7	1	0 ~ 60. 0	0. 01Hz	9999
140	两段加速转换频率	28	A8	1	0 ~ 400. 0	0. 01Hz	1. 0
141	两段加速转换等待时间	29	A9	1	0 ~ 360. 0	0. 1s	0. 5
142	两段减速转换频率	2A	AA	1	0 ~ 400. 0	0. 01Hz	1. 0
143	两段减速转换等待时间	2B	AB	1	0 ~ 360. 0	0. 1s	0. 5
144	速度显示单位选择	2C	AC	1	0 ~ 110	—	4
145	显示单元语言设定	2D	AD	1	0 ~ 7	—	1
146	系统参数	2E	AE	1	不要改变出厂设定		
148	失速保护功能偏移设定	30	B0	1	0 ~ 200. 0	0. 1%	150. 0
149	失速保护功能增益设定	31	B1	1	0 ~ 200. 0	0. 1%	200. 0

（续）

参数号 Pr	名　称	通信指令代码			设定范围	设定单位	出厂设定
		读出	写入	扩展码			
150	输出电流到达检测范围	32	B2	1	0 ~ 200.0	0.1%	150.0
151	输出电流到达检测延时	33	B3	1	0 ~ 10.0	0.1s	0
152	零电流检测信号范围	34	B4	1	0 ~ 200.0	0.1%	5.0
153	零电流检测信号延时	35	B5	1	0 ~ 10.0	0.1s	0.5
154	失速保护电压调整选择	36	B6	1	0/1	—	1
155	RT 信号生效条件	37	B7	1	0/10	—	0
156	电流突变时的失速保护	38	B8	1	0 ~ 31	—	0
157	OL 信号输出延时	39	B9	1	0 ~ 25.0	0.1s	1.0
158	AM 端子功能选择	3A	BA	1	1 ~ 21	—	1
159	自动切换工频的范围	3B	BB	1	1 ~ 10.0	0.01Hz	9999
160	用户参数保护设定	00	80	2	0/1/10/11	—	0
161	键盘锁定功能	01	81	2	0/1/10/11	—	0
162	瞬时停电起动方式选择	02	82	2	0/1	—	0
163	再起动电压上升时间	03	83	2	0 ~ 20.0	0.1s	0
164	再起动电压上升值	04	84	2	0 ~ 100.0	0.1%	0
165	再起动失效防止电流	05	85	2	0 ~ 200.0	0.1%	150
166	电流到达信号保持时间	06	86	2	0 ~ 10.0	0.1s	0
168	系统参数	08	88	2	不要改变出厂设定		
169	系统参数	09	89	2	不要改变出厂设定		
170	电度表清零	0A	8A	2	0	—	0
171	实际运行时间清零	0B	8B	2	0	—	0
172	用户参数组显示与总清	0C	8C	2	0 ~ 16	—	0
173	第 1 组用户参数登记	0D	8D	2	0 ~ 999	—	0
174	第 1 组用户参数删除	0E	8E	2	0 ~ 999	—	0
178	STF 端子功能选择	12	92	2	0 ~ 99	—	60
179	STR 端子功能选择	13	93	2	0 ~ 99	—	61
180	RL 端子功能选择	14	94	2	0 ~ 99	—	0
181	RM 端子功能选择	15	95	2	0 ~ 99	—	1
182	RH 端子功能选择	16	96	2	0 ~ 99	—	2
183	RT 端子功能选择	17	97	2	0 ~ 99	—	3
184	AU 端子功能选择	18	98	2	0 ~ 99	—	4
185	JOG 端子功能选择	19	99	2	0 ~ 99	—	5
186	CS 端子功能选择	1A	9A	2	0 ~ 99	—	6
187	MRS 端子功能选择	1B	9B	2	0 ~ 99	—	24
188	STOP 端子功能选择	1C	9C	2	0 ~ 99	—	25

（续）

参数号 Pr	名　称	通信指令代码			设定范围	设定单位	出厂设定
		读出	写入	扩展码			
189	RES 端子功能选择	1D	9D	2	0～99	—	62
190	RUN 端子功能选择	1E	9E	2	0～99	—	0
191	SU 端子功能选择	1F	9F	2	0～99	—	1
192	IPF 端子功能选择	20	A0	2	0～99	—	2
193	OL 端子功能选择	21	A1	2	0～99	—	3
194	FU 端子功能选择	22	A2	2	0～99	—	4
195	A1/B1/C1 端子功能选择	23	A3	2	0～99	—	99
196	A2/B2/C2 端子功能选择	24	A4	2	0～99	—	9999
232	多速运行频率 8	28	A8	2	0～400.0	0.01Hz	9999
⋮	⋮	…	…	…	…	…	…
239	多速运行频率 15	2F	AF	2	0～400.0	0.01Hz	9999
240	柔性 PWM 功能设定	30	B0	2	0/1	—	1
241	模拟量输入单位选择	31	B1	2	0/1	—	0
242	模拟量输入 1 补偿倍率	32	B2	2	0～100.0	0.1%	100.0
243	模拟量输入 4 补偿倍率	33	B3	2	0～100.0	0.1%	75.0
244	冷却风扇动作选择	34	B4	2	0/1	—	0
245	额定转差	35	B5	2	0～50.0	0.01%	9999
246	转差补偿响应时间	36	B6	2	0～10.0	0.01s	0.5
247	恒功率区转差补偿选择	37	B7	2	0/9999	—	9999
250	停止方式与减速时间	3A	BA	2	0～100.0	0.1s	9999
251	输入断相保护功能选择	3B	BB	2	0/1	—	0
252	速度倍率调节下限	3C	BC	2	0～200.0	0.1%	50.0
253	速度倍率调节上限	3D	BD	2	0～200.0	0.1%	150.0
255	主要器件寿命报警代码	3F	BF	2	0～15	—	0
256	浪涌吸收电路寿命显示	40	C0	2	0～100.0	0.1%	100
257	控制电路电容寿命显示	41	C1	2	0～100.0	0.1%	100
258	主电路电容寿命显示	42	C2	2	0～100.0	0.1%	100
259	主电路电容寿命测试	43	C3	2	0～9	—	0
260	PWM 频率自动调整功能	44	C4	2	0/1	—	1
261	瞬时停电停止方式选择	45	C5	2	0/1	—	0
262	瞬时停电起始频率降	46	C6	2	0～20.0	0.01Hz	3.0
263	瞬时停电直接减速频率	47	C7	2	0～120.0	0.01Hz	50.0
264	瞬时停电减速时间 1	48	C8	2	0～3600.0	0.1s	5.0
265	瞬时停电减速时间 2	49	C9	2	0～3600.0	0.1s	9999
266	瞬时停电减速转换频率	4A	CA	2	0～1400.0	0.01Hz	50.0

（续）

参数号 Pr	名　称	通信指令代码			设定范围	设定单位	出厂设定
		读出	写入	扩展码			
267	模拟量输入端4类型设定	4B	CB	2	0/1/2	—	0
268	显示器小数点位数设定	4C	CC	2	0/1	9999	0
269	系统参数	4D	CD	2	不要改变出厂设定		
270	挡块定位/自动变速选择	4E	CE	2	0～3	—	0
271	自动变速的高速电流阀值	4F	CF	2	0～200.0	0.1%	50.0
272	自动变速的低速电流阀值	50	D0	2	0～200.0	0.1%	100.0
273	计算电流的频率范围	51	D1	2	0～400.0	0.01Hz	9999
274	电流计算滤波常数	52	D2	2	1～4000	0.75ms	16
275	挡块定位励磁电流倍率	53	D3	2	0～100.0	1%	9999
276	挡块定位 PWM 载波频率	54	D4	2	0～15	kHz	1
278	机械制动打开频率	56	D6	2	0～30.0	0.01Hz	3.0
279	机械制动打开电流	57	D7	2	0～200.0	0.1%	130.0
280	机械制动打开延时	58	D8	2	0～2.0	0.1s	0.3
281	制动打开到频率加速延时	59	D9	2	0～5.0	0.1s	0.3
282	机械制动制动频率	5A	DA	2	0～30.0	0.01Hz	6.0
283	机械制动制动延时	5B	DB	2	0～5.0	0.1s	0.3
284	减速报警检测功能选择	5C	DC	2	0/1	—	0
285	速度超差监控频率	5D	DD	2	0～30.0	0.01Hz	9999
286	频率（转速）偏差调整	5E	DE	2	0～100.0	0.1%	0
287	转矩电流滤波时间	5F	DF	2	0～1.0	0.1s	0.3
288	频率偏差调整功能设定	60	E0	2	0/1/10/11	—	0
291	脉冲频率给定功能选择	63	E3	2	0/1	—	0
292	自适应加/减方式选择	64	E4	2	0～12	—	0
293	自适应加/减功能选择	65	E5	2	0～2	—	0
294	瞬间断电的制动调整	66	E6	2	0～200.0	0.1%	100
299	重新启动转向选择	6B	EB	2	0/1	—	0
300	输入/输出扩展模块参数	00	80	3	参见扩展模块说明		
⋮	⋮	…	…	…			
329	输入/输出扩展模块参数	1D	9D	3	参见扩展模块说明		
331	从站地址（站号）	1F	9F	3	0～31	—	0
332	通信速率	20	A0	3	3～384	100bit/s	96
333	数据长度	21	A1	3	0/1/10/11	—	1
334	奇偶校验	22	A2	3	0/1/2	—	2
335	通信重试次数	23	A3	3	0～10	—	1
336	通信校验时间	24	A4	3	0～999.8	0.1s	0

（续）

参数号 Pr	名　称	通信指令代码			设定范围	设定单位	出厂设定
		读出	写入	扩展码			
337	通信等待时间	25	A5	3	0 ~ 150	ms	9999
338	通信操作模式选择	26	A6	3	0/1	—	0
339	网络控制的频率给定信号	27	A7	3	0 ~ 2	—	0
340	网络操作模式选择	28	A8	3	0 ~ 12	—	0
341	结束字符	29	A9	3	0 ~ 2	—	0
342	EEPROM 写入设定	2A	AA	3	0/1	—	0
343	Modbus 通信出错显示	2B	AB	3	只读	—	0
344	网络扩展模块参数	2C	AC	3	参见扩展模块说明		
⋮	⋮	…	…	…			
349	网络扩展模块参数	31	B1	3	参见扩展模块说明		
350	定向停止功能选择	32	B2	3	0/1	—	9999
351	定向速度（频率）	33	B3	3	0 ~ 30.0	0.01Hz	2.0
352	定向搜索速度（频率）	34	B4	3	0 ~ 10.0	0.01Hz	0.5
353	定向搜索开始点设定	35	B5	3	0 ~ 16383	Puls	511
354	位置闭环切换点	36	B6	3	0 ~ 8192	Puls	96
355	直流制动开始点	37	B7	3	0 ~ 255	Puls	5
356	内部停止位置指定	38	B8	3	0 ~ 16383	Puls	0
357	到位允差	39	B9	3	0 ~ 255	Puls	0
358	定位保持方式选择	3A	BA	3	0 ~ 13	—	1
359	位置编码器的计数方向	3B	BB	3	0/1	—	1
360	FR - A7AX 输入分度设定	3C	BC	3	0 ~ 127	—	0
361	定位点偏移	3D	BD	3	0 ~ 16383	—	0
362	闭环位置增益	3E	BE	3	0 ~ 100.0	0.11/s	1
363	定位完成信号输出延时	3F	BF	3	0 ~ 5.0	0.1s	0.5
364	最大允许定向时间	40	C0	3	0 ~ 5.0	0.1s	0.5
365	最大允许定向搜索时间	41	C1	3	0 ~ 60	s	9999
366	再次定向确认时间	42	C2	3	0 ~ 5.0	0.1s	9999
367	闭环速度控制范围设定	43	C3	3	0 ~ 400.0	0.01Hz	9999
368	速度反馈增益	44	C4	3	0 ~ 100.0	0.11/s	1
369	编码器脉冲数	45	C5	3	0 ~ 4096	p/r	1024
374	速度超过检测频率	4A	CA	3	0 ~ 400.0	0.01Hz	9999
376	编码器短线检测	4C	CC	3	0/1	—	0
380	加速时的 S 型加速时间 1	50	D0	3	0 ~ 50	%	0
381	减速时的 S 型减速时间 1	51	D1	3	0 ~ 50	%	0
382	加速时的 S 型加速时间 2	52	D2	3	0 ~ 50	%	0

（续）

参数号 Pr	名　称	通信指令代码			设定范围	设定单位	出厂设定
		读出	写入	扩展码			
383	减速时的 S 型减速时间 2	53	D3	3	0～50	%	0
384	最高输入脉冲频率	54	D4	3	0～250	400Hz	0
385	脉冲频率给定方式的偏移	55	D5	3	0～400.0	0.01Hz	0
386	脉冲频率给定方式的增益	56	D6	3	0～400.0	0.01Hz	50.0
387	网络扩展模块参数	57	D7	3	参见扩展模块说明		
⋮	⋮	…	…	…			
392	网络扩展模块参数	5C	DC	3	参见扩展模块说明		
393	定向旋转方向	5D	DD	3	0～2	—	0
396	速度调节器比例增益	60	E0	3	0～1000	1/s	60
397	速度调节器积分时间	61	E1	3	0～20.0	0.001s	0.333
398	速度调节器微分增益	62	E2	3	0～100	0.11/s	1.0
399	定向减速设定	63	E3	3	0～1000	—	20
419	脉冲输入端功能选择	13	93	4	0/2	—	0
420	指令脉冲倍率（分子）	14	94	4	0～32767	—	1
421	指令脉冲倍率（分母）	15	95	4	0～32767	—	1
422	位置调节器比例增益	16	96	4	0～150	1/s	60
423	位置前馈增益	17	97	4	0～100	%	0
424	位置控制加减速时间常数	18	98	4	0～50.0	0.1s	0
425	位置前馈滤波时间	19	99	4	0～5.0	0.001s	0
426	定位完成允差范围	1A	9A	4	0～32767	puls	100
427	误差过大检测范围	1B	9B	4	0～400	1000	40
428	指令脉冲选择	1C	9C	4	0～5	—	0
429	清除信号选择	1D	9D	4	0/1	—	0
430	脉冲监视器选择	1E	9E	4	0～5	—	9999
447	输入/输出扩展模块参数	2F	AF	4	参见扩展模块说明		
448	输入/输出扩展模块参数	30	B0	4	参见扩展模块说明		
450	第 2 电机类型选择	32	B2	4	0～54	—	9999
451	第 2 电机控制方式	33	B3	4	10～20	—	9999
453	第 2 电机功率	35	B5	4	0.4～360.0	0.01kW	9999
454	第 2 电机极数	36	B6	4	2～12	—	9999
455	第 2 电机励磁电流	37	B7	4	0～500.0	0.01A	9999
456	第 2 电机额定电压	38	B8	4	0～1000.0	0.1V	400.0
457	第 2 电机额定频率	39	B9	4	10～120.0	0.01Hz	50
458	第 2 电机定子电阻 R1	3A	BA	4	0～400.0	0.01mΩ	9999
459	第 2 电机转子电阻 R2	3B	BB	4	0～400.0	0.01mΩ	9999

（续）

参数号 Pr	名　称	通信指令代码			设定范围	设定单位	出厂设定
		读出	写入	扩展码			
460	第 2 电机定子电感 L1	3C	BC	4	0 ~ 400.0	0.01mH	9999
461	第 2 电机转子电感 L2	3D	BD	4	0 ~ 400.0	0.01mH	9999
462	第 2 电机励磁阻抗 X	3E	BE	4	0 ~ 500.0	0.01Ω	9999
463	第 2 电机离线自动调整	3F	BF	4	0/1	—	0
464	位置控制急停减速时间	40	C0	4	0 ~ 360.0	0.1s	0
465	第 1 位置发送低 4 位	41	C1	4	0 ~ 9999	—	0
466	第 1 位置发送高 4 位	42	C2	4	0 ~ 9999	—	0
467	第 2 位置发送低 4 位	43	C3	4	0 ~ 9999	—	0
468	第 2 位置发送高 4 位	44	C4	4	0 ~ 9999	—	0
469	第 3 位置发送低 4 位	45	C5	4	0 ~ 9999	—	0
470	第 3 位置发送高 4 位	46	C6	4	0 ~ 9999	—	0
471	第 4 位置发送低 4 位	47	C7	4	0 ~ 9999	—	0
472	第 4 位置发送高 4 位	48	C8	4	0 ~ 9999	—	0
473	第 5 位置发送低 4 位	49	C9	4	0 ~ 9999	—	0
474	第 5 位置发送高 4 位	4A	CA	4	0 ~ 9999	—	0
475	第 6 位置发送低 4 位	4B	CB	4	0 ~ 9999	—	0
476	第 6 位置发送高 4 位	4C	CC	4	0 ~ 9999	—	0
477	第 7 位置发送低 4 位	4D	CD	4	0 ~ 9999	—	0
478	第 7 位置发送高 4 位	4E	CE	4	0 ~ 9999	—	0
479	第 8 位置发送低 4 位	4F	CF	4	0 ~ 9999	—	0
480	第 8 位置发送高 4 位	50	D0	4	0 ~ 9999	—	0
481	第 9 位置发送低 4 位	51	D1	4	0 ~ 9999	—	0
482	第 9 位置发送高 4 位	52	D2	4	0 ~ 9999	—	0
483	第 10 位置发送低 4 位	53	D3	4	0 ~ 9999	—	0
484	第 10 位置发送高 4 位	54	D4	4	0 ~ 9999	—	0
485	第 11 位置发送低 4 位	55	D5	4	0 ~ 9999	—	0
486	第 11 位置发送高 4 位	56	D6	4	0 ~ 9999	—	0
487	第 12 位置发送低 4 位	57	D7	4	0 ~ 9999	—	0
488	第 12 位置发送高 4 位	58	D8	4	0 ~ 9999	—	0
489	第 13 位置发送低 4 位	59	D9	4	0 ~ 9999	—	0
490	第 13 位置发送高 4 位	5A	DA	4	0 ~ 9999	—	0
491	第 14 位置发送低 4 位	5B	DB	4	0 ~ 9999	—	0
492	第 14 位置发送高 4 位	5C	DC	4	0 ~ 9999	—	0
493	第 15 位置发送低 4 位	5D	DD	4	0 ~ 9999	—	0
494	第 15 位置发送高 4 位	5E	DE	4	0 ~ 9999	—	0

（续）

参数号 Pr	名　称	通信指令代码			设定范围	设定单位	出厂设定
		读出	写入	扩展码			
495	REM 信号输出设定	5F	DF	4	0/1/10/11	—	0
496	REM 信号内容选择 1	60	E0	4	0 ~ 4095	—	0
497	REM 信号内容选择 2	61	E1	4	0 ~ 4095	—	0
500	网络扩展模块参数	00	80	5	参见扩展模块说明		
501	网络扩展模块参数	01	81	5	参见扩展模块说明		
502	网络扩展模块参数	02	82	5	参见扩展模块说明		
503	累计通电时间设定	03	83	5	0 ~ 9998	100h	0
504	定期维护时间设定	04	84	5	0 ~ 9998	100h	9999
505	速度设定基准频率	05	85	5	0 ~ 120.0	0.01Hz	50.0
516	加速开始段 S 型加速时间	10	90	5	0.1 ~ 2.5	0.1s	0.1
517	加速结束段 S 型加速时间	11	91	5	0.1 ~ 2.5	0.1s	0.1
518	减速开始段 S 型减速时间	12	92	5	0.1 ~ 2.5	0.1s	0.1
519	减速结束段 S 型减速时间	13	93	5	0.1 ~ 2.5	0.1s	0.1
539	Modbus 通信检查时间	27	A7	5	0 ~ 999.8	0.1s	9999
541	网络扩展模块参数	29	A9	5	参见扩展模块说明		
⋮	⋮	…	…	…			
544	网络扩展模块参数	2C	AC	5	参见扩展模块说明		
547	USB 接口从站号	2F	AF	5	0 ~ 31	—	0
548	USB 接口通信检查时间	30	B0	5	0.1 ~ 999.8	0.1s	9999
549	RS485 通信协议选择	31	B1	5	0/1	—	0
550	通信接口选择	32	B2	5	0/1, 9999	—	9999
551	PU 接口选择	33	B3	5	1 ~ 3	—	2
555	测量启动脉冲宽度	37	B7	5	0.1 ~ 1.0	0.1s	1.0
556	平均电流计算延时	38	B8	5	0 ~ 20.0	0.1s	0
557	平均电流计算电流基准值	39	B9	5	0 ~ 500.0	0.01A	额定
563	累计通电时间溢出次数	3F	BF	5	0 ~ 65536	h	0
564	实际运行时间溢出次数	40	C0	5	0 ~ 65535	—	0
569	第 2 电机速度环增益	45	C5	5	0 ~ 200.0	0.1%	9999
570	过载特性选择	46	C6	5	0 ~ 3	—	2
571	变频器启动延时	47	C7	5	0 ~ 10.0	0.1s	9999
574	第 2 电机在线自动调整	4A	CA	5	0/1	—	0
575	PID 调节中断检测延时	4B	CB	5	0 ~ 3600.0	0.1s	1.0
576	PID 调节中断检测频率	4C	CC	5	0 ~ 400.0	0.01Hz	0
577	PID 调节中断解除误差	4D	CD	5	900.0 ~ 1100.0	0.1%	1000
592	三角波功能设定	5C	DC	5	0/1/2	—	0

（续）

参数号 Pr	名　　称	通信指令代码			设定范围	设定单位	出厂设定
		读出	写入	扩展码			
593	三角波振幅频率f_1设定	5D	DD	5	0~25.0	0.1%	10.0
594	减速振幅补偿量f_2设定	5E	DE	5	0~25.0	0.1%	10.0
595	加速振幅补偿量f_3设定	5F	DF	5	0~25.0	0.1%	10.0
596	三角波加速时间t_1	60	E0	5	0~3600.0	0.1s	5.0
597	三角波减速时间t_2	61	E1	5	0~3600.0	0.1s	5.0
598	直流母线欠电压保护值	62	E2	5	350.0~430.0	0.1V	9999
611	再起动的频率加速时间	0B	8B	6	0~3600.0	0.1s	5.0
665	制动回避限制频率调整	41	C1	6	0~200.0	0.1%	100.0
684	电机参数的显示单位选择	54	D4	6	0/1	—	0
800	控制方式选择	00	80	8	0~20	—	20
802	零速控制与伺服锁定选择	02	82	8	0/1	—	0
803	额定频率以上区输出特性	03	83	8	0/1	—	0
804	转矩给定输入选择	04	84	8	0~6	—	0
805	RAM 转矩给定值	05	85	8	600.0~1400.0	%	1000
806	EEPROM 转矩给定值	06	86	8	600.0~1400.0	%	1000
807	速度限制输入选择	07	87	8	0/1/2	—	0
808	内部速度限制值（正转）	08	88	8	0~120.0	0.01Hz	50.0
809	内部速度限制值（反转）	09	89	8	0~120.0	0.01Hz	50.0
810	第 1 转矩限制值选择	0A	8A	8	0/1	—	0
811	转矩限制参数的输入单位	0B	8B	8	0/1/10/11	—	0
812	正转制动的转矩限制值	0C	8C	8	0~400.0	0.1%	9999
813	反转运行的转矩限制值	0D	8D	8	0~400.0	0.1%	9999
814	反转制动的转矩限制值	0E	8E	8	0~400.0	0.1%	9999
815	第 2 转矩限制值	0F	8F	8	0~400.0	0.1%	9999
816	加速时的转矩限制值	10	90	8	0~400.0	0.1%	9999
817	减速时的转矩限制值	11	91	8	0~400.0	0.1%	9999
818	系统响应特性设定	12	92	8	1~15	—	2
819	简单增益调整功能选择	13	93	8	0/1/2	—	0
820	第 1 速度调节器比例增益	14	94	8	0~1000	%	60
821	第 1 速度调节器积分时间	15	95	8	0~20.0	0.001s	0.333
822	第 1 速度给定滤波时间	16	96	8	0~5.0	0.001s	9999
823	第 1 速度检测滤波时间	17	97	8	0~0.1	0.001s	0.001
824	转矩调节器比例增益 1	18	98	8	0~200	%	100
825	转矩调节器积分时间 1	19	99	8	0~500	0.1ms	5.0
826	第 1 转矩给定滤波时间	1A	9A	8	0~5.0	0.001s	9999

（续）

参数号 Pr	名　称	通信指令代码			设定范围	设定单位	出厂设定
		读出	写入	扩展码			
827	第1转矩检测滤波时间	1B	9B	8	0～0.1	0.001s	0
828	自适应调节器增益	1C	9C	8	0～1000	%	60
830	第2速度调节器比例增益	1E	9E	8	0～1000	%	9999
831	第2速度调节器积分时间	1F	9F	8	0～20.0	0.001s	9999
832	第2速度给定滤波时间	20	A0	8	0～5.0	0.001s	9999
833	第2速度检测滤波时间	21	A1	8	0～0.1	0.001s	9999
834	转矩调节器比例增益2	22	A2	8	0～200	%	9999
835	转矩调节器积分时间2	23	A3	8	0～500	0.1ms	9999
836	第2转矩给定滤波时间	24	A4	8	0～5.0	0.001s	9999
837	第2转矩检测滤波时间	25	A5	8	0～0.1	0.001s	9999
840	转矩偏置方式选择	28	A8	8	0～3	—	9999
841	内部转矩偏置值1	29	A9	8	600.0～1400.0	%	9999
842	内部转矩偏置值2	2A	AA	8	600.0～1400.0	%	9999
843	内部转矩偏置值3	2B	AB	8	600.0～1400.0	%	9999
844	转矩偏置滤波时间	2C	AC	8	0～5.0	0.001s	9999
845	转矩偏置动作时间	2D	AD	8	0～5.0	0.01s	9999
846	重力转矩补偿电压	2E	AE	8	0～10.0	0.1V	9999
847	内部转矩补偿偏移设定	2F	AF	8	0～400	%	9999
848	内部转矩补偿增益设定	30	B0	8	0～400	%	9999
849	端子2/5模拟量输入偏移	31	B1	8	0～200.0	0.1%	100.0
850	零速控制与直流制动选择	32	B2	8	0/1	—	0
853	速度超差监控时间	35	B5	8	0～100.0	0.1s	1.0
854	励磁电流调整	36	B6	8	0～100.0	0.1%	1.0
858	模拟量输入4/5功能选择	3A	BA	8	0～4	—	0
859	电机转矩电流	3B	BB	8	0～500.0	0.1A	9999
860	第2电机转矩电流	3C	BC	8	0～500.0	0.1A	9999
862	陷波器频率设定	3E	BE	8	0～60	—	0
863	陷波器衰减设定	3F	BF	8	0～3	—	0
864	转矩到达检测信号设定	40	C0	8	0～400.0	0.1%	150.0
865	频率检测信号设定	41	C1	8	0～400.0	0.01Hz	1.5
866	转矩显示基准	42	C2	8	0～400.0	0.1%	150.0
867	AM输出滤波器时间常数	43	C3	8	0～5.0	0.01s	0.01
868	模拟量输入1/5功能选择	44	C4	8	0～6	—	0
869	CA输出响应时间	45	C5	8	0～5.0	0.01s	0.01
870	系统参数	46	C6	8	不要改变出厂设定		

（续）

参数号 Pr	名　称	通信指令代码			设定范围	设定单位	出厂设定
		读出	写入	扩展码			
871	系统参数	47	C7	8	不要改变出厂设定		
872	输入缺相保护功能生效	48	C8	8	0/1	—	0
873	速度限制设定	49	C9	8	0～120.0	0.01Hz	20.0
874	失速保护报警值	4A	CA	8	0～200.0	0.1%	150.0
875	过电流报警停止方式选择	4B	CB	8	0/1	—	0
877	前馈控制功能选择	4D	CD	8	0/1/2	—	0
878	前馈控制滤波器时间	4E	CE	8	0～1.0	0.01s	0
879	前馈控制转矩限制	4F	CF	8	0～400.0	0.1%	150.0
880	负载惯量比	50	D0	8	0～200.0	0.1	7
881	前馈调节器增益	51	D1	8	0～1000	%	0
882	制动回避功能选择	52	D2	8	0/1/2	—	0
883	制动回避的直流母线电压	53	D3	8	300.0～800.0	0.1V	760.0
884	电压检测灵敏度设定	54	D4	8	0～5	—	0
885	制动回避功能频率限制值	55	D5	8	0～10.0	0.01Hz	6.0
886	制动回避动作电压调整	56	D6	8	0～200.0	0.1%	100.0
888	用户自由参数 1	58	D8	8	0～9999	—	9999
889	用户自由参数 2	59	D9	8	0～9999	—	9999
891	累计节能监视器数据单位	5B	DB	8	0～4	—	9999
892	变频器负载率	5C	DC	8	30.0～150.0	0.1%	100.0
893	节能监视数据计算基准	5D	DD	8	0～360.0	0.1kW	额定
894	节能运行负载设定	5E	DE	8	0～3	—	0
895	节能率计算方法	5F	DF	8	0/1	—	9999
896	单位电价	60	E0	8	0～500.0	0.01	9999
897	节能监视数据采样时间	61	E1	8	0～1000	h	9999
898	节能监视数据处理	62	E2	8	0/1/10	—	9999
899	年平均使用率	63	E3	8	0～100.0	0.1%	9999
900	FM 端输出校正	5C	DC	1	校正参数		
901	AM 端输出校正	5D	DD	1	校正参数		
902	AI 输入端 2/5 偏置	5E	DE	1	校正参数		
903	AI 输入端 2/5 增益	5F	DF	1	校正参数		
904	AI 输入端 4/5 偏置	60	E0	1	校正参数		
905	AI 输入端 4/5 增益	61	E1	1	校正参数		
917	AI 输入端 1/5 偏置	11	91	9	校正参数		
918	AI 输入端 1/5 增益	12	92	9	校正参数		
919	1/5 转矩给定偏移调整	13	93	9	校正参数		

（续）

参数号 Pr	名　称	通信指令代码			设定范围	设定单位	出厂设定
		读出	写入	扩展码			
920	1/5 转矩给定增益调整	14	94	9	校正参数		
930	CA 端的偏移调整	7A	FA	1	校正参数		
931	CA 端的增益调整	7B	FB	1	校正参数		
932	4/5 转矩限制偏移调整	20	A0	9	校正参数		
933	4/5 转矩限制增益调整	21	A1	9	校正参数		
989	变频器参数复制报警解除	59	D9	9	10/100	—	10
990	蜂鸣器控制	5A	DA	9	0/1	—	1
991	对比度控制	5B	DB	9	0 ~ 63	—	58

参 考 文 献

[1] 龚仲华. 交流伺服驱动器从原理到完全应用 [M]. 北京：人民邮电出版社，2010.

[2] 龚仲华. 变频器从原理到完全应用 [M]. 北京：人民邮电出版社，2009.

[3] 三菱公司. MELSERVO - J3 Series MR - J3 - A Servo Amplifier Instruction Manual.

[4] 三菱公司. 三菱通用交流伺服 MR - J3 - A 技术资料集.

[5] 三菱公司. 三菱通用变频器 FR - A700 使用手册（基础篇）.

[6] 三菱公司. 三菱通用变频器 FR - A700 使用手册（应用篇）.